LARGE MODELS AND
GENERAL ARTIFICIAL INTELLIGENCE
TECHNOLOGY

"大模型与
通用人工智能技术"
丛书

COMPREHENSIVE ANALYSIS OF MCP TECHNOLOGY:
FROM ARCHITECTURAL PRINCIPLES TO MULTI-SCENARIO APPLICATION PRACTICE

MCP技术全解析：从架构原理到多场景应用实战

薛栋　白小山　陶阳　编著

化学工业出版社
·北京·

内容简介

本书聚焦于MCP这一连接AI Agent与多工具的关键技术，从MCP（模型上下文协议）的基础知识入手，系统讲解MCP的客户端-服务器架构设计、标准化接口设计、上下文维护和动态扩展机制，阐明MCP与AI Agent协同增效的原理及其与其他协议的互操作性。在工具应用层面，系统梳理数据库操作、文件系统管理、API调用、代码管理等MCP工具，通过Apifox、Qdrant、GitHub等典型MCP Server，介绍工具功能、选择评估标准及实践要点。最后结合实战案例，介绍MCP在智能助手、AI开发、企业自动化及多模态交互等领域的应用，且案例均包含环境配置、代码实现、调试技巧和性能优化。

本书知识体系完整，案例丰富，实用性强，非常适合AI领域的工程师，软件开发、数据分析技术人员及企业数字化转型决策人员阅读，也可用作高等院校相关专业教材。

图书在版编目（CIP）数据

MCP技术全解析 ： 从架构原理到多场景应用实战 / 薛栋，白小山，陶阳编著. -- 北京 ： 化学工业出版社，2026. 2. --（“大模型与通用人工智能技术”丛书）.

ISBN 978-7-122-49555-6

Ⅰ. TP18

中国国家版本馆CIP数据核字第20256VP609号

责任编辑：要利娜
文字编辑：徐卿华
责任校对：王　静
装帧设计：王晓宇

出版发行：化学工业出版社
（北京市东城区青年湖南街13号　邮政编码100011）
印　　装：河北延风印务有限公司
787mm×1092mm　1/16　印张21¾　字数554千字
2026年2月北京第1版第1次印刷

购书咨询：010-64518888　　售后服务：010-64518899
网　　址：http://www.cip.com.cn
凡购买本书，如有缺损质量问题，本社销售中心负责调换。

定　　价：99.00元

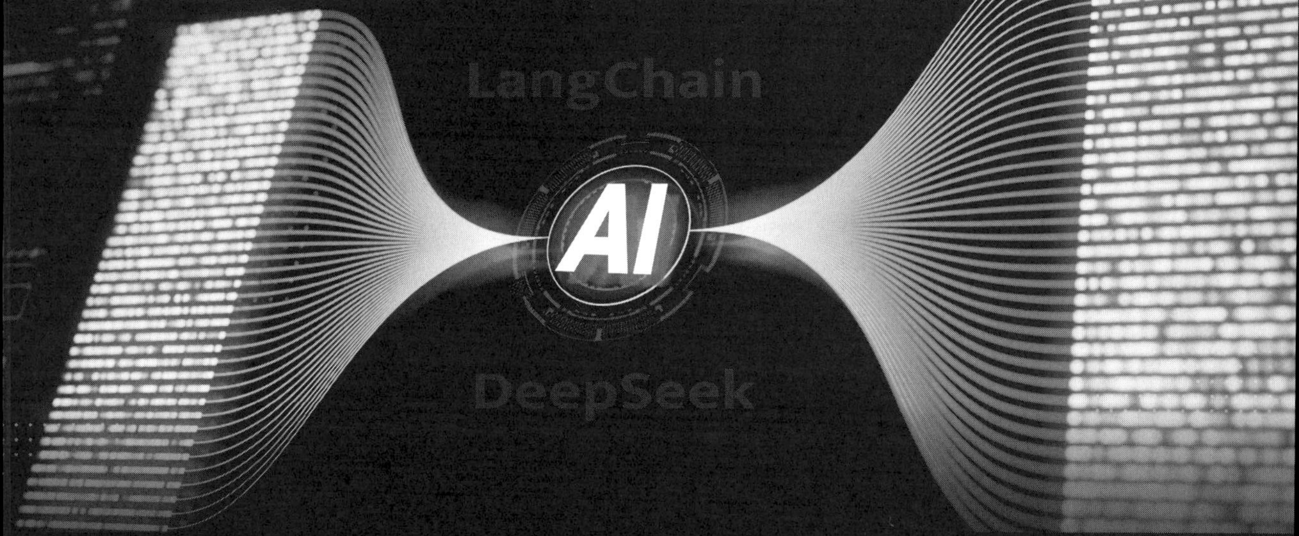

Preface 前言

在人工智能迈向规模化应用的浪潮中，AI Agent 作为自主决策与执行的智能实体，正从实验室走向产业落地，在智能客服、企业自动化、开发辅助、多模态交互等领域展现出巨大潜力。然而，AI Agent 在连接多样化工具、管理跨场景上下文、保障系统安全性等方面面临着严峻挑战：工具接口碎片化导致集成成本高昂，跨工具会话状态丢失影响任务连贯性，动态扩展能力不足限制应用边界，安全权限管理缺失带来数据风险……这些痛点成为制约 AI Agent 工业化落地的关键瓶颈。

在此背景下，MCP（多工具协作协议）作为连接 AI Agent 与各类工具的“行动引擎”应运而生。它通过标准化接口设计、统一上下文管理、动态工具发现与安全沙箱机制，为 AI Agent 提供了高效、安全、可扩展的工具协作能力，成为打通 AI Agent 生态的核心技术支柱。近年来，随着 Claude Desktop 等平台对 MCP 的原生支持，以及 LangChain、Odoo 等工具的集成实践，MCP 技术正快速从理论走向工程应用，成为 AI 工程师必备的核心技能之一。本书的出版，正是为了填补当前 MCP 技术系统性学习资源的空白，帮助读者打通从原理理解到项目落地的全流程能力。

本书特色

1. 原理与实践深度融合，构建完整知识闭环

本书既深入讲解 MCP 的核心概念、架构设计（客户端 / 服务器 / 连接器）、通信协议（JSON-RPC 2.0）、安全机制等基础知识，又通过 9 个递进式实战项目将理论落地——从简易 MCP 交互系统到基于 Odoo ERP 的企业自动化程序，确保读者懂原理、会设计、能落地。

2. 聚焦产业痛点，解决真实工程问题

书中内容紧密围绕工业实际需求：详细解析 MCP 如何解决工具碎片化（标准化接口）、跨工具上下文丢失（会话状态管理）、动态扩展难题（运行时工具发现）等核心痛点，并通过对比传统 API 集成、Function Call 等技术，帮助读者理解 MCP 的不可替代性。

3. 实战案例覆盖全场景，兼顾广度与深度

全书包含从基础入门到工业应用的完整实战体系：从基于 DeepSeek 等模型的 MCP

服务器搭建，到基于 LangChain 的电商智能客服；从 AI Agent 开发框架到 Odoo 企业办公自动化；从智能编程助手到多模态语音助手，覆盖 AI Agent、企业服务、开发工具、多模态交互等主流场景，每个案例均包含环境配置、代码实现、调试技巧与性能优化。

4. 技术前瞻性强，覆盖前沿应用方向

书中不仅讲解 MCP 的现有技术体系，还深入探讨其在多模态融合（非文本资源传递、多通道输入）、企业级安全（权限控制、操作审计）、多 Agent 协作等前沿领域的应用，同时介绍 FastMCP 等框架的使用，帮助读者把握技术发展趋势。

5. 结构科学递进，适配不同层次读者

全书按“基础概述→架构原理→工具生态→场景实战”的逻辑层层深入：前 2 章奠定理论基础，中间 3 章构建技术体系，后 4 章聚焦应用实战。每章配有核心概念图解、技术对比表格、代码分步讲解，既适合零基础读者入门，也满足资深开发者深化拓展的需求。

本书在编写过程中，得到了化学工业出版社编辑团队的专业指导与耐心支持，他们的严谨态度与专业建议为本书的完善提供了重要帮助。同时，感谢家人在写作期间的理解与鼓励，让我能够全身心投入内容创作。

由于 MCP 技术正处于快速发展阶段，加之笔者水平有限，书中难免存在疏漏或不足之处，恳请读者朋友们在阅读过程中提出宝贵意见与建议，以便后续修订完善。

最后，感谢您选择本书。希望本书能成为您掌握 MCP 技术、深耕 AI Agent 开发的实用指南，祝您在技术探索的道路上收获满满！

编著者

Contents 目录

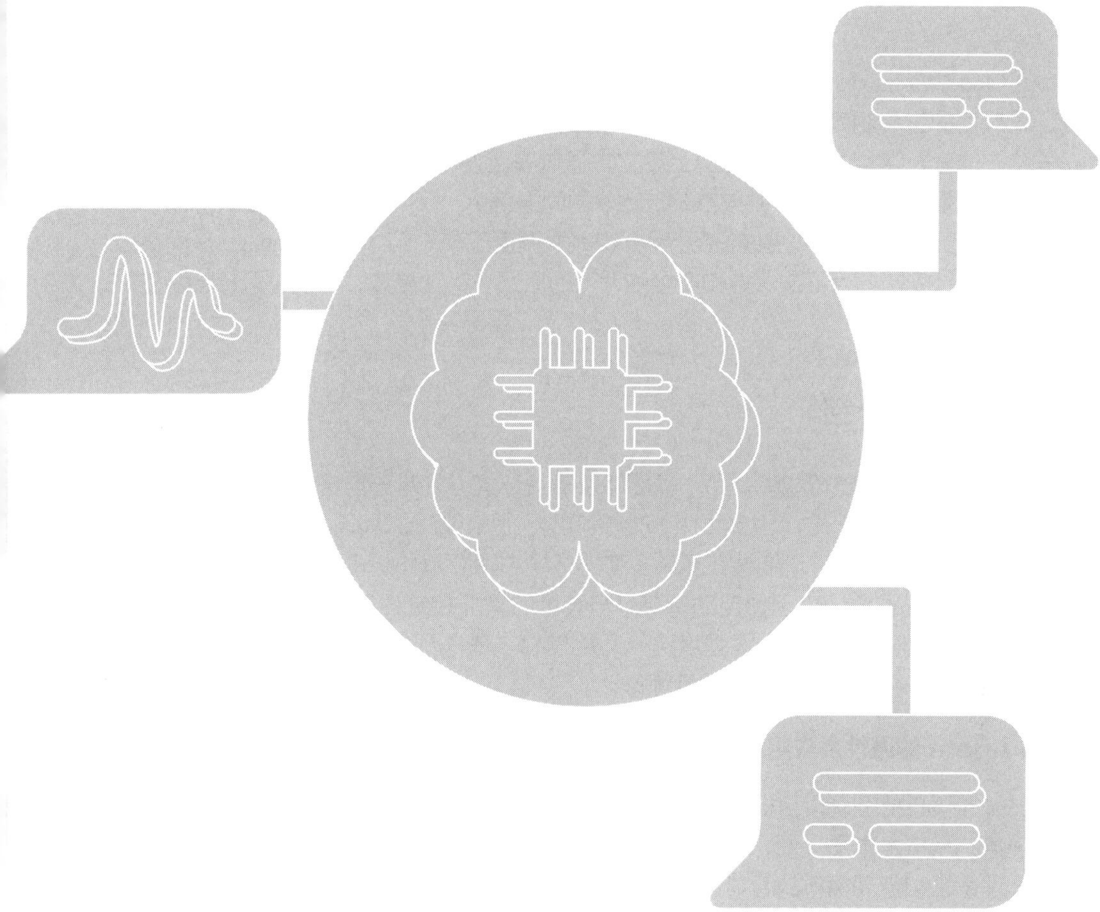

第 1 章

MCP 概述与核心价值

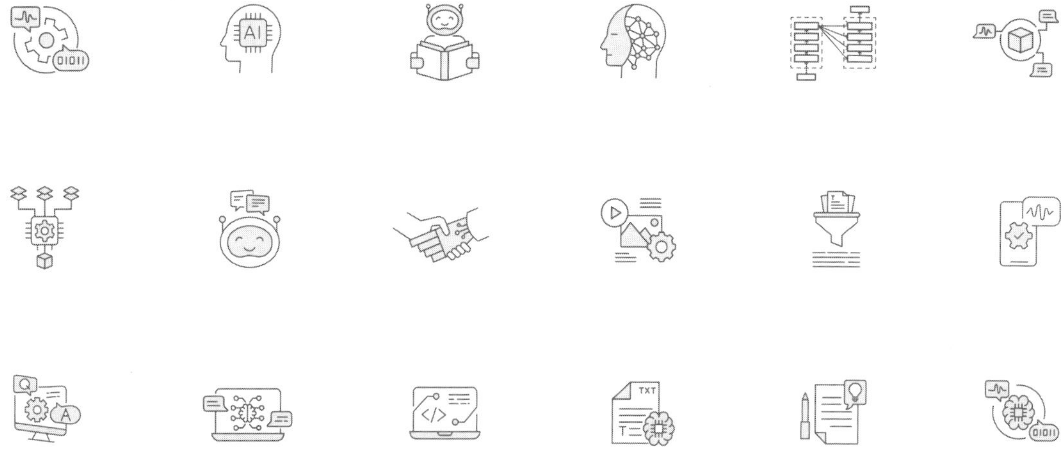

MCP（Model Context Protocol，模型上下文协议）是一站式“行动引擎”协议，它把原本分散、碎片化的工具封装成统一、可发现、受控的组件，让 AI Agent 在运行时可以像拼积木一样动态加载、调用并维护跨工具上下文；通过安全沙箱与审计机制，MCP 既能降低集成成本，又能保障操作安全，并与 A2A（Agent 间通信）、AG-UI（人机交互）协同，形成完整的智能体工作流：Agent 生成任务计划→ MCP 调度工具→结果返回 Agent，从而突破传统 Agent 在工具扩展、上下文保持和安全治理上的瓶颈，实现高效、可信、可持续演进的 AI 应用生态。

1.1 AI Agent 介绍

AI Agent，即人工智能智能体，是一种能够感知其环境，并基于自身的目标和所掌握的知识，自主地采取一系列行动以实现目标的软件实体。可以将 AI Agent 看作是一个具有智能决策能力的虚拟“代理人”，能够在复杂多变的环境中独立运作。例如，在智能家居系统中，负责根据环境光线和用户习惯自动调节灯光亮度的智能控制程序，就是一个简单的 AI Agent。它通过传感器感知环境光线强度这一环境信息，依据预先设定好的用户习惯目标，来决定是否调整灯光亮度以及调整的幅度等行动。

1.1.1 AI Agent 的属性及应用场景

AI Agent 的核心特征是以目标为导向的自主性，即无需人类实时干预即可通过迭代循环完成复杂任务。从技术本质上看，AI Agent 并非简单的程序脚本，而是集成了感知机制、知识表示、推理逻辑和行动执行的智能系统，能够模拟人类在特定场景下的判断与操作行为。

（1）核心属性解析

① 环境感知能力：AI Agent 通过传感器（物理设备或软件接口）持续获取环境数据，涵盖物理世界的温度、图像、声音，以及数字世界的文本、数据、网络状态等。例如，智能家居中的温度调节 Agent 通过温湿度传感器感知室内环境，金融交易 Agent 通过 API 接口获取实时市场行情数据。

② 目标驱动特性：每个 AI Agent 都有明确的任务导向，目标可能是单一的（如“保持室温 25℃”），也可能是复杂的多目标组合（如“在降低能耗的同时确保用户舒适度”）。目标通过代码规则、机器学习模型或人工设定的权重函数进行量化定义。

③ 知识依赖与推理能力：Agent 的决策依赖于内置知识库（如领域规则、历史数据）和推理引擎。例如，医疗诊断 Agent 的知识库包含疾病症状关联数据，推理引擎通过比对患者症状与知识库信息，生成诊断建议。这种推理能力使其能够处理不确定性问题，而非机械执行固定指令。

④ 自主行动能力：基于决策结果，Agent 通过执行器（如机械臂、API 调用、指令发送）对环境产生影响。在工业场景中，质检 Agent 通过图像识别判断产品缺陷后，可自动触发分拣机械臂的操作；在软件场景中，邮件分类 Agent 可根据内容自动将邮件归档至对应文件夹。

（2）典型应用场景

① 智能客服 Agent：通过自然语言处理技术感知用户输入的文本 / 语音需求，调用知识库中的 FAQ 数据和对话历史，推理用户意图后生成回答，并通过聊天界面执行回复行动，全程无需人工干预。

② 自动驾驶 Agent：通过摄像头、雷达感知路况（障碍物、车道线、信号灯），结合导

航目标和交通规则知识库，实时决策加速、刹车或转向，并控制车辆执行机构完成操作。

③ 物联网控制 Agent：在智慧农业中，Agent 感知土壤湿度、光照强度等环境数据，对比作物生长需求模型，自主开关灌溉设备或调节遮阳棚，实现精准种植管理。

总而言之，AI Agent 的核心价值是将人类从重复决策和操作中解放出来，在标准化、高频化或高危场景中替代人工完成任务，同时通过持续学习优化自身行为，适应环境变化。

1.1.2　AI Agent 的核心能力

AI Agent 之所以能在复杂环境中自主完成任务，依赖于四大核心能力的协同运作：环境感知能力、智能决策能力、行动执行能力和持续学习能力，如图 1-1 所示。这四大能力形成完整闭环，支撑 Agent 从理解环境到实现目标的全流程操作。

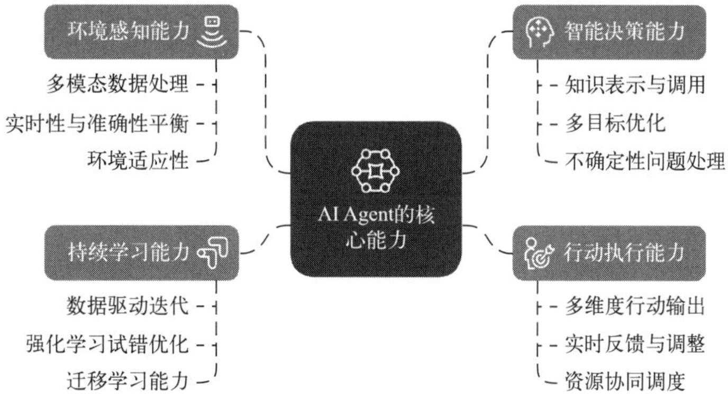

图 1-1　AI Agent 的核心能力

（1）环境感知能力：精准捕捉环境信号

环境感知是 AI Agent 与外部世界交互的“输入端”，其核心是将物理或数字环境中的原始数据转化为可处理的信息，具体说明如下。

① 多模态数据处理：Agent 能处理文本、图像、声音、传感器信号等多种类型数据。例如，智能语音助手通过麦克风采集语音信号，经降噪、特征提取后转化为文本指令；工业巡检 Agent 通过红外摄像头捕捉设备热成像图像，识别温度异常区域。

② 实时性与准确性平衡：在动态场景中，感知能力需兼顾速度与精度。如自动驾驶 Agent 的激光雷达每秒生成数百万点云数据，需在毫秒级时间内完成障碍物定位；金融监控 Agent 需实时解析高频交易数据，识别异常波动信号。

③ 环境适应性：面对噪声、干扰或数据缺失时，感知模块需具备鲁棒性。例如，智能家居 Agent 在嘈杂环境中通过语音增强算法过滤背景音，准确提取用户指令；野外监测 Agent 通过图像修复技术处理雨雾天气下的模糊画面。

（2）智能决策能力：基于知识的逻辑推理

决策能力是 Agent 的“大脑核心”，负责将感知信息转化为行动方案，其本质是基于知识与目标的逻辑推演过程，具体说明如下。

① 知识表示与调用：Agent 通过结构化知识库（如规则库、知识图谱）存储领域知识，并在决策时精准调用。例如，医疗诊断 Agent 的知识库包含“症状 - 疾病”关联规则，当感知到“咳嗽 + 发热 + 乏力”症状时，自动匹配可能的疾病列表。

② 多目标优化：在存在冲突目标的场景中，决策模块需进行权重分配与优先级排序。如物流调度 Agent 需同时优化“运输成本最低”“配送时效最快”“能耗最少”三个目标，通

过线性规划算法生成最优配送路线。

③ 不确定性问题处理：面对信息不全或随机因素时，Agent 需通过概率推理降低决策风险。例如，气象预测 Agent 基于历史数据构建降水概率模型，在预报“明天降雨概率 60%”时，同步生成“携带雨具”的建议。

（3）行动执行能力：精准作用于环境的输出端

行动能力是 Agent 实现目标的“执行器”，负责将决策结果转化为具体操作，直接影响任务完成效果，具体说明如下。

① 多维度行动输出：根据应用场景不同，行动形式包括物理操作（如机器人机械臂抓取）、数字指令（如 API 调用、文件修改）和信息反馈（如生成报告、发送通知）。例如，智能办公 Agent 在决策“整理会议纪要”后，通过文本生成工具输出结构化文档，并自动发送至参会人邮箱。

② 实时反馈与调整：行动过程中需动态接收环境反馈，修正执行偏差。如工业机械臂 Agent 在抓取零件时，通过力传感器感知夹持力度，实时调整动作避免损坏工件；无人机巡检 Agent 根据风速反馈调整飞行姿态，确保航线精度。

③ 资源协同调度：复杂任务中，行动能力需协调多工具或子 Agent 协作。例如，电商客服 Agent 在处理“退换货”请求时，需联动仓储 Agent 查询库存、物流 Agent 生成退换地址、支付 Agent 发起退款操作，形成闭环流程。

（4）持续学习能力：动态优化的自适应机制

学习能力使 Agent 突破初始设计局限，通过经验积累提升性能，是实现长期智能化的核心支撑，具体说明如下。

① 数据驱动迭代：基于历史交互数据优化模型参数。例如，推荐系统 Agent 通过用户点击、停留时长等行为数据，持续调整推荐算法，提升内容匹配精度；语音识别 Agent 通过用户纠错数据更新声学模型，降低识别错误率。

② 强化学习试错优化：在未知环境中，通过“尝试 - 奖励”机制探索最优策略。例如，游戏 AI Agent 在对战中通过反复试错，学习“技能释放时机”“走位策略”等经验，逐步提升胜率；机器人导航 Agent 在陌生环境中通过碰撞反馈调整路径规划算法。

③ 迁移学习能力：将在某一场景习得的知识迁移到新任务中。例如，已掌握英语对话的客服 Agent，通过迁移学习快速适配中文服务场景；在城市道路训练的自动驾驶 Agent，通过路况特征迁移适应乡村小路环境。

总之，上述四大核心能力相互支撑，其中感知为决策提供依据，决策指导行动方向，行动结果通过学习机制反哺感知与决策优化，最终使 AI Agent 在复杂动态环境中实现自主进化与目标达成。

1.1.3　AI Agent 的典型架构

AI Agent 的架构设计是其展现智能行为的核心，它如同搭建一座智能大厦的蓝图，决定了 AI Agent 如何感知世界、思考决策以及采取行动。一个完备且高效的架构能够使 AI Agent 在复杂多变的环境中灵活运作，精准完成各类任务。典型的 AI Agent 架构通常包含感知模块、认知模块、行动模块、学习模块和记忆模块，这些模块相互协作，共同构成一个有机的整体。

AI Agent 的典型架构如图 1-2 所示。

（1）感知模块：环境信息的采集器

感知模块是 AI Agent 与外部环境交互的“触角”，负责收集来自周围环境的各类信息。

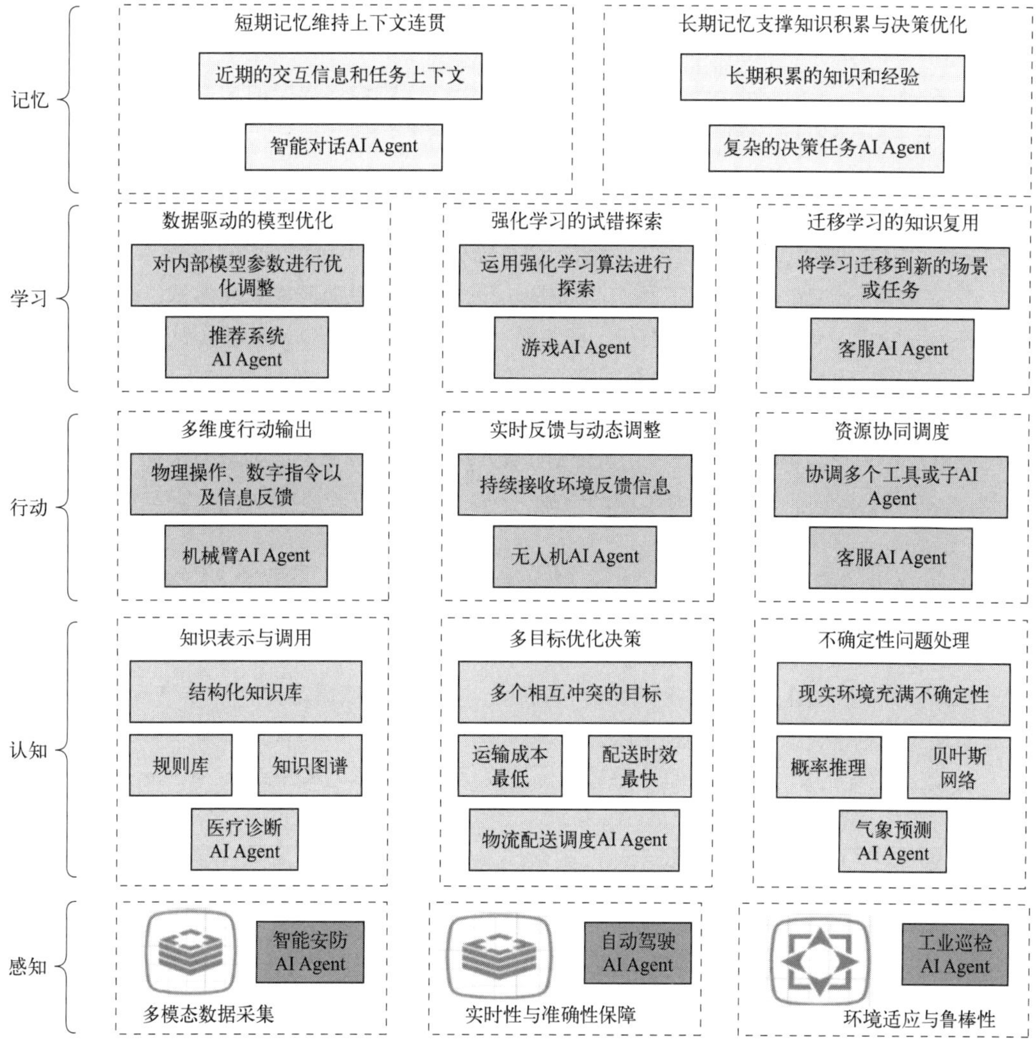

图 1-2　AI Agent 的典型架构

它如同人类的感官系统，通过各种“传感器”，将物理世界或数字世界中的原始数据转化为可供后续处理的信息。

① 多模态数据采集：该模块具备处理多种类型数据的能力，涵盖文本、图像、声音以及各类传感器信号等，如智能安防 AI Agent。

② 实时性与准确性保障：在动态场景中，感知模块需在极短时间内获取精确信息，如自动驾驶 AI Agent。

③ 环境适应与鲁棒性：面对复杂多变的环境，感知模块需具备强大的环境适应能力，如工业巡检 AI Agent。

（2）认知模块：智能决策的“大脑”

认知模块是 AI Agent 的核心，承担着处理感知信息、进行推理决策以及学习进化的重任，如同人类的大脑中枢，掌控着整个智能体的思维与行动方向。

① 知识表示与调用：AI Agent 借助结构化知识库，如规则库、知识图谱等，存储大量领域知识，并在决策时精准调用，如医疗诊断 AI Agent。

② 多目标优化决策：在实际应用中，AI Agent 常常面临多个相互冲突的目标。认知模

块通过运用线性规划、动态规划等优化算法，综合考虑各种因素，为不同目标合理分配权重，制定出最优的方案，如物流配送调度 AI Agent。

③ 不确定性问题处理：现实环境充满不确定性，认知模块通过概率推理、贝叶斯网络等技术来应对此类挑战，如气象预测 AI Agent。

（3）行动模块：决策的执行者

行动模块是 AI Agent 将认知模块的决策结果转化为实际行动的“执行器”，直接作用于外部环境，以实现预设目标，其行动效果直接影响任务的完成质量。

① 多维度行动输出：根据不同应用场景，行动模块的表现形式丰富多样，涵盖物理操作、数字指令以及信息反馈等。如在工业生产线上，机械臂 AI Agent 按照认知模块规划的路径和动作指令，精准抓取、搬运和组装零部件，完成产品的生产制造。

② 实时反馈与动态调整：在行动过程中，行动模块持续接收环境反馈信息，及时修正执行偏差。例如在建筑施工场景中，无人机 AI Agent 负责对施工现场进行巡检，在飞行过程中，它依据风速、风向传感器反馈的数据，实时调整飞行姿态和航线，确保拍摄的图像清晰、准确，全面覆盖巡检区域。

③ 资源协同调度：面对复杂任务，行动模块需协调多个工具或子 AI Agent 协同工作，如电商运营场景中客服 AI Agent。

（4）学习模块：智能进化的动力源

学习模块赋予 AI Agent 突破初始设定局限、通过经验积累实现性能持续优化的能力，是其实现长期智能化发展的关键驱动力。

① 数据驱动的模型优化：基于海量的历史交互数据，学习模块对 AI Agent 内部的模型参数进行优化调整，如推荐系统 AI Agent。

② 强化学习的试错探索：在未知或复杂环境中，AI Agent 运用强化学习算法，通过不断尝试不同行动，并根据环境给予的奖励或惩罚反馈，逐步探索出最优行动策略，如游戏 AI Agent。

③ 迁移学习的知识复用：迁移学习使 AI Agent 能够将在某一特定场景或任务中学到的知识和经验，快速迁移应用到新的相关场景或任务中，如自动驾驶 AI Agent、客服 AI Agent。

（5）记忆模块：经验与知识的存储库

记忆模块如同 AI Agent 的“记忆宫殿”，负责存储和管理各类信息，包括历史交互记录、学习到的知识、任务执行状态等，为其他模块的高效运行提供有力支持，使 AI Agent 能够在不同时间节点保持行为的连贯性和决策的准确性。

① 短期记忆维持上下文连贯：短期记忆用于存储近期的交互信息和任务上下文，确保 AI Agent 在连续的交互过程中能够理解前后语境，做出符合上下文逻辑的响应。在智能对话场景中，短期记忆模块记录用户与 AI Agent 的对话历史，使 AI Agent 能够依据之前的对话内容，准确理解用户当前问题的意图，给出连贯、准确的回答。例如，用户先询问“明天天气如何”，接着又问“适合穿什么衣服”，AI Agent 凭借短期记忆中存储的前一个问题及相关信息，能够理解用户的第二个问题与明天天气相关，从而给出合适的着装建议。

② 长期记忆支撑知识积累与决策优化：长期记忆则用于存储 AI Agent 在长期运行过程中积累的知识和经验，这些知识经过学习模块的提炼和整理，被存储在知识库或模型参数中。在复杂的决策任务中，长期记忆为认知模块提供丰富的知识储备，帮助 AI Agent 做出更明智、更合理的决策。例如，在金融投资领域，投资 AI Agent 通过长期记忆存储的历史市场数据、经济指标变化规律、投资策略经验等知识，在面对新的市场情况时，能够综合分析，制定出更具竞争力的投资方案。

总而言之，上面列出的这些模块并非孤立存在，而是紧密协作地形成了一个高效运转的智能体系。感知模块为认知模块提供原始信息，认知模块基于这些信息进行决策，并将决策结果传递给行动模块执行；行动模块作用于环境产生的反馈，又被感知模块捕捉，再次进入认知模块进行分析和调整；学习模块则贯穿始终，根据感知、认知和行动过程中积累的数据和经验，对 AI Agent 的行为和决策模式进行优化；记忆模块为其他模块提供必要的信息支持，确保整个智能体在不同时间尺度上的行为一致性和连贯性。通过这样的协同工作机制，AI Agent 能够在复杂多变的环境中不断进化，高效实现各种智能任务。

1.1.4　AI Agent 的发展瓶颈

尽管 AI Agent 展现出巨大的潜力，但在迈向更广泛应用与更高智能水平的进程中，面临诸多棘手的发展瓶颈，如图 1-3 所示。

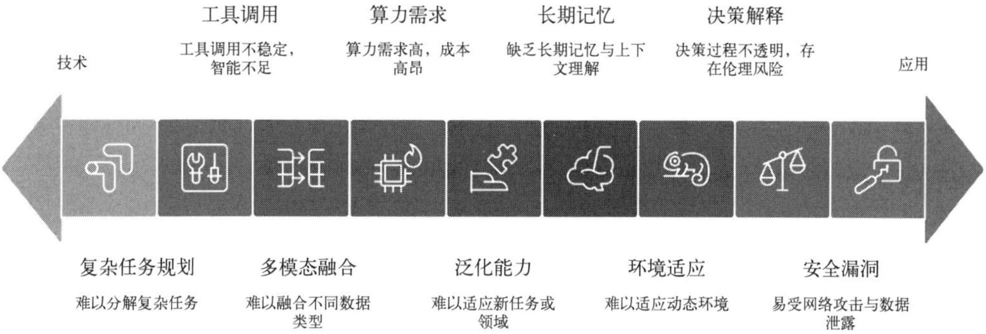

图 1-3　AI Agent 的发展瓶颈

（1）技术层面

① 复杂任务规划能力缺陷：AI Agent 在处理长链条、复杂结构化任务时，表现出显著的规划能力不足。以银行贷款审批流程为例，这一过程涉及征信记录审查、银行流水分析、现金流稳定性评估、抵押物品价值判断等众多环节，各环节紧密关联且存在复杂逻辑关系。当前 AI Agent 缺乏对这类复杂任务进行系统性拆解与全局建模的能力，当任务步骤超过一定层数（研究显示超过 5 层时），决策准确率会骤降 42%，逻辑断裂风险提升至 68%，导致难以有效完成此类任务。在大型项目管理、供应链复杂调度等领域，同样因规划能力短板，难以将复杂任务有序分解为可执行子任务并合理安排执行顺序与资源分配。

② 工具调用的不稳定与低智能：虽然 AI Agent 具备调用外部工具（如 API、插件、数据库等）的能力，但在实际操作中问题频发。一方面，工具调用的稳定性欠佳，不同 API 接口间的兼容性问题突出，导致执行失败率高达 30%。例如在电商场景中，AI Agent 调用多个不同供应商 API 获取商品信息时，常因接口数据格式不统一、接口临时故障等，无法准确及时获取数据。另一方面，在工具组合调度上缺乏智能，面对需要协同多个工具完成的复杂任务，难以依据任务目标和实时情况动态调整工具调用顺序与参数设置；且在出现异常情况（如网络中断、工具返回错误数据）时，缺乏有效的异常处理机制和上下文状态保持能力，导致任务中断后难以恢复，严重影响在企业级复杂流程应用中的可靠性与稳定性。

③ 多模态融合的深度难题：实现文本、图像、声音等多模态信息的高效融合与协同，是提升 AI Agent 环境感知与理解能力的关键，但目前多模态对齐困难重重，协同误差率超 15%。例如在智能安防监控中，AI Agent 需同时处理摄像头采集的视频图像数据与麦克风收集的声音数据，以识别异常事件。然而，不同模态数据在特征表示、时间尺度、语义关联

等方面存在巨大差异，现有的融合算法难以精准对齐和综合分析这些数据，导致在判断“画面中人物奔跑与异常声响是否相关联，是否构成紧急事件”时，容易出现误判，无法充分发挥多模态数据的互补优势，限制了 AI Agent 在复杂场景下的感知与决策准确性。

④ 算力需求与成本制约：AI Agent 的运行，尤其依赖先进模型的智能决策与学习过程，对算力提出极高要求。以 GPT-4 为例，单次推理成本约 0.01 美元，这对于需要大规模频繁调用 AI Agent 的应用场景而言，成本高昂，严重限制其大规模部署应用。在模型训练阶段，训练一个千亿参数规模的模型，往往需要超过 1000 块 A100 GPU 协同工作，如此庞大的算力资源需求，使得中小厂商望而却步，难以负担研发与运营成本，阻碍了 AI Agent 技术在更广泛行业和开发者群体中的普及与创新发展。

（2）应用层面

① 泛化与迁移能力受限：目前大多数 AI Agent 属于在特定场景下经过精细调优的窄域应用，在面对未曾学习过的陌生任务或领域时，泛化与迁移能力严重不足。例如，一个在医疗影像诊断领域训练的 AI Agent，尽管在识别医学影像中的疾病特征方面表现出色，但当面临金融风险评估、工业设备故障诊断等不同领域任务时，几乎无法直接应用其已有的知识和能力，难以跨任务、跨领域灵活迁移，无法有效应对现实世界中复杂多变、领域交叉的实际问题，仍需依赖大量人工重新开发与训练，这极大增加了应用拓展的时间与成本。

② 长期记忆与上下文理解缺失：多数 AI Agent 依赖有限的短时上下文窗口来处理信息，缺乏对用户长期行为模式、历史任务链以及知识积累的持久记忆与深度理解能力。在智能客服场景中，若用户在多轮对话中提及不同但相关的问题，AI Agent 常因无法有效记忆和关联之前对话内容，出现重复询问或遗漏关键信息的情况，难以形成连贯、深入的人机交互体验，无法满足用户在长周期、复杂交互场景下对智能体持续理解与准确响应的期望。在项目管理、法律咨询等需要长期跟踪与深度理解的业务场景中，这一问题同样突出，影响了 AI Agent 在这些领域的实用化进程。

③ 复杂动态环境适应艰难：现实环境具有高度动态性与复杂性，充满各种不确定性因素，而 AI Agent 在应对此类环境时适应性欠佳。在自动驾驶场景下，即使在大量常规路况数据训练下，当遇到极端天气（如暴雨、暴雪）、道路临时施工、突发交通事故等罕见或复杂场景时，自动驾驶 AI Agent 的感知、决策与控制能力会大幅下降，难以保障行车安全。在工业生产车间，环境中的温度、湿度、电磁干扰等因素的动态变化，也常导致工业巡检 AI Agent 对设备故障的检测准确率波动，甚至出现漏检、误检情况，无法像人类一样灵活、稳健地适应环境的动态变化与不确定性。

（3）安全与伦理隐患

① 决策不可解释与伦理风险：随着 AI Agent 在医疗、司法、金融等高风险决策领域的应用探索，其决策过程缺乏透明性与可解释性的问题日益凸显。以医疗诊断 AI Agent 为例，当给出疾病诊断结果与治疗建议时，难以清晰阐述其决策依据与推理过程，医生和患者难以理解和信任这一结果。这种不透明性在面对误诊等情况时，容易引发严重的法律纠纷与伦理争议。同时，AI Agent 在设计与训练过程中，若缺乏对伦理道德准则的充分考量，可能因数据偏差、算法缺陷等，产生歧视性、不公平的决策结果。

② 安全漏洞与潜在威胁：AI Agent 的系统架构与运行过程存在诸多安全隐患。由于其依赖网络连接与外部数据交互，易成为黑客攻击目标，面临数据泄露、恶意篡改、模型窃取等安全风险。在智能家居场景中，若家庭智能控制 AI Agent 遭受黑客入侵，可能导致用户隐私信息泄露，甚至控制家电设备，对用户生活造成严重干扰与安全威胁。在工业控制领域，AI Agent 一旦被攻击，可能引发生产事故，危及人员生命与企业财产安全。此外，AI

Agent 间的协作与通信机制若缺乏有效安全防护，还可能出现信息被窃取、伪造或阻断等情况，影响整个系统的正常运行与可靠性。

1.2 MCP 的定义与背景

在 AI Agent 发展进程中，如何让其高效调用外部工具、实现与外部系统的流畅交互，成为亟待突破的关键问题，MCP（Model Context Protocol，模型上下文协议）应运而生。对于 AI Agent 而言，MCP 如同为其搭建了四通八达的“高速公路”，使其在调用外部资源时更加便捷、高效，有效弥补了自身在工具调用方面的短板，让 AI Agent 能更好地感知与影响真实世界，在复杂任务执行中，借助 MCP 快速连接多元工具，提升任务规划与执行的成功率。

1.2.1 MCP 的起源与发展

MCP 作为 AI 领域极具革新意义的存在，其起源与 AI Agent 在实际应用中面临的困境紧密相连。在 AI Agent 发展进程里，让其高效调用外部工具、顺畅实现与外部系统交互，一直是亟待攻克的难题。传统模式下，每个 AI 模型与各类外部工具（如 API、数据库等）之间，都需定制专属接口来实现交互，随着接入模型数量（设为 M）与工具数量（设为 N）的攀升，接口开发与维护成本会呈指数级增长，也就是陷入“$M \times N$ 复杂度”困境，严重阻碍了 AI Agent 的大规模应用及能力拓展。

2024 年 11 月，美国 AI 初创公司 Anthropic 在官网发布博客，首次向公众介绍并开源了 MCP，试图打造 AI 世界的“数字通用接口”。Anthropic 形象地比喻，MCP 之于 AI 领域，就如同 USB-C 接口对于电脑，为 AI 模型与外部数据源、工具之间，规范了一种标准化连接方式，让大模型能突破自身静态能力局限，像具备了“万能插座”，可便捷接入各类外部资源。在刚刚推出时，MCP 未引起广泛关注，在初期发展阶段，它更多是在小众技术圈和对 AI 交互有深度需求的开发者群体中流传，大家对这种全新的标准化协议还处于观望、探索阶段，实际应用案例较少。

转折出现在 2025 年初，先是 Cursor、VSCode、Cline 等 AI 工具纷纷宣布支持 MCP 协议，随后在 3 月，OpenAI 发布新版 AI 智能体 SDK，深度整合 MCP 协议，开发者借助该协议，可以通过统一接口，快速接入网络搜索、数据库查询、本地文件处理等多样工具。谷歌起初对是否接入 MCP 持观望态度，但不久后也宣布接入。

国内大厂也紧跟步伐，阿里云百炼、腾讯云知识引擎、字节跳动扣子空间、百度智能云先后发布完整 MCP 服务。例如在 Create 2025 百度 AI 开发者大会上，百度发布首个电商交易 MCP、搜索 MCP 等。百度地图则早在 3 月 21 日就全面接入 MCP 协议，成为最早兼容 MCP 的地图应用之一；支付宝、高德地图等也纷纷接入 MCP 协议。如今，MCP 生态已初具规模，高德地图、微信读书等应用均推出官方 MCP 服务器。从行业发展层面看，MCP 有效化解了 AI 工具集成难题，将原本“$M \times N$”的集成复杂度，大幅降低至“$M+N$”，极大提升了开发效率，降低企业智能化转型的技术门槛。

注意：MCP 生态仍处于起步阶段，存在一些待解决问题，在某些场景下，传统 API 或许是更简洁方案；并且，大公司出于数据安全、核心业务保护等考量，对共享核心、实时信息较为谨慎；若 MCP 服务器非官方推出且维护不善，还可能出现安全性、服务稳定性方面的隐患。但不可否认，MCP 已为 AI Agent 发展注入新活力，未来随着技术完善与生态成熟，有望重塑 AI 应用开发及交互模式，推动 AI Agent 迈向新高度。

1.2.2 MCP 的核心概念

MCP 的核心概念围绕“构建跨模型、跨系统的标准化交互框架”展开，如图 1-4 所示，通过明确的组件分工与协同机制，解决 AI Agent 与外部工具、数据资源交互时的碎片化、复杂化问题，为 AI 生态打造高效、统一的“数字协作语言”。MCP 的核心思想可概括为：以标准化协议打破技术壁垒，让 AI 模型（尤其是 AI Agent）能像人类使用“通用工具接口”一样，无缝调用各类外部能力，同时实现交互过程中的上下文连贯、权限可控与动态扩展。

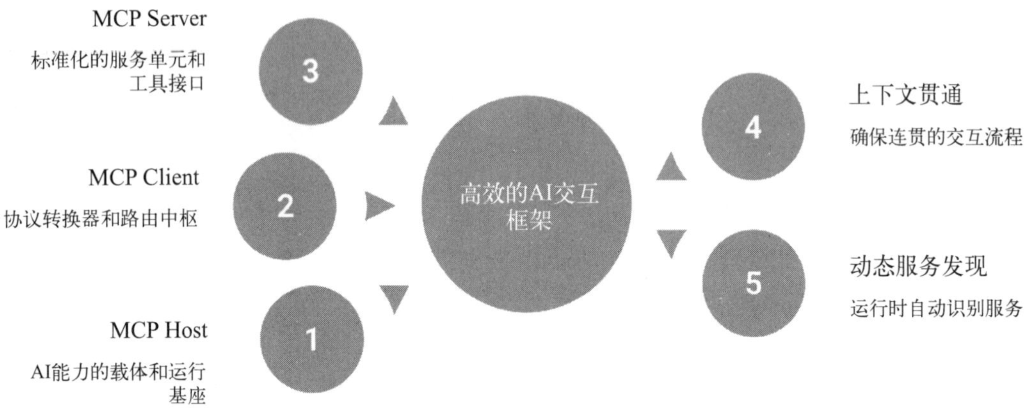

图 1-4 构建高效的 AI 交互框架

（1）核心组件：三位一体的协同架构

MCP 的运行依赖如下三个核心组件的紧密协作，三者如同“办公生态中的基础设施、协调者与服务提供者”，形成完整的交互闭环。

① MCP Host：AI 能力的载体与运行基座

MCP Host 是 AI Agent 与用户交互的“主场”，承担着用户交互入口、任务调度中枢与运行环境支撑的角色。它既是用户操作的终端界面（如 ClaudeDesktop、智能助手 APP 等），也是 AI Agent 与 MCP Client 的运行载体，为整个交互过程提供稳定的“物理空间”。例如，在智能办公场景中，MCP Host 可以是一款集成了 AI 助手的文档软件，用户通过该软件发起“数据分析并生成报表”的需求，Host 则将需求传递给内置的 AI Agent，并为 Agent 调用 MCP Client 提供资源支持与运行环境管理。其核心价值在于统一用户交互入口与任务上下文容器，确保用户需求、Agent 决策与工具调用过程在同一环境中连贯流转，避免上下文断裂。

② MCP Client：协议转换的“翻译官”与路由中枢

MCP Client 是连接 Host 与 Server 的“桥梁”，作为协议转换层，它不参与具体决策，仅负责按标准化规则处理交互流程。其核心功能包括：接收 Host 传递的用户需求与上下文信息（如任务目标、历史交互记录、工具调用参数等），按照 MCP 协议规范进行格式转换与校验；根据任务类型与资源匹配规则，动态选择适配的 MCP Server（如需要数据分析时选择数据库 Server，需要图像处理时选择 AI 视觉 Server）；将 Server 返回的结果按 Host 或 AI Agent 可识别的格式进行封装，并同步更新上下文状态。例如，当 AI Agent 生成“查询近 30 天销售数据”的指令后，MCP Client 会将该指令从 Agent 的原生格式转换为 MCP 标准格式，路由至企业的销售数据库 MCP Server，再将返回的结构化数据转换为 Agent 可解析的格式，确保交互过程中“语义无损耗、格式无冲突”。

③ MCP Server：能力封装的“服务单元”与工具接口

MCP Server 是外部工具与数据资源的“标准化封装器”，将各类垂直领域能力（如代码执行、地图服务、支付接口、数据库查询等）抽象为统一的可调用服务。每个 Server 专注于特定类型的功能，通过标准化接口对外提供服务，屏蔽底层技术细节（如工具的编程语言、数据存储格式、API 版本差异等）。例如，高德地图 MCP Server 将地图检索、路径规划、POI 查询等功能封装为标准化接口，AI Agent 无需了解高德地图的底层 API 设计，只需通过 MCP 协议调用 Server 提供的“路径规划”服务，即可获取符合格式要求的导航数据；企业内部的财务数据库 MCP Server 则将复杂的 SQL 查询逻辑封装为“财务数据查询”服务，AI Agent 通过简单参数调用即可获取报表数据。其核心作用是将碎片化工具能力转化为“即插即用”的标准化服务，大幅降低 AI Agent 调用外部工具的门槛。

（2）核心机制：上下文贯通与动态协同

MCP 的核心概念不仅体现在组件分工，更依赖“上下文全链路贯通”与“动态服务发现”两大机制实现高效交互，具体说明如下。

① 上下文全链路贯通：MCP 通过统一的上下文格式（包含用户意图、任务状态、历史交互数据、工具调用记录等），在 Host、Client、Server 之间同步流转。例如，用户在智能助手 Host 中连续提问“北京明天天气如何？适合穿什么衣服？”时，MCP 会将“北京”“明天”等关键上下文从第一个问题传递至天气查询 Server，再将天气结果（如“气温 15-22℃，多云”）作为上下文传递至穿搭建议 Server，确保 AI Agent 能基于连贯信息生成关联回答，避免 AI Agent 因上下文断裂导致的“答非所问”。

② 动态服务发现：MCP 支持运行时自动识别新增的 MCP Server，AI Agent 无需预先配置工具列表，即可通过 Client 查询“服务注册表”获取最新可用工具。例如，当企业新部署了一款 AI 图像识别 Server 并接入 MCP 生态后，所有接入 MCP 的 AI Agent 可通过 Client 实时发现该服务，并直接调用其图像分类、目标检测等功能，实现“即部署、即调用”的动态扩展能力，解决传统 AI Agent 工具列表固化的问题。

总而言之，MCP 的核心概念通过“标准化协议为骨架、三大组件为血肉、上下文与动态机制为神经”，构建起 AI Agent 与外部世界交互的“通用操作系统”，让复杂的跨工具协作变得像“插 U 盘”一样简单高效。

1.3　MCP 的核心价值

1.3.1　解决工具碎片化：标准化接口降低集成成本

在传统 AI Agent 开发与应用场景中，工具碎片化问题犹如横亘在高效交互之路上的巨石，严重阻碍着 AI 的规模化应用与深度发展。不同工具、数据源各自为政，拥有独特的 API 接口、认证体系及数据格式。以电商平台开发智能客服 AI Agent 为例，若想集成商品查询、订单追踪、支付信息核实等功能，需分别对接商品数据库、物流 API、支付网关等不同系统。每个系统的接口调用方式、数据传输格式大相径庭，如商品数据库可能采用 SQL 查询语句获取数据，物流 API 使用 RESTful 接口返回 JSON 格式物流轨迹，支付网关则要求特定加密格式的支付请求。开发者不得不为每个工具单独编写适配代码，处理接口差异，这无疑极大地增加了开发难度与时间成本，且后期维护工作繁重，一旦某个工具接口升级或变更，整个集成代码都需重新调试、修改。

MCP 的出现为这一困境提供了破局之道，其核心在于构建标准化接口，让 AI Agent 调用外部工具实现“一劳永逸”。MCP 如同 AI 世界的“USB-C 接口”，定义了一套统一规范，无论 AI Agent 面对的是数据库、文件系统，还是第三方 API 服务，都能通过这一标准化接口完成连接与交互。从技术实现层面，MCP 将外部工具与数据资源抽象为标准化服务，以 MCP Server 为载体对外提供服务。例如，企业内部的财务数据库，经 MCP Server 封装后，将复杂的 SQL 查询逻辑简化为“财务数据查询”这一标准化服务接口，AI Agent 只需按 MCP 协议规范，传递查询参数（如查询时间段、财务报表类型等），即可获取所需财务数据。同样，高德地图的 MCP Server 将地图检索、路径规划等功能，以标准化接口形式呈现，AI Agent 调用时，无需关注高德地图底层 API 细节，极大降低了调用门槛。

从成本效益角度分析，MCP 的标准化接口显著降低了集成成本。传统模式下，集成 N 个工具到 M 个 AI 模型中，需开发 $M\times N$ 个定制接口，而 MCP 模式下，仅需为 M 个 AI 模型开发 M 个 MCP Client，为 N 个工具构建 N 个 MCP Server，将集成复杂度从“$M\times N$”锐减至“$M+N$”。据行业数据统计，采用 MCP 进行工具集成，开发效率平均提升 60% 以上，开发周期可缩短约 40%。以某大型金融机构构建智能投资顾问 AI Agent 为例，传统方式集成股票行情查询、基金产品数据库、风险评估工具等数十种外部工具，需投入超 50 人月的开发工作量，且后续维护成本高昂。在引入 MCP 后，开发工作量降至 20 人月左右，维护成本也因标准化接口大幅降低，每年可节省数百万美元的技术投入。在快速迭代的互联网产品开发中，MCP 让企业能以更低成本、更快速度集成新工具，响应市场变化，如电商平台可迅速接入新的营销工具 MCP Server，为用户提供个性化促销服务，抢占市场先机。

1.3.2 维护跨工具上下文：会话状态统一管理

在复杂的 AI 交互流程中，跨工具操作极为常见，然而传统模式下，各工具独立运作，导致上下文信息在工具切换时极易丢失，如同接力赛跑中频繁掉棒，严重阻碍了任务的连贯执行与高效完成。以软件开发场景为例，开发者使用 AI Agent 协助项目时，可能先用代码编辑工具编写代码，调用代码分析工具进行语法检查，再利用版本控制工具提交代码。在这一过程中，传统 AI Agent 难以在工具切换间有效保存与传递上下文，如代码编辑阶段定义的变量用途、函数逻辑等关键信息，在调用代码分析工具后，分析结果无法精准关联初始代码编写意图，到版本控制阶段，更无法依据前期连贯信息生成合理的提交说明。这使得开发者在不同工具交互时，需不断手动重复说明任务背景、目标等上下文，极大影响开发效率。

MCP 以统一会话状态管理为核心，为跨工具上下文维护带来系统性解决方案。从技术原理看，MCP 通过标准化上下文格式，将用户意图、任务状态、历史交互记录等关键信息，封装为统一的上下文对象，在 MCPHost、Client、Server 间全链路流转。当 AI Agent 在多工具协作场景中执行任务时，如电商客服场景下，AI Agent 先调用商品数据库 MCP Server 查询商品信息，此时用户咨询商品使用场景、适配人群等问题形成的上下文（包括用户偏好、咨询语气、前期提及商品特点等），会随查询指令一同传递至 Server，Server 返回商品信息结果时，也会携带上下文标记。当 AI Agent 后续调用物流查询 MCP Server 时，此前商品咨询的上下文会无缝传递，使其能结合商品信息与用户需求，更精准地回复物流相关问题，如推荐合适配送方式、预估送达时间。

在实际应用中，MCP 的跨工具上下文维护优势尽显。在智能办公场景下，用户使用集成 MCP 的办公套件，先通过文档编辑工具撰写项目报告，期间调用 AI Agent 查询资料、生成图表。AI Agent 依据文档写作上下文（如报告主题、章节结构、已撰写内容），精准检索信息并生成适配图表。当用户切换至邮件工具，将报告发送给团队成员时，AI Agent 能基于此前文档写作上下文，自动生成包含报告要点、期望反馈等内容的邮件正文，无需用户重复描述，极大提升了办公效率。在医疗诊断辅助场景中，AI Agent 先分析患者病历数据（调用医疗数据库 MCP Server），再结合医学影像诊断结果（调用影像分析 MCP Server）给出综合诊断建议，跨工具上下文连贯传递，让诊断准确性提升 15% ～ 20%，有效辅助医生决策。借助 MCP，AI Agent 在跨工具协作时，真正实现了“一次理解，全程贯通”，打破工具间的信息壁垒，让复杂任务执行更加流畅、高效。

1.3.3　动态扩展能力：运行时发现新工具

在快速迭代的 AI 技术领域，新工具、新服务如雨后春笋般不断涌现，对 AI Agent 而言，能否及时、无缝地接入这些新兴资源，关乎其能否始终保持强大的适应性与竞争力。传统 AI 应用模式下，工具集成往往是静态且固化的，开发人员需预先将特定工具的调用接口、认证信息等硬编码至 AI 系统中。若要接入新工具，必须重新修改代码、重新部署系统，这一过程不仅耗时费力，还容易引入新的代码错误。以电商平台的智能营销 AI Agent 为例，若平台上线新的流量监测工具，如果按照传统方式，开发团队需投入大量时间适配新工具接口修改 AI Agent 的调用逻辑，待重新部署完成后，市场机会或许早已错过。这种静态集成方式，严重束缚了 AI Agent 对新工具的响应速度，使其难以紧跟业务发展节奏。

MCP 以创新架构设计，赋予 AI Agent 卓越的动态扩展能力，让新工具接入实现“即插即用”。从技术机制层面看，MCP 引入了“服务注册表”概念，MCP Server 在接入生态时，会将自身提供的服务类型、接口规范、功能描述等关键信息，注册至服务注册表。MCP Client 则承担起“侦察兵”的角色，在运行过程中，周期性查询服务注册表，实时掌握生态内新增或更新的 MCP Server。当 AI Agent 有工具调用需求时，MCP Client 可以迅速根据需求类型，从注册表中筛选匹配的新工具，并将其动态纳入可调用资源池。例如，在智能办公场景中，企业新上线一款智能文档排版 MCP Server，一经注册，接入 MCP 的办公 AI Agent 便能在数秒内感知到该工具，后续处理文档任务时，可直接调用其排版功能，优化文档格式。

在实际应用场景中，MCP 的动态扩展能力优势显著。软件开发团队使用集成 MCP 的开发工具链时，随着项目推进，若需引入新的代码质量检测工具、自动化测试框架等，无需中断开发流程进行复杂配置。如团队在开发一款移动应用时，项目中期决定引入新的 UI 自动化测试 MCP Server，MCP Client 自动发现该工具后，开发人员通过简单配置，即可让 AI 辅助开发工具调用新测试工具，对应用界面进行自动化测试，确保 UI 交互质量，整个过程可在数分钟内完成，极大提升开发灵活性与效率。在医疗科研领域，医学研究人员利用 AI Agent 分析海量生物医学数据，当新的基因数据分析算法、医学影像处理工具以 MCP Server 形式接入生态时，科研人员使用的 AI Agent 能实时调用这些新工具，从全新维度挖掘数据价值，加速科研进展。

1.3.4　安全沙箱机制：权限控制与操作审计

在 AI Agent 调用外部工具与资源的过程中，安全问题犹如高悬之剑，时刻威胁着数据安全、系统稳定及用户隐私。传统模式下，由于缺乏统一、有效的安全管控，一旦 AI Agent 被恶意利用，极易引发数据泄露、系统被攻击等严重后果。例如，在企业办公场景中，若 AI Agent 权限失控，可能导致商业机密文件被非法读取、修改或传播；在金融领域，恶意操作 AI Agent 调用支付工具，会造成资金损失与客户信任危机。

MCP 以创新的安全沙箱机制，为 AI Agent 的运行筑牢安全防线，通过精细权限控制与全面操作审计，实现安全可控的外部交互。从权限控制维度，MCP 构建起多层次、细粒度的权限管理体系。在基础身份认证层面，采用 AccessKey/SecretKey（AK/SK）机制，确保接入 MCP 生态的主体身份合法。以企业接入 MCP Server 为例，需凭借专属 AK/SK 完成初始身份验证，只有通过验证的企业实体，才有资格进入后续权限分配流程。进一步，引入 OAuth 2.0 协议，实现授权范围的灵活界定。企业可依据员工岗位、业务需求，为不同用户角色配置差异化权限，如研发人员仅被授予访问模型训练数据的权限，业务人员只能查看分析结果，而管理员拥有全量操作权限。在操作标签层面，对具体操作行为实施细粒度管控。针对数据操作，严格区分查询、修改、删除等不同操作的权限，如普通员工仅具备数据查询权限，而数据修改、删除权限则保留给特定授权人员。这种层层递进、细致入微的权限控制，如同为每个用户打造一把“专属钥匙”，只能开启特定“安全锁”，精准限制其在 MCP 生态内的操作范围。

操作审计是 MCP 安全沙箱机制的另一关键支柱。系统对 AI Agent 在 MCP 生态内的每一次数据交互、每一个操作行为，均进行详尽记录，形成完整的审计日志。日志中不仅涵盖操作时间、操作人、操作内容等基本信息，还可追溯数据的来源与去向，实现操作行为的全生命周期管理。通过全面操作审计，企业能够实时监控 AI Agent 行为，及时发现异常操作，对违规行为进行追溯问责，保障 MCP 生态内数据流转与操作的合规性、安全性。

在技术实现上，MCP 通过安全沙箱将 AI Agent 的运行环境与外部资源隔离。以代码执行场景为例，MCP 服务器利用 Docker 容器创建安全代码沙箱环境，在容器内执行代码。容器化技术为代码执行提供隔离空间，限制代码对系统资源的访问，防止因代码漏洞或恶意代码导致的系统层面风险扩散。在文件操作方面，沙箱机制对文件读写权限进行精细控制，明确 AI Agent 可访问、修改的文件范围，避免敏感文件被非法访问。例如，在企业文档管理系统中，AI Agent 经 MCP 安全沙箱授权，仅能读取特定项目文件夹内的文档进行分析，无法访问其他敏感业务文档。通过权限控制、操作审计与安全隔离协同运作，MCP 的安全沙箱机制为 AI Agent 打造了一个安全、可控的运行“保险箱”，让其在高效调用外部资源的同时，严守安全底线，推动 AI 应用在安全轨道上稳健发展。

1.4 MCP 在 AI Agent 生态中的角色

MCP 犹如 AI Agent 的“万能插头”，把分散工具瞬间变成可插拔模块。Agent 只需一句话，MCP 便按图索骥，调度 API、数据、硬件完成任务。MCP 与 A2A、AG-UI 协同，构建了 AI Agent 的“感知—决策—执行—交互”的完整闭环。

1.4.1 MCP：Agent 的“行动引擎”

MCP 之于 AI Agent，宛如汽车发动机对于整车，是驱动其灵活、高效调用外部资源，完成复杂任务的核心“行动引擎”。AI Agent 虽具备一定智能决策能力，但其自身知识与能力边界局限，需依赖外部工具拓展“视野”与“行动力”。MCP 作为模型上下文协议，构建起标准化桥梁，一端连接 AI Agent，另一端对接各类外部工具与数据源，赋予 Agent 强大的“外拓能力”。

从技术实现视角，MCP 通过 MCP Client 为 AI Agent 提供统一调用接口，屏蔽不同工具在接口格式、调用方式、数据传输协议等方面的差异。以智能办公场景下的 AI Agent 为例，当它需要完成“分析销售数据并制作可视化报表”任务时，借助 MCP，可轻松调用数据库查询工具获取销售数据，再调用专业报表制作工具将数据转化为图表。MCP Client 负责将 Agent 发出的调用指令，按标准格式转换后传递给对应的 MCP Server（如数据库 Server、报表制作 Server），Server 执行任务后，Client 又将结果转换为 Agent 可理解的格式回传。在此过程中，MCP 如同“翻译官”与“调度员”，让 Agent 无需关注底层技术细节，专注于任务规划与决策，极大提升执行效率。若将 AIAgent 比作“指挥官”，MCP 则是为其调配“千军万马（各类工具）”的“后勤官”，保障指令得以高效执行。

1.4.2 典型工作流

在实际应用中，MCP 与 AI Agent 遵循一套高效、有序的典型工作流。当用户向 AI Agent 下达任务指令，如“制定一份下周北京旅游攻略”，Agent 首先发挥自身智能规划能力，依据任务目标与自身知识储备，生成详细任务计划。此计划包含多个子任务步骤，如查询北京景点信息、获取下周北京天气、预订合适酒店等。

随后，Agent 将这些子任务需求传递给 MCP。MCP 接收到需求后，如同智能调度中枢，依据任务类型与工具适配规则，精准调度对应工具。对于查询景点信息，MCP 调度搜索引擎 MCP Server；查询天气则调用天气数据 MCP Server；预订酒店指令会被发送至在线旅游预订平台 MCP Server。在调度过程中，MCP Client 负责按协议规范与 Server 交互，传递任务参数、接收执行结果。各 MCP Server 接收到指令后，调用底层实际工具或数据源执行任务，如搜索引擎抓取网页信息、天气数据库查询数据、预订平台查询房源并返回价格与房型信息。

最后，MCP 将各工具执行结果汇总整理，按 Agent 可识别格式返回。AI Agent 基于这些结果，进行整合分析，生成完整、个性化的北京旅游攻略反馈给用户。这一工作流中，Agent 专注任务规划与最终结果整合，MCP 负责工具调度与结果中转，两者紧密协作，如同工厂流水线，各环节各司其职，保障复杂任务从指令输入到优质结果输出的高效流转。

1.4.3 协议协同

在 AI 生态体系中，MCP 并非孤立存在，而是与 A2A（Agent 间通信）、AG-UI（人机交互）协议相互协同，共同构建完整、流畅的智能交互网络。

MCP 与 A2A 协议在多 Agent 协作场景下紧密关联。当多个 AI Agent 需协同完成复杂任务，例如在大型项目管理中，策划 Agent、资源分配 Agent、进度监控 Agent 需相互配合。此时，A2A 协议负责 Agent 之间的信息交流与任务协调，确定各自分工与协作流程。而 MCP 则为每个 Agent 提供调用外部工具与资源的能力支持。例如，策划 Agent 通过 A2A 告知资源分配 Agent 项目所需资源类型与数量，资源分配 Agent 借助 MCP 调用企业资源数据库 MCP Server，查询资源库存并进行分配规划，MCP 保障 Agent 在协作过程中有充足“资源弹药”可用，A2A 确保 Agent 间沟通顺畅、协作有序，两者相辅相成，提升多 Agent 系统整体效能。

MCP 与 AG-UI 协议则在人机交互链路中协同作用。AG-UI 协议专注于优化人与 AI Agent 的交互体验，包括界面设计、交互方式、语言理解与生成等。用户通过 AG-UI 向 AI Agent 输入指令，如在智能客服界面输入问题。AI Agent 接收到指令后，借助 MCP 调用知识库、数据库等外部资源获取信息，生成回答。随后，回答结果通过 AG-UI 以友好、易懂的方式呈现给用户。如在电商购物咨询场景中，用户在 APP 聊天窗口询问某商品信息，AI Agent 经 MCP 查询商品数据库、物流信息库，再由 AG-UI 将商品详情、配送时间等信息以图文并茂形式展示在聊天界面，MCP 为 Agent 提供信息支撑，AG-UI 保障交互友好性，共同打造高效、便捷的人机交互体验，让用户与 AI Agent 的沟通如同人与人交流般自然、顺畅。借助与 A2A、AG-UI 协议的协同，MCP 融入更大的 AI 生态，从工具调用底层支撑，逐步拓展至多 Agent 协作、人机交互全场景，推动 AI 应用向更智能、高效方向发展。

1.5 MCP 与其他技术的对比

在 AI 与外部工具交互的技术领域，MCP 并非唯一解决方案，其与传统 API 集成、FunctionCall 等技术在设计理念、应用场景与核心优势上存在显著差异，通过对比可更清晰凸显 MCP 的独特价值。

1.5.1 与传统 API 集成技术的对比

传统 API 集成是软件系统间交互的经典方式，但其在 AI Agent 规模化应用场景中逐渐暴露出局限性，而 MCP 通过标准化革新实现了效率跃升。

从集成复杂度看，传统 API 集成面临“$M \times N$”的指数级成本困境。当 M 个 AI 模型需对接 N 个外部工具时，需为每个模型与工具的组合开发专属适配代码，且不同工具的 API 格式、认证方式、数据协议千差万别（如数据库用 SQL 查询、支付接口需加密签名、物流 API 返回 JSON 格式）。而 MCP 通过“一次开发、多端适配”的标准化架构，将复杂度降至“$M+N$”——开发者只需为 M 个模型开发 MCP Client，为 N 个工具构建 MCP Server，即可实现全量交互。

从灵活性与扩展性看，传统 API 集成依赖静态配置，新增工具需修改代码并重新部署系统，影响业务连续性。而 MCP 支持动态服务发现，新工具以 MCP Server 形式接入后，Agent 可通过服务注册表实时感知并调用，无需中断服务。

1.5.2 与 Function Call 技术的对比

Function Call 是大语言模型调用外部工具的原生机制，但其厂商锁定性与场景局限性明显，而 MCP 通过标准化协议实现了跨生态协同。

在兼容性与开放性上，FunctionCall 是模型厂商的私有接口（如 OpenAI 的 Function Call、Anthropic 的 ToolUse），不同厂商的调用格式、参数规范差异显著。开发者若需在多模型间迁移工具调用能力，需重新适配不同厂商的 Function Call 规则，迁移成本高。MCP 则统一了各家厂商的工具调用标准，定义通用协议格式，无论底层模型是 GPT 系列、Claude 还是国产大模型，均可通过 MCP 调用同一套工具。

在功能定位与场景适配方面，Function Call 更适合高频轻量任务，如单轮数据查询、简单指令执行，其优势在于响应速度快（通常毫秒级），但缺乏复杂任务的上下文管理与工具协同能力。MCP 则专注于复杂流程的全链路管控，支持跨工具上下文传递、多步骤任务调度与异常重试机制，更适配企业级复杂场景（如供应链调度、全流程客服）。例如在智能诊疗场景中，MCP 可协调电子病历查询、检验结果分析、用药推荐等多工具协同，而 Function Call 更适合单一检验指标的查询任务。两者并非替代关系，而是互补协同——Function Call 作为 MCP 的底层执行单元，处理具体工具调用；MCP 作为上层调度框架，负责任务规划与全局协同，形成“宏观管控 + 微观执行”的高效架构。

1.5.3 核心差异总结

MCP 与其他技术的对比总结如表 1-1 所示。

表 1-1　MCP 与其他技术的对比总结

技术维度	传统 API 集成	Function Call	MCP
核心定位	系统间静态交互接口	模型原生工具调用机制	跨模型 / 工具的标准化交互框架
集成复杂度	$M \times N$（定制化适配）	模型绑定（厂商私有标准）	$M+N$（标准化协议）
上下文能力	无统一管理（需手动维护）	单轮上下文有限传递	全链路上下文统一管理
扩展性	静态配置（需重启部署）	依赖模型厂商更新	动态发现（运行时接入新工具）
典型场景	固定系统对接（如支付接口）	单步轻量工具调用	企业级复杂流程协同

通过上面的对比可见，MCP 在解决工具碎片化、降低集成成本、支持动态扩展等方面的优势，使其成为 AI Agent 生态中连接模型与工具的核心枢纽，尤其在规模化、复杂化的企业级应用中，展现出了不可替代的技术价值。

1.6　准备 MCP 环境

准备 MCP 环境，首先要深入研读官方文档 ，掌握其架构、接口规范与数据格式等核心概念。如果想借助 Claude 模型体验 MCP，可以下载安装 Claude Desktop，利用其可视化界面和内置的 MCP 支持，快速测试相关功能。如果不想安装该客户端，也能通过 Anthropic 提供的 API，以代码形式实现 MCP 协议功能。此外，还需确保开发环境具备相应的编程语言支持（如 Python 等），并配置好网络等基础条件，以顺利开展 MCP 相关实践。

1.6.1　使用 Claude Desktop

Claude Desktop 是 Anthropic 公司推出的官方客户端软件，它集成了 Claude 系列大语言模型，为用户提供了便捷的对话交互界面；支持创建新聊天、管理对话记录以及开展项目协作等操作，还具备“Connectors”功能，能通过 MCP 协议与 Apple Notes、Spotify 等多种外部应用连接，实现跨应用任务自动化、数据读取与写入等功能，助力用户提升工作和生活效率。

① 登录 Claude AI 官方网站，选择 Claude Desktop 的下载版本，例如单击“Windows”按钮下载 Windows 版本，如图 1-5 所示。

② 下载完成后得到安装文件 Claude-Setup-x64.exe，鼠标双击安装文件开始进行安装，首先显示“启动初始界面”，如图 1-6 所示。

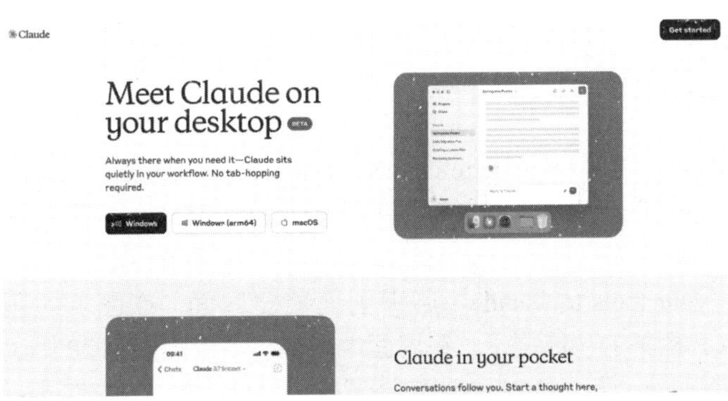

图 1-5　单击“Windows”按钮

图 1-6　启动初始界面

③ 单击“Get started”按钮来到登录界面，可以使用自己的谷歌账户登录，如图 1-7 所示。

④ 登录成功后来到 Claude Desktop 的隐私政策确认界面，如图 1-8 所示，展示了 Anthropic 公司关于用户数据、安全等方面的保障措施，如用户可随时控制并删除自己的数据，数据不会被出售给第三方等。

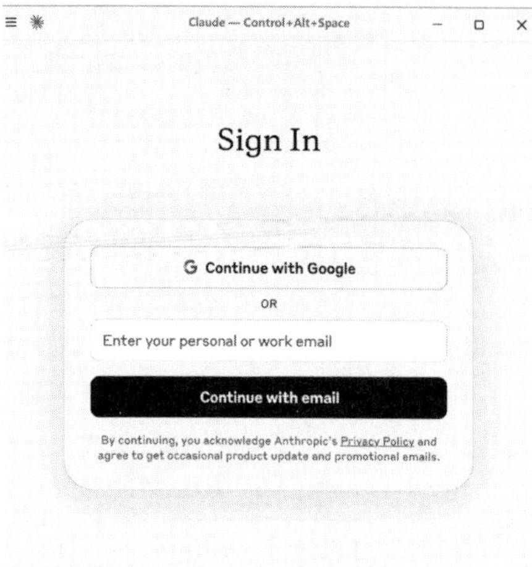

图 1-7　登录界面

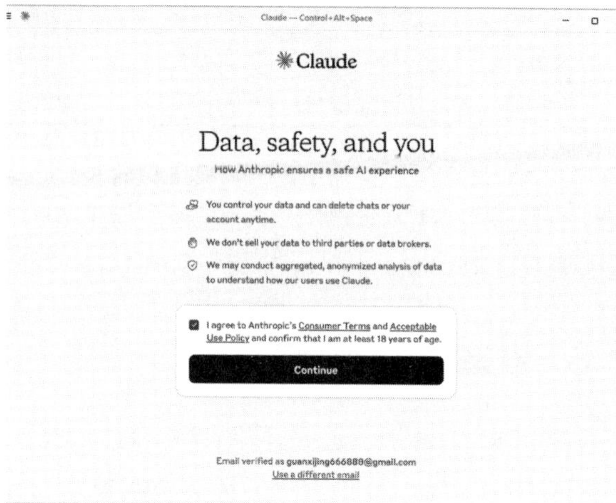

图 1-8　隐私政策确认界面

⑤ 点击“Continue”按钮进入下一个界面，新用户可以选择“Free”使用其免费版本，如图 1-9 所示。

⑥ 接下来设置一个自己的用户名，然后即可来到聊天界面，如图 1-10 所示。

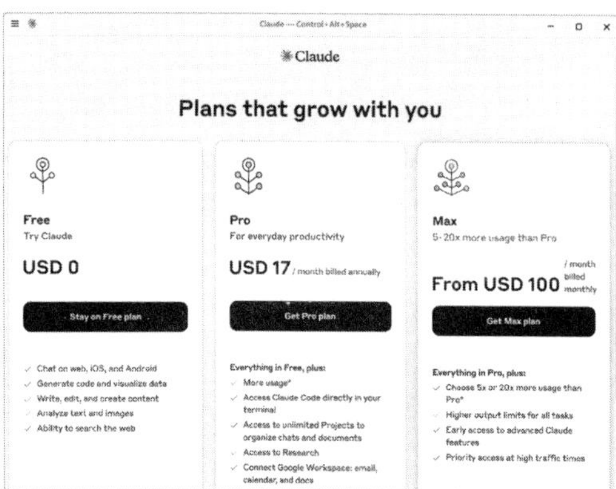

图 1-9　选择“Free”

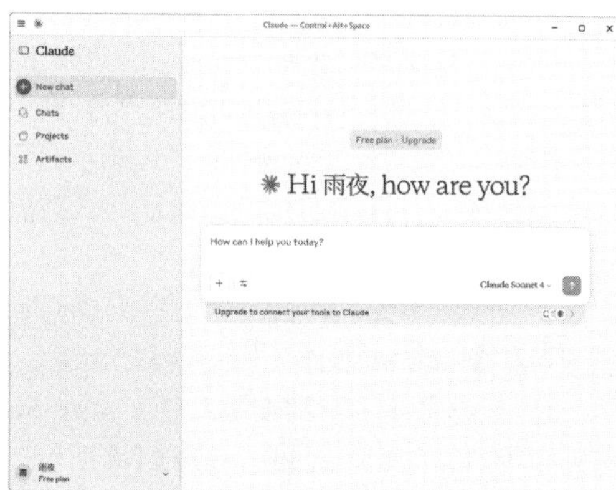

图1-10　Claude Desktop聊天界面

1.6.2 Claude Desktop 与 MCP

在 Claude Desktop 的聊天界面中单击“Upgrade to connect your tools to Claude”，可以通过 MCP 等协议与外部工具（如各类应用程序、服务接口等）进行连接和交互，从而拓展 Claude 的使用范围和能力。

① 单击“Upgrade to connect your tools to Claude”后来到连接器界面，如图 1-11 所示。这是 Claude Desktop 中与 MCP 相关的功能展示，在界面中列出了多个支持 MCP 协议的桌面扩展工具。这些工具允许 Claude 通过 MCP 协议与外部应用程序（如 Apple Notes、 iMessage、Stripe 等）进行交互，实现更复杂的任务自动化和数据集成。

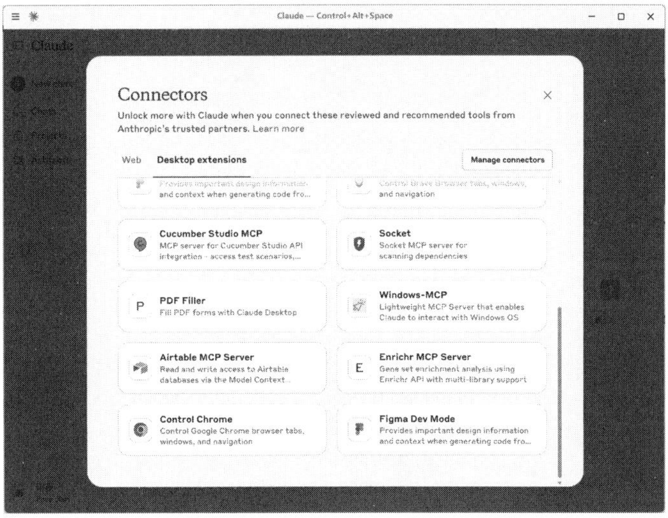

图 1-11　连接器界面

② 根据个人需要安装这些 MCP 扩展工具，例如在“Windows-MCP”界面单击“Install”按钮进行安装，如图 1-12 所示。

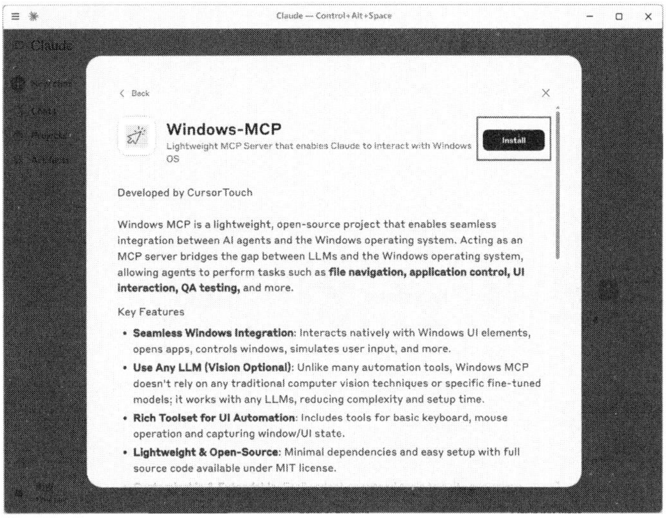

图 1-12　Windows-MCP 界面

Windows-MCP 是由 CursorTouch 开发的一个轻量级、开源的 MCP 服务器项目，它能使 Claude 等 AI 模型与 Windows 操作系统实现无缝集成。其主要作用是在大语言模型（LLM）和 Windows 操作系统之间搭建桥梁，让 AI 能够执行文件导航、应用程序控制、用户界面交互、质量保证测试等多种任务。

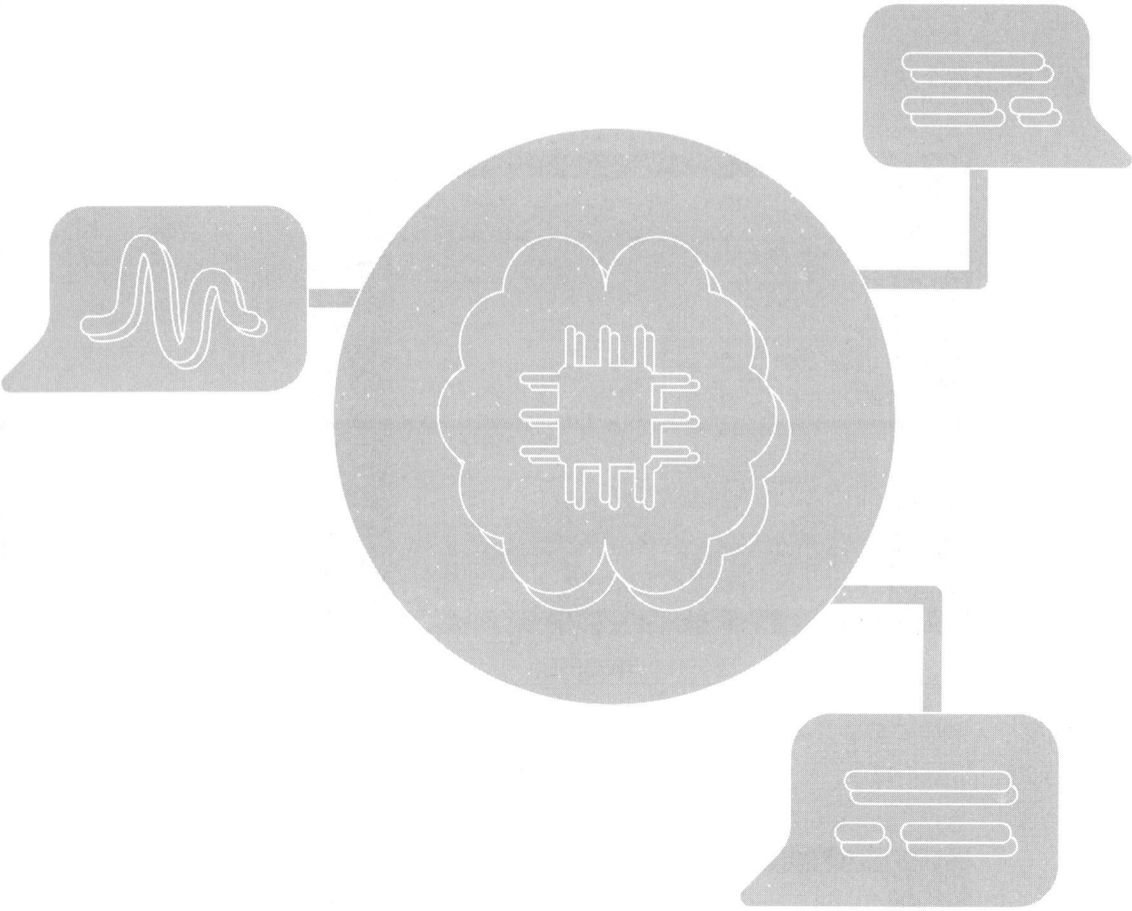

第 2 章

MCP 架构设计的原理

MCP 把大模型当成只懂 JSON-RPC 的“浏览器”，把外部工具 / 数据当成“网页”，通过统一、无状态的 Client-Server 协议让 Agent 像插 USB-C 一样热插拔任何函数、数据库或 API：Client 只负责把自然语言意图封装成标准化请求并回写简洁上下文，所有认证、IO、重计算被隔离在可横向扩展的 MCP-Server 中，实现安全、实时、版本透明的工具链生态。

2.1　MCP 架构概览：目标、理念与模型

MCP 即模型上下文协议，是由 Anthropic 推出的一种开放标准，如图 2-1 所示。下面是对 MCP 的目标、理念与模型的相关介绍。

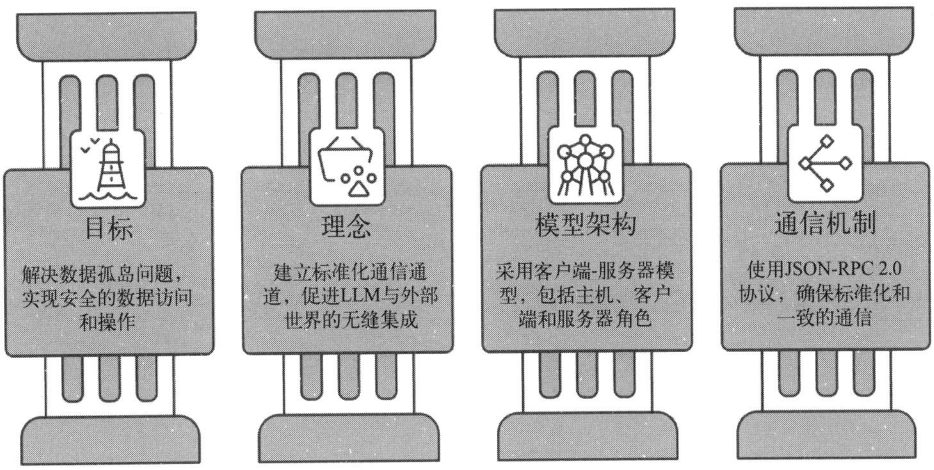

图 2-1　MCP 架构概览

（1）目标

MCP 旨在解决当前 AI 模型因数据孤岛限制而无法充分发挥潜力的难题，使得 AI 应用能够安全地访问和操作本地及远程数据，为 AI 应用提供连接万物的接口，成为连接大模型与软件应用的新兴标准。

（2）理念

MCP 的核心理念是在大语言模型（LLM）与外部世界之间建立标准化、双向的通信通道。通过这一开放协议，LLM 可以安全、高效地访问实时数据和执行操作，不再局限于训练语料中的静态知识。同时，MCP 也旨在解决 AI 集成中的“$M \times N$”难题，即过去 M 个模型对接 N 个工具需要 $M \times N$ 种适配，现在不同模型与不同工具之间可以通过 MCP 这一“共同语言”无缝协作，降低开发门槛。

（3）模型架构

MCP 采用经典的客户端 - 服务器架构模型，主要包含如下三个角色。

① 主机（Host）：通常是启动连接的 LLM 应用程序，如 Claude Desktop 或各类 IDE 环境。主机负责管理客户端实例的生命周期，控制连接权限，执行安全策略，还负责协调 AI/LLM 集成，是 MCP 协议的核心协调者。

② 客户端（Client）：在主机应用内部运行，与服务器保持 1∶1 的连接关系，负责发送请求和接收响应。它作为调用方，是用户与 MCP 生态的交互入口，例如聊天应用类、编码工具类、任务自动化类应用等都可通过客户端调用 AI 能力。

③ 服务器（Server）：向客户端提供上下文信息、工具支持和提示内容，是整个协议的

服务提供方。服务器可以是本地或远程的，可提供数据库访问、设计创作、笔记管理等多种功能，对外暴露能力时主要包含资源（Resources）、工具（Tools）和提示模板（Prompts）三种元素。

（4）通信机制

MCP 通信基于 JSON-RPC 2.0 协议，支持请求、响应和通知三种消息类型，确保通信的标准化和一致性。传输层负责实际的通信传输，支持多种传输机制，如标准输入 / 输出（Stdio）传输和可流式 HTTP 传输，所有传输方式都采用 JSON-RPC 2.0 作为消息交换格式，以确保协议的标准化和互操作性。

2.2 MCP 的核心组件

MCP 的核心组件有三类，分别是 Host（运行大模型与 Agent 的宿主，如 Claude Desktop）、Client（嵌入 Host 的轻量协议网关，负责把模型意图转成 JSON-RPC 请求）和 Server（真正封装工具、数据或 API 的独立进程，提供函数清单与执行环境），三者通过标准 I/O 或 SSE（Server-Sent Events）通道完成一次“发现—调用—回写”的闭环，从而让任何资源像插 USB-C 一样被模型即插即用。

2.2.1 MCP 客户端：角色、功能与设计

MCP 客户端是模型上下文协议（MCP）架构中的核心组件，承担着连接用户与外部资源的桥梁作用。MCP 客户端的核心角色可概括为三个层面，如图 2-2 所示，具体说明如下。

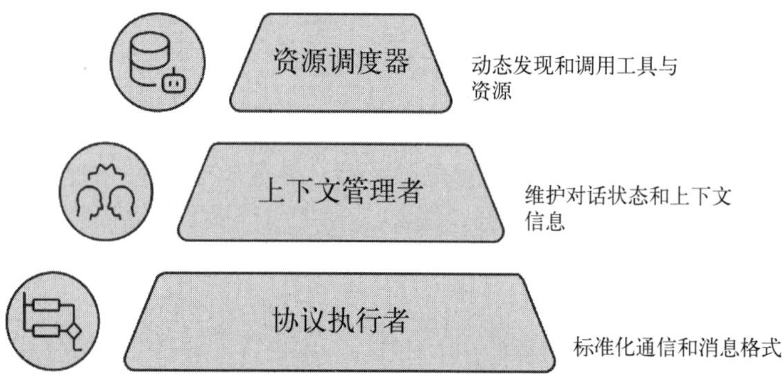

图 2-2　MCP 客户端角色金字塔

① 协议执行者：作为 MCP 协议的客户端实现，负责与 MCP 服务器进行标准化通信，遵循 JSON-RPC 2.0 格式封装请求与响应。例如，客户端通过 HTTP POST 发送工具调用请求，通过 SSE 接收异步结果流，确保跨环境通信的一致性。

② 上下文管理者：维护对话状态与上下文信息，支持多轮交互的连贯性。例如，在智能客服场景中，客户端需跟踪用户历史问题、已调用的工具及返回结果，确保模型能基于完整上下文生成响应。

③ 资源调度器：动态发现并调用 MCP 服务器提供的工具与资源。例如，客户端可自动获取服务器的能力描述（如支持的工具列表、资源类型），并根据用户需求选择最优服务。

（1）核心功能：从请求到响应的全流程管理

MCP 客户端的功能设计围绕标准化交互、灵活扩展、安全可控三大目标展开，具体包括以下模块。

1）协议兼容性协商

① 支持版本协商：客户端与服务器首次连接时，自动协商兼容的协议版本（如 0.8.x），确保功能一致性。

② 能力交换机制：服务器返回支持的工具、资源、提示模板等信息，客户端动态适配接口变更。

2）请求与响应处理

① 工具调用：将模型生成的 Function Call 请求（如查询天气、数据库检索）转发至对应服务器，并解析返回结果。例如，客户端通过 JSON-RPC 格式发送 get_weather 请求，包含城市参数，服务器处理后返回温度、湿度等数据。

② 流式响应：支持 SSE 模式下的异步结果推送，适用于长文本生成、实时监控等场景。例如，在代码生成过程中，服务器通过 SSE 流逐步返回代码片段，客户端实时显示给用户。

3）上下文管理

① 封装上下文信息：将用户输入、工具调用历史、资源访问记录等打包为标准化上下文格式（CEF），供模型使用。CEF 包含时间戳、实体列表、知识图谱等字段，确保跨模型的语义一致性。

② 会话生命周期管理：支持会话的创建、暂停、恢复与销毁，例如在 IDE 插件中，用户切换项目时自动保存当前会话状态。

4）安全与权限控制

① 身份认证：支持 API 密钥、OAuth 2.0 等认证方式，确保只有授权用户可访问服务器资源。

② 权限粒度控制：基于角色或用户组限制工具调用范围。例如，企业管理员可配置普通用户仅能调用公开工具，而开发人员可访问敏感数据库接口。

5）错误处理与日志

① 异常捕获：检测非法消息格式、超时、连接中断等问题，触发重试或回退机制。例如，若服务器未在规定时间内响应，客户端自动切换至备用服务。

② 审计日志：记录所有请求、响应及错误信息，供后续分析与安全审计。例如，医疗系统中需记录患者数据访问日志，确保合规性。

（2）设计原则：模块化与可扩展性的平衡

MCP 客户端的设计遵循分层架构、传输无关、多语言支持三大原则，以适应复杂场景的需求。

1）分层架构：解耦协议逻辑与传输细节

① 协议层：定义通信语义（如请求 - 响应格式、会话管理规则），独立于底层传输方式。

② 传输层：支持多种通信模式，包括如下三种模式。

a. Stdio 模式：适用于本地进程间通信（如 IDE 插件与本地服务），通过标准输入 / 输出流传输 JSON-RPC 消息。

b. SSE 模式：基于 HTTP 长连接实现远程通信，支持服务端主动推送（如云端 API 调用）。

c. Spring 集成：可选依赖 Spring WebFlux 或 WebMVC 实现响应式或 Servlet 模式的 HTTP 流传输。

2）多语言支持与 SDK 生态

① 官方提供 Python、TypeScript、Java 等多语言 SDK，降低开发门槛。例如，Java

SDK 提供 McpClient 类，封装同步 / 异步方法，支持快速集成。

② 社区驱动的工具生态：开发者可复用 GitHub 上已有的 MCP 服务器（如数据库查询、文件操作），通过几行代码接入客户端。

3）安全增强设计

① 数据加密：传输层默认启用 TLS 加密，敏感数据（如用户隐私、API 密钥）在传输与存储时均加密处理。

② 人机协同机制：高危操作（如文件删除、数据库写入）需用户二次确认，避免模型滥用工具。

（3）交互流程

接下来以智能开发助手为例，说明 MCP 客户端的交互流程。例如用户在 IDE 中编写代码时，遇到问题需调用工具（如代码解释、依赖包查询），具体交互流程如下。

1）客户端初始化

① 启动时加载配置文件，指定连接的 MCP 服务器列表（如代码解释服务、包管理服务）。

② 与服务器进行协议版本协商及能力交换，获取支持的工具列表（如 explain_code、find_package）。

2）用户触发工具调用

① 用户选中代码片段并右键选择“解释代码”，客户端生成 Function Call 请求，包含代码内容与解释需求。

② 通过 Stdio 模式将请求发送至本地代码解释服务器，服务器返回自然语言解释文本。

3）上下文更新与响应生成

① 客户端将解释结果添加到上下文，供模型生成回答。例如，模型结合代码解释与用户问题，建议优化变量命名。

② 若需进一步依赖包查询，客户端自动调用包管理服务器，返回版本号、安装命令等信息。

4）结果展示与会话管理

① 客户端将工具返回结果整合为富文本格式（如代码块 + 解释文本），显示在 IDE 侧边栏。

② 用户保存会话后切换项目，客户端自动持久化当前上下文，下次打开时可继续编辑。

总而言之，MCP 客户端通过标准化协议、灵活功能设计、安全机制，成为连接大模型与外部世界的关键枢纽。MCP 客户端的核心价值如下。

① 降低集成成本：开发者无需为每个工具编写定制适配器，复用现有服务器即可快速构建智能应用。

② 提升交互体验：支持流式响应、上下文管理，实现更自然的多轮对话。

③ 保障系统安全：通过认证、权限、审计等机制，确保工具调用的可控性。

未来，随着 MCP 生态的完善（如更多行业垂直工具的接入），客户端将进一步推动 AI 应用的规模化落地，助力智能体从“功能实现”向“体验优化”跃迁。

2.2.2 MCP 服务器：架构、职责与关键模块

MCP 服务器采用四层架构设计，将功能划分为协议适配、业务逻辑、资源管理和基础设施四个层面，确保高内聚、低耦合的工程实现。

（1）架构设计

1）协议适配层　协议适配层的核心功能是解析 MCP 协议规范，实现 JSON-RPC 2.0 消息的序列化 / 反序列化，支持多种传输方式（如 Stdio、SSE、HTTP）。

协议适配层的关键模块如下。

① 协议解析器：将客户端请求转换为内部任务对象，包含方法名、参数、上下文等元数据。

② 传输适配器：封装不同通信模式的底层实现，例如基于 FastAPI 的 SSE 服务器或基于进程间通信的 Stdio 管道。

协议适配层的核心实现技术如下。

① 使用 pydantic 定义请求 / 响应模型，确保类型安全。

② 支持协议版本协商，例如客户端请求 mcp_version:1.0 时，服务器自动启用对应的功能子集。

2）业务逻辑层　业务逻辑层的核心功能包括处理工具调用、上下文管理、异步任务调度等核心业务逻辑等，其关键构成模块如下所示。

① 工具注册表：维护已注册工具的元数据（如名称、参数规范、权限要求），支持动态加载插件式工具。

② 任务调度器：采用 asyncio 实现异步任务队列，支持超时控制（如 asyncio.wait_for）和优先级管理。

③ 上下文处理器：解析客户端传递的 CEF 格式上下文，提取实体关系、时间戳等信息，注入工具执行环境。

业务逻辑层的典型运行流程是：客户端调用 start_research 工具→任务调度器创建异步任务→上下文处理器将用户问题转换为结构化查询→工具执行并更新 CEF 状态。

3）资源管理层　资源管理层的核心功能是谁统一管理外部资源访问，包括数据库、文件系统、第三方 API 等，其关键模块如下所示。

① 资源适配器：封装不同资源的访问逻辑，例如 DatabaseAdapter 实现 SQL 查询，APIClient 封装 REST 接口调用。

② 连接池：维护数据库连接、HTTP 会话等长连接资源，支持连接复用和自动回收。

③ 缓存层：对高频访问的资源（如用户配置、知识库文档）进行缓存，提升响应速度。

4）基础设施层　基础设施层的核心功能是谁提供基础支撑服务，保障系统稳定性和可观测性。基础设施层的关键模块如下。

① 日志系统：集成 structlog 实现结构化日志，记录请求轨迹、工具执行耗时、错误堆栈等信息。

② 监控中心：通过 Prometheus 采集 QPS、响应时间、资源使用率等指标，结合 Grafana 实现可视化监控。

③ 配置中心：使用 pydantic-settings 管理环境变量，支持动态加载配置文件（如 config.yaml）。

基础设施层通常采用 redis 实现分布式锁，解决并发场景下的资源竞争问题，并且支持主从复制架构，主服务器故障时自动切换至备用节点。

（2）核心职责：从功能提供到生态构建

MCP 服务器是 MCP 架构中的核心枢纽，承担着资源整合、协议执行、安全保障和生态构建等多重角色。其核心职责可以概括为以下几个方面。

1）工具与资源的标准化输出　MCP 服务器的首要职责是将各种本地和远程资源封装为

标准化的工具，供客户端调用。这些资源包括但不限于以下几种。

① 本地文件系统：提供文件读写、目录遍历等工具，支持文本、JSON、CSV 等多种格式。

② 数据库：封装 SQL 查询、数据插入、更新等操作，支持 MySQL、PostgreSQL 等主流数据库。

③ 第三方 API：集成外部服务（如天气查询、地图服务、支付接口），提供统一的调用接口。

④ 自定义工具：支持开发者通过插件机制扩展功能，例如代码解释器、数据可视化工具等。

通过这种标准化封装，MCP 服务器实现了资源的抽象化和复用，降低了客户端的开发成本。

2）上下文的持久化与传递　MCP 服务器负责维护会话级别的上下文信息，包括用户历史对话、工具调用记录、中间结果等。这些上下文信息以标准化的 CEF 格式存储和传递，确保跨工具和跨会话的语义一致性。具体职责包括以下几项。

① 上下文存储：使用数据库或文件系统持久化上下文数据，支持跨设备和跨会话的恢复。

② 上下文传递：在工具调用过程中自动传递上下文信息，确保工具能够基于完整的历史数据做出决策。

③ 上下文版本控制：支持上下文的版本管理，允许用户回退到历史对话节点，方便调试和优化。

3）异步任务的状态管理　MCP 服务器支持长时间运行的异步任务，例如深度研究、数据处理、模型训练等。其职责包括以下几项。

① 任务生命周期管理：提供任务的创建、启动、暂停、取消等操作，支持任务的持久化和恢复。

② 进度跟踪与推送：通过 SSE 实时推送任务进度，允许客户端实时监控任务状态。

③ 资源分配与调度：根据任务的优先级和资源需求，动态分配计算资源，确保系统的高效运行。

4）安全与合规的强制执行　MCP 服务器是系统安全的最后一道防线，其职责包括以下几项。

① 认证与授权：支持多种认证方式（如 API 密钥、OAuth2.0、JWT），并基于角色的访问控制（RBAC）管理用户权限。

② 数据加密：对传输和存储的敏感数据进行加密，确保数据的机密性和完整性。

③ 审计与日志：记录所有工具调用和资源访问的日志，支持合规审查和安全审计。

④ 访问控制：通过 IP 黑名单、请求频率限制等手段防止恶意攻击和滥用。

5）生态构建与扩展　MCP 服务器不仅是一个功能提供者，更是一个生态构建者。其职责包括以下几项。

① 工具市场：维护一个开放的工具市场，允许第三方开发者上传和分享自定义工具，促进生态的繁荣。

② 插件机制：提供灵活的插件接口，支持开发者扩展服务器功能，满足不同场景的需求。

③ 社区支持：通过文档、示例代码和社区论坛，支持开发者快速上手和解决问题，降低开发门槛。

总之，随着 MCP 生态的完善，其服务器将进一步整合服务发现、动态扩容、边缘计算等能力，推动 AI 应用从“单点智能”向“网络协同”跃迁。

（3）关键模块：支撑复杂场景的功能基石

MCP 服务器的核心功能由多个关键模块协同实现，这些模块共同构成了支撑复杂场景的功能基石。以下是对这些模块的详细介绍。

1）工具执行引擎　工具执行引擎是 MCP 服务器的核心模块，负责解析和执行客户端发送的工具调用请求。其主要功能如下。

① 请求解析：将客户端发送的 JSON-RPC 请求转换为内部任务对象，包含方法名、参数、上下文等元数据。

② 参数校验：基于 pydantic 模型验证输入参数的格式和类型，确保工具调用的合法性。

③ 任务调度：将任务分配给对应的工具执行器，支持同步和异步执行模式。

④ 结果返回：将工具执行结果封装为标准化的响应格式，返回给客户端。

工具执行引擎的设计遵循插件式架构，支持动态加载和卸载工具，极大地提高了系统的灵活性和可扩展性。

2）上下文管理模块　上下文管理模块负责维护和传递会话级别的上下文信息，确保工具调用的连贯性和一致性。其主要功能如下。

① 上下文存储：使用数据库或文件系统持久化上下文数据，支持跨设备和跨会话的恢复。

② 上下文传递：在工具调用过程中自动传递上下文信息，确保工具能够基于完整的历史数据做出决策。

③ 上下文版本控制：支持上下文的版本管理，允许用户回退到历史对话节点，方便调试和优化。

④ 上下文加密：对敏感的上下文数据进行加密处理，确保数据的安全性和隐私性。

3）异步任务调度器　异步任务调度器负责管理长时间运行的异步任务，例如深度研究、数据处理、模型训练等。其主要功能如下。

① 任务生命周期管理：提供任务的创建、启动、暂停、取消等操作，支持任务的持久化和恢复。

② 进度跟踪与推送：通过 SSE 实时推送任务进度，允许客户端实时监控任务状态。

③ 资源分配与调度：根据任务的优先级和资源需求，动态分配计算资源，确保系统的高效运行。

④ 任务队列管理：维护任务队列，支持任务的优先级排序和公平调度。

4）安全网关　安全网关是 MCP 服务器的安全核心，负责保护系统免受恶意攻击和滥用。其主要功能如下。

① 认证与授权：支持多种认证方式（如 API 密钥、OAuth2.0、JWT），并基于角色的访问控制（RBAC）管理用户权限。

② 数据加密：对传输和存储的敏感数据进行加密，确保数据的机密性和完整性。

③ 审计与日志：记录所有工具调用和资源访问的日志，支持合规审查和安全审计。

④ 访问控制：通过 IP 黑名单、请求频率限制等手段防止恶意攻击和滥用。

5）资源适配器　资源适配器负责封装对外部资源的访问，包括但不限于数据库、文件系统、第三方 API 等。其主要功能如下。

① 资源连接管理：维护资源连接池，提高资源访问的效率和可靠性。

② 数据转换：将资源返回的数据转换为标准化格式，便于工具执行引擎处理。

③ 错误处理：捕获和处理资源访问过程中的异常，确保系统的稳定性。

④ 缓存管理：对频繁访问的资源数据进行缓存，减少不必要的资源访问。

6）插件管理器　插件管理器负责管理和扩展服务器的功能，支持第三方开发者通过插件机制扩展系统能力。其主要功能如下。

① 插件加载与卸载：支持动态加载和卸载插件，无需重启服务器。

② 插件注册与发现：维护插件注册表，允许客户端发现和调用已安装的插件。

③ 插件生命周期管理：管理插件的初始化、启动、停止等生命周期事件。

④ 插件依赖管理：处理插件之间的依赖关系，确保插件的正确加载和运行。

总之，MCP 服务器的关键模块通过协同工作，实现了从工具调用到生态构建的完整功能闭环。这些模块不仅提供了核心的功能支持，还通过灵活的扩展机制和安全保障，确保系统在复杂场景下的稳定性和可靠性。随着 MCP 生态的不断发展，这些模块将持续优化和扩展，为用户提供更加丰富和强大的功能。

2.2.3 主机应用与 MCP 连接器集成模式

在 MCP 架构中，主机应用与 MCP 连接器集成模式是实现模型与外部工具、资源交互的关键部分，它确保了整个系统的灵活性、扩展性和高效性。主机应用与 MCP 连接器的集成模式如图 2-3 所示。

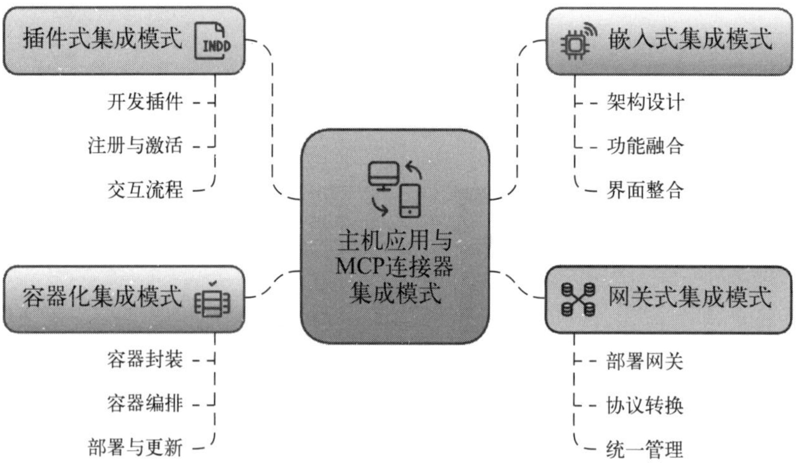

图 2-3　主机应用与 MCP 连接器的集成模式

主机应用是用户与 MCP 生态交互的入口，而 MCP 连接器则是连接主机应用与 MCP 服务器的桥梁，负责协议的处理和数据的传输。不同的主机应用场景对应着不同的集成模式，主要包括以下几种。

（1）插件式集成模式

① 适用场景　适用于各类集成开发环境（IDE）、文本编辑器等工具类主机应用，如 Visual Studio Code、PyCharm 等。用户在进行代码编写、调试等操作时，需要借助 AI 能力提升效率，如代码解释、代码生成、错误诊断等。

② 实现方式

a. 开发插件：开发者基于主机应用提供的插件开发接口，创建 MCP 连接器插件。以 Visual Studio Code 为例，使用其 API 来创建扩展，在扩展中集成 MCP 客户端 SDK，实现与 MCP 服务器的通信。

b. 注册与激活：将开发好的插件在主机应用的插件市场中进行注册，用户可以根据需求下载并激活插件。激活后，插件会在主机应用的特定位置（如侧边栏、命令面板等）提供相关功能入口。

c. 交互流程：当用户触发插件功能时，插件中的 MCP 连接器会将用户的请求（如对某段代码进行解释的请求）按照 MCP 协议进行封装，然后发送给 MCP 服务器。服务器处理请求后返回结果，MCP 连接器再将结果解析并展示给用户。

③ 优势和局限

a. 优势：不改变主机应用的原有架构，以增量方式增强功能，方便用户根据自身需求选择安装插件；对开发者而言，开发和维护成本相对较低，且可以利用主机应用庞大的用户基础进行推广。

b. 局限：受主机应用插件机制的限制，在性能优化、资源占用等方面可能存在一定瓶颈；不同主机应用的插件开发规范和接口存在差异，需要开发者进行适配。

（2）嵌入式集成模式

① 适用场景　适用于定制化的智能应用，如企业内部的智能客服系统、智能办公平台等。这类应用需要深度融合 AI 能力，并且对系统的整体性和用户体验有较高要求。

② 实现方式

a. 架构设计：在主机应用的开发过程中，将 MCP 连接器作为一个核心组件嵌入到应用架构中。从应用的初始化阶段开始，就对 MCP 连接器进行配置和初始化，使其能够与应用的其他模块进行无缝协作。

b. 功能融合：将 MCP 连接器提供的功能与主机应用的业务逻辑深度结合。例如，在智能客服系统中，当用户发送咨询消息后，应用的业务逻辑模块会调用 MCP 连接器，向 MCP 服务器请求相关知识和解答建议，然后将结果整合后回复给用户。

c. 界面整合：在主机应用的用户界面中，将 AI 相关功能与其他功能进行统一设计和布局，使用户在使用过程中感觉不到明显的模块分割，提升整体用户体验。

③ 优势和局限

a. 优势：能够实现主机应用与 AI 能力的深度融合，充分发挥 MCP 连接器的优势，提供更加流畅、高效的用户体验；可以根据应用的特定需求进行定制化开发，灵活调整系统架构和功能。

b. 局限：开发成本较高，需要在应用开发的早期阶段就进行规划和设计；对开发团队的技术要求较高，需要同时掌握主机应用开发和 MCP 连接器集成的相关技术。

（3）网关式集成模式

① 适用场景　适用于企业级的多应用集成环境，企业内部存在多个不同的主机应用，需要统一管理和调用 MCP 服务器的能力，同时对安全性、访问控制有较高要求。

② 实现方式

a. 部署网关：在企业网络环境中部署 MCP 连接器网关，该网关作为所有主机应用与 MCP 服务器通信的统一入口。网关负责接收来自各个主机应用的请求，对请求进行身份验证、权限检查、流量控制等处理。

b. 协议转换：如果不同主机应用使用的通信协议与 MCP 协议不一致，网关需要进行协议转换，将请求转换为符合 MCP 协议的格式后发送给 MCP 服务器。同时，将服务器返回的结果转换为适合主机应用的格式后进行转发。

c. 统一管理：通过网关可以对所有主机应用的请求进行统一管理和监控，记录请求日志、统计使用情况等，方便企业进行运营分析和管理决策。

③ 优势和局限

a. 优势：实现了对多个主机应用的集中管理，提高了系统的安全性和可管理性；可以有效解决不同主机应用与 MCP 服务器之间的兼容性问题，降低集成复杂度。

b. 局限：网关的部署和维护需要一定的技术和资源投入；可能会成为系统性能的瓶颈，需要进行合理的性能优化和负载均衡设计。

（4）容器化集成模式

① 适用场景　适用于对部署灵活性、可扩展性要求较高的场景，如云计算环境下的应用开发和部署，以及需要快速迭代和上线的创新型应用。

② 实现方式

a. 容器封装：将主机应用和 MCP 连接器打包成一个或多个容器镜像。在容器镜像中，配置好主机应用的运行环境和 MCP 连接器的相关参数，确保两者能够正常协同工作。

b. 容器编排：使用容器编排工具（如 Kubernetes）对容器进行管理和部署。可以根据应用的负载情况，动态调整容器的数量，实现自动伸缩。同时，通过容器编排工具可以方便地管理容器之间的网络通信、资源分配等。

c. 部署与更新：将容器镜像部署到目标环境（如公有云、私有云或本地服务器）中，实现快速部署。当需要更新主机应用或 MCP 连接器时，只需要更新相应的容器镜像，并通过容器编排工具进行滚动升级，即可实现应用的快速迭代。

③ 优势和局限

a. 优势：提高了部署的灵活性和可扩展性，能够快速响应业务需求的变化；容器化的方式可以保证应用在不同环境中的一致性，降低部署和运维成本。

b. 局限：对容器技术和容器编排工具的掌握要求较高，需要专业的运维团队进行管理；容器镜像的构建和管理需要一定的时间和资源投入。

总之，不同的主机应用与 MCP 连接器集成模式各有特点，企业和开发者可以根据自身的需求、技术能力、应用场景等因素选择合适的集成模式，以充分发挥 MCP 架构的优势，实现智能化应用的高效开发和部署。

2.3 通信协议与数据交换机制

MCP 的通信协议与数据交换机制是“双向 JSON-RPC 2.0 over stdio/SSE”，Client 与 Server 建立长连接后，按标准 Request-Response-Notification 消息类型交换数据，所有参数、结果与错误均以 UTF-8 JSON 打包。上下文通过“roots”URI 列表与“sampling”提示模板在每次调用前由 Client 注入，Server 只返回增量结果或资源 URI，实现无状态、低延迟、可流式传输的安全数据交换。

2.3.1 协议基础 (JSON-RPC 2.0)

在 MCP 中，JSON-RPC 2.0 作为协议基础，为模型与外部工具、资源之间的通信提供了标准化的方式。以下对 JSON-RPC2.0 协议进行详细介绍。

（1）JSON-RPC 2.0 概述

JSON-RPC（JavaScript Object Notation-Remote Procedure Call）是一种基于 JSON 数据格式的轻量级远程过程调用协议，而 JSON-RPC 2.0 是其第二个主要版本，相较于早期版本在功能和规范上更加完善。它独立于特定的编程语言和平台，这使得不同技术栈开发的应用程序之间能够便捷地进行通信，在 MCP 中被用于实现主机应用、MCP 客户端与 MCP 服务器之间的交互。

（2）基本概念与术语

① 请求（request）：客户端向服务器发送的调用某个方法的消息。请求包含了方法名

（method）、唯一标识该请求的 ID（id）以及调用方法所需的参数（params）。例如：

```
{
    "jsonrpc": "2.0",
    "method": "getWeather",
    "params": {
        "city": "Beijing"
    },
    "id": "1"
}
```

在上面的代码中，jsonrpc 用于指定协议版本为 2.0，method 表示要调用的方法是获取天气信息，params 提供了城市名称参数，id 为请求的唯一标识。

② 响应（response）：服务器对请求做出的反馈。成功的响应包含与请求对应的 id、结果数据（result）以及协议版本信息；如果请求执行出错，则会包含 id、错误对象（error）和协议版本信息。例如，下面是成功响应的提示信息：

```
{
    "jsonrpc": "2.0",
    "result": {
        "temperature": 25,
        "condition": "Sunny"
    },
    "id": "1"
}
```

下面是错误响应的提示信息：

```
{
    "jsonrpc": "2.0",
    "error": {
        "code": -32601,
        "message": "Method not found"
    },
    "id": "1"
}
```

③ 通知（notification）：客户端向服务器发送的不需要响应的消息，通常用于单向的信息传递，比如日志记录请求。通知没有 id 属性，例如下面的示例代码：

```
{
    "jsonrpc": "2.0",
    "method": "logMessage",
    "params": {
        "message": "This is a log entry"
    }
}
```

（3）消息结构与规范

jsonrpc 字段：必须存在且值为“2.0”，用于标识消息遵循 JSON-RPC 2.0 协议。

method 字段：一个字符串，指定要调用的远程方法名称，名称的定义和解析由应用层负责。

params 字段：可以是 null、数组或对象，用于传递调用方法所需的参数。参数的类型和结构需根据具体方法的要求来确定。

id 字段：可以是字符串或数字，用于将响应与请求进行关联。对于通知消息，该字段不存在。

（4）错误处理

JSON-RPC 2.0 定义了一套标准的错误码体系，方便服务器向客户端反馈请求执行过程中遇到的问题：

-32700-Parse error：表示接收的 JSON 数据无法解析。

-32600-Invalid Request：请求消息不符合 JSON-RPC 2.0 规范，例如缺少必要的字段。

-32601-Method not found：请求调用的方法不存在。

-32602-Invalid params：传递的参数无效，不满足方法的要求。

-32603-Internal error：服务器内部发生错误。

除了上面列出的标准错误码之外，应用程序还可以自定义范围在 −32000 到 −32099 之间的错误码，用于表示特定业务逻辑中的错误情况。

（5）在 MCP 中的应用优势

① 跨语言与平台兼容性：MCP 生态中可能涉及多种编程语言开发的主机应用和 MCP 服务器，JSON-RPC 2.0 基于 JSON 格式，几乎所有现代编程语言都原生支持 JSON 的解析与生成，这使得不同技术栈的组件能够轻松进行通信。

② 简单轻量：JSON-RPC 2.0 的消息结构简洁明了，相较于一些复杂的通信协议，它的学习成本低，数据传输量小，能够有效减少网络带宽占用，提高通信效率，适合在 MCP 中频繁的请求 - 响应交互场景。

③ 易于扩展：其灵活的消息结构允许在不改变协议核心规范的前提下，方便地添加新的方法和参数类型，以满足 MCP 不断扩展的功能需求，例如随着新工具的接入，可通过定义新的方法来实现对工具的调用。

总而言之，通过采用 JSON-RPC 2.0 作为协议基础，MCP 构建了一个标准化、可靠且灵活的通信框架，为实现模型与外部资源的高效交互奠定了基础。

2.3.2 数据格式（请求、响应、通知、错误）

在 MCP 中，明确且规范的数据格式是保障主机应用、MCP 客户端与 MCP 服务器之间准确通信的关键。以下对 MCP 数据格式（请求、响应、通知、错误）进行详细介绍 .

（1）请求数据格式

请求是客户端向服务器发起操作或获取信息的消息，在 MCP 中，请求数据遵循 JSON-RPC2.0 规范，并在此基础上根据业务需求进行拓展，其基本结构如下：

```
{
    "jsonrpc": "2.0",
    "method": "string",
    "params": "array | object | null",
    "id": "string | number"
}
```

具体说明如下。

jsonrpc：必选字段，值固定为“2.0”，用于标识该消息遵循 JSON-RPC2.0 协议。

method：必选字段，是一个字符串，代表要在服务器端调用的方法名称。例如，在智能数据分析场景中，可能有“analyzeData”这样的方法名，用于指示服务器对传入的数据进行分析处理。

params：可选字段，用于传递调用方法所需的参数，可以是数组、对象或者 null。比如，调用“analyzeData”方法时，params 可能是一个包含数据集路径、分析维度等信息的对象，例如下面的示例：

```
{
    "jsonrpc": "2.0",
    "method": "analyzeData",
    "params": {
        "dataPath": "/path/to/data.csv",
        "analysisDimensions": ["age", "gender"]
    },
    "id": "1"
}
```

id：必选字段，是一个字符串或数字，用于唯一标识该请求，以便在后续响应中进行关联 。客户端可以根据这个标识，将响应与发起的请求对应起来。

（2）响应数据格式

响应是服务器对客户端请求的反馈，根据请求执行结果的不同，分为成功响应和错误响应。

① 成功响应　具体格式如下：

```
{
    "jsonrpc": "2.0",
    "result": "any",
    "id": "string | number"
}
```

对上面结构的具体说明如下。

jsonrpc：必选字段，值为“2.0”，标识协议版本。

result：必选字段，包含请求执行成功后返回的结果数据，其数据类型可以是任意合法的 JSON 数据类型，如字符串、数字、数组、对象等。比如，上述 "analyzeData" 方法执行成功后，result 可能是如下分析得到的统计结果对象：

```
{
    "jsonrpc": "2.0",
    "result": {
        "averageAge": 30,
        "genderDistribution": {"male": 0.4, "female": 0.6}
    },
    "id": "1"
}
```

id：必选字段，其值与对应的请求中的 id 相同，用于匹配请求和响应。

② 错误响应　具体格式如下：

```
{
    "jsonrpc": "2.0",
    "error": {
        "code": "number",
        "message": "string",
        "data": "any | null"
    },
    "id": "string | number"
}
```

对上面格式的具体说明如下。

jsonrpc：必选字段，值为“2.0”。

error：必选字段，是一个对象，包含了如下所示的错误相关信息。

a. code：必选字段，是一个数字，用于标识错误类型，MCP 在 JSON-RPC 2.0 标准错误码基础上，可能会自定义一些业务相关的错误码。例如，-32601 表示方法未找到，自定义的 -32001 可能表示权限不足。

b. message：必选字段，是一个字符串，对错误进行简短的描述，方便客户端了解错误原因。

c. data：可选字段，可以是任意合法的 JSON 数据类型或 null，用于提供更详细的错误相关数据，比如错误发生时的堆栈信息等。

id：必选字段，与对应的请求中的 id 一致。

（3）通知数据格式

通知是客户端向服务器发送的不需要响应的消息，常用于单向的信息传递，如发送日志记录请求等。其数据格式如下：

```
{
    "jsonrpc": "2.0",
    "method": "string",
    "params": "array | object | null"
}
```

对上面格式的具体说明如下。

jsonrpc：必选字段，值为“2.0”。

method：必选字段，指定要执行的方法名称。

params：可选字段，提供执行方法所需的参数。

与请求数据格式的主要区别在于，通知消息没有 id 字段，因为不需要服务器针对该消息返回响应。

通过定义清晰的请求、响应、通知和错误数据格式，MCP 确保了系统中各个组件之间能够进行准确、高效的通信，为整个协议的稳定运行和功能实现提供了有力支撑。

注意：错误数据格式。

除了在响应中包含错误信息外，MCP 中对于错误数据格式还有一些通用的约定，以便在不同组件间进行错误处理和沟通。

① 错误码分类：除了 JSON-RPC 2.0 的标准错误码，MCP 会对错误码进行分类管理，比如分为协议错误、业务逻辑错误、资源访问错误等，方便快速定位错误类型。

② 错误日志记录：当发生错误时，无论是客户端还是服务器端，都会按照一定格式记录错误日志，包括错误发生的时间、相关的请求 ID（如果有）、错误码、错误消息以及错误发生时的上下文信息（如请求参数等），以便后续排查和分析问题。

2.3.3 状态化通信与上下文维护

在 MCP 中，状态化通信与上下文维护是支撑复杂 AI 任务连续性和高效性的核心机制。它通过标准化的会话管理和动态上下文传递，确保模型与外部工具、数据源的交互能够基于历史状态持续演进，避免重复初始化和冗余数据传输。

（1）状态化通信的核心机制

① 会话生命周期管理　MCP 通过会话 ID 和上下文令牌（Context Token）实现状态化通信。客户端首次请求时，服务器生成唯一的会话 ID（如 session_abc123），并在响应中返回给客户端。后续请求需携带该 ID，服务器通过 ID 检索对应的上下文状态。例如：

```
// 客户端首次请求
{
    "jsonrpc": "2.0",
    "method": "initialize",
    "params": { "clientCapabilities": ["tool_calls", "streaming"] }
}

// 服务器响应（包含会话ID）
{
    "jsonrpc": "2.0",
    "result": { "sessionId": "session_abc123", "serverCapabilities": ["code_
analysis"] },
    "id": 1
}
```

MCP 的会话生命周期包含如下三个阶段。

a. 初始化：协商协议版本、功能支持（如工具调用、流式传输）和初始上下文。

b. 活跃期：客户端通过会话 ID 持续访问上下文，服务器自动更新状态（如模型训练进度、用户权限）。

c. 终止：客户端显式调用 shutdown 方法或会话超时（如 30min 无操作），服务器清理上下文资源。

② 上下文令牌的传递　上下文令牌是轻量级的状态标识符，用于标识当前交互的上下文片段。例如在模型训练场景中，客户端请求训练状态时，服务器返回包含 contextToken 的响应：

```
{
    "jsonrpc": "2.0",
    "result": {
        "trainingStatus": "in_progress",
        "contextToken": "ctx_xyz789" // 用于后续请求定位上下文
    },
    "id": 2
}
```

这样后续请求可通过 params.contextToken 字段携带该令牌，服务器直接从缓存中检索上下文，避免重复计算。

（2）上下文维护的技术实现

① 三级上下文管理体系　MCP 将上下文分为如下三类，实现分层存储和动态调度。

a. 即时上下文（Working Context）：存储当前交互的临时数据（如用户最新输入、模型中间结果），使用环形缓冲区（Circular Buffer）管理，支持快速读写和自动过期。

b. 持久上下文（Persistent Context）：长期保留的知识库（如用户偏好、历史对话记录），采用可扩展键值存储（Dynamic KVS），通过显著性分数（Saliency Score）自动筛选需持久化的关键信息。

c. 共享上下文（Shared Context）：跨模型协作的公共空间（如多模态任务中的通用元数据），基于分布式哈希表（DHT）实现节点间高效同步。

② 上下文更新与同步

a. 自动更新：服务器在处理请求后，自动将最新上下文（如模型参数调整、数据过滤规则）封装在响应中返回，客户端无需额外操作。例如：

```
{
    "jsonrpc": "2.0",
```

```
    "result": {
        "dataFilter": { "threshold": 0.8 }, // 更新后的上下文参数
        "contextToken": "ctx_xyz789"
    },
    "id": 3
}
```

b. 显式更新：客户端可调用 context/update 方法主动修改上下文。例如当用户切换数据源时：

```
{
    "jsonrpc": "2.0",
    "method": "context/update",
    "params": {
        "sessionId": "session_abc123",
        "updates": { "dataSource": "/new/path/data.csv" }
    },
    "id": 4
}
```

c. 增量同步：采用差分压缩（Delta Encoding）技术，仅传输上下文变化部分，减少网络带宽占用。

③ 生命周期与资源管理

a. TTL（生存时间）：设置上下文过期时间（如 60min），超时后自动销毁，释放服务器内存。

b. 分布式存储：在集群环境中，上下文状态存储于 Redis 等外部 KV 数据库，支持横向扩展和跨节点同步。例如，服务器节点通过 sessionId 从 Redis 读取上下文，避免本地状态不一致。

c. 安全清理：会话终止时，服务器不仅删除上下文数据，还会触发关联资源的释放（如关闭文件句柄、终止模型进程），防止资源泄露。

（3）关键应用场景

① 多轮对话与连续任务　在客服机器人场景中，上下文需记录对话历史、用户意图和已提供的信息。例如：

用户提问："推荐一款适合跑步的耳机"。

服务器响应时返回包含 contextToken 的耳机推荐列表，并记录用户需求（运动场景、预算）。

用户进一步要求："续航时间要超过 8 小时"。

客户端携带 contextToken 发送新请求，服务器基于历史上下文筛选符合条件的耳机，避免重复询问基础信息。

② 模型训练与参数调整　在分布式训练中，上下文维护训练进度、超参数和中间结果：

a. 客户端调用 train/start 启动训练，服务器返回 contextToken。

b. 客户端通过 train/status 查询进度时，服务器返回当前迭代次数、损失值等状态，并更新上下文。

c. 若需调整学习率，客户端调用 train/update 携带 contextToken 和新参数，服务器无缝切换训练策略。

③ 多模态数据处理　在跨模态推理中，上下文需整合文本、图像等多源数据。例如：

用户上传图片并提问："分析图片中的物体材质"。

服务器调用图像识别模型生成特征向量，并存入上下文。

用户进一步询问：“该材质的产品有哪些品牌”。

客户端携带上下文令牌请求文本模型，服务器结合图像特征和品牌知识库返回结果，实现跨模态信息融合。

（4）安全性与可靠性设计

① 访问控制

a. 权限隔离：上下文数据按角色分级（如普通用户、管理员），通过 ABAC（属性基访问控制）限制敏感操作。例如，只有管理员可调用 context/delete 接口。

b. 动态授权：基于上下文内容动态调整权限。例如，当上下文包含医疗数据时，自动触发 HIPAA 合规的访问控制流程。

② 数据保护

a. 加密传输：会话 ID 和上下文令牌通过 TLS 1.3 加密传输，防止中间人攻击。

b. 敏感数据脱敏：在上下文日志中，对身份证号、邮箱等 PII 信息进行哈希处理或部分掩码（如保留前 3 后 4 位）。

③ 异常处理

a. 上下文回滚：若请求处理失败（如模型崩溃），服务器根据上下文版本号（Version ID）回滚到最近稳定状态，避免脏数据传播。

b. 分布式锁：在多节点更新同一上下文时，使用 Redis 分布式锁保证操作原子性，防止状态冲突。

（5）性能优化策略

① 边缘缓存　在边缘节点（如客户端设备）缓存高频访问的上下文片段，减少对中央服务器的依赖。例如，用户频繁使用的数据集路径可缓存在本地，响应时间从毫秒级降至微秒级。

② 异步通知　对于非关键上下文更新（如日志记录），采用 JSON-RPC 通知（Notification）机制，无需等待服务器确认，提升吞吐量。

③ 负载均衡　通过会话 ID 的哈希值将请求分发到不同服务器节点，避免单点压力。例如，将 session_abc12 的哈希值映射到节点 A，将 session_def456 映射到节点 B，实现上下文访问的负载均衡。

总而言之，MCP 的状态化通信与上下文维护机制通过会话生命周期管理、动态上下文同步和安全资源调度，解决了传统无状态协议在复杂 AI 场景中的局限性。它不仅提升了交互效率（减少冗余数据传输约 70%），还增强了系统的可扩展性和鲁棒性，为多模态推理、分布式训练等场景提供了标准化支撑。通过与 JSON-RPC 2.0 的深度融合，MCP 构建了一个灵活且高效的通信框架，推动了 AI 系统向更智能、更安全的方向演进。

2.3.4　传输安全与数据保护

在 MCP 中，传输安全与数据保护是确保协议在复杂 AI 场景中安全运行的核心机制。通过分层安全架构、动态权限控制和全生命周期数据防护，构建了覆盖传输、存储、处理全流程的安全体系，如图 2-4 所示。

（1）传输层安全强化

① TLS 1.3 加密通道　MCP 强制要求所有传输层通信采用 TLS 1.3 协议，相比 TLS 1.2，其握手时间缩短 60% 以上，并仅保留 AES-GCM、ChaCha20 等经实战验证的加密算法。关键技术特性如下。

a. RTT（零往返时间）模式：支持高频次小规模数据传输（如实时日志上报），在保持

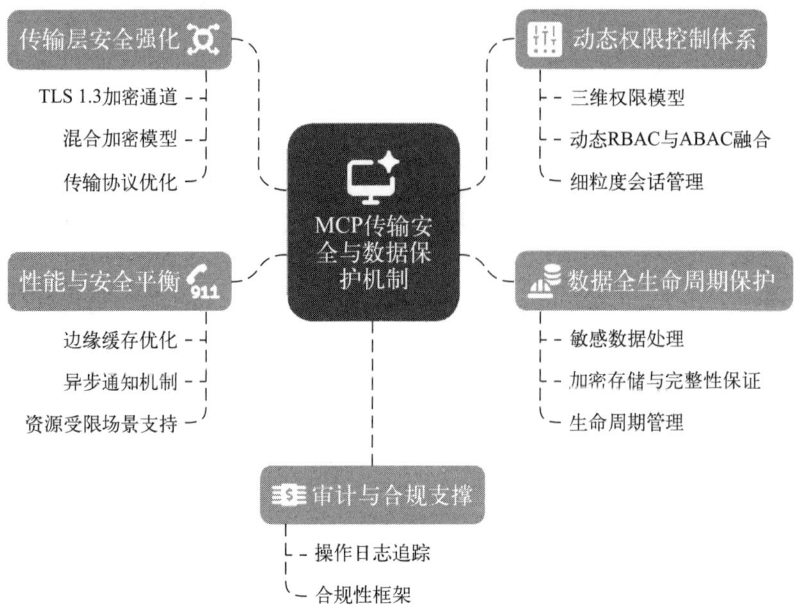

图 2-4　MCP 传输安全与数据保护机制

前向安全的同时将延迟降低至微秒级。

b. 证书固定（Certificate Pinning）：客户端预先配置服务器证书指纹，防止中间人攻击替换证书。

c. 双向认证（Mutual TLS）：在医疗影像分析等场景中，AI 诊断引擎需验证 PACS 系统的 OID 扩展证书，同时 RIS 系统校验引擎端的硬件绑定证书，实现设备合法性的双重验证。

② 混合加密模型　MCP 采用非对称加密 + 对称加密的混合模式。

a. 密钥交换：使用RSA或椭圆曲线算法（如P-256）协商会话密钥，私钥存储于HSM（硬件安全模块）中。

b. 数据加密：采用 AES-256-GCM 对实际传输数据进行加密，提供机密性和完整性保护。初始化向量（IV）随机生成并附加在密文前，确保相同明文加密后结果不同。

③ 传输协议优化

a. Streamable HTTP 单端点设计：替代传统 HTTP+SSE 双端点方案，支持双向通信与断线恢复。例如，在语音交互场景中，客户端通过单个端点同时传输语音流和接收翻译结果，网络延迟降低 400ms。

b. 差分压缩（Delta Encoding）：仅传输上下文变化部分，结合 TLS 的流量压缩，进一步减少带宽占用。

（2）动态权限控制体系

① 三维权限模型　MCP 采用主体 - 客体 - 环境（Subject-Object-Context）的三维控制模型，具体说明如下。

a. 主体维度：划分系统管理员、AI 代理、审计员等角色，支持动态角色继承（如科室主任临时代行医生权限）。

b. 客体维度：对文件系统、API 接口、计算资源进行分类标记。例如，电商平台中 AI 客服代理仅拥有 /tmp 目录的 .log 文件写入权限。

c. 环境维度：实时评估网络环境风险值、地理位置等因素。当用户在医院外远程会诊时，其权限自动限制为仅可访问参与会诊患者的指定检查数据。

② 动态 RBAC 与 ABAC 融合

a. 基于角色的访问控制（RBAC）：预设基础权限（如交易员仅读写交易数据），支持角色互斥和最小权限原则。

b. 基于属性的访问控制（ABAC）：引入上下文变量（如时间、设备指纹）动态调整权限。例如，财务系统每月月初自动扩展财务审核角色的报表访问权限。

c. 工具风险标注：通过 Tool Annotations 显式标记工具行为（如 destructiveHint 标识删除操作），前端自动渲染风险警示弹窗，同时触发 RBAC 引擎强制校验。

③ 细粒度会话管理

a. 会话 ID 绑定：每个会话生成唯一 Mcp-Session-Id，并通过 TLS 加密传输。服务器根据会话 ID 隔离不同用户的数据，防止跨会话数据泄露。

b. Token 生命周期管控：采用 OAuth 2.1 的 PKCE 机制，强制 HTTPS 传输，Token 有效期缩短至 15min，并支持动态轮换。例如，当检测到异常登录地点时，自动吊销旧 Token 并生成新凭证。

（3）数据全生命周期保护

① 敏感数据处理

a. PII 数据：例如邮箱保留域名部分，用户名哈希处理；身份证号保留前 3 后 4 位。

b. 医疗数据（PHI）：应用 HIPAA 合规的脱敏规则，如将患者姓名替换为匿名 ID。

c. 金融数据：使用行业标准掩码技术，仅显示交易金额的后四位。

d. 多模态识别引擎：部署文本、图像、音频的敏感信息识别模型，实时拦截包含信用卡号、医疗记录的传输。

② 加密存储与完整性保护

a. 静态数据加密：采用 AES-256 对数据库、文件系统中的 MCP 记录加密，敏感字段（如支付信息）实施字段级加密，使用独立密钥管理。

b. 哈希链与 Merkle 树：通过哈希链链接日志记录，任何修改都会破坏链完整性；大规模数据采用 Merkle 树结构，支持高效验证和审计。

c. 数字签名：对关键操作（如 context/delete）生成不可否认的数字签名，结合 RFC3161 时间戳确保时序一致性。

③ 生命周期管理　采用差异化保留策略。例如常规交互记录保留 90 天，安全相关记录保留 1 年，合规必要记录保留 3 ～ 7 年。数据销毁采用消磁、粉碎等物理方法，并在区块链记录销毁证明，满足 GDPR“被遗忘权”要求。

（4）审计与合规支撑

① 操作日志追踪

a. 六元组记录：完整记录时间戳、主体 ID、操作类型、目标对象、环境参数、决策结果。例如，在智能投顾系统中，MCP 日志可追溯交易引擎对脱敏资产信息的访问路径。

b. 实时监控与异常检测：集成 Prometheus 和 ELK Stack，对特权账户活动实施实时监控，设置敏感操作的延迟执行窗口（如 30min 内可撤销）。

② 合规性框架

a. GDPR 支撑：通过 MCP 记录提供处理活动的完整证明，支持数据主体查询、更正和删除请求；用户同意记录采用可验证的时间戳。

b. HIPAA 合规：医疗场景中，MCP 实施数据本地化存储，跨境传输需额外加密并通过 ABAC 动态授权。

c. 审计接口：监管机构通过独立证书体系访问 MCP 日志，实现“可追溯但不可篡改”

的审计目标。

（5）性能与安全平衡

① 边缘缓存优化　在边缘节点（如客户端设备）缓存高频访问的上下文片段（如用户偏好），响应时间从毫秒级降至微秒级，同时通过 TLS 1.3 的 0-RTT 模式减少握手开销。

② 异步通知机制　对于非关键操作（如日志记录），采用 JSON-RPC 通知机制，无需等待服务器确认，吞吐量提升 30% 以上。

③ 资源受限场景支持

a. MCP-Lite 协议栈：在工业物联网设备中，将内存占用降低至 800KB 以下，仍能维持 15ms 内的安全握手响应。

b. 量子安全预备：已启动 Kyber-1024 算法的集成测试，为未来量子计算威胁提前布局。

总之，MCP 的传输安全与数据保护机制通过 TLS 1.3 加密通道、动态权限矩阵、全生命周期防护和合规审计体系，构建了覆盖 AI 交互全流程的安全屏障。这些设计不仅解决了传统协议在 AI 场景中的安全短板，还通过标准化的安全接口降低了开发者的集成成本，推动 AI 系统向更智能、更可信的方向演进。

2.4　能力协商与动态扩展机制

MCP 的能力协商与动态扩展机制像“即插即用的 USB-C 扩展坞”，在连接瞬间，Clien 与 Server 通过一次 JSON-RPC 握手交换 capabilities 清单，自动发现双方支持的函数、资源与采样策略；在运行时 Server 可随时热更新或追加工具，Client 无需重启即可通过同一通道实时拉取新能力，实现零停机、版本无感的横向扩展，让大模型对工具链的进化永远保持最新、最安全、最低耦合的调用体验。

2.4.1　初始握手与能力协商流程

在 MCP 中，初始握手与能力协商流程是建立安全、高效通信的基础。该机制允许客户端与服务器在连接建立阶段，通过标准化的消息交换确认双方支持的功能特性，动态调整通信参数，从而实现协议的灵活性与扩展性。

（1）握手流程概述

初始握手是客户端与服务器建立会话的第一个阶段，主要目标如下。

① 协议版本确认：确保双方使用兼容的 MCP 版本（如 v1.0）。

② 能力交换：互相告知对方支持的功能（如工具调用、流式响应）。

③ 安全参数协商：建立 TLS 通道、交换证书、生成会话密钥。

④ 会话初始化：分配唯一会话 ID，设置初始上下文参数。

整个握手过程采用三步确认机制，包含“请求—响应—确认”三个关键步骤，确保双方状态同步。

（2）握手消息结构

① initialize 请求（客户端→服务器）　客户端发起握手的第一条消息，携带自身能力集和初始配置，例如：

```
{
    "jsonrpc": "2.0",
    "method": "initialize",
    "params": {
```

```
        "clientInfo": {
            "name": "MCP Client SDK",
            "version": "1.2.3"
        },
        "protocolVersion": "1.0",
        "capabilities": {
            "toolInvocation": {
                "supportedTools": ["code_interpreter", "data_visualizer"],
                "toolParams": {
                    "maxConcurrency": 5,
                    "timeout": 30000
                }
            },
            "streaming": {
                "supported": true,
                "chunkSize": 4096
            },
            "contextManagement": {
                "maxContextSize": 1024 * 1024, // 1MB
                "persistenceTypes": ["memory", "disk"]
            }
        },
        "initializationOptions": {
            "preferredLanguage": "en-US",
            "securityLevel": "high"
        }
    },
    "id": 1
}
```

对上面代码中关键字段的说明如下。

clientInfo：客户端标识信息。

protocolVersion：客户端支持的最高协议版本。

capabilities：客户端功能集，包含工具调用、流式传输、上下文管理等能力。

initializationOptions：非标准的自定义配置参数。

② initializeResult 响应（服务器→客户端） 服务器对客户端初始化请求的响应，包含自身能力和会话信息，例如：

```
{
    "jsonrpc": "2.0",
    "result": {
        "serverInfo": {
            "name": "MCP Server Core",
            "version": "2.1.0"
        },
        "protocolVersion": "1.0",
        "capabilities": {
            "toolInvocation": {
                "supportedTools": ["code_interpreter", "data_analyzer", "file_
manager"],
                "toolParams": {
                    "maxConcurrency": 10,
                    "timeout": 60000
                }
            },
            "streaming": {
                "supported": true,
                "preferredEncoding": "base64"
            },
```

```
            "contextManagement": {
                "maxContextSize": 4 * 1024 * 1024, // 4MB
                "persistenceTypes": ["memory", "redis"]
            },
            "security": {
                "supportedAuthMethods": ["jwt", "oauth2"],
                "requiredScopes": ["read:tools", "write:context"]
            }
        },
        "sessionId": "sess_7a9d2f4e-1c3b-4e5d-9f7a-8c1d4e5f6a7b",
        "serverSettings": {
            "keepAliveInterval": 30000, // 30秒
            "maxRequestSize": 10485760  // 10MB
        }
    },
    "id": 1
}
```

对上面代码中关键字段的说明如下。

serverInfo：服务器标识信息。

capabilities：服务器功能集，可能与客户端不完全匹配。

sessionId：服务器分配的唯一会话标识符。

serverSettings：服务器运行参数，客户端需遵守。

③ initialized 通知（客户端→服务器） 客户端确认已成功接收服务器能力并准备好开始通信，例如：

```
{
    "jsonrpc": "2.0",
    "method": "initialized",
    "params": {
        "acceptedCapabilities": {
            "toolInvocation": {
                "supportedTools": ["code_interpreter", "data_analyzer"]
            },
            "streaming": {
                "supported": true,
                "preferredEncoding": "base64"
            }
        },
        "securityToken": "eyJhbGciOiJIUzI1NiIsInR5cCI6IkpXVCJ9..."
    }
}
```

对上面代码中关键字段的说明如下。

acceptedCapabilities：客户端实际接收的服务器能力（可能是子集）。

securityToken：可选的认证令牌，用于后续请求的身份验证。

（3）能力协商细节

① 版本协商机制

a. 协议版本匹配：客户端声明支持的最高版本（如 1.0），服务器选择兼容的版本。若双方无共同版本，服务器返回 -32002（版本不兼容）错误。

b. 向后兼容：服务器可选择低于客户端声明的版本，例如客户端支持 1.1，服务器选择 1.0。

② 功能交集计算 客户端和服务器通过交换 capabilities 字段确定共同支持的功能，具体说明如下。

a. 工具调用：双方共同支持的工具集为交集（如客户端支持 ["code_interpreter", "data_

visualizer"]，服务器支持 ["code_interpreter", "data_analyzer"]，则实际可用工具为 ["code_interpreter"]）。

b. 流式响应：若一方不支持，则降级为批量响应模式。

c. 上下文管理：使用双方 maxContextSize 的最小值作为实际限制。

③ 参数冲突解决　当客户端与服务器参数冲突时，遵循以下原则。

a. 安全参数：采用更严格的设置（如双方 timeout 不同，取较小值）。

b. 性能参数：采用保守设置（如 maxConcurrency 取较小值）。

c. 编码格式：使用服务器偏好（如 preferredEncoding）。

（4）安全增强设计

① 双向 TLS 认证

a. 证书交换：握手过程中，客户端和服务器交换 TLS 证书，验证对方身份。

b. 证书验证：客户端验证服务器证书的颁发机构（CA）、域名匹配和有效期；服务器验证客户端证书（若启用双向认证）。

② 密钥派生

a. 会话密钥生成：基于 TLS 握手生成的主密钥（Master Secret），派生出用于加密后续通信的会话密钥。

b. 密钥隔离：每个会话使用独立密钥，防止会话间的横向攻击。

③ 安全能力协商

a. 认证方法：协商支持的认证方式（如 JWT、OAuth2）。

b. 数据加密：确定敏感数据的加密级别（如 high、medium）。

c. 审计要求：协商操作日志的存储和保留策略。

（5）错误处理与重试

① 握手失败处理

a. 协议错误：返回标准 JSON-RPC 错误（如 -32600 无效请求）。

b. 安全错误：返回特定错误码（如 -32001 认证失败）。

c. 版本不兼容：返回 -32002 错误，包含支持的版本范围。

② 重试机制

a. 指数退避：握手失败后，客户端采用指数退避算法重试（初始延迟 1s，每次重试加倍，最大延迟 30s）。

b. 错误码分类处理：对不可恢复的错误（如证书无效）不进行重试。

（6）应用举例

① AI 代码助手集成

a. 客户端（VS Code 插件）发送 initialize 请求，声明支持代码解释、补全工具。

b. 服务器返回支持的工具集（如代码解释器、单元测试生成器）和会话 ID。

c. 客户端确认并发送 initialized 通知，携带用户认证令牌。

d. 双方基于协商结果，使用流式响应模式处理大型代码文件分析请求。

② 医疗影像分析系统

a. PACS 系统发送 initialize 请求，要求高安全级别和大上下文容量。

b. AI 诊断引擎响应支持的功能（如肺结节检测、肿瘤分割），并设置严格的数据加密要求。

c. 双方建立双向 TLS 连接，使用 HIPAA 合规的审计日志记录所有操作。

MCP 的初始握手与能力协商机制通过标准化的消息交换，这种设计使 MCP 能够在异构系统间建立高效、安全的通信通道，为复杂 AI 应用提供协议基础。

2.4.2 动态工具发现与功能扩展原理

在 MCP 中，动态工具发现与功能扩展原理是实现协议开放性与灵活性的核心机制。该机制允许 AI 代理在运行时动态发现、集成和扩展外部工具，同时通过标准化的元数据管理确保系统的可维护性和安全性。

（1）动态工具发现的核心架构

MCP 采用服务“注册—发现—绑定”的三层架构实现工具的动态集成，支持多协议、多模式的工具接入。

① 服务注册层：协议无关的工具接入。

工具提供者可以通过多种方式将工具注册到 MCP 生态中，具体说明如下。

a. 传统服务发现协议：使用 Consul、etcd 等注册中心提交工具元数据，例如：

```
curl -X PUT http://consul:8500/v1/agent/service/register \
    -d '{
        "Name": "mcp-file-manager",
        "Meta": {
            "mcp_tool_id": "file_manager-v2",
            "mcp_protocol_version": "1.0"
        }
    }'
```

工具元数据需包含能力声明（如支持的协议版本、安全要求）和接口描述（如 HTTP 端点、参数格式）。

b. 自动注册机制：通过 DNS-SD（如 mDNS/Zeroconf）实现本地网络内的工具自动发现，例如工具服务器在本地网络发布 _mcp._tcp.local 服务记录，客户端通过 DNS 查询自动获取工具列表。支持通过 /.well-known/mcp 端点获取元数据，类似 Webfinger 协议的发现流程。

c. 元数据校验：MCP 服务器验证工具元数据是否符合规范，例如必填字段（toolId、entrypoint）、安全要求（如 HTTPS 强制启用），并拒绝恶意或不完整的工具注册。

② 服务发现层：智能过滤与上下文感知。

客户端通过多模式查询获取可用工具，并根据上下文动态过滤。

a. 主动查询：客户端通过 Consul API 或 HTTP 端点（如 GET/v1/catalog/service/mcp-tool）获取工具列表。

b. 事件监听：订阅工具注册 / 注销事件（如 Consul Watch 机制），实时更新可用工具列表。

c. 协议兼容性：仅返回与客户端支持的 MCP 版本（如 v1.0）兼容的工具。

d. 安全级别匹配：根据客户端声明的安全要求（如 high、medium）过滤工具，例如仅显示通过 HIPAA 认证的医疗工具。

e. 资源需求匹配：结合当前会话的资源需求（如 GPU 算力、数据存储位置）筛选工具，例如优先选择本地 CLI 工具处理敏感数据，而非远程 Web 服务。

f. URI 驱动发现：通过自定义 URI 方案快速识别 MCP 兼容服务，自动解析工具元数据。工具元数据包含认证方法（如 OAuth2）、接口文档链接等关键信息，实现零配置集成。

③ 动态绑定层：上下文注入与安全调用。

在进行工具调用时，MCP 根据当前会话上下文动态配置参数并确保安全。例如将用户认证令牌（如 JWT）作为参数传递给工具，例如：

```
{
    "toolId": "weather-api-v1",
    "parameters": {
        "location": "San Francisco",
        "authToken": "eyJhbGciOiJIUzI1NiIsInR5cCI6IkpXVCJ9..."
    }
}
```

根据用户设备类型（如移动端、服务器）调整工具调用方式，例如通过 WebSocket 流式传输处理实时数据。

动态绑定层的安全增强调用方式如下。

a. 双向 TLS 认证：客户端与工具服务器建立加密通道，验证双方身份。

b. 动态权限校验：根据工具元数据中的 security 字段（如 requiredScopes）动态生成访问策略，例如限制工具仅能访问特定数据库表。

c. 审计日志记录：所有工具调用均记录到 MCP 审计日志，包含 toolId、operator、timestamp 等信息，支持合规性审查。

（2）功能扩展的双重机制

MCP 通过协议扩展和元数据扩展实现功能的弹性扩展，支持现有系统的零侵入集成。

① 协议扩展：标准化接口适配。

a. JSON-RPC 方法扩展：新增自定义方法（如 mcp/tool/register）支持动态工具注册，或扩展现有方法参数（如在 initialize 请求中添加 preferredToolTypes 字段）。例如通过 mcp/tool/discovery 方法获取工具列表，支持分页和过滤参数：

```
{
    "jsonrpc": "2.0",
    "method": "mcp/tool/discovery",
    "params": {
        "filter": {
            "categories": ["data_analysis"],
            "securityLevel": "high"
        }
    }
}
```

b. 传输协议扩展：支持 WebSocket、gRPC 等新传输层协议，通过 transport 字段协商（如 {"transport":"grpc"}）。集成 StreamJsonRpc 实现双向流式通信，适用于实时数据推送（如股票行情、日志监控）。

② 元数据扩展：开放字段与分层管理。

a. 开放字段设计：在工具元数据中预留 extensions 字段，用于添加自定义属性。例如：

```
{
    "toolId": "code_interpreter",
    "extensions": {
        "costModel": "pay-as-you-go",
        "provider": "Anthropic"
    }
}
```

资源元数据支持动态标签（如 {"tags":["high_priority","gpu_required"]}），便于智能调度。

b. 元模型分层管理：借鉴 MOF（Meta-Object Facility）规范的四层元数据架构，允许通过 M3 层扩展新元数据类型。例如新增 QuantumSafeTool 元模型，要求工具支持量子加密算法。例如在医疗领域可以定义 HIPAACompliantTool 元模型，强制要求数据本地化存储。

c. 自动生成工具元数据：使用 FastAPI-MCP 等库将现有 REST API 转换为 MCP 服务器，自动生成工具元数据。例如：

```
from fastapi import FastAPI
from fastapi_mcp import MCP

app = FastAPI()
mcp = MCP(app)

@app.get("/weather")
def get_weather(location: str):
    return {"temperature": 22, "conditions": "sunny"}
```

上述代码会自动生成 weather 工具的元数据，包括参数类型、描述和安全配置。

2.5 安全与隐私架构

MCP 把安全与隐私做成“白盒沙箱”，在连接前先走一次性能力协商与权限清单交换，随后所有工具调用必须携带由 Host 签发的、最小粒度 OAuth-style token。Server 进程被隔离在独立地址空间或容器，只能访问在 manifest 里显式声明的文件、网络端点或环境变量，且敏感数据按需通过内存零拷贝管道流式返回，全程不落盘、不缓存，确保大模型“看得见结果，拿不走数据”。

2.5.1 认证、授权与权限控制

在 MCP 的安全与隐私架构中，认证、授权与权限控制是保障系统可信交互的核心机制。该机制通过分层设计实现身份验证、权限分配与动态控制，结合行业标准与创新技术，确保跨系统协作的安全性与合规性。

（1）认证机制：多层级身份验证体系

① 认证方式的动态协商　MCP 支持多模式认证，通过初始握手阶段的 authMethods 字段协商具体方式。

a. OAuth 2.1 强制标准

PKCE 机制：客户端生成 code_challenge 与 code_verifier，防止中间人攻击。例如：

```
# 客户端生成挑战
code_verifier=$(openssl rand -hex 32)
code_challenge=$(echo -n $code_verifier | shasum -a 256 | cut -d' ' -f1)
```

动态客户端注册（DCR）：工具无需预注册即可接入，通过 /.well-known/mcp 端点自动获取元数据。

b. 传输层认证

TLS 双向认证：客户端与工具服务器交换证书，验证双方身份（如医疗系统中医生终端与影像分析工具的双向校验）。

Bearer 令牌：通过 Authorization: Bearer <token> 头部传递 JWT，支持权限范围（Scope）声明。

② 动态工具的认证适配

a. STDIO 工具：支持基本认证（Base64 编码用户名 / 密码）或 Bearer 令牌，通过环境

变量或配置文件注入。例如下面的配置示例：

```
{
    "mcpServers": {
        "filesystem": {
            "command": "flyctl mcp proxy",
            "args": ["--bearer-token", "t0k3n"]
        }
    }
}
```

b. Web 服务工具：

集成 OpenID Connect，通过 authorizationUrl 字段引导用户完成认证流程（如 Auth0 的统一身份认证）；

支持设备码流（Device Code Flow），适用于无浏览器环境（如边缘设备）。

③ 认证状态的上下文绑定

a. 会话管理：

认证令牌与会话 ID 绑定，高风险操作（如数据删除）需关联原始会话；

令牌生命周期管理，支持自动轮换（如每 24h 更新 client_secret），禁止明文存储。

b. 审计追踪：记录认证事件（如 userAuthenticated、tokenRenewed），包含设备指纹、地理位置等元数据。

（2）授权模型：动态权限分配体系

① 混合权限模型设计　MCP 采用 RBAC（角色）+ABAC（属性）的混合模型，结合 Cedar 策略语言实现细粒度控制。

a. 角色基础控制：预定义角色（如 admin、data_reader），通过 roles 字段分配权限。例如下面的策略示例：

```
permit(principal, action == "tools/call", resource == tool:"database_backup")
    when { principal.roles contains "admin" };
```

b. 属性增强控制：基于上下文属性（如 ipAddress、timeOfDay）动态调整权限。例如：

```
permit(principal, action == "tools/call", resource == tool:"payment_processor")
    when { principal.ipAddress in ["192.168.1.0/24"] && time.hour >= 9 && time.
hour < 17 };
```

② 工具元数据驱动的权限控制

a. 安全标注：通过 security 字段声明工具的权限需求（如 requiredScopes）。例如下面的工具元数据示例：

```
{
    "toolId": "payment-processor-v1",
    "security": {
        "authType": "oauth2",
        "requiredScopes": ["read:payments", "write:transactions"]
    }
}
```

b. 风险提示与权限联动：

destructiveHint: true 触发多因素认证（MFA）。

idempotentHint: true 允许客户端自动重试幂等请求。

③ 动态权限分配流程

a. 权限预校验：客户端调用工具前，通过 checkPermissions 方法验证权限。例如下面的请求示例：

```
{
    "jsonrpc": "2.0",
    "method": "mcp/checkPermissions",
    "params": {
        "actions": ["tools/call"],
        "resources": ["tool:database_backup"]
    }
}
```

b. 权限动态注入：工具调用时，自动注入用户令牌中的权限声明（如 JWT 的 scope 字段）。服务端通过 enforceRBACPolicy() 函数实时校验权限。

（3）权限控制：资源与操作的细粒度管理

① 资源级权限管理　采用资源分类控制。

a. 数据资源：基于标签（如 {"tags":["sensitive","medical"]}）限制访问。

b. 计算资源：根据 gpuRequired、memoryLimit 等属性调度。

例如下面的访问策略示例：

```
{
    "resourceId": "patient-records-2023",
    "accessPolicy": {
        "subjects": ["physician", "nurse"],
        "operations": ["read", "annotate"],
        "contextConstraints": {
            "location": "hospital-internal",
            "timeWindow": "09:00-17:00"
        }
    }
}
```

② 操作级权限控制

a. 操作分类：

查询类：允许匿名访问（如天气查询）。

修改类：强制 MFA（如用户账户更新）。

高危类：需管理员二次确认（如数据删除）。

b. 操作审计：记录操作详情（如 toolId、parameters、result），支持区块链存证。

③ 隐私保护机制

a. 数据最小化：工具调用时仅传递必要参数（如 patientId 而非完整病历），例如下面的请求示例：

```
{
    "toolId": "medical-analyzer-v1",
    "parameters": {
        "patientId": "PAT-123",
        "symptoms": ["fever", "cough"]
    }
}
```

b. 数据脱敏：将输出结果中得到的敏感字段替换为 [MASKED]（如电话号码部分隐藏）。

（4）安全增强机制

① 动态上下文感知控制

a. 环境感知权限：根据用户设备类型（如移动端、服务器）调整认证强度，例如当用户从医院外访问时，强制使用 HTTPS 并触发 MFA。

b. 权限动态回收：当用户角色发生变更（如从 admin 降为 user），相关权限实时撤销。

② 审计与合规性保障

a. 全流程审计日志：记录 user、action、timestamp、success 等字段，支持 SQL 查询与可视化分析。例如下面的日志条目示例：

```
{
    "action": "data_purge",
    "user": "ai_agent_123",
    "toolId": "database_cleaner-v1",
    "riskLevel": "high",
    "timestamp": "2023-10-05T14:30:00Z"
}
```

b. 合规性认证：例如医疗工具需要通过 HIPAA 认证，金融工具需要符合 GDPR 要求。

（5）典型应用场景

① 医疗数据访问控制

a. 认证流程：医生通过 OAuth2 登录，获取包含 patient_access Scope 的 JWT。

b. 授权与权限：ABAC 策略允许主治医生在工作时间访问对应患者记录。

c. 影像分析工具需要通过 HIPAA 认证，且仅能处理 DICOM 格式文件。

② 金融交易授权

a. 认证流程：用户通过生物识别（指纹）+ 短信验证码完成 MFA。

b. 权限控制：支付工具要求 write:transactions Scope，且仅允许在工作日 9:00—17:00 调用。交易金额超过 $10,000 时，触发人工复核流程。

未来，随着联邦身份管理（如 SAML）和量子加密技术的引入，MCP 的认证与授权机制将进一步强化，为 AI 应用提供更坚实的安全基石。

2.5.2　用户同意机制

MCP 的用户同意机制是保障用户数据隐私和控制权的重要组成部分，旨在确保用户对模型如何使用其数据、调用哪些工具等操作拥有明确的知情权和决策权。

（1）用户对数据使用的同意

MCP 强调用户对自身数据的控制权，要求在处理用户数据前必须获得用户的明确同意。例如，当模型需要访问用户的敏感信息，如个人身份信息、健康数据等，客户端需向用户展示详细的数据使用目的、方式和范围等信息，只有在用户批准后，模型才能进行相关数据操作。

（2）工具调用的同意

模型在调用外部工具或访问特定资源时，也需遵循用户同意机制。用户可以通过配置文件或管理界面，预设细粒度的权限规则，限制模型对工具的访问权限。比如，用户可设置模型仅能在特定时间段内调用某一工具，或只能使用工具的部分功能。当模型尝试访问敏感数据或执行高风险操作时，必须再次获得用户的明确授权。

（3）同意的管理与记录

MCP 要求对用户同意的相关信息进行妥善管理和记录。客户端需要记录所有与用户同意相关的活动，包括用户何时给予同意、同意的具体内容等，这些记录将作为审计的重要依据，便于后续对数据使用和工具调用等操作进行追溯和审查，确保系统操作符合用户的意愿和相关安全策略。

（4）透明性与告知义务

为了使用户能够做出明智的同意决策，MCP 强调信息的透明性。系统需要向用户清晰地告知数据处理和工具调用等操作的具体情况，包括可能存在的风险等。MCP 采用纯 JSON 格式封装请求、响应、通知等消息类型，每条消息直观表达“执行操作 / 获取数据”等行为，开发者可直接调试或审查交互内容，用户也能更清楚地了解模型的操作，保障了用户 - 模型数据交互的透明度，解决信息不对称和黑箱化问题。

2.6 综合实战：简易 MCP 交互系统

在接下来的实例中，通过 Python 构建了一套简易的 MCP 交互系统，包含客户端与服务器两部分。服务器端支持天气查询与数学计算两种工具服务，并提供工具发现能力；客户端则可动态发现工具并发起调用，二者基于 JSON-RPC 协议通信，完整呈现了 MCP 中工具发现、调用及基础上下文管理的核心流程，是理解 MCP 协议工作原理的基础实践。

实例 2-1： MCP 交互系统（源码路径：codes\2\mcp_server.py 和 mcp_client.py）

本实例的基本架构如下。

① MCP 服务器：提供天气查询和数学计算工具。

② MCP 客户端：调用服务器工具并处理结果。

③ JSON-RPC 协议：使用标准协议格式进行通信。

本实例的实现流程如图 2-5 所示。

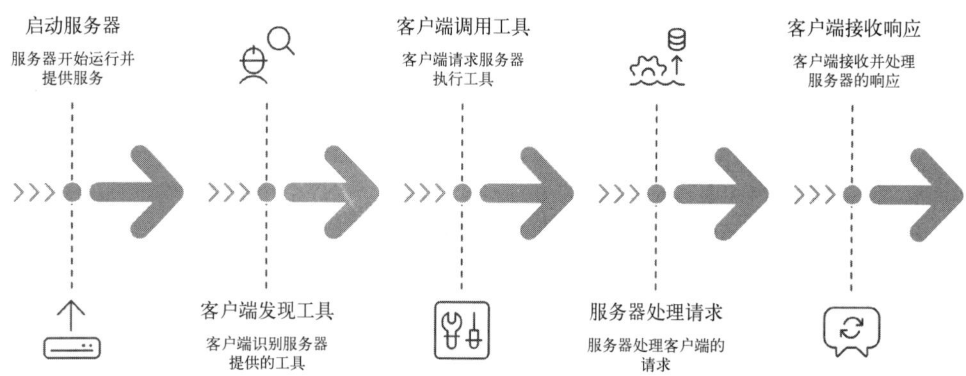

图 2-5 实现流程

2.6.1 MCP 服务器

文件 mcp_server.py 实现了小型可用的 MCP 服务器，用类 MCPServer 注册天气查询和数学计算两个工具，通过 HTTP POST 接收 JSON-RPC 2.0 请求，先以 mcp.discover 暴露能力清单，再以 tool.* 方法执行工具，把结果或错误按标准协议回写给调用方，并基于会话 ID 记录调用历史，实现简易、可扩展、本地即启即用的 MCP 端点。

```
import json
from typing import Dict, Any, List
import time
import math

class MCPServer:
```

```
    def __init__(self):
        # 注册支持的工具和方法
        self.tools = {
            "get_weather": {
                "description": "获取指定城市的天气信息",
                "parameters": {
                    "city": {"type": "string", "required": True, "description": "城
市名称"}
                }
            },
            "calculate": {
                "description": "计算数学表达式",
                "parameters": {
                    "expression": {"type": "string", "required": True, "description
": "数学表达式"}
                }
            }
        }

        # 模拟会话存储
        self.sessions = {}

    def handle_request(self, request: Dict) -> Dict:
        """处理JSON-RPC请求"""
        try:
            # 验证请求格式
            if not all(k in request for k in ["jsonrpc", "method", "id"]):
                return self._error_response(-32600, "Invalid Request", request.
get("id"))

            method = request["method"]
            params = request.get("params", {})
            session_id = params.get("session_id", "default")

            # 初始化会话
            if session_id not in self.sessions:
                self.sessions[session_id] = {"history": []}

            # 处理系统方法
            if method == "mcp.discover":
                return self._discover_tools(request["id"])

            # 处理工具调用
            if method.startswith("tool."):
                tool_name = method[5:]  # 去掉"tool."前缀
                if tool_name in self.tools:
                    return self._execute_tool(tool_name, params, request["id"], ses
sion_id)
                else:
                    return self._error_response(-32601, f"Tool not found: {tool_
name}", request["id"])

            # 未知方法
            return self._error_response(-32601, f"Method not found: {method}", requ
est["id"])

        except Exception as e:
            return self._error_response(-32603, f"Internal error: {str(e)}", reques
t["id"])

    def _discover_tools(self, request_id: Any) -> Dict:
        """返回支持的工具列表"""
```

```
        return {
            "jsonrpc": "2.0",
            "id": request_id,
            "result": {
                "tools": self.tools,
                "protocol_version": "0.8.0"
            }
        }

    def _execute_tool(self, tool_name: str, params: Dict, request_id: Any, session_
id: str) -> Dict:
        """执行工具并返回结果"""
        # 验证参数
        required_params = self.tools[tool_name]["parameters"]
        for param_name, spec in required_params.items():
            if spec.get("required") and param_name not in params:
                return self._error_response(-32602, f"Missing parameter: {param_
name}", request_id)

        # 记录工具调用到会话历史
        self.sessions[session_id]["history"].append({
            "tool": tool_name,
            "parameters": params,
            "timestamp": time.time()
        })

        # 执行具体工具逻辑
        if tool_name == "get_weather":
            return self._get_weather(params, request_id)
        elif tool_name == "calculate":
            return self._calculate(params, request_id)

        return self._error_response(-32601, f"Tool execution error: {tool_
name}", request_id)

    def _get_weather(self, params: Dict, request_id: Any) -> Dict:
        """模拟天气查询工具"""
        city = params["city"]
        # 实际应用中会调用真实的天气API
        weather_data = {
            "city": city,
            "temperature": 25,
            "humidity": 60,
            "condition": "晴朗",
            "timestamp": time.time()
        }
        return {
            "jsonrpc": "2.0",
            "id": request_id,
            "result": weather_data
        }

    def _calculate(self, params: Dict, request_id: Any) -> Dict:
        """计算数学表达式"""
        expression = params["expression"]
        try:
            # 安全地计算表达式
            allowed_names = {"math": math}
            result = eval(expression, {"__builtins__": None}, allowed_names)
            return {
                "jsonrpc": "2.0",
                "id": request_id,
```

```
                "result": {
                    "expression": expression,
                    "value": result
                }
            }
        except Exception as e:
            return self._error_response(-32602, f"Invalid expression: {str(e)}", re
quest_id)

    def _error_response(self, code: int, message: str, request_id: Any) -> Dict:
        """生成错误响应"""
        return {
            "jsonrpc": "2.0",
            "error": {
                "code": code,
                "message": message
            },
            "id": request_id
        }

# 简易HTTP服务器，用于接收MCP请求
from http.server import BaseHTTPRequestHandler, HTTPServer

class MCPRequestHandler(BaseHTTPRequestHandler):
    server_version = "MCP/0.8"

    def do_POST(self):
        """处理POST请求"""
        content_length = int(self.headers['Content-Length'])
        post_data = self.rfile.read(content_length)

        try:
            request = json.loads(post_data)
            response = self.server.mcp_server.handle_request(request)
            self.send_response(200)
            self.send_header('Content-type', 'application/json')
            self.end_headers()
            self.wfile.write(json.dumps(response).encode('utf-8'))
        except Exception as e:
            self.send_error(400, f"Bad request: {str(e)}")

if __name__ == "__main__":
    # 初始化MCP服务器
    mcp_server = MCPServer()

    # 启动HTTP服务器
    server_address = ('', 8080)
    httpd = HTTPServer(server_address, MCPRequestHandler)
    httpd.mcp_server = mcp_server

    print('MCP服务器运行在 http://localhost:8080')
    try:
        httpd.serve_forever()
    except KeyboardInterrupt:
        pass
    httpd.server_close()
    print('服务器关闭')
```

2.6.2　MCP 客户端

① 文件 mcp_client.py 实现了一个极简的 MCP 客户端，通过 HTTP 向服务器发送

JSON-RPC 请求，先用 discover 拉取工具清单并缓存，随后把用户输入封装成 tool.* 调用，自动附加会话 ID 与最近 5 条上下文，再把结果写入内存上下文，形成可交互、可追踪、零配置的 MCP 调用示例。

```
import json
import requests
import time
from typing import Dict, Any, Optional

class MCPClient:
    def __init__(self, server_url: str = "http://localhost:8080"):
        self.server_url = server_url
        self.session_id = f"session_{int(time.time() * 1000)}"
        self.supported_tools = {}
        self.context = []

    def discover_tools(self) -> Dict[str, Any]:
        """发现服务器支持的工具"""
        request = {
            "jsonrpc": "2.0",
            "method": "mcp.discover",
            "params": {"session_id": self.session_id},
            "id": 1
        }

        response = self._send_request(request)
        if response and "result" in response:
            self.supported_tools = response["result"]["tools"]
            return self.supported_tools
        return {}

    def call_tool(self, tool_name: str, parameters: Dict[str, Any]) -> Optional[Dic
t[str, Any]]:
        """调用指定工具"""
        if tool_name not in self.supported_tools:
            print(f"错误: 工具 {tool_name} 未注册")
            return None

        # 构建请求
        request = {
            "jsonrpc": "2.0",
            "method": f"tool.{tool_name}",
            "params": {
                "session_id": self.session_id,
                **parameters
            },
            "id": len(self.context) + 1
        }

        # 添加上下文信息
        if self.context:
            request["params"]["context"] = self.context[-5:]  # 只包含最近5条上下文

        # 发送请求
        response = self._send_request(request)
        if response and "result" in response:
            # 更新上下文
            self.context.append({
                "tool": tool_name,
                "parameters": parameters,
                "result": response["result"],
```

```
                "timestamp": time.time()
            })
            return response["result"]
        return None

    def _send_request(self, request: Dict) -> Optional[Dict]:
        """发送JSON-RPC请求到服务器"""
        try:
            response = requests.post(
                self.server_url,
                json=request,
                headers={"Content-Type": "application/json"},
                timeout=10
            )
            response.raise_for_status()
            return response.json()
        except requests.exceptions.RequestException as e:
            print(f"通信错误: {str(e)}")
            return None
        except json.JSONDecodeError as e:
            print(f"响应解析错误: {str(e)}")
            return None

# 简单的命令行客户端示例
if __name__ == "__main__":
    # 连接到MCP服务器
    client = MCPClient()

    # 发现可用工具
    print("发现可用工具...")
    tools = client.discover_tools()
    for tool_name, tool_info in tools.items():
        print(f"- {tool_name}: {tool_info['description']}")

    # 交互式使用工具
    while True:
        print("\n请选择工具:")
        for i, tool_name in enumerate(tools.keys(), 1):
            print(f"{i}. {tool_name}")
        print("0. 退出")

        choice = input("输入选择: ")
        if choice == "0":
            break

        try:
            tool_index = int(choice) - 1
            tool_name = list(tools.keys())[tool_index]
            tool_params = tools[tool_name]["parameters"]

            print(f"\n调用工具: {tool_name}")
            params = {}
            for param_name, param_info in tool_params.items():
                required = "(必需)" if param_info.get("required") else ""
                default = param_info.get("default", "")
                param_value = input(f"{param_name} {required} [{default}]: ")
                if param_value or param_info.get("required"):
                    params[param_name] = param_value

            print("正在调用工具...")
            result = client.call_tool(tool_name, params)
            if result:
```

```
                print(f"工具返回: {json.dumps(result, indent=2)}")
            else:
                print("调用失败")

        except (IndexError, ValueError):
            print("无效选择，请重试")
```

② 通过下面的命令运行服务器端：

```
python mcp_server.py
```

③ 在另一个终端中，通过下面的命令运行客户端：

```
python mcp_client.py
```

④ 开始测试程序，在命令行界面中输入下面的命令，对本地 MCP 服务器做一次能力发现（discovery）的手动请求：向 http://localhost:8080 发送 JSON-RPC 2.0 格式的 POST 报文，方法名为 mcp.discover，参数携带会话 id，用来查询服务器当前暴露了哪些工具及其参数规格。

```
curl -X POST ^
-H "Content-Type: application/json" ^
-d "{\"jsonrpc\":\"2.0\",\"method\":\"mcp.discover\",\"params\":{\"session_
id\":\"test_session\"},\"id\":1}" ^
http://localhost:8080
```

MCP 服务端会对上面的请求进行响应，响应结果是一个 JSON 格式的数据：

```
{
    "jsonrpc": "2.0",
    "id": 1,
    "result": {
        "tools": {
            "get_weather": {
                "description": "获取指定城市的天气信息",
                "parameters": {
                    "city": {
                        "type": "string",
                        "required": true,
                        "description": "城市名称"
                    }
                }
            },
            "calculate": {
                "description": "计算数学表达式",
                "parameters": {
                    "expression": {
                        "type": "string",
                        "required": true,
                        "description": "数学表达式"
                    }
                }
            }
        },
        "protocol_version": "0.8.0"
    }
}
```

这表明 MCP 服务器已经成功接收到 mcp.discover 请求，并返回了服务器支持的工具列表及其相关信息。你可以根据这些信息进一步调用具体的工具（如 get_weather 或 calculate）

来完成相应的任务。

⑤ 运行下面的命令会向 MCP 服务端获取北京的天气情况：

```
curl -X POST -H "Content-Type: application/json" -d
"{\"jsonrpc\":\"2.0\",\"method\":\"tool.get_weather\",\"params\":{\"session_
id\":\"test_session\",\"city\":\"北京\"},\"id\":2}" http://localhost:8080
```

得到如下所示的响应结果：

```
{
    "jsonrpc": "2.0",
    "id": 2,
    "result": {
        "city": "北京",
        "temperature": 25,
        "humidity": 60,
        "condition": "晴朗",
        "timestamp": 1753094709.3739526
    }
}
```

这表明 MCP 服务端已经成功接收到获取北京天气的请求，并返回了相应的天气信息。大家可以根据这些信息进一步处理或展示天气数据。

注意：本实例仅为演示 MCP（模型上下文协议）的基础通信流程，存在以下限制：

① 非专业 MCP 实现：未遵循 MCP 官方规范，仅为简化版演示。

② 无 AI 技术集成：未涉及实际 AI 模型调用，工具逻辑为静态模拟。

③ 功能局限性：天气数据为硬编码模拟值，非实时数据。数学计算仅支持简单表达式，无安全性验证。

④ 适用场景：仅用于理解 MCP 协议的基本交互流程，不适合生产环境。

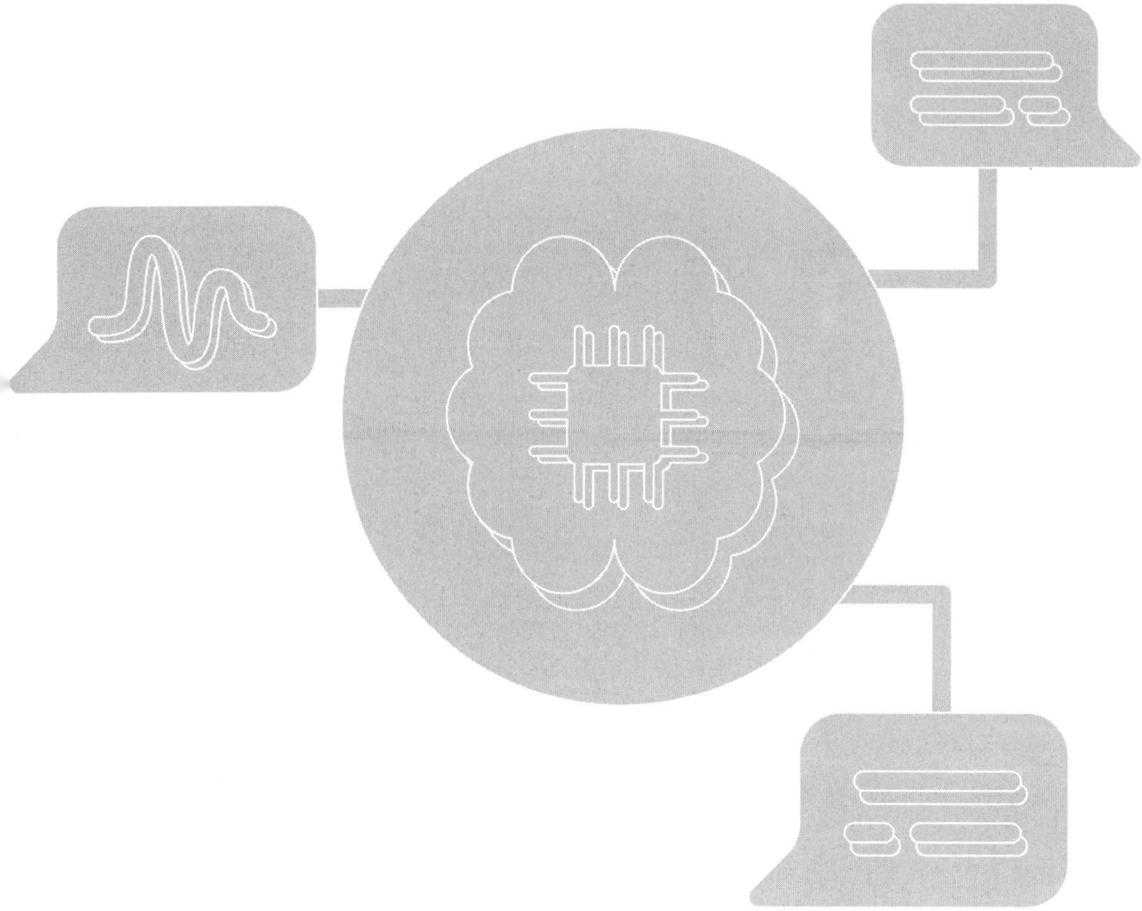

第 3 章

第一个 MCP 程序：基于 DeepSeek 等模型的 MCP 服务器

经过前面内容的学习，我们已经了解了 MCP 的重要作用和原理。在本章的内容中，将实现一个轻量级模型控制协议（MCP）服务器，为 OpenAI、Anthropic、Google Gemini、Groq、DeepSeek 和 Ollama 等多个大语言模型（LLM）提供商提供统一接口，支持通过命令行或 API 调用不同模型，具备并行处理、自动模型名校正、文件交互等功能，采用模块化设计并提供完整测试套件，方便开发者快速集成和使用多种 LLM 服务。

3.1 系统功能介绍

本项目是一个用于统一管理和调用多语言模型（LLM）的工具框架，核心功能模块如图 3-1 所示。

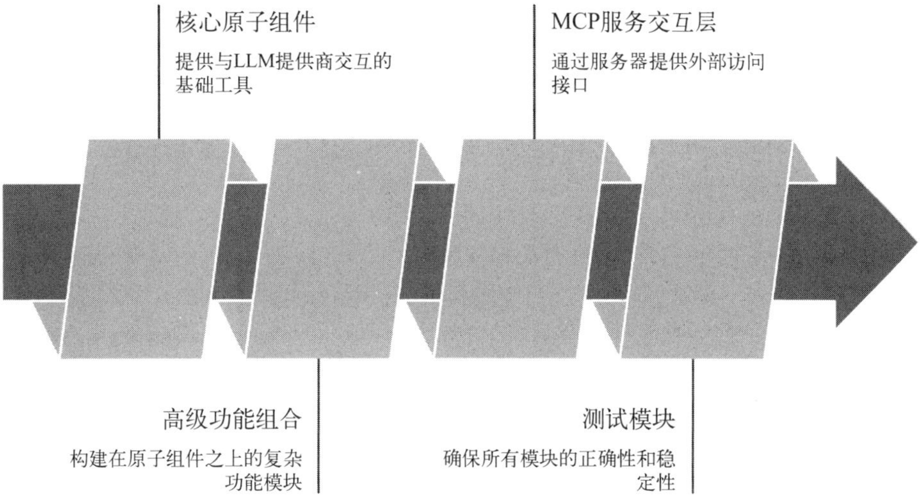

图 3-1　系统功能模块

（1）核心原子组件（atoms）

核心原子组件提供与各 LLM 提供商直接交互的底层功能，是项目的基础工具集。

① LLM 提供商接口：针对 OpenAI、Anthropic、Ollama、DeepSeek 等不同提供商，实现了发送提示（prompt）、列出可用模型（list_models）等基础交互功能，封装了各提供商的 API 调用细节。

② 共享工具（shared）：包含通用功能，如模型路由（model_router）用于将请求分发到对应提供商，数据类型定义（data_types）统一管理提供商信息，工具函数（utils）处理模型字符串拆分、API 密钥获取等，验证工具（validator）校验提供商和模型的有效性。

（2）高级功能组合（molecules）

基于原子组件构建的复杂功能模块，提供更贴近实际场景的接口。

① 提示处理工具：支持直接发送文本提示（prompt）、从文件读取提示（prompt_from_file）、将提示结果保存到文件（prompt_from_file_to_file），并通过并行处理提升多模型调用效率。

② 多模型协作场景：如“CEO 与董事会”决策（ceo_and_board_prompt），模拟多模型作为“董事会成员”提供意见，再由指定模型作为“CEO”汇总决策，展示多模型协同处理复杂任务的能力。

（3）MCP 服务交互层（server）

该模块实现了 MCP 服务器，提供了外部访问接口，将项目功能封装为可调用的服务。

通过 server.py 启动服务，注册上述所有工具（提示处理、模型列表查询、CEO 决策等），接收外部调用请求并返回结果，支持标准输入输出流交互，方便集成到其他系统。

（4）测试模块（tests）

该模块确保各功能模块的正确性，针对原子组件（如 DeepSeek、OpenAI 等提供商接口）和高级功能（如多模型提示、文件交互）设计测试用例，验证模型调用、响应处理、错误处理等逻辑，若缺少 API 密钥则跳过对应测试，保障项目稳定性。

这些模块相互协作，形成了“底层接口封装 - 中层功能组合 - 上层服务暴露 - 全流程测试验证”的完整框架，实现了多 LLM 提供商的统一管理、灵活调用和场景化应用。

3.2 共享资源模块

“shared”目录是本项目的共享资源中心，主要提供各模块通用的工具和基础组件。它定义了统一的数据结构，确保不同部分之间数据交互的一致性；实现了模型路由逻辑，方便对各类模型进行调度和管理；还包含了通用的工具函数和验证机制，为整个项目的各个模块提供基础支持，减少代码冗余，保障数据处理的规范性和功能实现的高效性。共享资源模块的实现流程如图 3-2 所示。

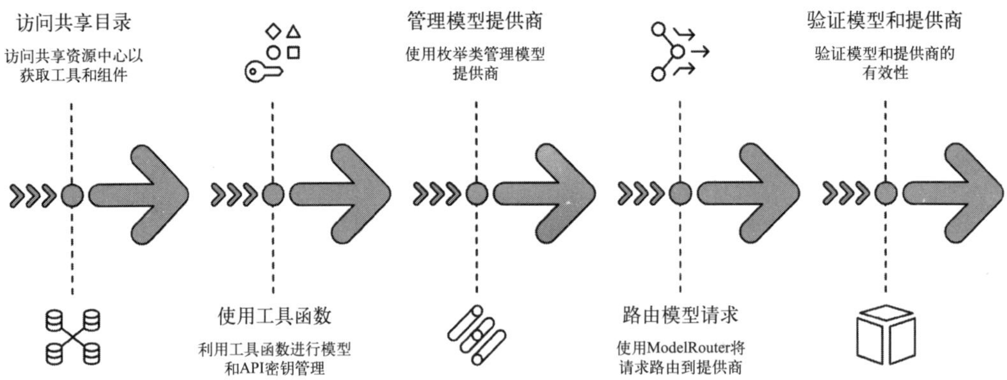

图 3-2 共享资源模块的实现流程

3.2.1 工具函数

文件 utils.py 主要提供了项目中与模型提供商和 API 密钥相关的工具函数，包括拆分模型字符串以获取提供商和模型名称、根据前缀获取完整提供商名称、格式化带提供商前缀的模型字符串以及从环境变量中获取对应提供商的 API 密钥等功能，同时定义了默认模型常量并加载环境变量。

```
# 默认模型常量
DEFAULT_MODEL = "anthropic:claude-3-7-sonnet-20250219"


def split_provider_and_model(model_string: str) -> Tuple[str, str]:
    """
    将模型字符串拆分为提供商和模型名称。

    注意：这只会拆分模型字符串中的第一个冒号，将字符串的其余部分保留为模型名称。
    模型名称中可能会有额外的冒号，我们需要忽略这些冒号并将它们保留在模型名称中。

    参数：
```

```
        model_string: 格式为"provider:model"的字符串

    返回:
        包含（提供商，模型）的元组
    """
    parts = model_string.split(":", 1)
    if len(parts) != 2:
        raise ValueError(f"无效的模型字符串格式: {model_string}。预期格
式: 'provider:model'")

    provider, model = parts
    return provider, model


def get_provider_from_prefix(prefix: str) -> str:
    """
    从前缀获取完整的提供商名称。

    参数:
        prefix: 提供商前缀（简称或全称）

    返回:
        完整的提供商名称
    """
    from .data_types import ModelProviders

    provider = ModelProviders.from_name(prefix)
    if provider is None:
        raise ValueError(f"未知的提供商前缀: {prefix}")

    return provider.full_name


def get_models_prefixed_by_provider(provider_prefix: str, model_name: str) -> str:
    """
    用提供商前缀格式化模型字符串。

    参数:
        provider_prefix: 提供商前缀（简称或全称）
        model_name: 模型名称

    返回:
        格式为"provider:model"的字符串
    """
    provider = get_provider_from_prefix(provider_prefix)
    return f"{provider}:{model_name}"


def get_api_key(provider: str) -> Optional[str]:
    """
    从环境变量中获取提供商的API密钥。

    参数:
        provider: 提供商名称（全称）

    返回:
        作为字符串的API密钥，如果提供商不受支持或未设置环境变量，则返回 None
    """
    key_mapping = {
        "openai": "OPENAI_API_KEY",
        "anthropic": "ANTHROPIC_API_KEY",
        "gemini": "GEMINI_API_KEY",
```

```
        "groq": "GROQ_API_KEY",
        "deepseek": "DEEPSEEK_API_KEY"
    }

    env_var = key_mapping.get(provider)
    if not env_var:
        return None

    return os.environ.get(env_var)
```

3.2.2 模型提供商管理

文件 data_types.py 定义了枚举类 ModelProviders，用于管理项目中支持的模型提供商，包含各提供商的全称和简称，并提供了通过名称（全称或简称）获取对应提供商枚举的方法。

```
from enum import Enum

class ModelProviders(Enum):
    """
    支持的模型提供商枚举，包含它们的全称和简称。
    """
    OPENAI = ("openai", "o")
    ANTHROPIC = ("anthropic", "a")
    GEMINI = ("gemini", "g")
    GROQ = ("groq", "q")
    DEEPSEEK = ("deepseek", "d")
    OLLAMA = ("ollama", "l")

    def __init__(self, full_name, short_name):
        self.full_name = full_name
        self.short_name = short_name

    @classmethod
    def from_name(cls, name):
        """
        通过全称或简称获取提供商枚举。

        参数:
            name: 提供商名称（全称或简称）

        返回:
            ModelProviders: 对应的提供商枚举，如果未找到则返回None
        """
        for provider in cls:
            if provider.full_name == name or provider.short_name == name:
                return provider
        return None
```

3.2.3 路由模型请求

文件 model_router.py 定义了类 ModelRouter，负责将请求路由到合适的模型提供商，核心功能包括：验证并纠正模型名称（确保与提供商支持的模型匹配，必要时通过 AI 模型自动修正）、将提示请求路由到对应提供商的模型、将模型列表查询请求路由到对应提供商，以及通过指定的纠正模型实现模型名称的智能修正。

```
class ModelRouter:
    """
```

```
    根据模型字符串将请求路由到合适的提供商。
    """

    @staticmethod
    def validate_and_correct_model(provider_name: str, model_name: str) -> str:
        """
        根据提供商的可用模型验证模型名称，必要时进行纠正。

        参数:
            provider_name: 提供商名称（全称）
            model_name: 需要验证和可能纠正的模型名称

        返回:
            经过验证且可能已纠正的模型名称
        """
        # 对于支持思维token的模型，直接返回以跳过验证
        thinking_models = [
            "claude-3-7-sonnet-20250219",
            "claude-opus-4-20250514",
            "claude-sonnet-4-20250514",
            "gemini-2.5-flash-preview-04-17"
        ]
        if any(thinking_model in model_name for thinking_model in thinking_models):
            return model_name

        try:
            # 导入提供商模块
            provider_module_name = f"just_prompt.atoms.llm_providers.{provider_
name}"
            provider_module = importlib.import_module(provider_module_name)

            # 获取可用模型
            available_models = provider_module.list_models()

            # 检查模型是否在可用模型列表中
            if model_name in available_models:
                return model_name

            # 模型需要纠正——使用默认的纠正模型
            import os

            correction_model = os.environ.get(
                "CORRECTION_MODEL", "anthropic:claude-3-7-sonnet-20250219"
            )

            # 使用智能模型纠正功能
            corrected_model = ModelRouter.magic_model_correction(
                provider_name, model_name, correction_model
            )

            if corrected_model != model_name:
                logger.info(
                    f"已将提供商'{provider_name}'的模型名称从'{model_name}'纠正
为'{corrected_model}'"
                )
                return corrected_model

            return model_name
        except Exception as e:
            logger.warning(
                f"验证提供商'{provider_name}'的模型'{model_name}'时出错: {e}"
            )
```

```
            return model_name

    @staticmethod
    def route_prompt(model_string: str, text: str) -> str:
        """
        将提示请求路由到合适的提供商。

        参数:
            model_string: 格式为"provider:model"的字符串
            text: 提示文本

        返回:
            模型的响应结果
        """
        provider_prefix, model = split_provider_and_model(model_string)
        provider = ModelProviders.from_name(provider_prefix)

        if not provider:
            raise ValueError(f"未知的提供商前缀: {provider_prefix}")

        # 验证并可能纠正模型名称
        validated_model = ModelRouter.validate_and_correct_model(
            provider.full_name, model
        )

        # 导入相应的提供商模块
        try:
            module_name = f"just_prompt.atoms.llm_providers.{provider.full_name}"
            provider_module = importlib.import_module(module_name)

            # 调用prompt函数
            return provider_module.prompt(text, validated_model)
        except ImportError as e:
            logger.error(f"导入提供商模块失败: {e}")
            raise ValueError(f"提供商不可用: {provider.full_name}")
        except Exception as e:
            logger.error(f"将提示路由到{provider.full_name}时出错: {e}")
            raise

    @staticmethod
    def route_list_models(provider_name: str) -> List[str]:
        """
        将模型列表查询请求路由到合适的提供商。

        参数:
            provider_name: 提供商名称（全称或简称）

        返回:
            模型名称列表
        """
        provider = ModelProviders.from_name(provider_name)

        if not provider:
            raise ValueError(f"未知的提供商: {provider_name}")

        # 导入相应的提供商模块
        try:
            module_name = f"just_prompt.atoms.llm_providers.{provider.full_name}"
            provider_module = importlib.import_module(module_name)

            # 调用list_models函数
            return provider_module.list_models()
```

```
        except ImportError as e:
            logger.error(f"导入提供商模块失败：{e}")
            raise ValueError(f"提供商不可用：{provider.full_name}")
        except Exception as e:
            logger.error(f"获取{provider.full_name}的模型列表时出错：{e}")
            raise

    @staticmethod
    def magic_model_correction(provider: str, model: str, correction_
model: str) -> str:
        """
        必要时使用纠正AI模型来纠正模型名称。

        参数：
            provider：提供商名称
            model：原始模型名称
            correction_model：用于纠正的AI模型，例如"o:gpt-4o-mini"

        返回：
            纠正后的模型名称
        """
        provider_module_name = f"just_prompt.atoms.llm_providers.{provider}"

        try:
            provider_module = importlib.import_module(provider_module_name)
            available_models = provider_module.list_models()

            # 如果模型已在可用模型列表中，则无需纠正
            if model in available_models:
                logger.info(f"使用{provider}的{model}")
                return model

            # 模型需要纠正——使用纠正模型进行纠正
            correction_provider, correction_model_name = split_provider_and_model(
                correction_model
            )
            correction_provider_enum = ModelProviders.from_name(correction_
provider)

            if not correction_provider_enum:
                logger.warning(
                    f"无效的纠正模型提供商：{correction_provider}，跳过纠正"
                )
                return model

            correction_module_name = (
                f"just_prompt.atoms.llm_providers.{correction_provider_enum.full_
name}"
            )
            correction_module = importlib.import_module(correction_module_name)

            # 构建用于纠正模型的提示文本
            prompt = f"""
给定用户提供的{provider}提供商的模型名称"{model}"，以及下面的实际可用模型列表，
从可用模型列表中返回最匹配的模型名称。
仅返回准确的模型名称，不要包含其他内容。

可用模型：{', '.join(available_models)}
"""
            # 从纠正模型获取纠正结果
            corrected_model = correction_module.prompt(
                prompt, correction_model_name
```

```
            ).strip()

            # 验证纠正后的模型是否在可用模型列表中
            if corrected_model in available_models:
                logger.info(f"纠正模型: {correction_model}")
                logger.info(f"带提供商前缀的模型: {provider}:{model}")
                logger.info(f"纠正后的模型: {corrected_model}")
                return corrected_model
            else:
                logger.warning(
                    f"纠正后的模型{corrected_model}不在可用模型列表中"
                )
                return model

        except Exception as e:
            logger.error(f"模型纠正过程出错: {e}")
            return model
```

3.2.4 验证模型和提供商

文件 validator.py 的主要功能是验证项目中模型和提供商的有效性，包括校验带提供商前缀的模型字符串、验证提供商名称、检查各提供商 API 密钥的可用性，以及打印提供商的可用状态信息，确保模型调用和提供商交互的合法性。

```
def validate_models_prefixed_by_provider(models_prefixed_by_provider: List[str])
-> bool:
    """
    验证模型字符串中的提供商前缀是否有效。

    参数:
        models_prefixed_by_provider: 格式为"provider:model"的模型字符串列表

    返回:
        若所有模型字符串均有效则返回True，否则抛出ValueError
    """
    if not models_prefixed_by_provider:
        raise ValueError("未提供模型")

    for model_string in models_prefixed_by_provider:
        try:
            provider_prefix, model_name = split_provider_and_model(model_string)
            provider = ModelProviders.from_name(provider_prefix)
            if provider is None:
                raise ValueError(f"未知的提供商前缀: {provider_prefix}")
        except Exception as e:
            logger.error(f"模型字符串'{model_string}'验证失败: {str(e)}")
            raise

    return True


def validate_provider(provider: str) -> bool:
    """
    验证提供商名称是否有效。

    参数:
        provider: 提供商名称（全称或简称）

    返回:
        若有效则返回True，否则抛出ValueError
```

```
    """
    provider_enum = ModelProviders.from_name(provider)
    if provider_enum is None:
        raise ValueError(f"未知的提供商：{provider}")

    return True


def validate_provider_api_keys() -> Dict[str, bool]:
    """
    验证每个提供商的API密钥是否可用。

    返回：
        映射提供商名称到其可用性状态的字典（True表示可用，False表示不可用）
    """
    available_providers = {}

    # 检查每个提供商的API密钥
    for provider in ModelProviders:
        provider_name = provider.full_name

        # Ollama的特殊处理，它使用OLLAMA_HOST而非API密钥
        if provider_name == "ollama":
            host = os.environ.get("OLLAMA_HOST")
            is_available = host is not None and host.strip() != ""
            available_providers[provider_name] = is_available
        else:
            # 获取API密钥
            api_key = get_api_key(provider_name)
            is_available = api_key is not None and api_key.strip() != ""
            available_providers[provider_name] = is_available

    return available_providers


def print_provider_availability(detailed: bool = True) -> None:
    """
    打印基于API密钥的提供商可用状态信息。

    参数：
        detailed: 是否打印关于缺失密钥的详细信息
    """
    availability = validate_provider_api_keys()

    available = [p for p, status in availability.items() if status]
    unavailable = [p for p, status in availability.items() if not status]

    # 打印可用性信息
    logger.info(f"可用的LLM提供商：{', '.join(available)}")

    if detailed and unavailable:
        env_vars = {
            "openai": "OPENAI_API_KEY",
            "anthropic": "ANTHROPIC_API_KEY",
            "gemini": "GEMINI_API_KEY",
            "groq": "GROQ_API_KEY",
            "deepseek": "DEEPSEEK_API_KEY",
            "ollama": "OLLAMA_HOST"
        }

        logger.warning(f"以下提供商因缺失API密钥而不可用：")
        for provider in unavailable:
```

```
        env_var = env_vars.get(provider)
        if env_var:
            logger.warning(f"  - {provider}: 缺失环境变量{env_var}")
        else:
            logger.warning(f"  - {provider}: 缺失配置")
```

3.3 大模型交互模块

在本项目中，“llm_providers”目录主要负责实现与不同大语言模型提供商的交互功能，为整个项目提供对接多种大语言模型的能力。如图 3-3 所示，通过封装各个提供商的 API 调用、参数设置等底层操作，使得项目能够方便地调用不同提供商的模型，而无需关心具体的实现细节，从而实现了对多种大语言模型的统一管理和调度。

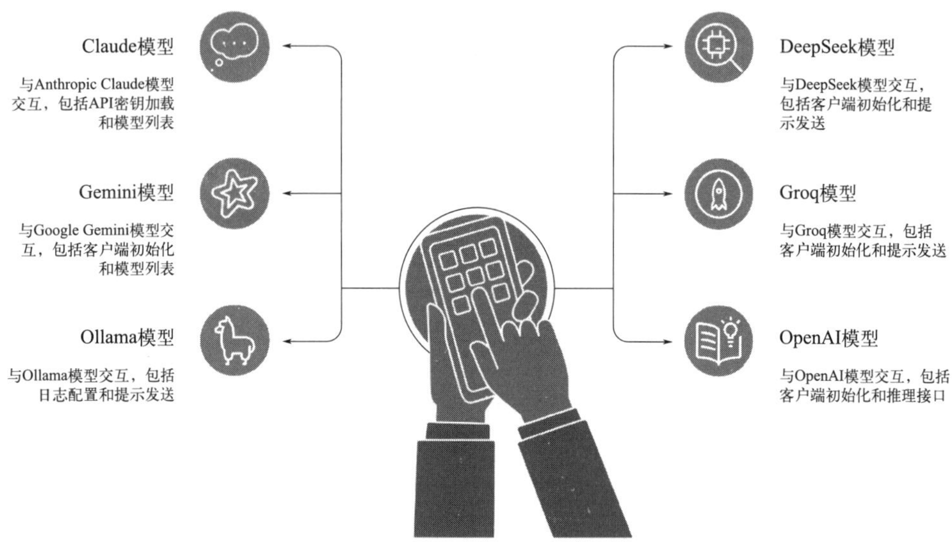

图 3-3　大模型交互模块

3.3.1 与 Claude 模型交互

文件 anthropic.py 实现了与 Anthropic Claude 模型交互的功能，包括从环境变量加载 API 密钥、配置日志、解析模型名称以处理思维预算后缀、发送带思维功能和普通的提示请求以及列出可用模型等功能。

```
# 加载环境变量
load_dotenv()

# 配置日志
logger = logging.getLogger(__name__)

# 初始化Anthropic客户端
client = anthropic.Anthropic(api_key=os.environ.get("ANTHROPIC_API_KEY"))


def parse_thinking_suffix(model: str) -> Tuple[str, int]:
    """
    解析模型名称以检查是否有思维token预算后缀。
```

```
    仅适用于claude-3-7-sonnet-20250219模型。

    支持的格式：
    - model:1k, model:4k, model:16k
    - model:1000, model:1054, model:1333等（任何在1024-16000之间的值）

    参数：
        model: 可能带有思维后缀的模型名称

    返回：
        一个元组，包含（基础模型名称，思维预算）
        如果没有找到思维后缀，思维预算将为0
    """
    # 查找类似":1k", ":4k", ":16k"或":1000", ":1054"等模式
    pattern = r'^(.+?)(?::(\d+)k?)?$'
    match = re.match(pattern, model)

    if not match:
        return model, 0

    base_model = match.group(1)
    thinking_suffix = match.group(2)

    # 验证模型 - 只有特定的Claude模型支持思维功能
    supported_thinking_models = [
        "claude-3-7-sonnet-20250219",
        "claude-opus-4-20250514",
        "claude-sonnet-4-20250514"
    ]
    if base_model not in supported_thinking_models:
        logger.warning(f"模型 {base_model} 不支持思维功能，忽略思维后缀")
        return base_model, 0

    if not thinking_suffix:
        return model, 0

    # 转换为整数
    try:
        thinking_budget = int(thinking_suffix)
        # 如果提供的是像1、4、16这样的小数字，假设它是以"k"为单位（乘以1024）
        if thinking_budget < 100:
            thinking_budget *= 1024

        # 调整超出范围的值
        if thinking_budget < 1024:
            logger.warning(f"思维预算 {thinking_budget} 低于最小值（1024），改用1024")
            thinking_budget = 1024
        elif thinking_budget > 16000:
            logger.warning(f"思维预算 {thinking_budget} 高于最大值（16000），改用16000")
            thinking_budget = 16000

        logger.info(f"为模型 {base_model} 使用 {thinking_budget} 个token的思维预算")
        return base_model, thinking_budget
    except ValueError:
        logger.warning(f"无效的思维预算格式：{thinking_suffix}，忽略")
        return base_model, 0


def prompt_with_thinking(text: str, model: str, thinking_budget: int) -> str:
    """
    向Anthropic Claude发送启用思维功能的提示并获取响应。
```

```
    参数：
        text：提示文本
        model：基础模型名称（不带思维后缀）
        thinking_budget：思维的token预算

    返回：
        模型的响应字符串
    """
    try:
        # 确保max_tokens大于思维预算
        max_tokens = thinking_budget + 1000  # 为响应添加1000个token

        logger.info(f"向Anthropic模型 {model} 发送提示，思维预算为 {thinking_budget}")
        message = client.messages.create(
            model=model,
            max_tokens=max_tokens,
            thinking={
                "type": "enabled",
                "budget_tokens": thinking_budget,
            },
            messages=[{"role": "user", "content": text}]
        )

        # 从消息内容中提取响应
        # 过滤掉思维块，只获取文本块
        text_blocks = [block for block in message.content if block.type == "text"]

        if not text_blocks:
            raise ValueError("响应中未找到文本内容")

        return text_blocks[0].text
    except Exception as e:
        logger.error(f"向Anthropic发送带思维功能的提示时出错：{e}")
        raise ValueError(f"使用思维功能从Anthropic获取响应失败：{str(e)}")


def prompt(text: str, model: str) -> str:
    """
    向Anthropic Claude发送提示并获取响应。

    自动处理模型名称中的思维后缀（例如，claude-3-7-sonnet-20250219:4k）

    参数：
        text：提示文本
        model：模型名称，可选带思维后缀

    返回：
        模型的响应字符串
    """
    # 解析模型名称以检查思维后缀
    base_model, thinking_budget = parse_thinking_suffix(model)

    # 如果指定了思维预算，使用prompt_with_thinking
    if thinking_budget > 0:
        return prompt_with_thinking(text, base_model, thinking_budget)

    # 否则，使用普通提示
    try:
        logger.info(f"向Anthropic模型发送提示：{base_model}")
        message = client.messages.create(
            model=base_model, max_tokens=4096, messages=[{"role": "user", "content"
: text}]
```

```
        )

        # 从消息内容中提取响应
        # 仅获取文本块
        text_blocks = [block for block in message.content if block.type == "text"]

        if not text_blocks:
            raise ValueError("响应中未找到文本内容")

        return text_blocks[0].text
    except Exception as e:
        logger.error(f"向Anthropic发送提示时出错：{e}")
        raise ValueError(f"从Anthropic获取响应失败：{str(e)}")


def list_models() -> List[str]:
    """
    列出可用的Anthropic模型。

    返回：
        模型名称列表
    """
    try:
        logger.info("列出Anthropic模型")
        response = client.models.list()

        models = [model.id for model in response.data]
        return models
    except Exception as e:
        logger.error(f"列出Anthropic模型时出错：{e}")
        # 如果API失败，返回一些已知模型
        logger.info("返回已知Anthropic模型的硬编码列表")
        return [
            "claude-3-7-sonnet",
            "claude-3-5-sonnet",
            "claude-3-5-sonnet-20240620",
            "claude-3-opus-20240229",
            "claude-3-sonnet-20240229",
            "claude-3-haiku-20240307",
            "claude-3-5-haiku",
        ]
```

3.3.2　与 DeepSeek 模型交互

文件 deepseek.py 实现了与 DeepSeek 模型交互的功能，包括初始化 DeepSeek 客户端、向 DeepSeek 模型发送提示并获取响应，以及列出可用的 DeepSeek 模型。

```
# 使用兼容OpenAI的接口初始化DeepSeek客户端
client = OpenAI(
    api_key=os.environ.get("DEEPSEEK_API_KEY"),
    base_url="https://api.deepseek.com"
)


def prompt(text: str, model: str) -> str:
    """
    向DeepSeek发送提示并获取响应。

    参数：
        text：提示文本
```

```
        model: 模型名称

    返回:
        来自模型的响应字符串
    """
    try:
        logger.info(f"向DeepSeek模型发送提示: {model}")

        # 创建聊天补全
        response = client.chat.completions.create(
            model=model,
            messages=[{"role": "user", "content": text}],
            stream=False,
        )

        # 提取响应内容
        return response.choices[0].message.content
    except Exception as e:
        logger.error(f"向DeepSeek发送提示时出错: {e}")
        raise ValueError(f"从DeepSeek获取响应失败: {str(e)}")


def list_models() -> List[str]:
    """
    列出可用的DeepSeek模型。

    返回:
        模型名称列表
    """
    try:
        logger.info("列出DeepSeek模型")
        response = client.models.list()

        # 提取模型ID
        models = [model.id for model in response.data]

        return models
    except Exception as e:
        logger.error(f"列出DeepSeek模型时出错: {e}")
        # 如果API失败，返回一些已知模型
        logger.info("返回已知DeepSeek模型的硬编码列表")
        return [
            "deepseek-coder",
            "deepseek-chat",
            "deepseek-reasoner",
            "deepseek-coder-v2",
            "deepseek-reasoner-lite"
        ]
```

3.3.3 与 Gemini 模型交互

文件 gemini.py 实现了与 Google Gemini 模型交互的功能，包括初始化 Gemini 客户端、解析模型名称中的思维预算后缀、发送带思维功能和普通的提示请求以及列出可用模型等功能。

```
# 初始化Gemini客户端
client = genai.Client(api_key=os.environ.get("GEMINI_API_KEY"))

# 支持思维预算的模型
```

```
THINKING_ENABLED_MODELS = ["gemini-2.5-flash-preview-04-17"]


def parse_thinking_suffix(model: str) -> Tuple[str, int]:
    """
    解析模型名称以检查思维token预算后缀。
    仅适用于THINKING_ENABLED_MODELS中的模型。

    支持的格式：
    - model:1k, model:4k, model:24k
    - model:1000, model:1054, model:24576等（任何在0-24576之间的值）

    参数：
        model: 可能带有思维后缀的模型名称

    返回：
        一个元组，包含（基础模型名称，思维预算）
        如果没有找到思维后缀，思维预算将为0
    """
    # 首先检查模型名称是否包含冒号
    if ":" not in model:
        return model, 0

    # 在第一个冒号处分割模型名称，以处理包含多个冒号的模型
    parts = model.split(":", 1)
    base_model = parts[0]
    suffix = parts[1] if len(parts) > 1 else ""

    # 检查基础模型是否在支持的模型列表中
    if base_model not in THINKING_ENABLED_MODELS:
        logger.warning(f"模型 {base_model} 不支持思维功能，忽略思维后缀")
        return base_model, 0

    # 如果没有后缀或后缀为空，返回默认值
    if not suffix:
        return base_model, 0

    # 检查后缀是否是有效的数字（可选带有'k'后缀）
    if re.match(r'^\d+k?$', suffix):
        # 提取数字部分并处理'k'乘数
        if suffix.endswith('k'):
            try:
                thinking_budget = int(suffix[:-1]) * 1024
            except ValueError:
                logger.warning(f"无效的思维预算格式：{suffix}，忽略")
                return base_model, 0
        else:
            try:
                thinking_budget = int(suffix)
                # 如果提供的是像1、4、24这样的小数字，假设它是以"k"为单位（乘以1024）
                if thinking_budget < 100:
                    thinking_budget *= 1024
            except ValueError:
                logger.warning(f"无效的思维预算格式：{suffix}，忽略")
                return base_model, 0

        # 调整超出范围的值
        if thinking_budget < 0:
            logger.warning(f"思维预算 {thinking_budget} 低于最小值（0），改用0")
            thinking_budget = 0
        elif thinking_budget > 24576:
            logger.warning(f"思维预算 {thinking_budget} 高于最大值（24576），改用24576")
```

```
            thinking_budget = 24576

        logger.info(f"为模型 {base_model} 使用 {thinking_budget} 个token的思维预算")
        return base_model, thinking_budget
    else:
        # 如果后缀不是有效的数字格式，忽略它
        logger.warning(f"无效的思维预算格式：{suffix}，忽略")
        return base_model, 0


def prompt_with_thinking(text: str, model: str, thinking_budget: int) -> str:
    """
    向Google Gemini发送启用思维功能的提示并获取响应。

    参数:
        text: 提示文本
        model: 基础模型名称（不带思维后缀）
        thinking_budget: 思维的token预算

    返回:
        模型的响应字符串
    """
    try:
        logger.info(f"向Gemini模型 {model} 发送提示，思维预算为 {thinking_budget}")

        response = client.models.generate_content(
            model=model,
            contents=text,
            config=genai.types.GenerateContentConfig(
                thinking_config=genai.types.ThinkingConfig(
                    thinking_budget=thinking_budget
                )
            )
        )

        return response.text
    except Exception as e:
        logger.error(f"向Gemini发送带思维功能的提示时出错：{e}")
        raise ValueError(f"使用思维功能从Gemini获取响应失败：{str(e)}")


def prompt(text: str, model: str) -> str:
    """
    向Google Gemini发送提示并获取响应。

    自动处理模型名称中的思维后缀（例如，gemini-2.5-flash-preview-04-17:4k）

    参数:
        text: 提示文本
        model: 模型名称，可选带思维后缀

    返回:
        模型的响应字符串
    """
    # 解析模型名称以检查思维后缀
    base_model, thinking_budget = parse_thinking_suffix(model)

    # 如果指定了思维预算，使用prompt_with_thinking
    if thinking_budget > 0:
        return prompt_with_thinking(text, base_model, thinking_budget)

    # 否则，使用普通提示
```

```
    try:
        logger.info(f"向Gemini模型发送提示：{base_model}")

        response = client.models.generate_content(
            model=base_model,
            contents=text
        )

        return response.text
    except Exception as e:
        logger.error(f"向Gemini发送提示时出错：{e}")
        raise ValueError(f"从Gemini获取响应失败：{str(e)}")


def list_models() -> List[str]:
    """
    列出可用的Google Gemini模型。

    返回：
        模型名称列表
    """
    try:
        logger.info("列出Gemini模型")

        # 使用正确的API方法获取模型列表
        models = []
        available_models = client.models.list()
        for m in available_models:
            # 检查模型是否支持内容生成
            if hasattr(m, 'supported_generation_methods') and "generateContent" in
m.supported_generation_methods:
                models.append(m.name)
            else:
                # 如果supported_generation_methods不可用，包含所有模型
                models.append(m.name)

        # 格式化模型名称 - 如果存在，去掉"models/"前缀
        formatted_models = [model.replace("models/", "") for model in models]

        return formatted_models
    except Exception as e:
        logger.error(f"列出Gemini模型时出错：{e}")
        # 抛出错误而不是返回硬编码列表
        raise ValueError(f"列出Gemini模型失败：{str(e)}")
```

3.3.4 与 Groq 模型交互

文件 groq.py 实现了与 Groq 模型交互的功能，包括初始化 Groq 客户端、向 Groq 模型发送提示并获取响应，以及列出可用的 Groq 模型。

```
# 初始化Groq客户端
client = Groq(api_key=os.environ.get("GROQ_API_KEY"))


def prompt(text: str, model: str) -> str:
    """
    向Groq发送提示并获取响应。

    参数：
        text：提示文本
```

```
        model: 模型名称

    返回:
        来自模型的响应字符串
    """
    try:
        logger.info(f"向Groq模型发送提示: {model}")

        # 创建聊天补全
        chat_completion = client.chat.completions.create(
            messages=[{"role": "user", "content": text}],
            model=model,
        )

        # 提取响应内容
        return chat_completion.choices[0].message.content
    except Exception as e:
        logger.error(f"向Groq发送提示时出错: {e}")
        raise ValueError(f"从Groq获取响应失败: {str(e)}")


def list_models() -> List[str]:
    """
    列出可用的Groq模型。

    返回:
        模型名称列表
    """
    try:
        logger.info("列出Groq模型")
        response = client.models.list()

        # 提取模型ID
        models = [model.id for model in response.data]

        return models
    except Exception as e:
        logger.error(f"列出Groq模型时出错: {e}")
        # 如果API失败，返回一些已知模型
        logger.info("返回已知Groq模型的硬编码列表")
        return [
            "llama-3.3-70b-versatile",
            "llama-3.1-70b-versatile",
            "llama-3.1-8b-versatile",
            "mixtral-8x7b-32768",
            "gemma-7b-it",
            "qwen-2.5-32b"
        ]
```

3.3.5 与 Ollama 模型交互

文件 ollama.py 实现了与 Ollama 模型交互的功能，包括配置日志、向 Ollama 模型发送提示并获取响应，以及列出可用的 Ollama 模型。

```
def prompt(text: str, model: str) -> str:
    """
    向Ollama发送提示并获取响应。

    参数:
        text: 提示文本
```

```
        model: 模型名称

    返回:
        来自模型的响应字符串
    """
    try:
        logger.info(f"向Ollama模型发送提示: {model}")

        # 创建聊天补全
        response = ollama.chat(
            model=model,
            messages=[
                {
                    "role": "user",
                    "content": text,
                },
            ],
        )

        # 提取响应内容
        return response.message.content
    except Exception as e:
        logger.error(f"向Ollama发送提示时出错: {e}")
        raise ValueError(f"从Ollama获取响应失败: {str(e)}")


def list_models() -> List[str]:
    """
    列出可用的Ollama模型。

    返回:
        模型名称列表
    """
    logger.info("列出Ollama模型")
    response = ollama.list()

    # 从models属性中提取模型名称
    models = [model.model for model in response.models]

    return models
```

3.3.6 与 OpenAI 模型交互

文件 openai.py 实现了与 OpenAI 模型交互的功能，包括初始化 OpenAI 客户端、解析模型名称中的推理级别后缀、通过推理接口或普通聊天接口发送提示并获取响应，以及列出可用的 OpenAI 模型。

```
# 初始化OpenAI客户端（单次初始化，供多次调用复用）
client = OpenAI(api_key=os.environ.get("OPENAI_API_KEY"))

# ---------------------------------------------------------------------------
# 内部辅助工具
# ---------------------------------------------------------------------------

_REASONING_ELIGIBLE_MODELS = {"o4-mini", "o3-mini", "o3"}
_REASONING_LEVELS = {"low", "medium", "high"}


# 公开接口，供测试导入使用
```

```
def parse_reasoning_suffix(model: str) -> Tuple[str, str]:
    """返回（基础模型，推理级别）。

    如果*model*的格式类似"o4-mini:high"（不区分大小写），则返回
    ("o4-mini", "high")。对于其他所有输入，返回（model，""）。
    """

    # 从右侧分割一次，这样*provider*部分中的额外冒号不会被处理（调用者已剥离提供商前缀）
    if ":" not in model:
        return model, ""

    base, suffix = model.rsplit(":", 1)

    suffix_lower = suffix.lower()

    if base in _REASONING_ELIGIBLE_MODELS and suffix_lower in _REASONING_LEVELS:
        return base, suffix_lower

    # 不是可识别的推理模式；将整个字符串视为模型
    return model, ""


def _prompt_with_reasoning(text: str, model: str, effort: str) -> str:  # pragma: n
o cover - 涉及网络调用
    """调用OpenAI的Responses API并指定推理力度。

    如果已安装的SDK尚未暴露*responses*资源，则自动回退到聊天补全接口。
    """

    if not effort:
        raise ValueError("推理力度必须为'low'、'medium'或'high'")

    logger.info(
        "向OpenAI推理模型 %s 发送提示，推理力度为'%s'", model, effort
    )

    # 优先使用官方的Responses端点（如果存在）
    if hasattr(client, "responses"):
        try:
            response = client.responses.create(
                model=model,
                reasoning={"effort": effort},
                input=[{"role": "user", "content": text}],
            )

            # 现代SDK返回.output_text
            output_text = getattr(response, "output_text", None)
            if output_text is not None:
                return output_text

            # 回退路径：可能与聊天补全格式相同
            if hasattr(response, "choices") and response.choices:
                return response.choices[0].message.content  # type: ignore[attr-
defined]

            raise ValueError("OpenAI responses API返回了意外的响应格式")
        except Exception as exc:  # pragma: no cover - 保持行为一致性
            logger.warning("Responses API调用失败（%s）；回退到聊天接口", exc)

    # 回退到聊天补全接口——将推理级别作为系统消息传递，
    # 这样即使没有官方支持，模型也可以尝试相应地行动。
    # 如果运行环境中没有Responses API，这能保证测试正常运行。
```

```
    try:
        response = client.chat.completions.create(
            model=model,
            messages=[
                {
                    "role": "system",
                    "content": f"回答前使用{effort}级别的推理力度。",
                },
                {"role": "user", "content": text},
            ],
        )

        return response.choices[0].message.content  # type: ignore[attr-defined]
    except Exception as exc:
        logger.error("向OpenAI发送提示失败（回退到聊天接口）: %s", exc)
        raise ValueError(f"从OpenAI获取响应失败: {exc}")


def prompt(text: str, model: str) -> str:
    """OpenAI提供商的主要提示入口点。

    处理推理模型上可选的``:low|:medium|:high``后缀。
    当未检测到后缀时，回退到常规聊天补全。
    """

    base_model, effort = parse_reasoning_suffix(model)

    if effort:
        return _prompt_with_reasoning(text, base_model, effort)

    # 常规聊天补全路径
    try:
        logger.info("向OpenAI模型发送提示: %s", base_model)
        response = client.chat.completions.create(
            model=base_model,
            messages=[{"role": "user", "content": text}],
        )

        return response.choices[0].message.content  # type: ignore[attr-defined]
    except Exception as exc:
        logger.error("向OpenAI发送提示失败: %s", exc)
        raise ValueError(f"从OpenAI获取响应失败: {exc}")


def list_models() -> List[str]:
    """
    列出可用的OpenAI模型。

    返回:
        模型名称列表
    """
    try:
        logger.info("列出OpenAI模型")
        response = client.models.list()

        # 返回所有模型，不进行过滤
        models = [model.id for model in response.data]

        return models
    except Exception as exc:
        # 网络错误不应中断调用者——返回一个最小的硬编码列表
        logger.warning("通过API列出OpenAI模型失败（%s）。返回备用列表。", exc)
```

```
        return [
            "gpt-4o-mini",
            "o4-mini",
            "o3-mini",
            "o3",
            "text-davinci-003",
        ]
```

3.4 功能组合模块

在本项目中，“molecules”目录用于实现高级功能，它在底层原子组件的基础上构建了一系列更复杂、更具针对性的功能模块。这些模块涵盖了多种与模型交互相关的操作，比如发送不同类型的提示、获取模型和提供商列表等，为上层应用提供了丰富且实用的功能接口，使得开发者能够更便捷地利用底层原子组件来完成复杂的业务逻辑。功能组合模块的实现流程如图 3-4 所示。

图 3-4 功能组合模块的实现流程

3.4.1 处理模型的提示请求

① 文件 prompt.py 用于处理模型的提示请求，它可以将提示文本发送给多个指定的模型，并通过并行处理来获取各模型的响应。同时，还具备模型名称自动纠正的功能，当模型名称不准确时，会利用指定的纠正模型来修正模型名称，以确保提示能够正确发送到目标模型。

```
def _process_model_prompt(model_string: str, text: str) -> str:
    """
    处理单个模型的提示。

    参数:
        model_string: 格式为"provider:model"的字符串
        text: 提示文本

    返回:
        模型的响应结果
    """
    try:
        return ModelRouter.route_prompt(model_string, text)
    except Exception as e:
        logger.error(f"处理{model_string}的提示时出错: {e}")
        return f"错误 ({model_string}): {str(e)}"


def _correct_model_name(provider: str, model: str, correction_model: str) -> str:
    """
    使用纠正模型来纠正模型名称。
```

```
    参数:
        provider: 提供商名称
        model: 模型名称
        correction_model: 用于纠正的模型

    返回:
        纠正后的模型名称
    """
    try:
        return ModelRouter.magic_model_correction(provider, model, correction_
model)
    except Exception as e:
        logger.error(f"纠正{provider}:{model}的模型名称时出错: {e}")
        return model


def prompt(text: str, models_prefixed_by_provider: List[str] = None) -> List[str]:
    """
    使用并行处理向多个模型发送提示。

    参数:
        text: 提示文本
        models_prefixed_by_provider: 格式为"provider:model"的模型字符串列表
                                      如果为None，则使用DEFAULT_MODELS环境变量

    返回:
        各模型的响应结果列表
    """
    # 如果未提供模型，则使用默认模型
    if not models_prefixed_by_provider:
        default_models = os.environ.get("DEFAULT_MODELS", DEFAULT_MODEL)
        models_prefixed_by_provider = [model.strip() for model in default_models.
split(",")]
    # 验证模型字符串
    validate_models_prefixed_by_provider(models_prefixed_by_provider)

    # 准备纠正后的模型字符串
    corrected_models = []
    for model_string in models_prefixed_by_provider:
        provider, model = split_provider_and_model(model_string)

        # 从环境变量获取纠正模型
        correction_model = os.environ.get("CORRECTION_MODEL", DEFAULT_MODEL)

        # 检查模型是否需要纠正
        corrected_model = _correct_model_name(provider, model, correction_model)

        # 使用纠正后的模型
        if corrected_model != model:
            model_string = f"{provider}:{corrected_model}"

        corrected_models.append(model_string)

    # 使用ThreadPoolExecutor并行处理每个模型
    responses = []
    with concurrent.futures.ThreadPoolExecutor() as executor:
        # 提交所有任务
        future_to_model = {
            executor.submit(_process_model_prompt, model_string, text): model_string
            for model_string in corrected_models
        }
```

```
        # 按顺序收集结果
        for model_string in corrected_models:
            for future, future_model in future_to_model.items():
                if future_model == model_string:
                    responses.append(future.result())
                    break

    return responses
```

② 文件 prompt_from_file.py 用于从指定的绝对路径文件中读取文本内容，然后将其作为提示发送给多个模型，并返回各模型的响应结果。在读取文件之前，会先验证文件是否存在且为普通文件，如果在读取过程中出现错误则会抛出异常。

```
def prompt_from_file(abs_file_path: str, models_prefixed_by_provider: List[str] = None) -> List[str]:
    """
    从文件中读取文本并将其作为提示发送给多个模型。

    参数:
        abs_file_path: 文本文件的绝对路径（必须是绝对路径，而非相对路径）
        models_prefixed_by_provider: 格式为"provider:model"的模型字符串列表
                                     如果为None，则使用DEFAULT_MODELS环境变量

    返回:
        各模型的响应结果列表
    """
    file_path = Path(abs_file_path)

    # 验证文件
    if not file_path.exists():
        raise FileNotFoundError(f"文件未找到: {abs_file_path}")

    if not file_path.is_file():
        raise ValueError(f"不是一个文件: {abs_file_path}")

    # 读取文件内容
    try:
        with open(file_path, 'r', encoding='utf-8') as f:
            text = f.read()
    except Exception as e:
        logger.error(f"读取文件{abs_file_path}时出错: {e}")
        raise ValueError(f"读取文件时出错: {str(e)}")

    # 使用文件内容发送提示
    return prompt(text, models_prefixed_by_provider)
```

③ 文件 prompt_from_file_to_file.py 用于从指定的绝对路径文件中读取文本内容，将其作为提示发送给多个模型，然后把各模型的响应结果保存到指定的绝对路径目录下的文件中，同时会对模型名称进行处理以生成安全的文件名，最终返回保存响应结果的文件路径列表。

```
def prompt_from_file_to_file(
    abs_file_path: str, models_prefixed_by_provider: List[str] = None, abs_output_dir: str = "."
) -> List[str]:
    """
    从文件中读取文本，将其作为提示发送给多个模型，并将响应保存到文件中。

    参数:
        abs_file_path: 文本文件的绝对路径（必须是绝对路径，而非相对路径）
```

```
        models_prefixed_by_provider: 格式为"provider:model"的模型字符串列表
                                    如果为None，则使用DEFAULT_MODELS环境变量
        abs_output_dir: 用于保存响应文件的绝对目录路径（必须是绝对路径，而非相对路径）

    返回:
        输出文件的路径列表
    """
    # 验证输出目录
    output_path = Path(abs_output_dir)
    if not output_path.exists():
        output_path.mkdir(parents=True, exist_ok=True)

    if not output_path.is_dir():
        raise ValueError(f"不是一个目录: {abs_output_dir}")

    # 获取输入文件的基本名称
    input_file_name = Path(abs_file_path).stem

    # 获取响应
    responses = prompt_from_file(abs_file_path, models_prefixed_by_provider)

    # 将响应保存到文件
    output_files = []

    # 获取实际使用的模型
    models_used = models_prefixed_by_provider
    if not models_used:
        default_models = os.environ.get("DEFAULT_MODELS", DEFAULT_MODEL)
        models_used = [model.strip() for model in default_models.split(",")]

    for i, (model_string, response) in enumerate(zip(models_used, responses)):
        # 清理模型字符串以生成安全的文件名（将冒号替换为下划线）
        safe_model_name = model_string.replace(":", "_")

        # 创建带有.md扩展名的输出文件名
        output_file = output_path / f"{input_file_name}_{safe_model_name}.md"

        # 将响应以markdown格式写入文件
        try:
            with open(output_file, "w", encoding="utf-8") as f:
                f.write(response)
            output_files.append(str(output_file))
        except Exception as e:
            logger.error(f"将响应写入{output_file}时出错: {e}")
            output_files.append(f"错误: {str(e)}")

    return output_files
```

3.4.2 模拟 CEO 与董事会决策

文件 ceo_and_board_prompt.py 实现了模拟 CEO 与董事会决策的功能，首先从指定绝对路径文件读取原始问题，将其作为提示发送给多个“董事会成员”模型以获取响应，然后再让“CEO”模型基于这些响应做出决策，在过程中会保存董事会响应、CEO 提示及最终决策到指定目录，最终返回 CEO 决策文件的路径。

```
# 默认CEO模型
DEFAULT_CEO_MODEL = "openai:o3"

# 默认CEO决策提示模板
```

```
    DEFAULT_CEO_DECISION_PROMPT = """
    <purpose>
        你是一家公司的CEO。你会收到董事会成员的一系列回应。你的工作是结合原始问题提示和每位董事会成员
的回应，为公司选择最佳发展方向。
    </purpose>
    <instructions>
        <instruction>每位董事会成员都针对提示中的问题提出了一个答案。</instruction>
        <instruction>结合原始问题提示和每位董事会成员的回应，选择最佳答案。</instruction>
        <instruction>统计董事会成员的意见倾向，选择最佳方向，并解释选择的原因。</instruction>
        <instruction>为保护匿名性，我们将使用模型名称代替董事会成员的真实姓名。回应时请使用模型名称。
    </instruction>
        <instruction>作为CEO，你需要从多个维度分析决策，包括：风险、回报、时间线和资源。除这些指
导维度外，你还需考虑董事会成员的专业知识和经验。作为前沿CEO，你还需创新决策维度，以帮助公司做出最佳决
策。</instruction>
        <instruction>你最终的CEO回应需采用markdown格式，包含对决策的全面解释。文件顶部以"CEO
决策"为标题，包含目录，简要描述当前问题/难题，然后深入多个章节。其中首个章节应是决策的简要总结，接着
将每位董事会成员的决策分章节呈现并附上你的评论。之后阐述决策过程中各维度的考量，最后给出最终决策。</
instruction>
    </instructions>

    <original-question>{original_prompt}</original-question>

    <board-decisions>
    {board_responses}
    </board-decisions>
    """


    def ceo_and_board_prompt(
        abs_from_file: str,
        abs_output_dir: str = ".",
        models_prefixed_by_provider: List[str] = None,
        ceo_model: str = DEFAULT_CEO_MODEL,
        ceo_decision_prompt: str = DEFAULT_CEO_DECISION_PROMPT
    ) -> str:
        """
        从文件读取文本，将其作为提示发送给多个"董事会成员"模型，
        然后让"CEO"模型基于这些回应做出决策。

        参数:
            abs_from_file: 包含原始提示的文本文件的绝对路径（必须是绝对路径，而非相对路径）
            abs_output_dir: 用于保存响应文件的绝对目录路径（必须是绝对路径，而非相对路径）
            models_prefixed_by_provider: 格式为"provider:model"的模型字符串列表，作为董事会成
    员
            ceo_model: 用于CEO决策的模型，格式为"provider:model"
            ceo_decision_prompt: CEO决策提示的模板

        返回:
            CEO决策文件的路径
        """
        # 验证输出目录
        output_path = Path(abs_output_dir)
        if not output_path.exists():
            output_path.mkdir(parents=True, exist_ok=True)

        if not output_path.is_dir():
            raise ValueError(f"不是目录: {abs_output_dir}")

        # 从文件中获取原始提示
        try:
            with open(abs_from_file, 'r', encoding='utf-8') as f:
                original_prompt = f.read()
```

```
    except Exception as e:
        logger.error(f"读取文件{abs_from_file}时出错：{e}")
        raise ValueError(f"读取文件出错：{str(e)}")

    # 第一步：获取董事会成员的回应
    board_response_files = prompt_from_file_to_file(
        abs_file_path=abs_from_file,
        models_prefixed_by_provider=models_prefixed_by_provider,
        abs_output_dir=abs_output_dir
    )

    # 获取实际使用的模型
    models_used = models_prefixed_by_provider
    if not models_used:
        default_models = os.environ.get("DEFAULT_MODELS", DEFAULT_MODEL)
        models_used = [model.strip() for model in default_models.split(",")]

    # 第二步：读取董事会的回应
    board_responses_text = ""
    for i, file_path in enumerate(board_response_files):
        model_name = models_used[i].replace(":", "_")
        try:
            with open(file_path, 'r', encoding='utf-8') as f:
                response_content = f.read()
                board_responses_text += f"""
<board-response>
    <model-name>{models_used[i]}</model-name>
    <response>{response_content}</response>
</board-response>
"""
        except Exception as e:
            logger.error(f"读取董事会回应文件{file_path}时出错：{e}")
            board_responses_text += f"""
<board-response>
    <model-name>{models_used[i]}</model-name>
    <response>读取回应出错：{str(e)}</response>
</board-response>
"""

    # 第三步：准备CEO决策提示
    final_ceo_prompt = ceo_decision_prompt.format(
        original_prompt=original_prompt,
        board_responses=board_responses_text
    )

    # 第四步：将CEO提示保存到文件
    ceo_prompt_file = output_path / "ceo_prompt.xml"
    try:
        with open(ceo_prompt_file, "w", encoding="utf-8") as f:
            f.write(final_ceo_prompt)
    except Exception as e:
        logger.error(f"将CEO提示写入{ceo_prompt_file}时出错：{e}")
        raise ValueError(f"写入CEO提示出错：{str(e)}")

    # 第五步：获取CEO的决策
    ceo_response = prompt(final_ceo_prompt, [ceo_model])[0]

    # 第六步：将CEO决策写入文件
    ceo_output_file = output_path / "ceo_decision.md"
    try:
        with open(ceo_output_file, "w", encoding="utf-8") as f:
            f.write(ceo_response)
```

```
    except Exception as e:
        logger.error(f"将CEO决策写入{ceo_output_file}时出错：{e}")
        raise ValueError(f"写入CEO决策出错：{str(e)}")

    return str(ceo_output_file)
```

本项目的核心能力是“统一对接多个 LLM、灵活处理提示与响应、支持多模型协作”，而“CEO 与董事会决策”本质上是对这些核心能力的场景化组合：

① 它依赖底层的 prompt_from_file_to_file 获取多个模型（“董事会成员”）的响应，体现了“多模型并行调用”能力；

② 再通过 prompt 让另一个模型（“CEO”）基于这些响应做决策，体现了“模型结果二次处理”能力；

③ 整个流程复用了 model_router 的路由功能、validator 的校验功能等底层组件，完全符合项目“原子组件组合成高级功能”的设计逻辑（molecules 目录的定位）。

3.5 MCP 服务器

文件 server.py 实现了一个 MCP 服务器，用于管理和处理多种与大语言模型交互的工具调用，如图 3-5 所示。

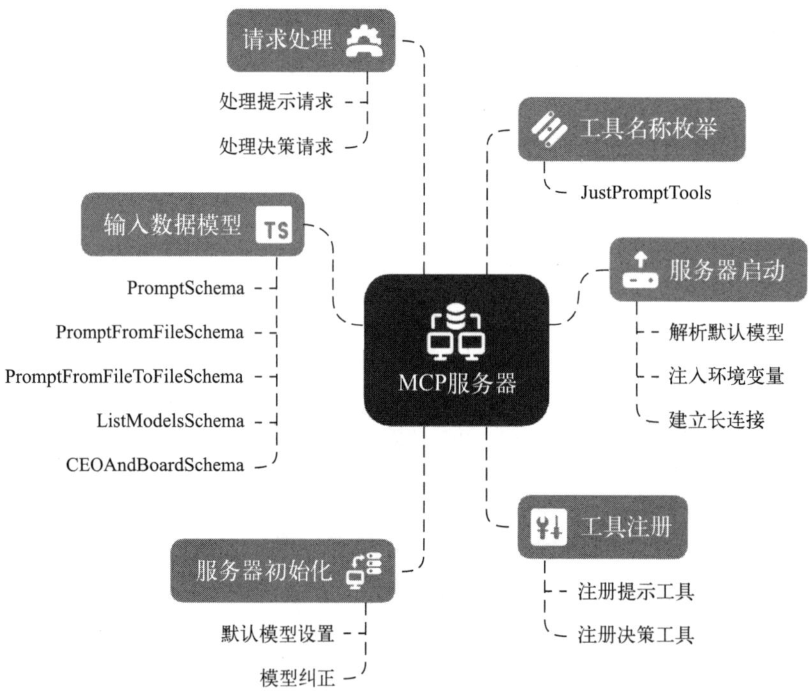

图 3-5 MCP 服务器功能与工具调用

文件 server.py 定义了工具名称枚举、各工具的输入数据模型，能初始化服务器环境（设置默认模型、纠正模型）、注册工具（如 prompt、从文件读取提示、CEO 与董事会决策等）、处理工具调用请求并返回结果，最终通过标准输入输出启动并运行服务器。

① 枚举类 JustPromptTools 的功能是集中定义与维护 MCP 服务器对外暴露的全部工具名称常量，便于后续代码统一引用，避免硬编码字符串带来的拼写错误与维护困难。

```
# 工具名称枚举
class JustPromptTools:
    PROMPT = "prompt"
    PROMPT_FROM_FILE = "prompt_from_file"
    PROMPT_FROM_FILE_TO_FILE = "prompt_from_file_to_file"
    CEO_AND_BOARD = "ceo_and_board"
    LIST_PROVIDERS = "list_providers"
    LIST_MODELS = "list_models"
```

② 类 PromptSchema 的功能是声明当用户直接以字符串形式提交提示时，服务器所需接收的参数结构，包括必填的提示文本 text 以及可选的带提供商前缀的模型列表，使接口具备类型安全与自动文档化能力。

```
# MCP工具的Schema类
class PromptSchema(BaseModel):
    text: str = Field(..., description="提示文本")
    models_prefixed_by_provider: Optional[List[str]] = Field(
        None,
        description="带提供商前缀的模型列表（例如，'openai:gpt-4o'或'o:gpt-4o'）。如果未提供，将使用默认模型。"
    )
```

③ 类 PromptFromFileSchema 的功能是指定“从文件读取提示”场景下的输入格式，核心字段为必填的绝对路径文件 abs_file_path 以及可选的模型列表，保证服务器能准确找到并读取用户准备的提示内容。

```
class PromptFromFileSchema(BaseModel):
    abs_file_path: str = Field(..., description="包含提示的文件的绝对路径（必须是绝对路径，而非相对路径）")
    models_prefixed_by_provider: Optional[List[str]] = Field(
        None,
        description="带提供商前缀的模型列表（例如，'openai:gpt-4o'或'o:gpt-4o'）。如果未提供，将使用默认模型。"
    )
```

④ 类 PromptFromFileToFileSchema 的功能是在类 PromptFromFileSchema 的基础上扩展输出能力，新增 abs_output_dir 字段指定响应文件的绝对保存目录，实现提示读取、模型推理、结果落盘一条龙服务。

```
class PromptFromFileToFileSchema(BaseModel):
    abs_file_path: str = Field(..., description="包含提示的文件的绝对路径（必须是绝对路径，而非相对路径）")
    models_prefixed_by_provider: Optional[List[str]] = Field(
        None,
        description="带提供商前缀的模型列表（例如，'openai:gpt-4o'或'o:gpt-4o'）。如果未提供，将使用默认模型。"
    )
    abs_output_dir: str = Field(
        default=".",
        description="用于保存响应文件的绝对目录路径（必须是绝对路径，而非相对路径。默认值：当前目录）"
    )
```

⑤ 类 ListModelsSchema 的功能是为“列举模型”工具提供单一必填参数 provider，告诉服务器要查询哪家 LLM 提供商的可用模型列表，保证查询范围清晰无歧义。

```
class ListModelsSchema(BaseModel):
    provider: str = Field(..., description="要列出模型的提供商（例如，'openai'或'o'）")
```

⑥ 类 CEOAndBoardSchema 的功能是为“董事会 +CEO”多模型决策流程定义完整输入，包括董事会提示文件、董事会成员模型列表、CEO 专用模型以及输出目录四大要素，使复杂协作式推理过程参数化、可配置。

```
class CEOAndBoardSchema(BaseModel):
    abs_file_path: str = Field(..., description="包含提示的文件的绝对路径（必须是绝对路径，而非相对路径）")
    models_prefixed_by_provider: Optional[List[str]] = Field(
        None,
        description="带提供商前缀的模型列表，作为董事会成员。如果未提供，将使用默认模型。"
    )
    abs_output_dir: str = Field(
        default=".",
        description="用于保存响应文件和CEO决策的绝对目录路径（必须是绝对路径，而非相对路径）"
    )
    ceo_model: str = Field(
        default=DEFAULT_CEO_MODEL,
        description="用于CEO决策的模型，格式为'provider:model'"
    )
```

⑦ 异步函数 serve 作为 MCP 服务器的启动入口，完成默认模型解析、环境变量注入、工具列表注册、请求路由分发等初始化工作，并通过 stdio 与客户端建立长连接，持续提供前面①～⑥所描述的全部工具能力。

```
async def serve(default_models: str = DEFAULT_MODEL) -> None:
    """
    启动MCP服务器。

    参数:
        default_models: 用于提示和纠正的默认模型列表（逗号分隔）
    """
    # 设置全局默认模型（用于提示和纠正）
    os.environ["DEFAULT_MODELS"] = default_models

    # 将默认模型解析为列表
    default_models_list = [model.strip() for model in default_models.split(",")]

    # 将第一个模型设为纠正模型
    correction_model = default_models_list[0] if default_models_list else "o:gpt-4o-mini"
    os.environ["CORRECTION_MODEL"] = correction_model

    logger.info(f"启动服务器，默认模型：{default_models}")
    logger.info(f"使用纠正模型：{correction_model}")

    # 检查并记录提供商可用性
    print_provider_availability()

    # 创建MCP服务器
    server = Server("just-prompt")

    @server.list_tools()
    async def list_tools() -> List[Tool]:
        """向MCP服务器注册所有可用工具。"""
        return [
            Tool(
                name=JustPromptTools.PROMPT,
                description="向多个LLM模型发送提示",
                inputSchema=PromptSchema.schema(),
            ),
```

```
            Tool(
                name=JustPromptTools.PROMPT_FROM_FILE,
                description="从文件读取提示并发送给多个LLM模型。重要：必须提供绝对文件路径
（例如，/path/to/file或C:\\path\\to\\file），而非相对路径。",
                inputSchema=PromptFromFileSchema.schema(),
            ),
            Tool(
                name=JustPromptTools.PROMPT_FROM_FILE_TO_FILE,
                description="从文件读取提示并发送给多个LLM模型，同时将响应保存到文件。重要：
必须为文件和输出目录提供绝对路径（例如，/path/to/file或C:\\path\\to\\file），而非相对路径。",
                inputSchema=PromptFromFileToFileSchema.schema(),
            ),
            Tool(
                name=JustPromptTools.CEO_AND_BOARD,
                description="向多个'董事会成员'模型发送提示，并让'CEO'模型基于他们的响应做
出决策。重要：必须为文件和输出目录提供绝对路径（例如，/path/to/file或C:\\path\\to\\file），而非相
对路径。",
                inputSchema=CEOAndBoardSchema.schema(),
            ),
            Tool(
                name=JustPromptTools.LIST_PROVIDERS,
                description="列出所有可用的LLM提供商",
                inputSchema=ListProvidersSchema.schema(),
            ),
            Tool(
                name=JustPromptTools.LIST_MODELS,
                description="列出特定LLM提供商的所有可用模型",
                inputSchema=ListModelsSchema.schema(),
            ),
        ]

    @server.call_tool()
    async def call_tool(name: str, arguments: Dict[str, Any]) -> List[TextContent]:
        """处理来自MCP客户端的工具调用。"""
        logger.info(f"工具调用：{name}，参数：{arguments}")

        try:
            if name == JustPromptTools.PROMPT:
                models_to_use = arguments.get("models_prefixed_by_provider")
                responses = prompt(arguments["text"], models_to_use)

                # 获取实际使用的模型名称
                models_used = models_to_use if models_to_use else [model.strip()
for model in os.environ.get("DEFAULT_MODELS", DEFAULT_MODEL).split(",")]

                return [TextContent(
                    type="text",
                    text="\n".join([f"模型：{models_used[i]}\n响应：{resp}"
                                   for i, resp in enumerate(responses)])
                )]

            elif name == JustPromptTools.PROMPT_FROM_FILE:
                models_to_use = arguments.get("models_prefixed_by_provider")
                responses = prompt_from_file(arguments["abs_file_path"], models_to_
  use)

                # 获取实际使用的模型名称
                models_used = models_to_use if models_to_use else [model.strip()
for model in os.environ.get("DEFAULT_MODELS", DEFAULT_MODEL).split(",")]

                return [TextContent(
                    type="text",
```

```
                text="\n".join([f"模型：{models_used[i]}\n响应：{resp}"
                               for i, resp in enumerate(responses)])
            )]

        elif name == JustPromptTools.PROMPT_FROM_FILE_TO_FILE:
            output_dir = arguments.get("abs_output_dir", ".")
            models_to_use = arguments.get("models_prefixed_by_provider")
            file_paths = prompt_from_file_to_file(
                arguments["abs_file_path"],
                models_to_use,
                output_dir
            )
            return [TextContent(
                type="text",
                text=f"响应已保存至：\n" + "\n".join(file_paths)
            )]

        elif name == JustPromptTools.LIST_PROVIDERS:
            providers = list_providers_func()
            provider_text = "\n可用提供商：\n"
            for provider in providers:
                provider_text += f"- {provider['name']}: full_
name='{provider['full_name']}', short_name='{provider['short_name']}'\n"
            return [TextContent(
                type="text",
                text=provider_text
            )]

        elif name == JustPromptTools.LIST_MODELS:
            models = list_models_func(arguments["provider"])
            return [TextContent(
                type="text",
                text=f"提供商'{arguments['provider']}'的模型：\n" +
                     "\n".join([f"- {model}" for model in models])
            )]

        elif name == JustPromptTools.CEO_AND_BOARD:
            file_path = arguments["abs_file_path"]
            output_dir = arguments.get("abs_output_dir", ".")
            models_to_use = arguments.get("models_prefixed_by_provider")
            ceo_model = arguments.get("ceo_model", DEFAULT_CEO_MODEL)

            ceo_decision_file = ceo_and_board_prompt(
                abs_from_file=file_path,
                abs_output_dir=output_dir,
                models_prefixed_by_provider=models_to_use,
                ceo_model=ceo_model
            )

            # 获取CEO提示文件路径
            ceo_prompt_file = str(Path(ceo_decision_file).parent / "ceo_prompt.
xml")

            return [TextContent(
                type="text",
                text=f"董事会响应和CEO决策已保存。\nCEO提示文件：{ceo_prompt_file}\
nCEO决策文件：{ceo_decision_file}"
            )]

        else:
            return [TextContent(
                type="text",
```

```
                        text=f"未知工具：{name}"
                    )]

            except Exception as e:
                logger.error(f"处理工具调用时出错：{name}，错误：{e}")
                return [TextContent(
                    type="text",
                    text=f"错误：{str(e)}"
                )]

        # 初始化并运行服务器
        try:
            options = server.create_initialization_options()
            async with stdio_server() as (read_stream, write_stream):
                await server.run(read_stream, write_stream, options, raise_
exceptions=True)
        except Exception as e:
            logger.error(f"运行服务器时出错：{e}")
            raise
```

3.6 系统测试

“tests”目录是本项目的测试中心，通过结构化的测试文件对项目各功能模块进行全面验证。这些测试文件与项目核心功能模块一一对应，能系统性地检测各模块功能的正确性和稳定性，确保项目整体功能的可靠性和健壮性，为项目的质量保障和持续优化提供关键支持。

3.6.1 向模型发送提示信息

文件 test_prompt.py 用于测试向模型发送提示的功能，它包含两个测试函数，分别测试向单个模型和多个模型发送简单提示的基本功能，验证返回结果是否符合预期，同时在缺少必要 API 密钥时会跳过部分测试。

```
def test_prompt_basic():
    """使用真实API调用测试基本提示功能。"""
    # 定义一个简单的测试用例
    test_prompt = "法国的首都是什么？"
    test_models = ["openai:gpt-4o-mini"]

    # 使用真实模型调用提示函数
    response = prompt(test_prompt, test_models)

    # 断言
    assert isinstance(response, list)
    assert len(response) == 1
    assert "paris" in response[0].lower() or "Paris" in response[0]

def test_prompt_multiple_models():
    """测试向多个模型发送提示。"""
    # 如果API密钥不可用则跳过
    if not os.environ.get("OPENAI_API_KEY") or not os.environ.get("ANTHROPIC_API_
KEY"):
        pytest.skip("所需API密钥不可用")

    # 定义一个简单的测试用例
    test_prompt = "法国的首都是什么？"
```

```
    test_models = ["openai:gpt-4o-mini", "anthropic:claude-3-5-haiku-20241022"]

    # 向多个模型调用提示函数
    response = prompt(test_prompt, test_models)

    # 断言
    assert isinstance(response, list)
    assert len(response) == 2
    # 检查所有响应都包含巴黎
    for r in response:
        assert "paris" in r.lower() or "Paris" in r
```

3.6.2 测试 DeepSeek 模型

文件 test_deepseek.py 用于测试 DeepSeek 模型相关功能，包括列出 DeepSeek 可用模型和向 DeepSeek 模型发送提示并验证响应内容。若缺少 DeepSeek API 密钥，则会跳过测试。

```
# 如果 API 密钥不可用则跳过测试
if not os.environ.get("DEEPSEEK_API_KEY"):
    pytest.skip("DeepSeek API 密钥不可用", allow_module_level=True)


def test_list_models():
    """测试列出 DeepSeek 模型。"""
    models = deepseek.list_models()
    assert isinstance(models, list)
    assert len(models) > 0
    assert all(isinstance(model, str) for model in models)


def test_prompt():
    """测试向 DeepSeek 发送提示。"""
    response = deepseek.prompt("法国的首都是什么？", "deepseek-coder")
    assert isinstance(response, str)
    assert len(response) > 0
    assert "paris" in response.lower() or "Paris" in response
```

为节省篇幅，其他测试文件不作讲解。

3.7 调试运行

调试运行本项目的流程可分为环境准备、服务启动、功能验证及问题排查四个阶段，具体步骤如下。

（1）准备环境

① 首先通过下面命令切换到项目的根目录：

```
cd just-prompt
```

② 安装依赖。本项目使用 uv 管理依赖，执行以下命令安装所需包：

```
uv sync
```

③ 配置环境变量。项目需要各 LLM 提供商的 API 密钥等配置，需创建 .env 文件。首先复制示例文件 cp.env.sample.env，然后编辑 .env，填入对应 API 密钥（如 OPENAI_API_KEY、ANTHROPIC_API_KEY 等），Ollama 需配置 OLLAMA_HOST（默认 http://

localhost:11434）。

（2）启动服务与基础调试

① 启动 MCP 服务器。服务器是项目核心交互入口，通过以下命令启动（默认模型可自定义）：

```
# 使用默认模型启动
uv run just-prompt

# 自定义默认模型（如指定OpenAI和Anthropic的模型）
uv run just-prompt --default-models "openai:gpt-4o,anthropic:claude-3-5-haiku"
```

② 启动 MCP 服务器后，日志会显示默认模型、纠正模型及各提供商的可用性（如“可用提供商：openai, anthropic”），若缺少 API 密钥，对应提供商会被标记为不可用。

③ 验证服务启动状态。服务器启动后，可通过检查日志确认是否正常运行（无报错信息），同时会注册 prompt、list_providers 等工具，等待外部调用。

（3）功能验证（调试核心步骤）

① 运行测试用例验证模块正确性　项目提供完整测试用例，可通过测试排查模块问题：

```
uv run pytest
```

测试模块会自动验证原子组件（如各提供商接口）和高级功能（如多模型提示、文件交互）。如果缺少某提供商的 API 密钥，测试会自动跳过对应模块（日志显示“skip: 缺少 XX API 密钥”），不影响其他测试执行。

② 调用工具验证服务功能　启动服务器后，可通过外部调用（如 MCP 客户端）验证工具功能，常用调试命令场景如下。

a. 列出可用提供商：调用 list_providers 工具，确认返回配置正确的提供商列表。

b. 发送简单提示：调用 prompt 工具，传入文本（如“法国的首都是什么？”）和模型（如["openai:gpt-4o"]），检查返回结果是否包含“Paris”。

c. 文件交互测试：使用 prompt_from_file 工具，传入绝对路径的文本文件（如 /path/to/prompt.txt），验证是否能正确读取并返回模型响应。

d. 多模型协作测试：运行 ceo_and_board 工具，传入问题文件路径，检查是否生成董事会响应文件和 CEO 决策文件（默认保存至指定输出目录）。

通过以上步骤，可完成项目从环境配置到功能验证的全流程调试，确保各模块正常工作及服务稳定运行。

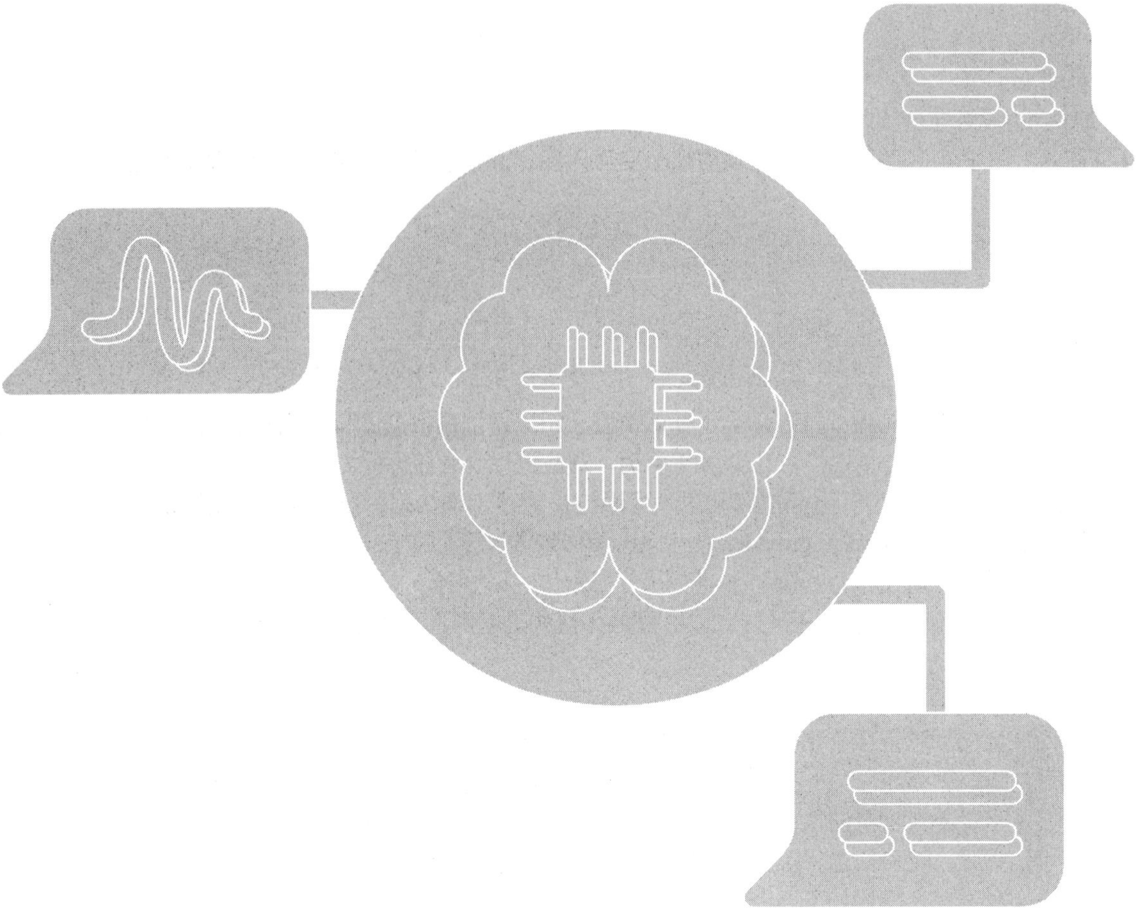

第4章

MCP 工具生态概览

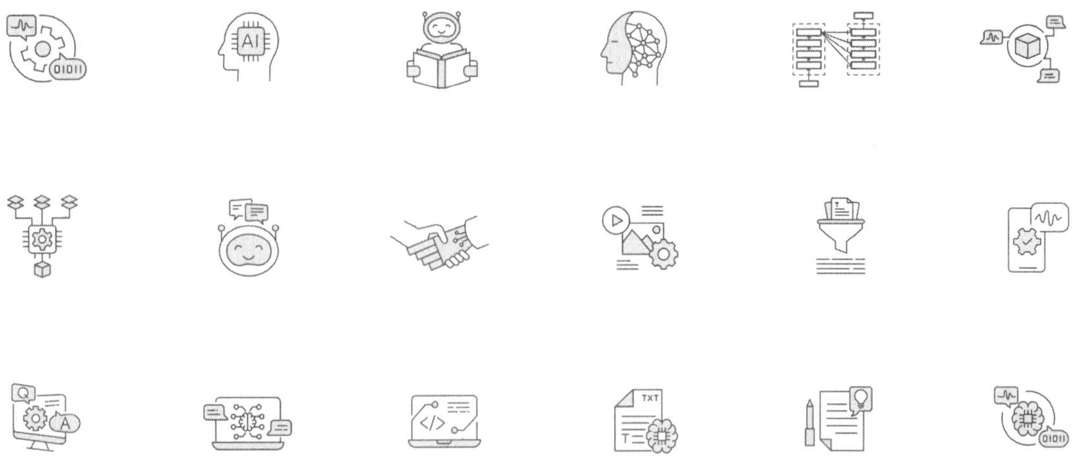

MCP 工具生态正在迅速发展，已经成为连接大语言模型（LLM）与外部工具的重要桥梁。目前，MCP 生态已经得到了广泛的支持，包括 Anthropic 的 Claude 系列、OpenAI 的 GPT 系列、Meta 的 Llama 系列等主流模型均已接入。此外，像 Cursor、Claude Desktop 等主流 AI 客户端原生支持 MCP，阿里云百炼、腾讯云 TI、百度千帆等云平台也提供了相关支持。在 MCP 生态中已有数千个社区驱动的 MCP 服务器，支持从文件系统、数据库到 Slack、Blender 等多样化工具的接入。同时，MCP 提供了丰富的工具链支持，包括调试工具、安全审计工具等，帮助开发者更好地构建和管理基于 MCP 的应用。

为方便读者学习，提高效率，本章提供电子版，可扫描二维码，选择性阅读。主要内容如下：

4.1　MCP 工具的分类

4.1.1　数据操作类工具

4.1.2　服务集成类工具

4.1.3　开发与运维类工具

4.1.4　多模态与 AI 类工具

4.2　MCP 工具的选择与评估标准

4.2.1　兼容性

4.2.2　功能完整性

4.2.3　易用性

4.2.4　性能稳定性

4.2.5　安全性

4.3　主流 MCP 服务器与工具深度解析

4.3.1　API 集成与开发工具：Apifox MCP Server

4.3.2　向量数据库与语义搜索：Qdrant MCP Server

4.3.3　代码协作与管理：GitHub MCP Server

4.3.4　云服务与安全：Cloudflare MCP Server（云优化、网络安全）

4.4　MCP Python SDK

4.4.1　MCP 服务器实现

4.4.2　MCP 客户端实现

4.4.3　MCP 认证客户端测试

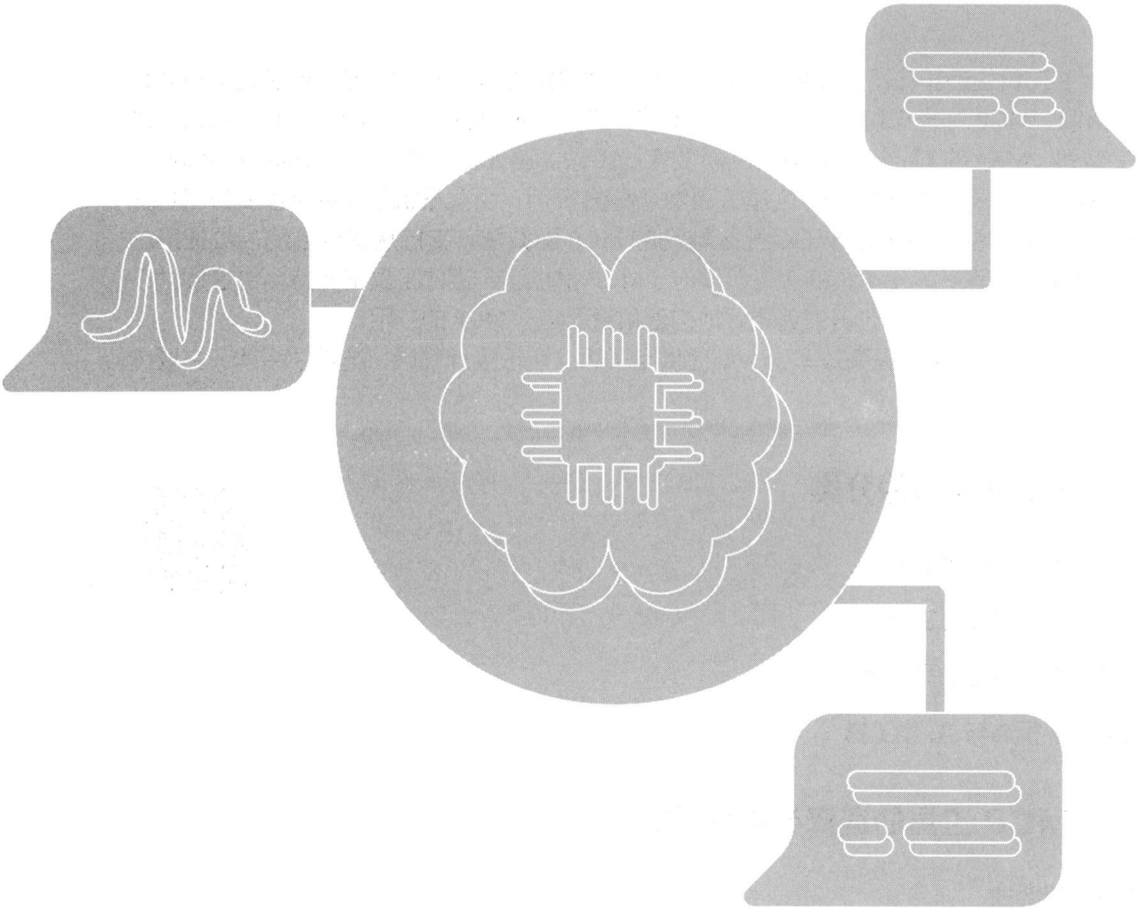

第 5 章

MCP 赋能 AI Agent 开发

MCP 能够为 AI Agent 开发提供一种标准化的连接方式，它通过定义大语言模型（LLM）与外部数据和工具的交互方式，使 AI Agent 能够更高效地访问和整合外部资源。MCP 采用“客户端 - 服务器”模式架构，其中 MCP Host 是需要访问数据的 AI 工具，MCP Server 则负责与外部系统（如数据库、API 等）通信。MCP 的出现，极大地简化了 AI Agent 的开发流程，降低了开发成本，提高了系统的可维护性和扩展性。它还支持不同类型 LLM 之间的灵活切换，增强了 AI Agent 的适应性和灵活性。

5.1　AI Agent 与 MCP 的交互模式

AI Agent 与 MCP 的交互模式基于客户端 - 服务器架构，其中 AI Agent 作为客户端（MCP Host），通过 MCP 协议向服务器（MCP Server）发起请求。MCP Server 负责与外部系统（如数据库、API 等）进行通信，获取所需数据或执行操作，并将结果返回给 AI Agent。这种交互模式使得 AI Agent 能够实时访问外部资源，实现数据的动态更新和工具的深度集成，同时简化了开发流程，降低了复杂性。通过 MCP，AI Agent 可以高效地构建完整的执行轨迹，支持链式调用和消息追踪，从而实现更智能的感知、决策和行动能力。

5.1.1　标准化通信流程

在 AI Agent 与 MCP 的交互模式中，标准化通信流程是实现 AI 模型与外部工具、数据源无缝协作的核心机制，具体流程如图 5-1 所示。

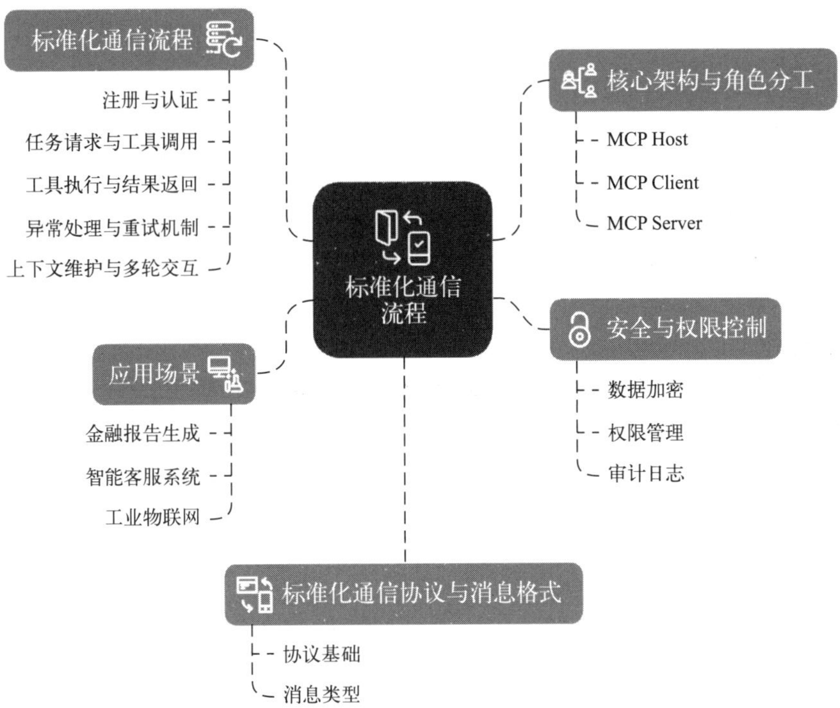

图 5-1　AI Agent 与 MCP 的标准化通信流程

该流程基于 Anthropic 提出的 MCP 协议，通过统一的协议规范和结构化交互设计，解决了传统 AI 工具调用中存在的接口碎片化、认证复杂等问题。以下从核心架构、消息格式、交互步骤、安全机制及典型场景等维度展开详解。

（1）核心架构与角色分工

MCP 采用客户端 - 服务器（C/S）架构，涉及如下所示的三个关键角色。

① MCP Host：运行大语言模型（如 Claude、GPT-4）的应用程序载体，负责解析用户需求、决策工具调用逻辑，并协调 MCP Client 与 Server 的交互。

② MCP Client：作为 Host 与 Server 的中介，通过 JSON-RPC 协议转发请求与响应，支持动态发现 Server 并维护连接。

③ MCP Server：暴露具体功能的服务端，如数据库查询、API 调用等，负责执行实际操作并返回结构化结果。

（2）标准化通信协议与消息格式

① 协议基础

a. 传输层：支持 WebSocket（实时通信）、HTTP（简单请求 - 响应）、stdin/stdout（本地进程通信）等协议。

b. 消息格式：采用 JSON-RPC2.0 标准，包含以下核心字段：

```
// 请求消息示例
{
    "jsonrpc": "2.0",
    "method": "database.query", // 操作名称
    "params": {
        "query": "SELECT * FROM users WHERE region='深圳'", // SQL查询语句
        "limit": 10
    },
    "id": "call_123456" // 唯一请求标识
}

// 响应消息示例
{
    "jsonrpc": "2.0",
    "result": {
        "data": [{"id": 1, "name": "张三"}, ...], // 查询结果
        "metadata": {"processingTime": 120} // 执行元数据
    },
    "id": "call_123456"
}
```

② 消息类型

a. 工具调用请求（TOOL_CALL）：Agent 通过 toolCalls 字段指定工具名称、参数及依赖关系，例如：

```
{
    "toolCalls": [
        {
            "callId": "call_abcdef",
            "name": "database_query",
            "parameters": {"query": "SELECT * FROM products"}
        }
    ]
}
```

b. 工具调用响应（TOOL_CALL_RESPONSE）：Server 返回执行结果，包含成功 / 错误状态、数据及错误详情。

c. 系统消息（SYSTEM_MESSAGE）：用于通知状态变更、警告或错误，如超时提示或权限不足。

（3）标准化通信流程

① 注册与认证

a. Agent注册：AI Agent通过MCP Client向MCP Server发送注册请求，携带身份信息（如API Key、OAuth 令牌）。

b. 客户端到 Server 认证：Higress 等网关支持 KeyAuth、JWT、OAuth2 等认证方式。

c. Server 到后端 API 认证：Server 调用第三方服务时，支持 HTTP Basic、Bearer Token 等认证，并可透传客户端凭证。

② 任务请求与工具调用

a. 需求解析：Host 通过大模型分析用户指令，确定所需工具及参数。例如，生成金融报告时，模型需调用数据库查询、数据可视化等工具。

b. 请求生成：Client 将工具调用指令封装为 JSON-RPC 请求，包含 method（工具名称）、params（参数）及 id（请求标识）。

c. 异步操作：对于耗时任务（如文件处理），Agent 可发送异步请求并继续处理其他任务，Server 通过 WebSocket 或回调通知结果。

③ 工具执行与结果返回

a. Server 处理：Server 解析请求，执行具体操作（如数据库查询、API 调用），并返回结构化结果。例如，数据库 Server 返回查询数据及处理时间。

b. 结果整合：Client 将响应转发给 Host，Host 结合上下文生成最终输出。若涉及多工具协作（如数据查询→可视化→报告生成），Host 会按依赖关系协调执行顺序。

④ 异常处理与重试机制

a. 错误响应：如果工具调用失败，Server 返回包含 error 字段的响应，包含错误码、描述及详情（如堆栈跟踪）。

b. 自动重试：Client 根据错误类型（如超时、网络故障）自动进行重试请求，并可配置最大重试次数及间隔。

c. 人工干预：对于权限不足等需用户确认的错误，Host 通过交互界面提示用户授权。

⑤ 上下文维护与多轮交互

a. 状态存储：MCP 支持将中间结果存储为 Resource，如查询结果、文件句柄等，供后续工具调用使用。

b. 连续对话：在多轮交互中，Host 通过维护上下文（如历史对话、工具调用记录），确保 Agent 行为的一致性。例如，调试代码时，Agent 可基于历史调试步骤生成修复建议。

（4）安全与权限控制

① 数据加密

a. 传输层：使用 TLS 加密通信，防止数据泄露。

b. 存储层：敏感数据（如用户凭证）采用 AES-256 等算法加密存储。

② 权限管理

a. RBAC 与 ABAC：基于角色（如管理员、普通用户）或属性（如租户 ID、数据敏感度）控制资源访问。

b. 细粒度控制：支持表级、字段级数据访问限制，例如限制 Agent 仅能查询特定数据库表。

③ 审计日志　记录所有交互操作（如工具调用、认证尝试），包括时间、用户、操作类型及结果，用于安全审计和故障排查。

（5）应用场景

① 金融报告生成：Agent 通过 MCP 调用多个银行 API 获取交易数据，调用数据可视化

工具生成图表，最终生成包含图表和文字的报告。如果部分数据缺失，Server 可触发模型预测，并在报告中标记预测数据。

② 智能客服系统：Agent 调用 CRM 系统查询客户历史订单，结合知识库生成个性化回复；如果需要创建新的订单，直接调用订单系统 API。

③ 工业物联网（IIoT）：Agent 实时监控设备状态，通过 MCP 调用传感器数据接口、故障诊断工具及设备控制 API，实现异常预警和自动修复。

5.1.2 事件驱动与状态管理

在 AI Agent 与 MCP 的交互模式中，事件驱动与状态管理是支撑复杂任务协作、动态响应环境变化的核心机制。它通过“事件触发 - 状态流转”的闭环设计，解决了传统请求 - 响应模式中灵活性不足、上下文断裂等问题，使 AI Agent 能够像人类一样“感知变化、记住状态、动态决策”。

（1）核心概念与设计目标

① 事件驱动（Event-Driven） 指系统行为由“事件”（如外部触发的操作、状态变更、超时提醒等）而非预设流程驱动的模式。在 MCP 中，事件是 Agent 与 MCP 组件（Host/Client/Server）间交互的“信号”，用于传递状态变化或需求指令。

② 状态管理（State Management） 指对 AI Agent 及 MCP 系统在交互过程中产生的“状态数据”（如任务进度、工具调用历史、上下文依赖等）的创建、存储、更新及同步机制。其核心目标是确保 Agent 在多轮交互中“记住关键信息”，避免重复计算或逻辑混乱。

③ 协同目标

a. 动态响应：Agent 能实时感知外部事件（如工具调用结果返回、用户中途修改指令）并调整行为。

b. 上下文一致性：状态数据在多组件间同步，保证 Agent 决策基于完整历史。

c. 容错与恢复：通过状态快照实现故障后快速恢复，避免任务中断问题。

（2）事件驱动的核心架构与机制

① 事件模型与角色 MCP 的事件驱动架构基于“发布 - 订阅（Pub/Sub）”模式，涉及如下三个核心角色。

a. 事件发布者（Publisher）：产生事件的组件，如 MCP Server（工具调用完成时发布“结果事件”）、用户（输入新指令时发布“需求事件”）、系统定时器（超时后发布“超时事件”）。

b. 事件总线（Event Bus）：MCP Client 内置的消息路由中枢，负责接收、过滤、转发事件至订阅者，支持跨组件（Host/Server）、跨协议（WebSocket/HTTP）通信。

c. 事件订阅者（Subscriber）：处理事件的组件，如 AI Agent（订阅“工具结果事件”以继续任务）、MCP Host（订阅“用户指令事件”以启动新流程）。

② 事件类型与标准化格式 MCP 定义了 5 类核心事件，均采用 JSON 格式封装，包含 eventType（事件类型）、source（发布者 ID）、timestamp（时间戳）、payload（事件内容）等字段，具体如表 5-1 所示。

表 5-1 MCP 的核心事件

事件类型	触发场景	示例 payload
tool_call_request	Agent 决定调用工具时	{"callId": "call_123", "toolName": "db_query", "params": {...}}
tool_call_completed	工具执行完成并返回结果时	{"callId": "call_123", "result": {...}, "status": "success"}

续表

事件类型	触发场景	示例 payload
user_input_updated	用户中途修改指令或补充信息时	{"sessionId": "sess_456", "newInput": " 修改查询条件为北京 "}
state_changed	系统状态（如连接断开、权限变更）时	{"stateKey": "connection_status", "oldValue": "connected", "newValue": "disconnected"}
timeout_alert	工具调用超时未返回结果时	{"callId": "call_123", "timeoutMs": 5000}

③ 事件处理流程　以“工具调用→结果返回→ Agent 决策”为例，事件驱动流程如下。

a. 事件发布：AI Agent 通过 MCP Client 向 Event Bus 发布 tool_call_request 事件，携带工具名称、参数等信息；MCP Server 订阅该事件后，解析并执行工具调用，完成后发布 tool_call_completed 事件。

b. 事件过滤与路由：Event Bus 根据事件类型和订阅规则（如 tool_call_completed 仅路由至对应的 Agent），将事件转发给目标订阅者；支持“事件过滤”（如仅处理特定 callId 的结果事件），避免无关事件干扰。

c. 事件响应与决策：AI Agent 接收 tool_call_completed 事件后，结合当前状态（如任务目标、历史调用记录），决定是否继续调用其他工具（发布新事件）或生成最终结果。

（3）状态管理的核心机制与实现

① 状态数据的分类　MCP 将状态数据分为 4 类核心类型，覆盖交互全流程，具体说明如表 5-2 所示。

表 5-2　MCP 中的状态数据类型

状态数据类型	定义	示例数据	存储位置
会话状态	用户与 Agent 的交互会话信息	会话 ID、用户 ID、开始时间、当前对话轮次	MCP Host（内存 / 数据库）
任务状态	单个任务的执行进度与元数据	任务 ID、目标描述、状态（初始化 / 执行中 / 完成）、优先级	MCP Client（本地缓存）
工具调用状态	工具调用的详细记录	callId、工具名称、参数、执行状态（待处理 / 成功 / 失败）、结果引用	MCP Server（日志 + 数据库）
上下文状态	Agent 决策依赖的历史信息	前序工具调用结果、用户中途补充的约束条件、模型推理中间结论	模型上下文窗口（如 Claude 的 context）

② 状态存储与同步策略

a. 存储层设计

短期状态（如当前工具调用参数）：存储于 MCP Client 的内存缓存（如 Redis），支持毫秒级读写。

长期状态（如历史会话记录）：存储于关系型数据库（如 PostgreSQL）或文档数据库（如 MongoDB），支持持久化与查询。

b. 同步机制

实时同步：关键状态变更（如任务从“执行中”变为“失败”）通过 Event Bus 发布 state_changed 事件，订阅者（如 Host）实时更新本地状态。

定期快照：对上下文状态（如模型推理的中间结论）定期生成快照（Checkpoint），存储于分布式文件系统（如 S3），用于故障恢复。

③ 状态一致性保障

a. 版本控制：每个状态数据附带版本号（如 version:3），更新时校验版本避免冲突（类似 Git 的乐观锁）。

b. 事务机制：多工具协同场景（如“查询数据→生成图表→写入报告”）中，状态更新采用事务包裹，确保要么全成功，要么回滚至前序状态。

c. 冲突解决：若多组件同时更新同一状态（如两个 Server 同时修改任务进度），通过“时间戳优先”或“来源优先级”（如 Host 的修改高于 Client）规则处理。

（4）事件驱动与状态管理的协同逻辑

两者通过“事件触发状态变更，状态决定事件处理”形成闭环，核心流程如下。

① 事件触发状态更新　例如 MCP Server 发布 tool_call_completed 事件（工具调用成功）→MCP Client 接收事件→更新对应 callId 的工具调用状态为“成功”→同步至 Host 的任务状态（标记“当前步骤完成”）。

② 状态决定事件处理　例如 Agent 接收到用户的“修改指令”事件（user_input_updated）→检查当前任务状态：

a. 若任务处于“初始化”状态，直接更新任务目标，发布新的 tool_call_request 事件。

b. 若任务处于“工具调用中”：发布 tool_call_cancel 事件终止当前调用，再更新任务目标。

③ 异常场景的协同处理

a. 当工具调用超时（触发 timeout_alert 事件）→Agent 查询工具调用状态（是否已开始执行）→若未执行，直接重试（发布新 tool_call_request）；若已执行，等待 30s 后再次查询状态。

b. 当 MCP Client 崩溃（状态丢失）→通过 Event Bus 检测到“Client 离线”事件→ Host 从最近的状态快照中恢复任务状态，重新初始化 Client 并同步数据。

（5）典型场景与价值体现

① 多工具协同的动态任务

a. 场景：AI Agent 协助用户生成“2024 年 Q2 某产品的销售分析报告”，需调用“数据库查询→数据清洗→可视化→文档生成”4 个工具。

b. 事件驱动：数据库查询完成后，Server 发布 tool_call_completed 事件→触发数据清洗工具调用；在可视化工具生成图表后，发布事件→触发文档生成工具调用。

c. 状态管理：每个工具的输出结果以“结果引用”形式存入工具调用状态，避免重复传输大数据。

② 用户中途干预的灵活响应

a. 场景：用户在 Agent 执行“查询深圳地区用户数据”时，突然补充“只看 25-35 岁用户”。

b. 事件驱动：用户输入触发 user_input_updated 事件→ Agent 中断当前工具调用（发布 tool_call_cancel 事件）。

c. 状态管理：Agent 更新上下文状态（添加“年龄约束”）→基于新状态重新生成工具调用参数，发布新的 tool_call_request 事件。

③ 故障恢复与任务续跑

a. 场景：MCP Server 因网络故障崩溃，重启后需继续处理未完成的“文件转换”任务。

b. 事件驱动：Server 重启后发布 server_ready 事件→ Host 检测到事件后，查询任务状态。

c. 状态管理：Host 从最近的快照中恢复任务状态（包含待转换的文件 ID、格式要求）→重新发布 tool_call_request 事件，Server 续跑任务。

总而言之，事件驱动与状态管理是 MCP 赋予 AI Agent“动态适应能力”与“记忆能力”的核心机制。通过事件的实时传递，Agent 能像人类一样“感知变化”；通过状态的有序管理，Agent 能“记住历史”并保持决策一致性。两者的协同使 AI Agent 从“被动执行指令”升级为“主动应对复杂场景”，为多工具协作、长周期任务（如持续数据分析、流程自动化）提供了可靠的底层支撑。随着 MCP 生态的扩展，这一机制还将支持更细粒度的事件定义（如多模态事件）和更智能的状态预测（如基于历史状态预判用户需求），进一步提升 AI Agent 的自主性。

5.2 MCP 如何简化 AI Agent 开发

在 AI Agent 开发中，传统模式面临三大核心痛点：底层技术碎片化（需适配多种工具协议）、资源管理复杂（服务器部署与扩容成本高）、Prompt 效率低下（冗余信息占用 Token 空间）。MCP 通过标准化设计、自动化机制与优化策略，从开发流程、资源成本、模型效率三个维度实现简化，如图 5-2 所示，让开发者更专注于业务创新而非技术细节。

图 5-2　MCP 简化 AI Agent 开发

5.2.1 抽象底层复杂性：开发者聚焦业务逻辑

MCP 的核心价值之一是通过分层抽象设计，将 AI Agent 开发中的底层技术细节封装为标准化接口，使开发者无需关注通信协议、工具适配、状态同步等复杂问题，仅需聚焦业务逻辑设计。其技术实现与优势如下。

（1）核心抽象层次与技术实现

MCP 采用“三层抽象架构”，从底层到上层逐步屏蔽技术细节，具体说明如表 5-3 所示。

表 5-3　MCP 的三层抽象架构

抽象层次	核心功能	屏蔽的底层复杂性	开发者操作方式
传输层抽象	统一通信协议适配	不同工具的通信协议差异（如 HTTP/WebSocket/gRPC）、网络异常处理、数据序列化格式	调用 MCP 提供的 connect()、send() 等 API，无需编写协议转换代码
工具层抽象	标准化工具调用接口	工具参数格式差异（如数据库 SQL 与 API 的 JSON 参数）、权限认证方式（API Key/OAuth）、返回结果解析逻辑	通过 tool.call() 方法调用工具，传入标准化参数（如 {"name":"db_query", "params":{"sql":"..."}}）
状态层抽象	自动化状态管理	任务进度跟踪、上下文依赖维护、多工具调用顺序协调、故障恢复逻辑	无需手动存储状态，通过 state.get()、state.update() 接口访问 / 更新状态，MCP 自动处理同步与持久化

在传统开发中，调用数据库与调用天气 API 时需编写两套适配代码，例如下面的演示代码。

```
# 传统开发：工具调用需适配不同协议
# 数据库调用
import psycopg2
conn = psycopg2.connect(dbname="test", user="user")
cursor = conn.cursor()
cursor.execute("SELECT * FROM users")
result = cursor.fetchall()
# 天气API调用
import requests
response = requests.get(
"https://api.weather.com/forecast",
params={"city": "Beijing", "appid": "xxx"}
)
weather = response.json()["forecast"]
```

而在下面的演示代码中，MCP 通过工具元数据定义（Tool Manifest）实现了标准化调用。

```
# MCP开发：标准化工具调用
from mcp.client import MCPClient
client = MCPClient()
# 调用数据库（无需关心连接细节）
db_result = client.tool.call(
name="database.query",
params={"sql": "SELECT * FROM users"}
)
# 调用天气API（参数格式统一）
weather_result = client.tool.call(
name="weather.get_forecast",
params={"city": "Beijing"}
)
```

（2）开发者效率提升的核心表现

① 开发周期缩短　在传统开发中，一个集成 5 种工具的 AI Agent 需编写约 800 行适配代码（协议处理、参数转换等）；基于 MCP 开发仅需约 200 行代码，聚焦业务逻辑（如“何时调用工具”“如何使用结果生成回答”），开发效率得到很大提升。

② 跨工具协作简化　对于多工具依赖场景（如“数据库查询→数据清洗→可视化生成”），MCP 通过 tool.dependency() 接口定义依赖关系，自动协调执行顺序，无需开发者手动编写流程控制逻辑。例如：

```
# 定义工具依赖关系
client.tool.dependency(
target="visualization.generate",
depends_on=["database.query", "data.clean"]
)
# MCP自动按依赖顺序执行：先查数据库→再清洗数据→最后生成可视化
```

③ 技术门槛降低　非专业开发者无需掌握网络编程、分布式系统等知识，通过 MCP 的可视化工具配置界面（如定义工具名称、参数格式）即可完成 Agent 开发，实现“低代码开发 AI Agent”。

5.2.2 动态资源分配与无服务器理念

MCP 引入无服务器理念，通过动态资源调度机制自动分配、伸缩计算资源，解决传统 AI Agent 开发中“资源闲置浪费”“峰值扩容困难”等问题，实现资源成本优化与运维简化。

（1）动态资源分配的核心机制

MCP 基于“需求驱动的资源调度模型”，实现资源的按需分配与自动伸缩，核心组件如下。

① 资源监控器（Resource Monitor）　实时采集 Agent 运行指标（如工具调用频率、CPU 使用率、内存占用），生成资源需求画像。例如，检测到“早 8 点 -10 点数据库查询请求激增 300%”，触发资源扩容指令。

② 调度器（Scheduler）　基于监控数据与预设策略（如成本优先、性能优先）分配资源，支持如下所示的两种调度模式。

a. 自动伸缩：当工具调用并发量超过阈值，自动增加 Server 实例；低谷时关闭冗余实例，释放资源。

b. 负载均衡：将高并发请求均匀分配至多个 Server 节点，避免单点过载。

③ 无服务器容器引擎　基于 Docker/Kubernetes 实现工具服务的容器化部署，支持“冷启动”（资源需求为 0 时不占用资源，请求到来时快速启动容器）与“弹性伸缩”（秒级增加容器实例）。

（2）无服务器理念的实践优势

① 资源成本优化

在传统开发中，为应对峰值流量需预留冗余服务器，导致 70% 资源闲置；MCP 通过动态伸缩，资源使用量与实际需求完全匹配，平均降低 60% ～ 80% 的服务器成本。

② 运维复杂度降低

a. 开发者无需关注服务器部署、版本更新、故障修复等运维工作，MCP 自动完成；

b. 工具服务的容器化部署与版本管理；

c. 节点故障时自动将请求切换至健康节点；

d. 底层硬件升级时无缝迁移服务，无停机时间。

③ 弹性能力增强　支持“零到无限”的资源伸缩范围，满足突发场景需求。例如，电商大促期间，用户咨询量激增导致 Agent 调用物流查询工具的频率从每秒 10 次升至 1000 次，MCP 在 30s 内将物流 Server 实例从 2 个扩容至 20 个，确保响应延迟 <100ms；在促销结束后，自动缩容至 2 个实例，避免资源浪费。

5.2.3　Prompt 工程优化：释放 Token 空间

在大语言模型应用中，Token 空间是稀缺资源，传统 Agent 开发中冗余信息填充 Prompt、格式混乱占用 Token 等问题严重影响模型效率。MCP 通过结构化信息处理与智能压缩策略，显著优化 Prompt 工程，释放 Token 空间。

（1）结构化信息减少冗余 Token

MCP 通过“标准化数据格式”强制工具调用请求与响应的结构化，避免非结构化文本（如自然语言描述参数、杂乱无章的结果）占用 Token，具体表现如下。

① 工具调用请求的结构化

在传统开发中，开发者需用自然语言描述工具调用逻辑（如“请调用数据库查询深圳用户，参数是地区 = 深圳，数量限制 10”），占用大量 Token；MCP 要求用 JSON 格式定义调用（如 {"name":"db_query","params":{"region":" 深圳 ","limit":10}}），相同信息的 Token 占用减少 60% 以上。

② 工具响应结果的结构化　工具返回结果（如数据库查询、API 调用）以结构化 JSON 格式传递，而非原始文本。例如：

非结构化结果（冗余）：" 查询到 10 条数据，第一条是张三，ID1，年龄 30；第二条是

李四 ..."（占用 150Token）；

MCP 结构化结果：{"data":[{"id":1,"name":" 张三 ","age":30},...], "count":10}（仅占用 50 Token），Token 节省 67%。

（2）上下文智能压缩与裁剪

MCP 通过“上下文管理器（Context Manager）”自动优化 Prompt 中的上下文内容，保留关键信息，删除冗余数据。

① 动态裁剪　当上下文长度接近模型 Token 限制时，自动删除与当前任务无关的历史信息（如已完成工具的详细日志、过期的用户输入）。例如，在多轮对话中，仅保留当前未完成任务目标、待处理的工具结果等关键信息。

② 信息摘要　对长文本结果（如文档解析、长报告）自动生成摘要，用简洁内容替代原始文本。例如，将 500 字的数据分析报告压缩为 100 字摘要，仅保留核心结论（如“用户留存率下降主要原因：功能 A 体验不佳”），Token 占用减少 80%。

③ 引用替代　对重复出现的信息（如工具调用的参数模板、固定格式说明）用“引用 ID”替代原始内容。例如，将多次出现的“数据库查询参数格式说明”存储为 ref:param_format_1，后续调用仅需引用 ID 即可，这样便节省了重复文本的 Token 消耗。

（3）Prompt 工程优化的实际效果

通过上述机制，MCP 可使 AI Agent 的 Prompt Token 占用量减少 40% ～ 70%，带来两大核心价值。

① 模型效率提升：在相同的 Token 限制下，模型可处理更长的任务上下文，减少因 Token 不足截断关键信息导致的逻辑错误，任务完成率提升 30% 以上。

② 成本降低：LLM 调用成本与 Token 数量直接相关，Token 消耗减少意味着调用成本降低，大规模应用中可节省 50% 以上的 API 费用。

MCP 通过抽象底层复杂性、动态资源分配、Prompt 工程优化三大维度，构建了一套高效、低成本、低门槛的 AI Agent 开发体系，这一体系使 AI Agent 开发从“技术密集型”转向“业务创新型”，加速 AI 在各行业的落地应用。

5.3 MCP 和 AI Agent 的核心协同场景

MCP 与 AI Agent 的协同并非简单的技术叠加，而是通过标准化协议与灵活架构，实现 AI Agent 从单一功能工具向智能协作系统的升级，如图 5-3 所示。这种协同模式覆盖了 Agent 全生命周期的核心环节，包括动态生成、工具集成、工作流构建等，解决了传统 Agent 开发中定制化成本高、扩展性差、协作能力弱等问题。

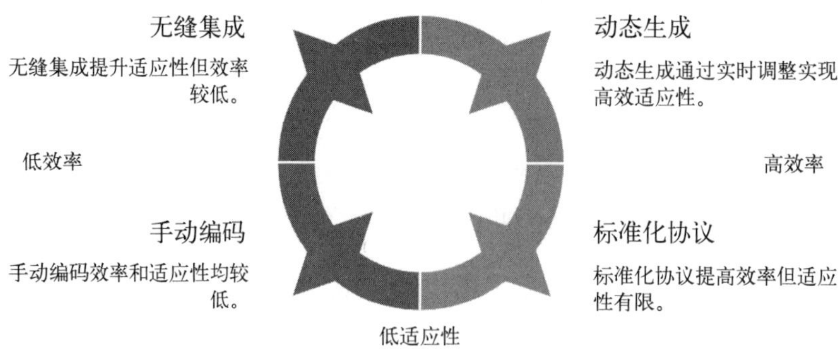

图 5-3　MCP 与 AI Agent 协同的战略优势

5.3.1 动态生成与配置 AI Agent

传统 AI Agent 开发需手动编写大量代码定义功能逻辑，难以快速适配业务变化。MCP 通过“模板驱动 + 动态配置”机制，支持根据业务需求实时生成、调整 Agent 的功能与行为，实现“按需定制 AI Agent”。

（1）动态生成的核心机制

MCP 基于“Agent 元数据（Agent Manifest）”实现动态生成，元数据包含 Agent 的核心配置信息，开发者通过修改元数据即可定义 Agent 的功能，无需重构代码。Agent 元数据核心字段的具体说明如表 5-4 所示。

表 5-4　Agent 元数据核心字段

元数据核心字段	定义	配置示例	作用
name	Agent 名称	"sales_analysis_agent"	唯一标识 Agent，用于资源调度与权限管理
description	功能描述	“用于销售数据查询与趋势分析的 AI 助手”	帮助模型理解 Agent 的核心能力
tools	关联工具列表	["database.query","chart.generate","report.write"]	定义 Agent 可调用的工具集，限制无关工具访问
parameters	动态参数配置	{"default_region":" 全国 ","data_granularity":"weekly"}	预设 Agent 的运行参数，支持动态修改
permission	权限配置	{"db_access": "read_only", "api_calls": ["sales_api"]}	控制 Agent 的资源访问范围，保障安全

实现动态生成的基本流程如下。

① 开发者通过 MCP 控制台或 API 定义 Agent 元数据（如上述配置示例）；

② MCP 的 Agent 生成器（Agent Generator）解析元数据，自动生成基础代码框架（包含工具调用接口、参数校验逻辑）；

③ 结合大语言模型的推理能力，生成 Agent 的决策逻辑（如“当用户问销售趋势时，先调用数据库查询再生成图表”）；

④ 生成的 Agent 自动注册到 MCP 生态，可立即通过 agent.invoke() 接口调用。

（2）动态配置的典型场景

① 业务场景切换　电商平台的“促销分析 Agent”在日常需分析“周销售数据”，大促期间需临时切换为“实时小时级数据监控”。开发者仅需修改元数据中的 parameters.data_granularity 为 "hourly"，Agent 自动调整数据查询频率与分析维度，无需重启服务。

② 权限动态调整　当“财务分析 Agent”的使用人员从“普通分析师”变更为“实习生”时，管理员通过 MCP 权限中心修改元数据的 permission 字段，限制 Agent 调用敏感工具（如“payment.detail.query”），防止数据泄露。

③ 功能按需扩展　初始的“客户服务 Agent”仅支持“订单查询”功能，业务扩展后需新增“物流追踪”能力。开发者在元数据的 tools 列表中添加 "logistics.track"，Agent 自动获得调用物流工具的能力，无需重新开发。

5.3.2 无缝集成多样化工具与数据源

AI Agent 的智能性依赖于对外部工具与数据的访问能力，但传统集成方式需为每种工具编写适配代码，面临接口碎片化、格式不兼容等问题。MCP 通过“标准化适配器 + 动态发现”机制，实现工具与数据源的即插即用，让 Agent 轻松访问各类资源。

（1）无缝集成的技术架构

MCP 构建了“工具生态层”作为 Agent 与外部资源的中介，核心组件如下。

① 工具注册表（Tool Registry） 存储所有可用工具的元数据（如名称、参数格式、调用地址），支持 Agent 通过 tool.discover() 接口动态查询工具列表。例如，注册表中记录“weather.get_forecast 工具需传入 city 参数，返回 temperature 和 humidity 字段”。

② 通用适配器（Universal Adapter） 屏蔽不同工具的协议差异，将各类工具接口转换为 MCP 标准化格式。例如：

对数据库工具，自动将标准化 SQL 参数转换为 MySQL、PostgreSQL 等不同数据库的方言；

对 API 工具，自动处理 HTTP/HTTPS 协议转换、参数序列化（JSON/FormData）、认证信息添加（Header 中的 Token）。

③ 数据源连接器（DataSource Connector） 支持结构化数据（数据库、数据仓库）、非结构化数据（文档、图片）、实时流数据（消息队列、传感器）的统一接入。例如，通过连接器将 Excel 表格、MongoDB 数据库、Kafka 实时流数据转换为 Agent 可直接使用的结构化格式。

（2）典型集成场景与优势

① 多类型数据库集成 企业通常同时使用 MySQL（业务数据）、Redis（缓存数据）、ClickHouse（分析数据）等多种数据库。MCP 通过统一的 database.query 接口，让 Agent 无需区分数据库类型，直接用标准化 SQL 查询数据。例如：

```
# 用同一接口查询不同数据库
mysql_result = agent.tool.call(
name="database.query",
params={"source": "mysql", "sql": "SELECT * FROM orders LIMIT 10"}
)
clickhouse_result = agent.tool.call(
name="database.query",
params={"source": "clickhouse", "sql": "SELECT count(*) FROM user_behavior"}
)
```

② 第三方 API 快速接入 集成外部服务（如支付接口、地图服务、AI 模型 API）时，开发者仅需在 MCP 中注册 API 元数据（如请求地址、参数格式、认证方式），Agent 即可直接调用，无需编写 HTTP 请求代码。例如，接入高德地图 API 后，Agent 可一键获取地理位置信息：

```
location = agent.tool.call(
name="amap.geocode",
params={"address": "北京市海淀区中关村"}
)
```

③ 实时数据订阅与处理 对物联网传感器、用户行为日志等实时数据，MCP 通过连接器订阅数据流，当数据满足预设条件（如“温度超过 80℃”）时自动触发 Agent 处理。例如，工业监控 Agent 能够实时接收传感器数据，异常时调用“设备控制工具”关闭机器并发送告警。

5.3.3 构建复杂工作流与多 Agent 协作基础

单一 AI Agent 难以处理涉及多步骤、多领域的复杂任务（如“市场调研→数据分析→报告生成→方案评审”）。MCP 通过“工作流引擎 + 协作协议”构建多 Agent 协同框架，实现任务的拆分、分配与整合，让 Agent 群体具备处理复杂业务的能力。

（1）复杂工作流的构建机制

MCP 的工作流引擎（Workflow Engine）支持通过“可视化编排 + 代码定义”两种方式构建工作流，其核心能力如下。

① 任务拆分与分配　引擎将复杂任务按“依赖关系”拆分为子任务，分配给具备对应能力的 Agent。例如，“年度销售报告”任务拆分为：数据采集子任务（分配给“数据查询 Agent”）；数据分析子任务（分配给“统计分析 Agent”）；图表生成子任务（分配给“可视化 Agent”）；报告撰写子任务（分配给“文案生成 Agent”）。

② 流程控制逻辑　支持顺序执行、条件分支、循环迭代等复杂流程逻辑，通过“控制节点”定义任务执行规则。

a. 顺序节点：按顺序执行子任务（如“先查询数据，再分析数据”）。

b. 条件节点：根据前序结果决定后续流程（如“若销售额增长 >10%，则生成庆祝文案；否则生成改进建议”）。

c. 并行节点：同时执行多个无依赖的子任务（如“同时查询华东、华南地区的销售数据”）。

③ 状态同步与结果整合　通过 MCP 的状态管理机制，实时同步各子任务进度，并将分散的子任务结果整合为最终输出。例如，将各地区的销售数据、图表、分析结论汇总为完整的年度报告。

（2）多 Agent 协作的核心协议与场景

MCP 定义了多 Agent 协作协议（Multi-Agent Collaboration Protocol），规范 Agent 间的通信方式，核心组件如下。

① 协作消息格式　Agent 间通过标准化消息交互，包含 sender（发送者 ID）、receiver（接收者 ID）、task_id（关联任务 ID）、content（消息内容）、type（消息类型：请求 / 响应 / 通知）等字段。

② 角色分配机制　支持按能力自动分配角色，例如：协调者 Agent，负责任务拆分与进度监控；执行者 Agent，负责具体子任务执行（如数据查询、分析）；审核者 Agent，负责验证子任务结果的准确性（如检查数据分析逻辑是否正确）。

③ 典型协作场景

a. 跨部门业务审批：企业报销审批流程中，“发起 Agent”接收报销单，“财务审核 Agent”验证金额合规性，“经理审批 Agent”确认业务真实性，“支付 Agent”完成打款，MCP 协调各 Agent 按流程协作。

b. 智能客服协同：用户咨询“退货 + 退款”时，“问题分类 Agent”识别需求，“订单查询 Agent”获取订单信息，“退货政策 Agent”判断是否符合条件，“退款处理 Agent”执行退款操作，各 Agent 无缝衔接完成服务。

5.4　综合实战：基于阿里 Qwen 和 MCP 技术的 Agent 系统

在本节的例子中，使用阿里 Qwen 和 MCP 技术实现一个 Qwen-Agent 平台，这是阿里通义开源的基于 Qwen 模型的 Agent 应用开发框架，如图 5-4 所示，支持指令遵循、工具使用、规划和记忆能力，适用于构建复杂智能代理应用。

其中，MCP 在本 Agent 项目中发挥着关键作用，它允许模型通过调度命令行服务与外部工具交互，以结构化且安全的方式获取时间、抓取网站数据或调用本地工具等。在 Qwen-

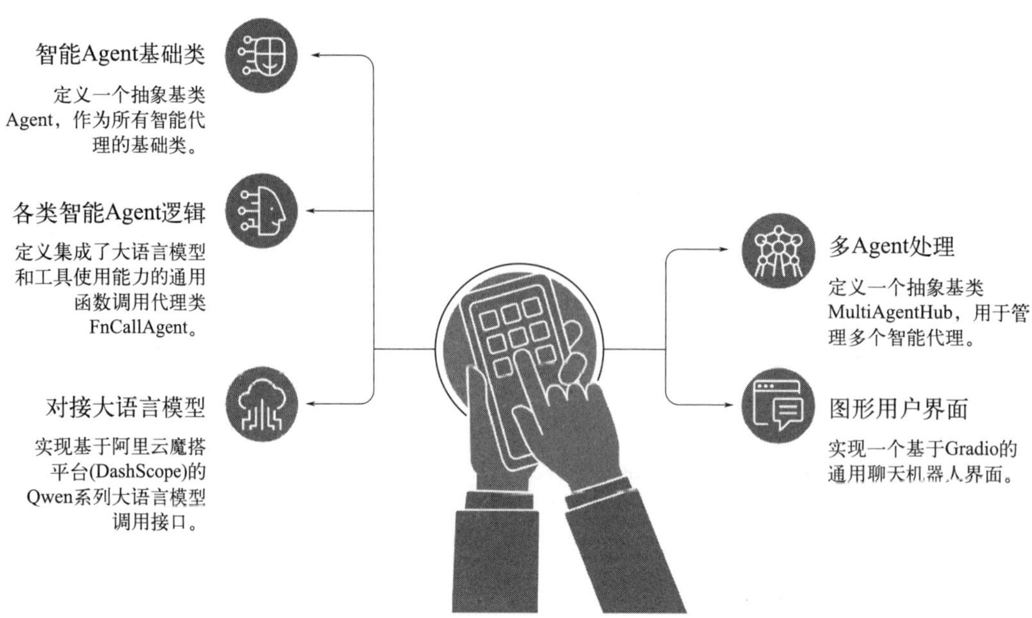

图 5-4 Agent 系统组件

Agent 系统里，像 mcp-server-time 和 mcp-server-fetch 等 MCP 工具作为端点，模型可按需自行触发。通过 MCP，智能体能够突破自身限制，与多种外部工具协同，极大地拓展了处理任务的能力边界，例如实现自然语言操作数据库等复杂功能，为构建功能丰富、强大的智能代理应用提供有力支持。

实例 5-1：基于阿里 Qwen 和 MCP 技术的 Agent 系统（源码路径：codes\5\Qwen-Agent-main）

5.4.1 实现 Agent 逻辑

“qwen_agent”目录是本项目的核心，其中“agents”文件夹用于定义各类智能代理逻辑，“gui”负责图形用户界面相关功能实现，“llm”目录对接语言模型，“memory”目录用于管理代理记忆，“tools”目录集成各类工具，“utils”目录提供通用工具函数。此外，agent.py 等文件则是关键的功能实现文件，整体支撑起智能代理的开发与运行，为构建基于 Qwen 模型的各类应用提供基础架构。

（1）智能 Agent 基础类

文件 agent.py 定义了一个抽象基类 Agent，作为所有智能代理的基础类，提供了初始化工具、调用语言模型（LLM）、调用工具等核心功能，以及处理消息输入输出的通用流程。类 Agent 支持流式和非流式响应，能根据消息内容自动判断语言类型，并通过抽象方法 _run 让子类实现具体的消息处理逻辑。此外，还定义了子类 BasicAgent，作为仅使用 LLM 而不依赖工具的基础代理实现。

```
class Agent(ABC):
    """智能代理的基类。

    代理可以接收消息，并通过大语言模型（LLM）或工具提供响应。
    不同的代理在`_run`方法中具有不同的消息处理和响应生成工作流程。
    """
```

```
    def __init__(self,
                 function_list: Optional[List[Union[str, Dict, BaseTool]]] = None,
                 llm: Optional[Union[dict, BaseChatModel]] = None,
                 system_message: Optional[str] = DEFAULT_SYSTEM_MESSAGE,
                 name: Optional[str] = None,
                 description: Optional[str] = None,** kwargs):
        """初始化代理。

        参数:
            function_list: 工具名称、工具配置或工具对象的列表，
              例如 'code_interpreter'、{'name': 'code_interpreter', 'timeout': 10}
或 CodeInterpreter()。
            llm: 大语言模型配置或大语言模型对象。
              配置格式为 {'model': '', 'api_key': '', 'model_server': ''}。
            system_message: 用于大语言模型对话的特定系统消息。
            name: 该代理的名称。
            description: 该代理的描述，将用于多代理场景。
        """
        if isinstance(llm, dict):
            self.llm = get_chat_model(llm)
        else:
            self.llm = llm
        self.extra_generate_cfg: dict = {}

        self.function_map = {}
        if function_list:
            for tool in function_list:
                self._init_tool(tool)

        self.system_message = system_message
        self.name = name
        self.description = description

    def run_nonstream(self, messages: List[Union[Dict, Message]], **kwargs) -> Union
[List[Message], List[Dict]]:
        """与self.run功能相同，但stream=False,
        意味着它直接返回完整响应，
        而不是增量式地流式返回响应。"""
        *_, last_responses = self.run(messages,** kwargs)
        return last_responses

    def run(self, messages: List[Union[Dict, Message]],
            **kwargs) -> Union[Iterator[List[Message]], Iterator[List[Dict]]]:
        """基于接收到的消息返回一个响应生成器。

        该方法对输入的消息进行统一的类型转换，
        并调用_run方法生成回复。

        参数:
            messages: 消息列表。

        生成:
            响应生成器。
        """
        messages = copy.deepcopy(messages)
        _return_message_type = 'dict'
        new_messages = []
        # 仅当所有输入消息都是dict时才返回dict
        if not messages:
            _return_message_type = 'message'
        for msg in messages:
            if isinstance(msg, dict):
```

```
                new_messages.append(Message(** msg))
            else:
                new_messages.append(msg)
                _return_message_type = 'message'

        if 'lang' not in kwargs:
            if has_chinese_messages(new_messages):
                kwargs['lang'] = 'zh'
            else:
                kwargs['lang'] = 'en'

        if self.system_message:
            if not new_messages or new_messages[0][ROLE] != SYSTEM:
                # 向代理添加系统指令
                new_messages.insert(0, Message(role=SYSTEM, content=self.system_
message))
            else:
                # new_messages中已有系统消息
                if isinstance(new_messages[0][CONTENT], str):
                    new_messages[0][CONTENT] = self.system_message + '\n\n' + new_
messages[0][CONTENT]
                else:
                    assert isinstance(new_messages[0][CONTENT], list)
                    assert new_messages[0][CONTENT][0].text
                    new_messages[0][CONTENT] = [ContentItem(text=self.system_
message + '\n\n')
                                               ] + new_messages[0][CONTENT]  # noqa

        for rsp in self._run(messages=new_messages, **kwargs):
            for i in range(len(rsp)):
                if not rsp[i].name and self.name:
                    rsp[i].name = self.name
            if _return_message_type == 'message':
                yield [Message(** x) if isinstance(x, dict) else x for x in rsp]
            else:
                yield [x.model_dump() if not isinstance(x, dict) else x for x in rs
p]

    @abstractmethod
    def _run(self, messages: List[Message], lang: str = 'en', **kwargs) -> Iterator[
List[Message]]:
        """基于接收到的消息返回一个响应生成器。

        代理生成回复的工作流程。
        每个代理子类都需要实现此方法。

        参数:
            messages: 消息列表。
            lang: 语言，将用于在代理执行过程中选择提示词的语言。

        生成:
            响应生成器。
        """
        raise NotImplementedError

    def _call_llm(
        self,
        messages: List[Message],
        functions: Optional[List[Dict]] = None,
        stream: bool = True,
        extra_generate_cfg: Optional[dict] = None,
    ) -> Iterator[List[Message]]:
```

```
        """代理调用大语言模型的接口。

        我们将此代理的system_message添加到消息前面，然后调用大语言模型。

        参数:
            messages: 消息列表。
            functions: 提供给大语言模型的函数列表。
            stream: 大语言模型流式输出还是非流式输出。
              为了一致性，我们在所有代理中默认使用流式输出。

        生成:
            大语言模型的响应生成器。
        """
        return self.llm.chat(messages=messages,
                             functions=functions,
                             stream=stream,
                             extra_generate_cfg=merge_generate_cfgs(
                                 base_generate_cfg=self.extra_generate_cfg,
                                 new_generate_cfg=extra_generate_cfg,
                             ))

    def _call_tool(self, tool_name: str, tool_args: Union[str, dict] = '{}', **kwarg
s) -> Union[str, List[ContentItem]]:
        """代理调用工具的接口。

        参数:
            tool_name: 工具的名称。
            tool_args: 模型生成的或用户给定的工具参数。

        返回:
            工具的输出。
        """
        if tool_name not in self.function_map:
            return f'Tool {tool_name} does not exists.'
        tool = self.function_map[tool_name]
        try:
            tool_result = tool.call(tool_args,** kwargs)
        except (ToolServiceError, DocParserError) as ex:
            raise ex
        except Exception as ex:
            exception_type = type(ex).__name__
            exception_message = str(ex)
            traceback_info = ''.join(traceback.format_tb(ex.__traceback__))
            error_message = f'An error occurred when calling tool `{tool_
name}`:\n' \
                            f'{exception_type}: {exception_message}\n' \
                            f'Traceback:\n{traceback_info}'
            logger.warning(error_message)
            return error_message

        if isinstance(tool_result, str):
            return tool_result
        elif isinstance(tool_result, list) and all(isinstance(item, ContentItem) fo
r item in tool_result):
            return tool_result  # 多模态工具结果
        else:
            return json.dumps(tool_result, ensure_ascii=False, indent=4)

    def _init_tool(self, tool: Union[str, Dict, BaseTool]):
        if isinstance(tool, BaseTool):
            tool_name = tool.name
            if tool_name in self.function_map:
```

```
                logger.warning(f'Repeatedly adding tool {tool_name}, will use the n
ewest tool in function list')
            self.function_map[tool_name] = tool
        elif isinstance(tool, dict) and 'mcpServers' in tool:
            tools = MCPManager().initConfig(tool)
            for tool in tools:
                tool_name = tool.name
                if tool_name in self.function_map:
                    logger.warning(f'Repeatedly adding tool {tool_name}, will use t
he newest tool in function list')
                self.function_map[tool_name] = tool
        else:
            if isinstance(tool, dict):
                tool_name = tool['name']
                tool_cfg = tool
            else:
                tool_name = tool
                tool_cfg = None
            if tool_name not in TOOL_REGISTRY:
                raise ValueError(f'Tool {tool_name} is not registered.')

            if tool_name in self.function_map:
                logger.warning(f'Repeatedly adding tool {tool_name}, will use the n
ewest tool in function list')
            self.function_map[tool_name] = TOOL_REGISTRY[tool_name](tool_cfg)

    def _detect_tool(self, message: Message) -> Tuple[bool, str, str, str]:
        """用于函数调用格式消息的内置工具调用检测。

        参数:
            message: 大语言模型生成的一条消息。

        返回:
            是否需要调用工具，工具名称，工具参数，文本回复。
        """
        func_name = None
        func_args = None

        if message.function_call:
            func_call = message.function_call
            func_name = func_call.name
            func_args = func_call.arguments
        text = message.content
        if not text:
            text = ''

        return (func_name is not None), func_name, func_args, text


# 代理的最基本形式只是一个大语言模型，没有任何工具或工作流程的增强。
class BasicAgent(Agent):

    def _run(self, messages: List[Message], lang: str = 'en', **kwargs) -> Iterator[
List[Message]]:
        extra_generate_cfg = {'lang': lang}
        if kwargs.get('seed') is not None:
            extra_generate_cfg['seed'] = kwargs['seed']
        return self._call_llm(messages, extra_generate_cfg=extra_generate_cfg)
```

（2）多 Agent 处理

文件 multi_agent_hub.py 定义了一个抽象基类 MultiAgentHub，用于管理多个智能代理

(Agent)。通过属性方法 agents 验证属性 _agents 是否为非空的 Agent 列表，且列表中所有代理都有唯一非空的名称；属性 agent_names 用于返回所有代理的名称列表；属性 nonuser_agents 用于过滤出非用户代理（排除 UserAgent 类型），为多代理协作场景提供基础的代理管理功能。

```
class MultiAgentHub(ABC):

    @property
    def agents(self) -> List[Agent]:
        try:
            agent_list = self._agents
            assert isinstance(agent_list, list)
            assert all(isinstance(a, Agent) for a in agent_list)
            assert len(agent_list) > 0
            assert all(a.name for a in agent_list), '所有代理都必须有一个名称。'
            assert len(set(a.name for a in agent_list)) == len(agent_list), '代理必须有唯一的名称。'
        except (AttributeError, AssertionError) as e:
            logger.error(
                f'类 {self.__class__.__name__} 继承自 MultiAgentHub。'
                '但是，违反了以下约束：'
                '1) 继承自 MultiAgentHub 的类必须具有类型为 `List[Agent]` 的 `_agents` 属性。'
                '2) `_agents` 必须是包含至少一个代理的非空列表。'
                '3) `_agents` 中的所有代理必须具有非空、不重复的字符串名称。')
            raise e
        return agent_list

    @property
    def agent_names(self) -> List[str]:
        return [x.name for x in self.agents]

    @property
    def nonuser_agents(self):
        from qwen_agent.agents.user_agent import UserAgent  # 放在这里以避免循环导入
        return [a for a in self.agents if not isinstance(a, UserAgent)]
```

（3）各类智能 Agent 逻辑

① 文件 fncall_agent.py 定义了一个集成了大语言模型（LLM）和工具使用能力的通用函数调用代理类 FnCallAgent，该类能初始化工具列表、语言模型和内存管理组件，通过循环调用 LLM 生成响应，检测并执行工具调用，处理工具返回结果，直到完成任务或达到最大 LLM 调用次数，还支持文件管理和多语言配置，为智能代理的工具调用功能提供基础框架。

```
import copy
from typing import Dict, Iterator, List, Literal, Optional, Union

from qwen_agent import Agent
from qwen_agent.llm import BaseChatModel
from qwen_agent.llm.schema import DEFAULT_SYSTEM_MESSAGE, FUNCTION, Message
from qwen_agent.memory import Memory
from qwen_agent.settings import MAX_LLM_CALL_PER_RUN
from qwen_agent.tools import BaseTool
from qwen_agent.utils.utils import extract_files_from_messages


class FnCallAgent(Agent):
    """这是一个广泛适用的函数调用代理，集成了大语言模型和工具使用能力。"""

    def __init__(self,
                 function_list: Optional[List[Union[str, Dict, BaseTool]]] = None,
```

```
                llm: Optional[Union[Dict, BaseChatModel]] = None,
                system_message: Optional[str] = DEFAULT_SYSTEM_MESSAGE,
                name: Optional[str] = None,
                description: Optional[str] = None,
                files: Optional[List[str]] = None,** kwargs):
        """初始化代理。

        参数:
            function_list: 工具名称、工具配置或工具对象的列表,
              例如 'code_interpreter'、{'name': 'code_interpreter', 'timeout': 10}
或 CodeInterpreter()。
            llm: 大语言模型配置或大语言模型对象。
              配置格式为 {'model': '', 'api_key': '', 'model_server': ''}。
            system_message: 用于大语言模型对话的特定系统消息。
            name: 该代理的名称。
            description: 该代理的描述，将用于多代理场景。
            files: 文件URL列表。代理的初始文件。
        """
        super().__init__(function_list=function_list,
                         llm=llm,
                         system_message=system_message,
                         name=name,
                         description=description)

        if not hasattr(self, 'mem'):
            # 默认使用Memory来管理文件
            if 'qwq' in self.llm.model.lower() or 'qvq' in self.llm.model.
lower() or 'qwen3' in self.llm.model.lower():
                if 'dashscope' in self.llm.model_type:
                    mem_llm = {
                        'model': 'qwen-turbo',
                        'model_type': 'qwen_dashscope',
                        'generate_cfg': {
                            'max_input_tokens': 30000
                        }
                    }
                else:
                    mem_llm = None
            else:
                mem_llm = self.llm
            self.mem = Memory(llm=mem_llm, files=files, **kwargs)

    def _run(self, messages: List[Message], lang: Literal['en', 'zh'] = 'en',** kwar
gs) -> Iterator[List[Message]]:
        messages = copy.deepcopy(messages)
        num_llm_calls_available = MAX_LLM_CALL_PER_RUN
        response = []
        while True and num_llm_calls_available > 0:
            num_llm_calls_available -= 1

            extra_generate_cfg = {'lang': lang}
            if kwargs.get('seed') is not None:
                extra_generate_cfg['seed'] = kwargs['seed']
            output_stream = self._call_llm(messages=messages,
                                           functions=[func.
function for func in self.function_map.values()],
                                           extra_generate_cfg=extra_generate_cfg)
            output: List[Message] = []
            for output in output_stream:
                if output:
                    yield response + output
            if output:
```

```
                response.extend(output)
                messages.extend(output)
                used_any_tool = False
                for out in output:
                    use_tool, tool_name, tool_args, _ = self._detect_tool(out)
                    if use_tool:
                        tool_result = self._call_tool(tool_name, tool_args, message
s=messages, **kwargs)
                        fn_msg = Message(
                            role=FUNCTION,
                            name=tool_name,
                            content=tool_result,
                        )
                        messages.append(fn_msg)
                        response.append(fn_msg)
                        yield response
                        used_any_tool = True
                if not used_any_tool:
                    break
        yield response

    def _call_tool(self, tool_name: str, tool_args: Union[str, dict] = '{}',** kwarg
s) -> str:
        if tool_name not in self.function_map:
            return f'工具 {tool_name} 不存在。'
        # 临时方案：检查是否需要将文件传输给工具
        # 待办：应改为参数传递，由模型决定文件URL
        if self.function_map[tool_name].file_access:
            assert 'messages' in kwargs
            files = extract_files_from_messages(kwargs['messages'], include_
images=True) + self.mem.system_files
            return super()._call_tool(tool_name, tool_args, files=files, **kwargs)
        else:
            return super()._call_tool(tool_name, tool_args,** kwargs)
```

② 文件 assistant.py 定义了一个集成了检索增强生成（RAG）能力和函数调用能力的通用助手类 Assistant，它继承自 FnCallAgent 类。该类能够处理包含知识的问答任务，支持从文件中检索知识并进行格式化，还可以根据语言类型生成当前日期字符串。在运行过程中，它会先对传入的消息进行预处理，添加知识提示信息，然后调用父类的 run 方法来完成问答处理。

```
KNOWLEDGE_TEMPLATE_ZH = """# 知识库

{knowledge}"""

KNOWLEDGE_TEMPLATE_EN = """# Knowledge Base

{knowledge}"""

KNOWLEDGE_TEMPLATE = {'zh': KNOWLEDGE_TEMPLATE_ZH, 'en': KNOWLEDGE_TEMPLATE_EN}

KNOWLEDGE_SNIPPET_ZH = """## 来自 {source} 的内容：

KNOWLEDGE_SNIPPET_EN = """## The content from {source}:



KNOWLEDGE_SNIPPET = {'zh': KNOWLEDGE_SNIPPET_ZH, 'en': KNOWLEDGE_SNIPPET_EN}


def format_knowledge_to_source_and_content(result: Union[str, List[dict]]) -> List[
```

```
dict]:
    knowledge = []
    if isinstance(result, str):
        result = f'{result}'.strip()
        try:
            docs = json.loads(result)
        except Exception:
            print_traceback()
            knowledge.append({'source': '上传的文档', 'content': result})
            return knowledge
    else:
        docs = result
    try:
        _tmp_knowledge = []
        assert isinstance(docs, list)
        for doc in docs:
            url, snippets = doc['url'], doc['text']
            assert isinstance(snippets, list)
            _tmp_knowledge.append({
                'source': f'[文件]({get_basename_from_url(url)})',
                'content': '\n\n...\n\n'.join(snippets)
            })
        knowledge.extend(_tmp_knowledge)
    except Exception:
        print_traceback()
        knowledge.append({'source': '上传的文档', 'content': result})
    return knowledge


class Assistant(FnCallAgent):
    """这是一个集成了RAG能力和函数调用能力的广泛适用的代理。"""

    def __init__(self,
                 function_list: Optional[List[Union[str, Dict, BaseTool]]] = None,
                 llm: Optional[Union[Dict, BaseChatModel]] = None,
                 system_message: Optional[str] = DEFAULT_SYSTEM_MESSAGE,
                 name: Optional[str] = None,
                 description: Optional[str] = None,
                 files: Optional[List[str]] = None,
                 rag_cfg: Optional[Dict] = None):
        super().__init__(function_list=function_list,
                         llm=llm,
                         system_message=system_message,
                         name=name,
                         description=description,
                         files=files,
                         rag_cfg=rag_cfg)

    def _run(self,
             messages: List[Message],
             lang: Literal['en', 'zh'] = 'en',
             knowledge: str = '',
             **kwargs) -> Iterator[List[Message]]:
        """具备RAG和工具使用能力的问答功能。

        参数:
            knowledge: 如果提供了外部知识字符串，
              将直接使用它，而不会从消息中的文件检索信息。

        """

        new_messages = self._prepend_knowledge_prompt(messages=messages, lang=lang
```

```
, knowledge=knowledge, **kwargs)
        return super()._run(messages=new_messages, lang=lang, **kwargs)

    def _prepend_knowledge_prompt(self,
                                  messages: List[Message],
                                  lang: Literal['en', 'zh'] = 'en',
                                  knowledge: str = '',
                                  **kwargs) -> List[Message]:
        messages = copy.deepcopy(messages)
        if not knowledge:
            # 从文件中检索知识
            *_, last = self.mem.run(messages=messages, lang=lang, **kwargs)
            knowledge = last[-1][CONTENT]

        logger.debug(f'Retrieved knowledge of type `{type(knowledge).__name__}`:\
n{knowledge}')
        if knowledge:
            knowledge = format_knowledge_to_source_and_content(knowledge)
            logger.debug(f'Formatted knowledge into type `{type(knowledge).__
name__}`:\n{knowledge}')
        else:
            knowledge = []
        snippets = []
        for k in knowledge:
            snippets.append(KNOWLEDGE_SNIPPET[lang].format(source=k['source'], cont
ent=k['content']))
        knowledge_prompt = ''
        if snippets:
            knowledge_prompt = KNOWLEDGE_TEMPLATE[lang].format(knowledge='\n\n'.
join(snippets))

        if knowledge_prompt:
            if messages and messages[0][ROLE] == SYSTEM:
                if isinstance(messages[0][CONTENT], str):
                    messages[0][CONTENT] += '\n\n' + knowledge_prompt
                else:
                    assert isinstance(messages[0][CONTENT], list)
                    messages[0][CONTENT] += [ContentItem(text='\n\n' + knowledge_
prompt)]
            else:
                messages = [Message(role=SYSTEM, content=knowledge_
prompt)] + messages
        return messages


def get_current_date_str(
    lang: Literal['en', 'zh'] = 'en',
    hours_from_utc: Optional[int] = None,
) -> str:
    if hours_from_utc is None:
        cur_time = datetime.datetime.now()
    else:
        cur_time = datetime.datetime.utcnow() + datetime.timedelta(hours=hours_
from_utc)
    if lang == 'en':
        date_str = 'Current date: ' + cur_time.strftime('%A, %B %d, %Y')
    elif lang == 'zh':
        cur_time = cur_time.timetuple()
        date_str = f'当前时间：{cur_time.tm_year}年{cur_time.tm_mon}月{cur_time.tm_
mday}日，星期'
        date_str += ['一', '二', '三', '四', '五', '六', '日'][cur_time.tm_wday]
        date_str += '。'
```

```
    else:
        raise NotImplementedError
    return date_str
```

③ 文件 article_agent.py 定义了一个用于撰写文章的类 ArticleAgent，该类继承自类 Assistant。能够基于参考资料撰写主题性文章，也可以在已有内容基础上继续创作。在运行过程中，它会先利用内存代理进行数据管理，获取相关参考信息，然后根据是否生成完整文章的参数，选择调用 WriteFromScratch（从头撰写）或 ContinueWriting（继续撰写）代理来完成文章创作，并通过迭代的方式逐步生成响应内容。

```
class ArticleAgent(Assistant):
    """这是一个用于撰写文章的代理，可以基于参考资料撰写一篇主题性文章，或者在已有内容的基础上继续撰
写文章
    """

    def _run(self,
             messages: List[Message],
             lang: str = 'en',
             full_article: bool = False,
             **kwargs) -> Iterator[List[Message]]:

        # 需要使用内存代理进行数据管理
        *_, last = self.mem.run(messages=messages, **kwargs)
        _ref = last[-1][CONTENT]

        response = []
        if _ref:
            response.append(Message(ASSISTANT, f'>\n> 搜索相关信息: \n{_ref}\n'))
            yield response

        if full_article:
            writing_agent = WriteFromScratch(llm=self.llm)
        else:
            writing_agent = ContinueWriting(llm=self.llm)
            response.append(Message(ASSISTANT, '>\n> 撰写文本: \n'))
            yield response

        for rsp in writing_agent.run(messages=messages, lang=lang, knowledge=_ref):
            if rsp:
                yield response + rsp
```

④ 文件 group_chat.py 定义了一个用于多代理管理的类 GroupChat，它能接收代理列表或配置，通过多种方式（自动、轮流、随机、手动）选择发言代理，管理代理的发言顺序并输出各代理的响应。支持多轮对话，可从配置初始化代理，还能通过主机代理（在自动模式下）根据上下文选择发言者，适用于多代理协作交流场景。

```
class GroupChat(Agent, MultiAgentHub):
    """这是一个用于多代理管理的代理。

    该代理可以接收代理列表，管理它们的发言顺序，并输出每个代理的响应。
    """

    _VALID_AGENT_SELECTION_METHODS = ['manual', 'round_robin', 'random', 'auto']

    def __init__(self,
                 agents: Union[List[Agent], Dict],
                 agent_selection_method: Optional[str] = 'auto',
                 function_list: Optional[List[Union[str, Dict, BaseTool]]] = None,
```

```
                 llm: Optional[Union[Dict, BaseChatModel]] = None,
                 **kwargs):
        """初始化代理。

        参数:
            agents: 代理列表或代理配置。一个配置示例如下:
              {
                'background': '一个兴趣小组',
                'agents': [{
                        'name': '唐晓',
                        'description': '一个勤奋的工作者，每天沉迷工作，逐渐变瘦。',
                        'is_human': True   # 标记为真人
                    }, {
                        'name': '头大',
                        'description': '一个体育生',
                        'instructions': '你是一个热爱运动的体育生。',
                        'knowledge_files': ['http://example.html'],
                        'selected_tools': ['image_gen']
                    }]
              }
            agent_selection_method: 选择发言者的方式:
              (1) auto: 使用主机代理根据上下文选择发言者。
              (2) round_robin: 按顺序发言。
              (3) random: 随机发言。
            function_list: 提供给主机的工具列表。
            llm: 提供给主机的大语言模型。
        """
        super().__init__(** kwargs)
        assert agent_selection_method in self._VALID_AGENT_SELECTION_METHODS, f'你必
须从{", ".join(self._VALID_AGENT_SELECTION_METHODS)}中选择agent_selection_method'
        self.agent_selection_method = agent_selection_method

        if isinstance(agents, dict):
            self._agents = self._init_agents_from_config(agents, llm=llm)
        else:
            self._agents = agents

        if self.agent_selection_method == 'auto':
            assert llm is not None, '在自动模式下需要向主机提供LLM'
            self.host = GroupChatAutoRouter(function_list=function_
list, llm=llm, agents=self.agents, name='host')

    def _run(self,
             messages: List[Message] = None,
             lang: str = 'zh',
             max_round: Optional[int] = 3,
             need_batch_response: bool = True,
             mentioned_agents_name: List[str] = None,
             **kwargs) -> Iterator[List[Message]]:

        messages = copy.deepcopy(messages)
        for message in messages:
            if message.role == 'assistant':
                assert message.name, '在群聊中，每个代理必须有一个名字'
            # 名字将用于路由
            # 待办：处理没有真实参与者的情况
            if not message.name:
                message.name = message.role

        if need_batch_response:
            return self._gen_batch_response(messages=messages,
                                            lang=lang,
```

```
                                    max_round=max_round,
                                    mentioned_agents_name=mentioned_agents_
name,** kwargs)
        else:
            return self._gen_one_response(messages=messages,
                                          lang=lang,
                                          mentioned_agents_name=mentioned_agents_
name,
                                          **kwargs)

    def _gen_batch_response(self,
                            messages: List[Message] = None,
                            lang: str = 'zh',
                            max_round: Optional[int] = 3,
                            mentioned_agents_name: List[str] = None,** kwargs) -> It
erator[List[Message]]:
        # 记录所有被@的代理：按顺序回复
        mentioned_agents_name = mentioned_agents_name or []
        messages = copy.deepcopy(messages)

        response = []
        for i in range(max_round):
            if isinstance(messages[-1].content, list):
                content = '\n'.join([x.text if x.text else '' for x in messages[-1
].content]).strip()
            else:
                content = messages[-1].content.strip()
            if '@' in content:
                for x in content.split('@'):
                    for agent in self.agents:
                        if x.startswith(agent.name):
                            if agent not in mentioned_agents_name:
                                mentioned_agents_name.append(agent.name)
                            break
            rsp = []
            for rsp in self._gen_one_response(messages=messages,
                                              lang=lang,
                                              mentioned_agents_name=mentioned_
agents_name,** kwargs):
                yield response + rsp
            if not rsp:
                # 话题结束
                break
            if mentioned_agents_name:
                assert rsp[-1].name == mentioned_agents_name[0]
                mentioned_agents_name.pop(0)

            response += rsp
            if rsp[-1].content == PENDING_USER_INPUT:
                # 终止群聊，等待用户输入
                break
            messages.extend(rsp)
        yield response

    def _gen_one_response(self,
                          messages: List[Message] = None,
                          lang: str = 'zh',
                          mentioned_agents_name: List[str] = None,
                          **kwargs) -> Iterator[List[Message]]:

        selected_agent = self._select_agent(messages, mentioned_agents_name, lang)
        if selected_agent:
```

```
            logger.info(f'selected_agent_name: {selected_agent.name}')
            new_messages = self._manage_messages(messages, selected_agent.name)
            for rsp in selected_agent.run(messages=new_messages,** kwargs):
                yield rsp
        else:
            yield []

    def _select_agent(self,
                      messages: List[Message],
                      mentioned_agents_name: List[str] = None,
                      lang: str = 'zh') -> Union[Agent, None]:
        agents_map = {x.name: x for x in self.agents}
        if mentioned_agents_name:
            # 手动选择代理
            return agents_map[mentioned_agents_name[0]]

        if self.agent_selection_method == 'auto':
            *_, last = self.host.run(messages=messages, lang=lang)
            auto_selected_agent = None
            if isinstance(last[-1]['content'], str):
                auto_selected_agent = last[-1]['content']
            else:
                assert isinstance(last[-1]['content'], list)
                if 'text' in last[-1]['content'][0]:
                    auto_selected_agent = last[-1]['content'][0]['text']
            if auto_selected_agent in agents_map.keys():
                return agents_map[auto_selected_agent]
            elif auto_selected_agent == '[STOP]':
                return None

        if self.agent_selection_method == 'random':
            agent = random.choice(list(self.agents))
            return agent

        if self.agent_selection_method == 'manual':
            for i in range(3):
                agent_key = input('请输入选择的代理名称：')
                if agent_key in agents_map.keys():
                    return agents_map[agent_key]
                else:
                    logger.warning(f'请从{str(list(agents_map.keys()))}中选择一个代
理')

        # round_robin（轮流）
        if messages:
            agents_list = [x.name for x in self.agents]
            try:
                last_agent_index = agents_list.index(messages[-1]['name'])
            except ValueError:
                last_agent_index = -1
        else:
            last_agent_index = -1
        return self.agents[(last_agent_index + 1) % len(self.agents)]

    def _manage_messages(self, messages: List[Message], name: str) -> List[Message]
:
        new_messages = []
        new_msg = None
        i = 0
        while i < len(messages):
            msg = messages[i]
            if msg.name == name:
```

```
                if new_msg:
                    # 在'assistant'之前有'user'
                    new_messages.append(new_msg)
                if not msg.function_call and (  # noqa
                    (not new_messages) or (new_messages[-1].name == name)):  # noqa
                    new_messages.append(Message('user', f'{name}: '))

                new_msg = copy.deepcopy(msg)
                new_msg.role = 'assistant'
                new_messages.append(new_msg)
                new_msg = None
                if msg.function_call:
                    # 附加函数调用消息
                    assert messages[i + 1].role == 'function'
                    new_messages.append(copy.deepcopy(messages[i + 1]))
                    i += 1
            else:
                if isinstance(msg.content, list):
                    content = '\n'.join([x.text if x.text else '' for x in msg.
content]).strip()
                else:
                    content = msg.content.strip()

                if content.strip():
                    if not new_msg:
                        new_msg = Message('user', f'{msg.name}: {content.strip()}')
                    else:
                        new_msg.content += f'\n{msg.name}: {content.strip()}'

                if msg.function_call:
                    # 跳过函数调用消息
                    assert messages[i + 1].role == 'function'
                    assert messages[i + 2].role == 'assistant' and messages[i + 2].
name == msg.name
                    i += 1

            i += 1
        if new_msg:
            new_messages.append(new_msg)

        if new_messages and new_messages[-1].role == 'user':
            new_messages[-1].content += f'\n{name}: '
        else:
            new_messages.append(Message('user', f'{name}: '))
        return new_messages

    def _init_agents_from_config(self, cfgs: Dict, llm: Optional[Union[Dict, BaseCh
atModel]] = None) -> List[Agent]:

        def _build_system_from_role_config(config: Dict):
            role_chat_prompt = """你是{name}。{description}\n\n{instructions}"""

            name = config.get('name', '').strip()
            description = config.get('description', '').lstrip('\n').rstrip()
            instructions = config.get('instructions', '').lstrip('\n').rstrip()
            if len(instructions) >= len(description):
                description = ''  # 冗余，因为已有instructions
            else:
                description = f'你的简介是：{description}'
            prompt = role_chat_prompt.format(name=name, description=description, in
structions=instructions)
```

```
            knowledge_files = config.get('knowledge_files', [])
            selected_tools = config.get('selected_tools', [])
            return prompt, knowledge_files, selected_tools

        agents = []
        groupchat_background = '你在一个群聊中，'
        if cfgs.get('background', ''):
            groupchat_background += f'群聊背景为：{cfgs["background"]}'

        for cfg in cfgs['agents']:
            system, knowledge_files, selected_tools = _build_system_from_role_
config(cfg)
            if 'is_human' in cfg and cfg['is_human']:
                # 添加人类代理
                agents.append(UserAgent(name=cfg['name'], description=cfg['descript
ion']))
            else:
                # 根据配置创建NPC代理
                other_agents = []
                for x in cfgs['agents']:
                    if x['name'] != cfg['name']:
                        other_agents.append(x['name'])
                agents.append(
                    Assistant(llm=llm,
                              system_message=groupchat_background + system +
                              f'\n\n群里其他成员包括：{", ".join(other_agents)}，如果你
想和别人对话，可以@成员名字。\n' +
                              '\n\n讲话时请直接输出内容，不要输出你的名字。\n\n其他群友的发
言历史以如下格式展示：\n角色名：说话内容',
                              files=knowledge_files,
                              function_list=selected_tools,
                              name=cfg['name'],
                              description=cfg['description']))
        return agents
```

（4）图形用户界面

文件 web_ui.py 实现了一个基于 Gradio 的通用聊天机器人界面，支持多种类型的代理（如 Assistant、GroupChat 等）。可以通过配置项设置用户与代理的名称、头像等信息，构建了一个交互式界面处理用户的文本、文件等多模态输入，实现代理的运行、响应展示、代理切换及提及功能等，方便用户与智能代理进行直观交互。

```
class WebUI:
    """用于代理的通用聊天机器人应用。"""

    def __init__(self, agent: Union[Agent, MultiAgentHub, List[Agent]], chatbot_
config: Optional[dict] = None):
        """
        初始化聊天机器人。

        参数：
            agent：单个代理或代理列表，
                支持多种类型的代理，如Assistant、GroupChat、Router等。
            chatbot_config：聊天机器人配置项。
                配置格式为{'user.name': '', 'user.avatar': '', 'agent.
avatar': '', 'input.placeholder': '', 'prompt.suggestions': []}。
        """
        chatbot_config = chatbot_config or {}

        if isinstance(agent, MultiAgentHub):
            self.agent_list = [agent for agent in agent.nonuser_agents]
```

```
            self.agent_hub = agent
        elif isinstance(agent, list):
            self.agent_list = agent
            self.agent_hub = None
        else:
            self.agent_list = [agent]
            self.agent_hub = None

        user_name = chatbot_config.get('user.name', 'user')
        self.user_config = {
            'name': user_name,
            'avatar': chatbot_config.get(
                'user.avatar',
                get_avatar_image(user_name),
            ),
        }

        self.agent_config_list = [{
            'name': agent.name,
            'avatar': chatbot_config.get(
                'agent.avatar',
                get_avatar_image(agent.name),
            ),
            'description': agent.description or "我是一个乐于助人的助手。",
        } for agent in self.agent_list]

        self.input_placeholder = chatbot_config.get('input.placeholder', '跟我聊聊
吧～')
        self.prompt_suggestions = chatbot_config.get('prompt.suggestions', [])
        self.verbose = chatbot_config.get('verbose', False)

    """
    运行聊天机器人。

    参数:
        messages: 聊天历史记录。
    """

    def run(self,
            messages: List[Message] = None,
            share: bool = False,
            server_name: str = None,
            server_port: int = None,
            concurrency_limit: int = 10,
            enable_mention: bool = False,** kwargs):
        self.run_kwargs = kwargs

        from qwen_agent.gui.gradio_dep import gr, mgr, ms

        customTheme = gr.themes.Default(
            primary_hue=gr.themes.utils.colors.blue,
            radius_size=gr.themes.utils.sizes.radius_none,
        )

        with gr.Blocks(
                css=os.path.join(os.path.dirname(__file__), 'assets/appBot.css'),
                theme=customTheme,
        ) as demo:
            history = gr.State([])
            with ms.Application():
                with gr.Row(elem_classes='container'):
                    with gr.Column(scale=4):
```

```
                    chatbot = mgr.Chatbot(value=convert_history_to_
chatbot(messages=messages),
                                          avatar_images=[
                                              self.user_config,
                                              self.agent_config_list,
                                          ],
                                          height=850,
                                          avatar_image_width=80,
                                          flushing=False,
                                          show_copy_button=True,
                                          latex_delimiters=[{
                                              'left': '\\(',
                                              'right': '\\)',
                                              'display': True
                                          }, {
                                              'left': '\\begin{equation}',
                                              'right': '\\end{equation}',
                                              'display': True
                                          }, {
                                              'left': '\\begin{align}',
                                              'right': '\\end{align}',
                                              'display': True
                                          }, {
                                              'left': '\\begin{alignat}',
                                              'right': '\\end{alignat}',
                                              'display': True
                                          }, {
                                              'left': '\\begin{gather}',
                                              'right': '\\end{gather}',
                                              'display': True
                                          }, {
                                              'left': '\\begin{CD}',
                                              'right': '\\end{CD}',
                                              'display': True
                                          }, {
                                              'left': '\\[',
                                              'right': '\\]',
                                              'display': True
                                          }])

                    input = mgr.MultimodalInput(placeholder=self.input_
placeholder,)
                    audio_input = gr.Audio(
                        sources=["microphone"],
                        type="filepath"
                    )

                with gr.Column(scale=1):
                    if len(self.agent_list) > 1:
                        agent_selector = gr.Dropdown(
                            [(agent.name, i) for i, agent in enumerate(self.
agent_list)],
                            label='代理',
                            info='选择一个代理',
                            value=0,
                            interactive=True,
                        )

                    agent_info_block = self._create_agent_info_block()

                    agent_plugins_block = self._create_agent_plugins_block()

                    if self.prompt_suggestions:
```

```
                    gr.Examples(
                        label='推荐对话',
                        examples=self.prompt_suggestions,
                        inputs=[input],
                    )

                if len(self.agent_list) > 1:
                    agent_selector.change(
                        fn=self.change_agent,
                        inputs=[agent_selector],
                        outputs=[agent_selector, agent_info_block, agent_
plugins_block],
                        queue=False,
                    )

                input_promise = input.submit(
                    fn=self.add_text,
                    inputs=[input, audio_input, chatbot, history],
                    outputs=[input, audio_input, chatbot, history],
                    queue=False,
                )

                if len(self.agent_list) > 1 and enable_mention:
                    input_promise = input_promise.then(
                        self.add_mention,
                        [chatbot, agent_selector],
                        [chatbot, agent_selector],
                    ).then(
                        self.agent_run,
                        [chatbot, history, agent_selector],
                        [chatbot, history, agent_selector],
                    )
                else:
                    input_promise = input_promise.then(
                        self.agent_run,
                        [chatbot, history],
                        [chatbot, history],
                    )

                input_promise.then(self.flushed, None, [input])

            demo.load(None)

        demo.queue(default_concurrency_limit=concurrency_limit).launch(share=share,
                                                                        server_
name=server_name,
                                                                        server_
port=server_port)

    def change_agent(self, agent_selector):
        yield agent_selector, self._create_agent_info_block(agent_selector), self._
create_agent_plugins_block(
            agent_selector)

    def add_text(self, _input, _audio_input, _chatbot, _history):
        _history.append({
            ROLE: USER,
            CONTENT: [{
                'text': _input.text
            }],
        })

        if self.user_config[NAME]:
```

```
            _history[-1][NAME] = self.user_config[NAME]

        # 如果从麦克风获取到音频，将其添加到多模态输入中
        if _audio_input:
            from qwen_agent.gui.gradio_dep import gr, mgr, ms
            audio_input_file = gr.data_classes.FileData(path=_audio_input, mime_
type="audio/wav")
            _input.files.append(audio_input_file)

        if _input.files:
            for file in _input.files:
                if file.mime_type.startswith('image/'):
                    _history[-1][CONTENT].append({IMAGE: 'file://' + file.path})
                elif file.mime_type.startswith('audio/'):
                    _history[-1][CONTENT].append({AUDIO: 'file://' + file.path})
                elif file.mime_type.startswith('video/'):
                    _history[-1][CONTENT].append({VIDEO: 'file://' + file.path})
                else:
                    _history[-1][CONTENT].append({FILE: file.path})

        _chatbot.append([_input, None])

        from qwen_agent.gui.gradio_dep import gr

        yield gr.update(interactive=False, value=None), None, _chatbot, _history
```

（5）对接大语言模型

① 文件 qwen_dashscope.py 实现了基于阿里云魔搭平台（DashScope）的 Qwen 系列大语言模型调用接口。通过类 QwenChatAtDS 提供了流式和非流式的对话功能，支持函数调用，能够处理模型响应并转换为标准消息格式。其中函数 initialize_dashscope 负责初始化 DashScope SDK 的配置，包括 API 密钥和 API URL 等，支持从配置、环境变量或已设置的全局变量中获取配置信息，确保模型调用的正常进行。

```
import os
from http import HTTPStatus
from pprint import pformat
from typing import Dict, Iterator, List, Optional

import dashscope

from qwen_agent.llm.base import ModelServiceError, register_llm
from qwen_agent.llm.function_calling import BaseFnCallModel
from qwen_agent.llm.schema import ASSISTANT, Message
from qwen_agent.log import logger


@register_llm('qwen_dashscope')
class QwenChatAtDS(BaseFnCallModel):

    def __init__(self, cfg: Optional[Dict] = None):
        super().__init__(cfg)
        self.model = self.model or 'qwen-max'
        initialize_dashscope(cfg)

    def _chat_stream(
        self,
        messages: List[Message],
        delta_stream: bool,
        generate_cfg: dict,
```

```
    ) -> Iterator[List[Message]]:
        messages = [msg.model_dump() for msg in messages]
        if messages[-1]['role'] == ASSISTANT:
            messages[-1]['partial'] = True
        logger.debug(f'大语言模型输入:\n{pformat(messages, indent=2)}')
        response = dashscope.Generation.call(
            self.model,
            messages=messages,  # noqa
            result_format='message',
            stream=True,
            **generate_cfg)
        if delta_stream:
            return self._delta_stream_output(response)
        else:
            return self._full_stream_output(response)

    def _chat_no_stream(
        self,
        messages: List[Message],
        generate_cfg: dict,
    ) -> List[Message]:
        messages = [msg.model_dump() for msg in messages]
        if messages[-1]['role'] == ASSISTANT:
            messages[-1]['partial'] = True
        logger.debug(f'大语言模型输入:\n{pformat(messages, indent=2)}')
        response = dashscope.Generation.call(
            self.model,
            messages=messages,  # noqa
            result_format='message',
            stream=False,
            **generate_cfg)
        if response.status_code == HTTPStatus.OK:
            return [
                Message(role=ASSISTANT,
                        content=response.output.choices[0].message.content,
                        reasoning_content=response.output.choices[0].message.
get('reasoning_content', ''),
                        extra={'model_service_info': response})
            ]
        else:
            raise ModelServiceError(code=response.code,
                                    message=response.message,
                                    extra={'model_service_info': response})

    def _continue_assistant_response(
        self,
        messages: List[Message],
        generate_cfg: dict,
        stream: bool,
    ) -> Iterator[List[Message]]:
        return self._chat(messages, stream=stream, delta_stream=False, generate_
cfg=generate_cfg)

    @staticmethod
    def _delta_stream_output(response) -> Iterator[List[Message]]:
        for chunk in response:
            if chunk.status_code == HTTPStatus.OK:
                yield [
                    Message(role=ASSISTANT,
                            content=chunk.output.choices[0].message.content,
                            reasoning_content=chunk.output.choices[0].message.
reasoning_content,
```

```
                        extra={'model_service_info': chunk})
                ]
            else:
                raise ModelServiceError(code=chunk.code, message=chunk.
message, extra={'model_service_info': chunk})

    @staticmethod
    def _full_stream_output(response) -> Iterator[List[Message]]:
        full_content = ''
        full_reasoning_content = ''
        for chunk in response:
            if chunk.status_code == HTTPStatus.OK:
                if chunk.output.choices[0].message.get('reasoning_content', ''):
                    full_reasoning_content += chunk.output.choices[0].message.
reasoning_content
                if chunk.output.choices[0].message.content:
                    full_content += chunk.output.choices[0].message.content
                yield [
                    Message(role=ASSISTANT,
                            content=full_content,
                            reasoning_content=full_reasoning_content,
                            extra={'model_service_info': chunk})
                ]
            else:
                raise ModelServiceError(code=chunk.code, message=chunk.
message, extra={'model_service_info': chunk})


def initialize_dashscope(cfg: Optional[Dict] = None) -> None:
    cfg = cfg or {}

    api_key = cfg.get('api_key', '')
    base_http_api_url = cfg.get('base_http_api_url', None)
    base_websocket_api_url = cfg.get('base_websocket_api_url', None)

    if not api_key:
        api_key = os.getenv('DASHSCOPE_API_KEY', 'EMPTY')
    if not base_http_api_url:
        base_http_api_url = os.getenv('DASHSCOPE_HTTP_URL', None)
    if not base_websocket_api_url:
        base_websocket_api_url = os.getenv('DASHSCOPE_WEBSOCKET_URL', None)

    api_key = api_key.strip()
    if api_key in ('', 'EMPTY'):
        if dashscope.api_key is None or dashscope.api_key in ('', 'EMPTY'):
            logger.warning('在配置、环境变量 `DASHSCOPE_API_KEY` 或 dashscope.api_
key 中未找到有效的dashscope api_key，模型调用可能会出错。')
        else:
            logger.info('在配置中未找到dashscope api_key，使用已经设置的dashscope.api_
key。')
    else: # 有效的api_key
        if api_key != dashscope.api_key:
            logger.info('设置dashscope api_key。')
            dashscope.api_key = api_key
        # 或者不做任何操作，因为两个密钥是相同的

    if base_http_api_url is not None:
        dashscope.base_http_api_url = base_http_api_url.strip()
    if base_websocket_api_url is not None:
        dashscope.base_websocket_api_url = base_websocket_api_url.strip()
```

② 文件 qwenomni_oai.py 定义了支持多模态输入的类 QwenVLChatAtOAI，能够处理文

本、图片、视频、音频等多模态消息，通过方法 convert_messages_to_dicts 将消息转换为符合格式的字典，包括对本地文件进行 Base64 编码处理，确保多模态输入能被兼容 OpenAI API 的模型服务正确解析和处理。

```
@register_llm('qwenvl_oai')
class QwenVLChatAtOAI(TextChatAtOAI):

    @property
    def support_multimodal_input(self) -> bool:
        return True

    @staticmethod
    def convert_messages_to_dicts(messages: List[Message]) -> List[dict]:
        new_messages = []

        for msg in messages:
            content = msg.content
            if isinstance(content, str):
                content = [ContentItem(text=content)]
            assert isinstance(content, list)

            new_content = []
            for item in content:
                t, v = item.get_type_and_value()
                if t == 'text' and v:
                    new_content.append({'type': 'text', 'text': v})
                if t in ['image', 'video', 'audio']:
                    if isinstance(v, str):
                        v = conv_multimodel_value(t, v)
                    if isinstance(v, list):
                        new_v = []
                        for _v in v:
                            new_v.append(conv_multimodel_value(t, _v))
                        v = new_v
                    if isinstance(v, dict):
                        v['data'] = conv_multimodel_value(t, v['data'])

                    if t == 'image':
                        new_content.append({'type': 'image_url', 'image_
url': {'url': v}})
                    elif t == 'video':
                        if isinstance(v, str):
                            new_content.append({'type': 'video_url', 'video_
url': {'url': v}})
                        elif isinstance(v, list):
                            new_content.append({'type': 'video', 'video': v})
                        else:
                            raise TypeError
                    elif t == 'audio':
                        if isinstance(v, str):
                            new_content.append({'type': 'input_audio', 'input_
audio': {'data': v}})
                        elif isinstance(v, dict):
                            new_content.append({'type': 'input_audio', 'input_
audio': v})
                        else:
                            raise TypeError
                    else:
                        raise TypeError

            new_msg = msg.model_dump()
```

```
            new_msg['content'] = new_content
            new_messages.append(new_msg)

        if logger.isEnabledFor(logging.DEBUG):
            lite_messages = copy.deepcopy(new_messages)
            for msg in lite_messages:
                for item in msg['content']:
                    if item.get('image_url', {}).get('url', '').
startswith('data:'):
                        item['image_url']['url'] = item['image_url']['url']
[:64] + '...'
                    if item.get('video_url', {}).get('url', '').
startswith('data:'):
                        item['video_url']['url'] = item['video_url']['url']
[:64] + '...'
                    if item.get('input_audio', {}).get('data', '').
startswith('data:'):
                        item['input_audio']['data'] = item['input_audio']['data']
[:64] + '...'

            logger.debug(f'大语言模型输入:\n{pformat(lite_messages, indent=2)}')

        return new_messages


def conv_multimodel_value(t, v):
    if v.startswith('file://'):
        v = v[len('file://'):]
    if not v.startswith(('http://', 'https://', 'data:')):
        if os.path.exists(v):
            if t == 'image':
                v = encode_image_as_base64(v, max_short_side_length=1080)
            elif t == 'video':
                v = encode_video_as_base64(v)
            elif t == 'audio':
                v = encode_audio_as_base64(v)
            else:
                raise TypeError
        else:
            raise ModelServiceError(f'本地文件 "{v}" 不存在。')
    return v
```

5.4.2 MCP 管理

在本项目中，文件 mcp_manager.py 实现了一个用于管理 MCP 工具的单例类 MCPManager 及辅助类 MCPClient，核心功能是连接 MCP 服务器、初始化 MCP 工具并实现工具调用，为项目集成 MCP 工具提供了完整的基础设施。

① MCPManager 是本项目中用于管理 MCP 工具的单例类，核心功能是实现与 MCP 服务器的连接、工具初始化及生命周期管理。它通过独立线程维护事件循环，验证 MCP 服务器配置的有效性，将 MCP 工具转换为项目兼容的工具类，并支持工具调用的执行与结果返回；同时具备自动重连机制和进程清理功能，在程序退出时确保 MCP 工具进程正常终止，为 Agent 集成外部工具提供了可靠的基础设施。

```
class MCPManager:
    _instance = None   # 用于存储单例实例的私有类变量

    def __new__(cls, *args, **kwargs):
```

```
        if cls._instance is None:
            cls._instance = super(MCPManager, cls).__new__(cls, *args, **kwargs)
        return cls._instance

    def __init__(self):
        if not hasattr(self, 'clients'):  # 单例应仅初始化一次
            """在单独的线程中设置新的事件循环"""
            try:
                import mcp  # noqa
            except ImportError as e:
                raise ImportError('无法导入mcp。请使用`pip install -U mcp`安装
mcp。') from e

            load_dotenv()  # 从.env文件加载环境变量
            self.clients: dict = {}
            self.loop = asyncio.new_event_loop()
            self.loop_thread = threading.Thread(target=self.start_
loop, daemon=True)
            self.loop_thread.start()

            # Qwen-Agent退出后终止MCP工具进程的备用方式
            self.processes = []
            self.monkey_patch_mcp_create_platform_compatible_process()

    def monkey_patch_mcp_create_platform_compatible_process(self):
        try:
            import mcp.client.stdio
            target = mcp.client.stdio._create_platform_compatible_process
        except (ModuleNotFoundError, AttributeError) as e:
            raise ImportError('Qwen-Agent需要对MCP进行猴子补丁以清理进程。请使用
`pip install -U mcp`将MCP升级到更高版本。') from e

        async def _monkey_patched_create_platform_compatible_
process(*args, **kwargs):
            process = await target(*args, **kwargs)
            self.processes.append(process)
            return process

        mcp.client.stdio._create_platform_compatible_process = _monkey_patched_
create_platform_compatible_process

    def start_loop(self):
        asyncio.set_event_loop(self.loop)

        # 设置全局异常处理器，静默处理来自MCP SSE连接的跨任务异常
        def exception_handler(loop, context):
            exception = context.get('exception')
            if exception:
                # 静默处理来自MCP SSE连接的跨任务异常
                if (isinstance(exception, RuntimeError) and
                        'Attempted to exit cancel scope in a different task' in str
(exception)):
                    return  # 静默忽略此类异常
                if (isinstance(exception, BaseExceptionGroup) and  # noqa
                        'Attempted to exit cancel scope in a different task' in str
(exception)):  # noqa
                    return  # 静默忽略此类异常

            # 其他异常按正常方式处理
            loop.default_exception_handler(context)

        self.loop.set_exception_handler(exception_handler)
```

```
        self.loop.run_forever()

    def is_valid_mcp_servers(self, config: dict):
        """mcp服务器配置示例：
        {
         "mcpServers": {
            "memory": {
            "command": "npx",
            "args": ["-y", "@modelcontextprotocol/server-memory"]
            },
            "filesystem": {
                "command": "npx",
                "args": ["-y", "@modelcontextprotocol/server-filesystem", "/path/
to/allowed/files"]
            }
         }
        }
        """

        # 检查顶层键"mcpServers"是否存在且其值为字典
        if not isinstance(config, dict) or 'mcpServers' not in config or not isinst
ance(config['mcpServers'], dict):
            return False
        mcp_servers = config['mcpServers']
        # 检查"mcpServers"下的每个子项
        for key in mcp_servers:
            server = mcp_servers[key]
            # 每个子项必须是字典
            if not isinstance(server, dict):
                return False
            if 'command' in server:
                # "command"必须是字符串
                if not isinstance(server['command'], str):
                    return False
                # "args"必须是列表
                if 'args' not in server or not isinstance(server['args'], list):
                    return False
            if 'url' in server:
                # "url"必须是字符串
                if not isinstance(server['url'], str):
                    return False
                # "headers"必须是字典
                if 'headers' in server and not isinstance(server['headers'], dict):
                    return False
            # 若存在"env"键，其必须是字典
            if 'env' in server and not isinstance(server['env'], dict):
                return False
        return True

    def initConfig(self, config: Dict):
        if not self.is_valid_mcp_servers(config):
            raise ValueError('mcp服务器的配置无效')
        logger.info(f'从mcp服务器初始化MCP工具：{list(config["mcpServers"].keys())}')
        # 将协程提交到事件循环并等待结果
        future = asyncio.run_coroutine_threadsafe(self.init_config_
async(config), self.loop)
        try:
            result = future.result()  # 可根据需要指定超时时间
            return result
        except Exception as e:
            logger.info(f'初始化MCP工具失败：{e}')
            raise e
```

```
    async def init_config_async(self, config: Dict):
        tools: list = []
        mcp_servers = config['mcpServers']
        for server_name in mcp_servers:
            client = MCPClient()
            server = mcp_servers[server_name]
            await client.connection_server(mcp_server_name=server_name,
                                           mcp_server=server)  # 尝试连接到服务器

            client_id = server_name + '_' + str(
                uuid.uuid4())  # 允许在不同运行的代理中使用相同的服务器名称
            client.client_id = client_id  # 确保在客户端实例上设置client_id
            self.clients[client_id] = client  # 成功连接后添加到客户端字典
            for tool in client.tools:
                """MCP工具示例:
                {
                "name": "read_query",
                "description": "在SQLite数据库上执行SELECT查询",
                "inputSchema": {
                    "type": "object",
                    "properties": {
                        "query": {
                        "type": "string",
                        "description": "要执行的SELECT SQL查询"
                        }
                    },
                    "required": ["query"]
                }
                """
                parameters = tool.inputSchema
                # inputSchema中的required字段可能为空，需要初始化
                if 'required' not in parameters:
                    parameters['required'] = []
                # 从parameters中移除不符合标准OpenAI schema的键
                # 检查必填字段是否存在
                required_fields = {'type', 'properties', 'required'}
                missing_fields = required_fields - parameters.keys()
                if missing_fields:
                    raise ValueError(f'schema中缺少必填字段: {missing_fields}')

                # 仅保留必要的字段
                cleaned_parameters = {
                    'type': parameters['type'],
                    'properties': parameters['properties'],
                    'required': parameters['required']
                }
                register_name = server_name + '-' + tool.name
                agent_tool = self.create_tool_class(register_name=register_name,
                                                    register_client_id=client_id,
                                                    tool_name=tool.name,
                                                    tool_desc=tool.description,
                                                    tool_parameters=cleaned_
parameters)
                tools.append(agent_tool)

            if client.resources:
                """MCP资源示例:
                {
                    uri: string;            // 资源的唯一标识符
                    name: string;           // 人类可读名称
                    description?: string;   // 可选描述
```

```
                mimeType?: string;     // 可选MIME类型
            }
            """
            # 列出资源
            list_resources_tool_name = server_name + '-' + 'list_resources'
            list_resources_params = {'type': 'object', 'properties': {}, 'requi
red': []}
            list_resources_agent_tool = self.create_tool_class(
                register_name=list_resources_tool_name,
                register_client_id=client_id,
                tool_name='list_resources',
                tool_desc='服务器通过此工具暴露具体资源列表。调用它可以发现可用资源并获取
资源模板，帮助客户端理解如何构建有效的URI。这些URI格式将作为read_resource函数的输入参数。',
                tool_parameters=list_resources_params)
            tools.append(list_resources_agent_tool)

            # 读取资源
            resources_template_str = ''  # 检查是否有资源模板
            try:
                list_resource_templates = await client.session.list_resource_
templates(
                )  # 检查服务器是否有资源模板
                if list_resource_templates.resourceTemplates:
                    resources_template_str = '\n'.join(
                        str(template) for template in list_resource_templates.
resourceTemplates)

            except Exception as e:
                logger.info(f'列出MCP资源模板失败：{e}')

            read_resource_tool_name = server_name + '-' + 'read_resource'
            read_resource_params = {
                'type': 'object',
                'properties': {
                    'uri': {
                        'type': 'string',
                        'description': '标识要访问的特定资源的URI'
                    }
                },
                'required': ['uri']
            }
            original_tool_desc = '请求访问已连接的MCP服务器提供的资源。资源代表可用作上
下文的数据源，如文件、API响应或系统信息。'
            if resources_template_str:
                tool_desc = original_tool_desc + '\n资源模板：\n' + resources_
template_str
            else:
                tool_desc = original_tool_desc
            read_resource_agent_tool = self.create_tool_class(register_
name=read_resource_tool_name,
                                                              register_client_
id=client_id,
                                                              tool_name='read_
resource',
                                                              tool_desc=tool_
desc,
                                                              tool_
parameters=read_resource_params)
            tools.append(read_resource_agent_tool)

        return tools
```

```
    def create_tool_class(self, register_name, register_client_id, tool_name, tool_
desc, tool_parameters):

        class ToolClass(BaseTool):
            name = register_name
            description = tool_desc
            parameters = tool_parameters
            client_id = register_client_id

            def call(self, params: Union[str, dict], **kwargs) -> str:
                tool_args = json.loads(params)
                # 将协程提交到事件循环并等待结果
                manager = MCPManager()
                client = manager.clients[self.client_id]
                future = asyncio.run_coroutine_threadsafe(client.execute_
function(tool_name, tool_args), manager.loop)
                try:
                    result = future.result()
                    return result
                except Exception as e:
                    logger.info(f'执行MCP工具失败: {e}')
                    raise e

        ToolClass.__name__ = f'{register_name}_Class'
        return ToolClass()

    def shutdown(self):
        futures = []
        for client_id in list(self.clients.keys()):
            client: MCPClient = self.clients[client_id]
            future = asyncio.run_coroutine_threadsafe(client.cleanup(), self.loop)
            futures.append(future)
            del self.clients[client_id]
        time.sleep(1)  # 等待优雅清理，否则使用备用方案

        # 备用方案
        if asyncio.all_tasks(self.loop):
            logger.info(
                '`MCPManager().loop`中仍有任务，强制终止MCP工具进程。可能会出现一些异常。'
            )
            for process in self.processes:
                try:
                    process.terminate()
                except ProcessLookupError:
                    pass  # 没关系，进程可能已提前退出

        self.loop.call_soon_threadsafe(self.loop.stop)
        self.loop_thread.join()
```

② MCPClient 是 MCP 通信的客户端类，负责与 MCP 服务器建立和维护连接（支持 SSE、stdio、streamable-http 等多种模式），并处理工具调用、资源读写等核心交互。类 MCPClient 能够初始化连接、获取服务器提供的工具列表和资源信息，执行工具函数并返回结果，还具备会话检测与自动重连机制，在连接异常时尝试重新建立连接以保障通信连续性，是 MCPManager 与 MCP 服务器交互的具体执行者。

```
class MCPClient:

    def __init__(self):
        from mcp import ClientSession
        self.session: Optional[ClientSession] = None
```

```
        self.tools: list = None
        self.exit_stack = AsyncExitStack()
        self.resources: bool = False
        self._last_mcp_server_name = None
        self._last_mcp_server = None
        self.client_id = None  # 用于在MCPManager.clients中替换

    async def connection_server(self, mcp_server_name, mcp_server):
        from mcp import ClientSession, StdioServerParameters
        from mcp.client.sse import sse_client
        from mcp.client.stdio import stdio_client
        from mcp.client.streamable_http import streamablehttp_client
        """连接到MCP服务器并获取可用工具。"""
        # 保存参数
        self._last_mcp_server_name = mcp_server_name
        self._last_mcp_server = mcp_server

        try:
            if 'url' in mcp_server:
                url = mcp_server.get('url')
                sse_read_timeout = mcp_server.get('sse_read_timeout', 300)
                logger.info(f'{mcp_server_name}的sse_read_timeout: {sse_read_
timeout}秒')
                if mcp_server.get('type', 'sse') == 'streamable-http':
                    # streamable-http模式
                    """streamable-http模式的mcp示例:
                    {"mcpServers": {
                            "streamable-mcp-server": {
                            "type": "streamable-http",
                            "url":"http://0.0.0.0:8000/mcp"
                            }
                        }
                    }
                    """
                    self._streams_context = streamablehttp_client(
                        url=url, sse_read_timeout=datetime.timedelta(seconds=sse_
read_timeout))
                    read_stream, write_stream, get_session_id = await self.exit_
stack.enter_async_context(
                        self._streams_context)
                    self._session_context = ClientSession(read_stream, write_
stream)
                    self.session = await self.exit_stack.enter_async_context(self._
session_context)
                else:
                    # sse模式
                    headers = mcp_server.get('headers', {'Accept': 'text/event-
stream'})
                    self._streams_context = sse_client(url, headers, sse_read_
timeout=sse_read_timeout)
                    streams = await self.exit_stack.enter_async_context(self._
streams_context)
                    self._session_context = ClientSession(*streams)
                    self.session = await self.exit_stack.enter_async_context(self._
session_context)
            else:
                server_params = StdioServerParameters(command=mcp_
server['command'],
                                                      args=mcp_server['args'],
                                                      env=mcp_server.
get('env', None))
                stdio_transport = await self.exit_stack.enter_async_context(stdio_
```

```
client(server_params))
                self.stdio, self.write = stdio_transport
                self.session = await self.exit_stack.enter_async_
context(ClientSession(self.stdio, self.write))
                logger.info(
                    f'正在初始化MCP stdio客户端，如果长时间无响应，请检查此mcp服务器的配置：
{mcp_server_name}'
                )

            await self.session.initialize()
            list_tools = await self.session.list_tools()
            self.tools = list_tools.tools
            try:
                list_resources = await self.session.list_resources()  # 检查服务器是否
有资源
                if list_resources.resources:
                    self.resources = True
            except Exception:
                # logger.info(f"无资源列表：{e}")
                pass
        except Exception as e:
            logger.warning(f'连接到MCP服务器失败：{e}')
            raise e

    async def reconnect(self):
        # 创建新的MCPClient并连接
        if self.client_id is None:
            raise RuntimeError(
                '无法重连：client_id为None。这通常意味着客户端未在MCPManager中正确注册。'
            )
        new_client = MCPClient()
        new_client.client_id = self.client_id
        await new_client.connection_server(self._last_mcp_server_name, self._last_
mcp_server)
        return new_client

    async def execute_function(self, tool_name, tool_args: dict):
        from mcp.types import TextResourceContents

        # 检查会话是否活跃
        try:
            await self.session.send_ping()
        except Exception as e:
            logger.info(f"会话不活跃，请尝试增加配置中的'sse_read_timeout'，尝试重连：
{e}")
            # 自动重连
            try:
                from qwen_agent.tools.mcp_manager import MCPManager
                manager = MCPManager()
                if self.client_id is not None:
                    manager.clients[self.client_id] = await self.reconnect()
                    return await manager.clients[self.client_id].execute_
function(tool_name, tool_args)
                else:
                    logger.info('重连失败：client_id为None')
                    return '会话重连（客户端创建）异常：client_id为None'
            except Exception as e3:
                logger.info(f'重连（客户端创建）异常类型：{type(e3)}，值：{repr(e3)}')
                return f'会话重连（客户端创建）异常：{e3}'
        if tool_name == 'list_resources':
            try:
                list_resources = await self.session.list_resources()
```

```
                if list_resources.resources:
                    resources_str = '\n\n'.join(str(resource) for resource in list_
resources.resources)
                else:
                    resources_str = '未找到资源'
                return resources_str
            except Exception as e:
                logger.info(f'获取资源列表失败：{e}')
                return f'错误：{e}'
        elif tool_name == 'read_resource':
            try:
                uri = tool_args.get('uri')
                if not uri:
                    raise ValueError('read_resource需要URI参数')
                read_resource = await self.session.read_resource(uri)
                texts = []
                for resource in read_resource.contents:
                    if isinstance(resource, TextResourceContents):
                        texts.append(resource.text)
                    # if isinstance(resource, BlobResourceContents):
                    #     texts.append(resource.blob)
                if texts:
                    return '\n\n'.join(texts)
                else:
                    return '读取资源失败'
            except Exception as e:
                logger.info(f'读取资源失败：{e}')
                return f'错误：{e}'
        else:
            response = await self.session.call_tool(tool_name, tool_args)
            texts = []
            for content in response.content:
                if content.type == 'text':
                    texts.append(content.text)
            if texts:
                return '\n\n'.join(texts)
            else:
                return '执行错误'

    async def cleanup(self):
        await self.exit_stack.aclose()
```

③ 下面代码定义了一个清理函数 _cleanup_mcp，用于在程序退出时关闭 MCPManager 实例并终止其管理的所有 MCP 工具子进程，通过 atexit.register 注册该函数，确保即使程序异常终止，也能执行清理操作，避免残留子进程。同时，通过判断当前线程是否为主线程，确保只在主线程环境下注册清理函数，防止在多线程场景中重复或错误执行。

```
def _cleanup_mcp(_sig_num=None, _frame=None):
    if MCPManager._instance is None:
        return
    manager = MCPManager()
    manager.shutdown()


# 确保即使异常终止，所有子进程也会被终止
if threading.current_thread() is threading.main_thread():
    atexit.register(_cleanup_mcp)
```

5.4.3 Agent 测试

“examples”目录是本项目使用 Agent 的示例集合，包含了多个演示文件，覆盖多种应用场景和功能。其中，assistant_* 系列文件展示不同类型的助手实现（如自定义工具、音频处理、MCP 集成、多模态交互等），cookbook_* 文件提供了实用指南（如数据库操作、思维导图等），function_calling_* 文件演示了函数的调用机制，group_chat_* 文件展示了多代理协作功能，llm_* 文件涉及了大语言模型基础功能，multi_agent_router.py 实现了多代理路由功能。

① 文件 assistant_mcp_sqlite_bot.py 实现了一个名为“数据库助手”的智能代理，通过 MCP 协议连接 SQLite 数据库，支持文本和文件输入，提供命令行和图形界面两种交互方式。通过配置 Qwen 大语言模型，结合 SQLite MCP 服务器工具，实现对数据库的查询、创建表、插入数据等操作。在文件 assistant_mcp_sqlite_bot.py 中定义了初始化服务、测试函数、命令行交互和图形界面交互四个主要部分，并在主程序中默认启动图形界面。

```
def init_agent_service():
    llm_cfg = {'model': 'qwen-max'}
    system = ('你扮演一个数据库助手，你具有查询数据库的能力')
    tools = [{
        "mcpServers": {
            "sqlite" : {
                "command": "uvx",
                "args": [
                    "mcp-server-sqlite",
                    "--db-path",
                    "test.db"
                ]
            }
        }
    }]
    bot = Assistant(
        llm=llm_cfg,
        name='数据库助手',
        description='数据库查询',
        system_message=system,
        function_list=tools,
    )

    return bot


def test(query='数据库里有几张表', file: Optional[str] = os.path.join(ROOT_
RESOURCE, 'poem.pdf')):
    # 定义代理
    bot = init_agent_service()

    # 聊天
    messages = []

    if not file:
        messages.append({'role': 'user', 'content': query})
    else:
        messages.append({'role': 'user', 'content': [{'text': query}, {'file': file}]})

    for response in bot.run(messages):
        print('机器人回复:', response)
```

```
def app_tui():
    # 定义代理
    bot = init_agent_service()

    # 聊天
    messages = []
    while True:
        # 查询示例: 数据库里有几张表
        query = input('用户问题: ')
        # 文件示例: resource/poem.pdf
        file = input('文件路径 (如果没有文件请按回车): ').strip()
        if not query:
            print('用户问题不能为空! ')
            continue
        if not file:
            messages.append({'role': 'user', 'content': query})
        else:
            messages.append({'role': 'user', 'content': [{'text': query}, {'file':
file}]})

        response = []
        for response in bot.run(messages):
            print('机器人回复:', response)
        messages.extend(response)


def app_gui():
    # 定义代理
    bot = init_agent_service()
    chatbot_config = {
        'prompt.suggestions': [
            '数据库里有几张表',
            '创建一个学生表包括学生的姓名、年龄',
            '增加一个学生名字叫韩梅梅, 今年6岁',
        ]
    }
    WebUI(
        bot,
        chatbot_config=chatbot_config,
    ).run()


if __name__ == '__main__':
    # test()
    # app_tui()
    app_gui()
```

② 文件 group_chat_demo.py 实现了一个群聊系统，支持多智能体之间的对话交互。通过类 GroupChat 和 GroupChatCreator 初始化群聊服务，提供了 Web 界面和命令行两种交互方式。在代码中定义了群聊配置、消息处理、工具调用等核心功能，并通过 Gradio 构建了用户界面，支持文本输入、文件上传、对话历史记录和清空等操作。系统支持多轮对话，能够处理用户中断和智能体提及，实现了完整的群聊功能。

```
def init_agent_service(cfgs):
    llm_cfg = {'model': 'qwen-max'}
    bot = GroupChat(agents=cfgs, llm=llm_cfg)
    return bot
```

```
def init_agent_service_create():
    llm_cfg = {'model': 'qwen-max'}
    bot = GroupChatCreator(llm=llm_cfg)
    return bot


# 以下是Gradio服务：前端和后端逻辑

app_global_para = {
    'messages': [],
    'messages_create': [],
    'is_first_upload': False,
    'uploaded_file': '',
    'user_interrupt': True
}

# 初始化群聊配置
CFGS = {
    'background':
        '一个陌生人互帮互助群聊',
    'agents': [
        {
            'name': '小塘',
            'description': '一个勤劳的打工人，每天沉迷工作，日渐消瘦。（这是一个真实用户）',
            'is_human': True  # 标记为真实用户
        },
        {
            'name': 'A',
            'description': '一位虚构人物',
            'instructions': '你是A，你正在想办法完成一项任务，你说话风格为文言文，每次说完话会
调image_gen工具画一幅图，展示心情。',
            'knowledge_files': [],
            'selected_tools': ['image_gen']
        },
        {
            'name': 'B',
            'description': '熟悉B的动态',
            'instructions': '你是B的粉丝，说话很简短，喜欢用颜文字表达心情，你最近迷恋看《A传》',
            'knowledge_files': [],
            'selected_tools': []
        },
        {
            'name': 'C',
            'description': '是一个体育生，不喜欢追星',
            'instructions': '你是一个体育生，热爱运动，你不喜欢追星，你喜欢安利别人健身',
            'knowledge_files': [],
            'selected_tools': []
        }
    ]
}

MAX_ROUND = 3


def app(cfgs):
    # Todo: 每次重新实例化还是作为全局变量实例化一次？
    cfgs = json5.loads(cfgs)
    bot = init_agent_service(cfgs=cfgs)

    # 记录所有被提及的智能体：按顺序回复
    mentioned_agents_name = []
```

```
    for i in range(MAX_ROUND):
        messages = app_global_para['messages']
        print(i, messages)

        # 中断：有新的用户输入
        if i == 0:
            app_global_para['user_interrupt'] = False
        if i > 0 and app_global_para['user_interrupt']:
            app_global_para['user_interrupt'] = False
            print('群聊被用户输入中断！')
            # 由于Gradio的并发问题，无法同时调用第二个服务
            for rsp in app(json.dumps(cfgs, ensure_ascii=False)):
                yield rsp
            break
        # 记录提及mentioned_agents_name列表
        content = ''
        if messages:
            if isinstance(messages[-1].content, list):
                content = '\n'.join([x.text if x.text else '' for x in messages[-1
].content]).strip()
            else:
                content = messages[-1].content.strip()
        if '@' in content:
            for x in content.split('@'):
                for agent in cfgs['agents']:
                    if x.startswith(agent['name']):
                        if agent['name'] not in mentioned_agents_name:
                            mentioned_agents_name.append(agent['name'])
                        break
        # 从群聊获取一个回复
        response = []
        try:
            display_history = _get_display_history_from_message()
            yield display_history
            for response in bot.run(messages, need_batch_response=False, mentioned_
agents_name=mentioned_agents_name):
                if response:
                    if response[-1].content == PENDING_USER_INPUT:
                        # 停止打印提及人类的特殊消息
                        break
                    incremental_history = []
                    for x in response:
                        function_display = ''
                        if x.function_call:
                            function_display = f'\n调用函数：{str(x.function_call)}'
                        incremental_history += [[None, f'{x.name}: {x.content}
{function_display}']]
                    display_history = _get_display_history_from_message()
                    yield display_history + incremental_history

        except Exception as ex:
            raise ValueError(ex)

        if not response:
            # 话题结束
            print('没有人想再说话了！')
            break
        if mentioned_agents_name:
            assert response[-1].name == mentioned_agents_name[0]
            mentioned_agents_name.pop(0)
```

```
        if response and response[-1].content == PENDING_USER_INPUT:
            # 终止群聊并等待用户输入
            print('等待用户输入！')
            break

        # 记录回复到消息列表
        app_global_para['messages'].extend(response)


def test():
    app(cfgs=CFGS)


def app_create(history, now_cfgs):
    now_cfgs = json5.loads(now_cfgs)
    if not history:
        yield history, json.dumps(now_cfgs, indent=4, ensure_ascii=False)
    else:

        if len(history) == 1:
            new_cfgs = {'background': '', 'agents': []}
            # 第一次创建群聊
            exist_cfgs = now_cfgs['agents']
            for cfg in exist_cfgs:
                if 'is_human' in cfg and cfg['is_human']:
                    new_cfgs['agents'].append(cfg)
        else:
            new_cfgs = now_cfgs
        app_global_para['messages_create'].append(Message('user', history[-1][0].
text))
        response = []
        try:
            agent = init_agent_service_create()
            for response in agent.run(messages=app_global_para['messages_create']):
                display_content = ''
                for rsp in response:
                    if rsp.name == 'role_config':
                        cfg = json5.loads(rsp.content)
                        old_pos = -1
                        for i, x in enumerate(new_cfgs['agents']):
                            if x['name'] == cfg['name']:
                                old_pos = i
                                break
                        if old_pos > -1:
                            new_cfgs['agents'][old_pos] = cfg
                        else:
                            new_cfgs['agents'].append(cfg)

                        display_content += f'\n\n{cfg["name"]}: {cfg["description"]}\
n{cfg["instructions"]}'
                    elif rsp.name == 'background':
                        new_cfgs['background'] = rsp.content
                        display_content += f'\n群聊背景：{rsp.content}'
                    else:
                        display_content += f'\n{rsp.content}'

                history[-1][1] = display_content.strip()
                yield history, json.dumps(new_cfgs, indent=4, ensure_ascii=False)
        except Exception as ex:
            raise ValueError(ex)

        app_global_para['messages_create'].extend(response)
```

```
def _get_display_history_from_message():
    # 从消息获取显示历史
    display_history = []
    for msg in app_global_para['messages']:
        if isinstance(msg.content, list):
            content = '\n'.join([x.text if x.text else '' for x in msg.content]).strip()
        else:
            content = msg.content.strip()
        function_display = ''
        if msg.function_call:
            function_display = f'\n调用函数: {str(msg.function_call)}'
        content = f'{msg.name}: {content}{function_display}'
        display_history.append((content, None) if msg.name == 'user' else (None, co
ntent))
    return display_history


def get_name_of_current_user(cfgs):
    for agent in cfgs['agents']:
        if 'is_human' in agent and agent['is_human']:
            return agent['name']
    return 'user'


def add_text(text, cfgs):
    app_global_para['user_interrupt'] = True
    content = [ContentItem(text=text)]
    if app_global_para['uploaded_file'] and app_global_para['is_first_upload']:
        app_global_para['is_first_upload'] = False  # 仅在首次上传时发送文件
        content.append(ContentItem(file=app_global_para['uploaded_file']))
    app_global_para['messages'].append(
        Message('user', content=content, name=get_name_of_current_user(json5.
loads(cfgs))))

    return _get_display_history_from_message(), None


def chat_clear():
    app_global_para['messages'] = []
    return None


def chat_clear_create():
    app_global_para['messages_create'] = []
    return None, None


def add_file(file):
    app_global_para['uploaded_file'] = file.name
    app_global_para['is_first_upload'] = True
    return file.name


def add_text_create(history, text):
    history = history + [(text, None)]
    return history, gr.update(value='', interactive=False)


with gr.Blocks(theme='soft') as demo:
    display_config = gr.Textbox(
```

```
        label=  # noqa
        '当前群聊：(如果编辑，请保持此JSON格式)',
        value=json.dumps(CFGS, indent=4, ensure_ascii=False),
        interactive=True)
    with ms.Application():
        with gr.Tab('聊天', elem_id='chat-tab'):
            with gr.Column():
                chatbot = mgr.Chatbot(elem_id='chatbot', height=750, show_copy_
button=True, flushing=False)
                with gr.Row():
                    with gr.Column(scale=3, min_width=0):
                        auto_speak_button = gr.Button('随机选择一个智能体先发言')
                        auto_speak_button.click(app, display_config, chatbot)
                    with gr.Column(scale=10):
                        chat_txt = gr.Textbox(
                            show_label=False,
                            placeholder='与Qwen聊天...',
                            container=False,
                        )
                    with gr.Column(scale=1, min_width=0):
                        chat_clr_bt = gr.Button('清空')

                chat_txt.submit(add_text, [chat_txt, display_config], [chatbot, chat_txt],
                                queue=False).then(app, display_config, chatbot)

                chat_clr_bt.click(chat_clear, None, [chatbot], queue=False)

            demo.load(chat_clear, None, [chatbot], queue=False)

        with gr.Tab('创建', elem_id='chat-tab'):
            with gr.Column(scale=9, min_width=0):
                chatbot = mgr.Chatbot(elem_id='chatbot0', height=750, show_copy_
button=True, flushing=False)
                with gr.Row():
                    with gr.Column(scale=13):
                        chat_txt = gr.Textbox(
                            show_label=False,
                            placeholder='与Qwen聊天...',
                            container=False,
                        )
                    with gr.Column(scale=1, min_width=0):
                        chat_clr_bt = gr.Button('清空')

                txt_msg = chat_txt.submit(add_text_create, [chatbot, chat_
txt], [chatbot, chat_txt],
                                          queue=False).then(app_
create, [chatbot, display_config],
                                                            [chatbot, display_
config])
                txt_msg.then(lambda: gr.update(interactive=True), None, [chat_
txt], queue=False)

                chat_clr_bt.click(chat_clear_create, None, [chatbot, chat_
txt], queue=False)
    demo.load(chat_clear_create, None, [chatbot, chat_txt], queue=False)
```

另外，qwen2vl_* 文件专注于多模态视觉语言模型，文件 react_data_analysis.py 实现了交互式数据分析功能，文件 tir_math.py 用于处理数学问题，文件 virtual_memory_qa.py 和 visual_storytelling.py 分别涉及了虚拟内存问答和视觉叙事功能，整体为开发者提供丰富的代码参考和功能演示。为节省篇幅，这里不再一一介绍。

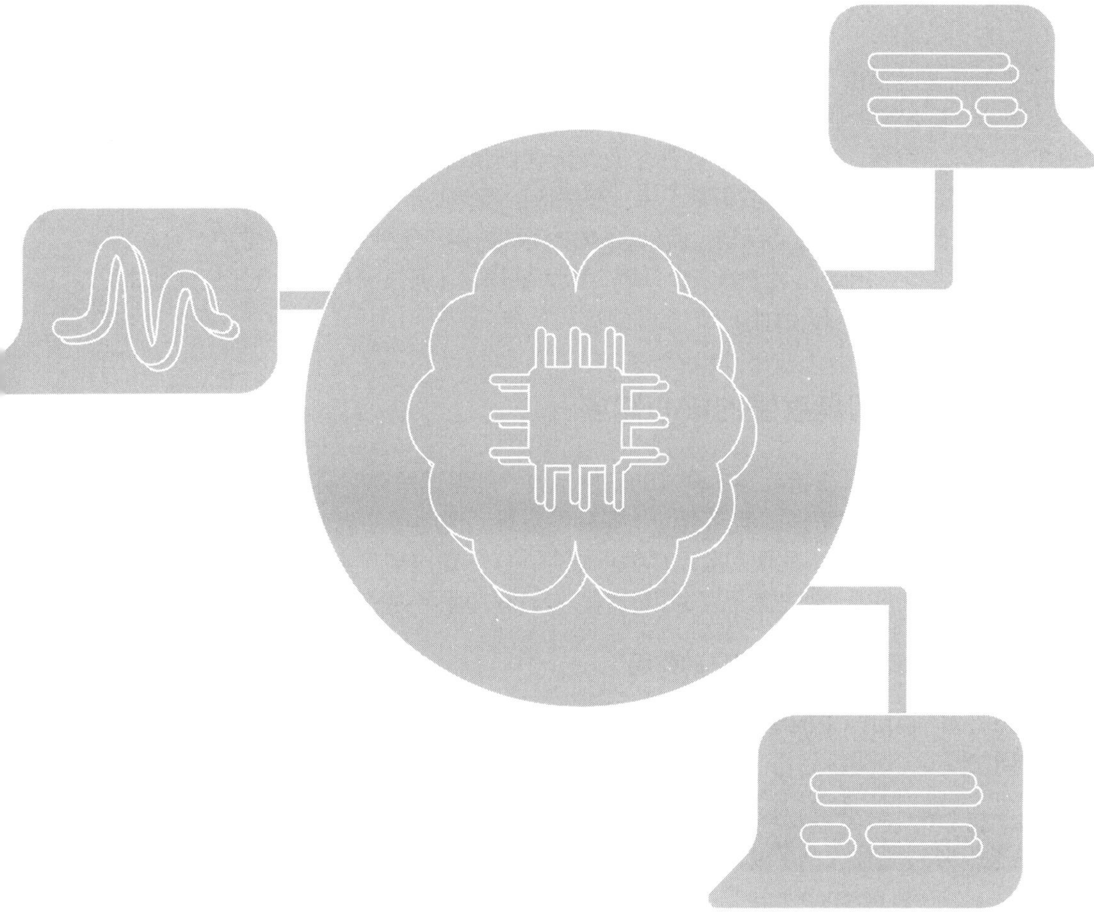

第 6 章

智能助手开发实战

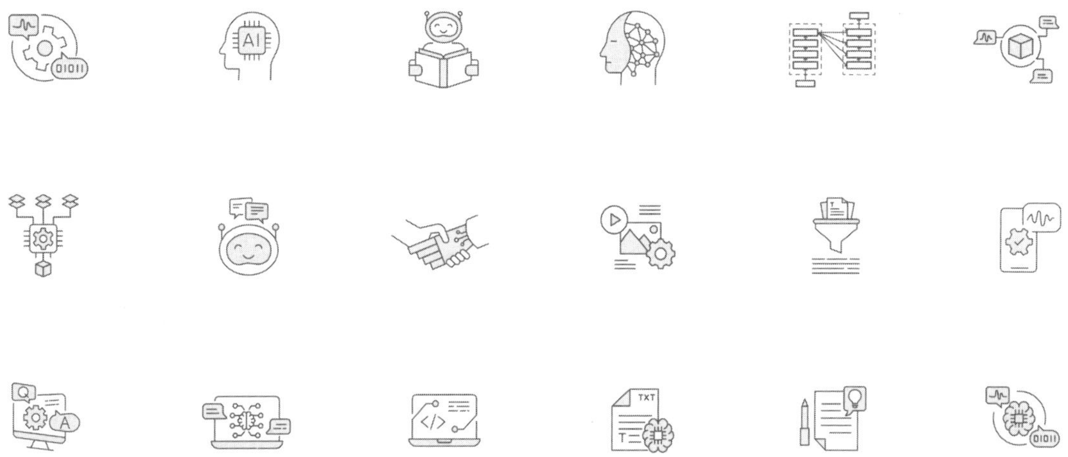

MCP 为智能助手提供了一种标准化的方式，使其能够灵活地调用外部工具、数据库和服务。例如，在智能家居控制系统中，MCP 协议桥接语音助手与 IoT 设备，支持自然语言指令控制灯光、空调、安防系统等。在企业智能客服系统中，智能助手通过 MCP 访问 CRM、知识库等，实现自动创建或更新工单。在医疗诊断辅助系统中，MCP 协议调用影像分析工具，生成诊断建议并加密存档。此外，MCP 还被应用于工业设备预测维护、金融风控决策引擎、内容创作自动化系统等多个领域，极大地简化了开发流程，降低了集成成本，提高了智能助手的实用性和灵活性。

6.1 个人助理与智能客服的核心需求

AI 个人助理是基于人工智能技术开发的软件工具，能够理解自然语言指令，为用户提供个性化的服务，如日程管理、信息查询、提醒设置等，帮助用户高效安排生活和工作。而智能客服则是利用 AI 技术实现的自动化客户服务系统，通过自然语言处理和机器学习，快速准确地解答客户问题，处理常见咨询和投诉，提升客户服务效率和质量。

6.1.1 个人助理的核心需求与 MCP 的作用

个人助理的核心目标是构建个性化、场景化的主动服务能力，个人助理的核心需求与 MCP 的作用如图 6-1 所示。

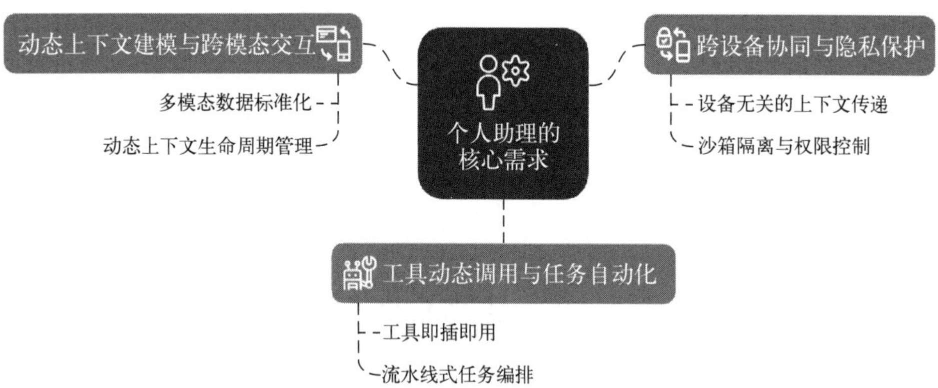

图 6-1 个人助理的核心需求与 MCP 的作用

（1）动态上下文建模与跨模态交互

① 需求 需整合用户行为数据（如日历、邮件、健康数据）、设备状态（如位置、电量）及环境信息（如天气、时间），形成动态上下文。例如，用户在通勤时询问“附近咖啡馆”，助理需结合当前位置、消费偏好（如常去的连锁品牌）和日程安排（如下午会议前有空）提供推荐。

② MCP 的作用

a. 多模态数据标准化：通过 MCP 的 context_items 字段，将文本、图像（如用户上传的文件）、传感器数据（如手表的心率）统一为 JSON-LD 格式，解决异构数据兼容性问题。例如，用户通过语音说“帮我看看这张照片里的植物”，MCP 将语音转文字、图片 Base64 编码及设备位置封装为标准上下文，供植物识别工具处理。

b. 动态上下文生命周期管理：利用 MCP 的状态机模型，管理上下文的创建（如用户设置提醒）、更新（如会议延迟触发的行程调整）和销毁（如任务完成后清除临时数据）。例如，用户在手机端设置“下午 3 点会议”，MCP 自动同步至电脑端并关联会议室设备控制指令。

（2）跨设备协同与隐私保护

① 需求　用户通过多设备（手机、音箱、车载系统）交互时，需确保数据一致性，同时避免敏感信息泄露。例如，用户在智能音箱查询银行余额后，手机端应同步记录但不显示具体数值。

② MCP 的作用

a. 设备无关的上下文传递：通过 MCP 的 includeContext 参数，控制上下文在设备间的可见范围（如“仅本设备”或“所有服务器”）。例如，用户在车载系统查询“附近医院”，MCP 将位置信息加密传输至手机端，手机调用本地地图 API 后返回结果，全程数据不上传至云端。

b. 沙箱隔离与权限控制：利用 MCP 的 Roots 机制，限定服务器访问资源的边界。例如，健康助理调用本地医疗数据库时，MCP 通过 URI 声明（如 file:///medical/data）限制其仅能读取脱敏后的症状描述，无法获取患者姓名。

（3）工具动态调用与任务自动化

① 需求　需按需调用外部工具（如翻译、文件处理），并支持复杂任务的流程编排。例如，用户说“帮我翻译这篇文档并发送到邮箱”，助理需自动调用翻译 API、生成邮件草稿并触发发送。

② MCP 的作用

a. 工具即插即用：通过 MCP 服务器暴露的 tool_id，模型可动态发现并调用工具。例如，翻译工具注册为 MCP 服务器后，助理通过 CallTool 请求触发翻译任务，结果通过 SSE 流返回。

b. 流水线式任务编排：利用 MCP 的 Pipeline 资源，将多个工具调用与模型推理步骤串联。例如，用户要求“生成旅行计划”，MCP 可依次调用天气查询、酒店预订、行程优化等工具，最终整合为结构化建议。

6.1.2　智能客服的核心需求与 MCP 的作用

智能客服的核心目标是平衡客户体验与企业效率，智能客服的核心需求与 MCP 的作用如图 6-2 所示。

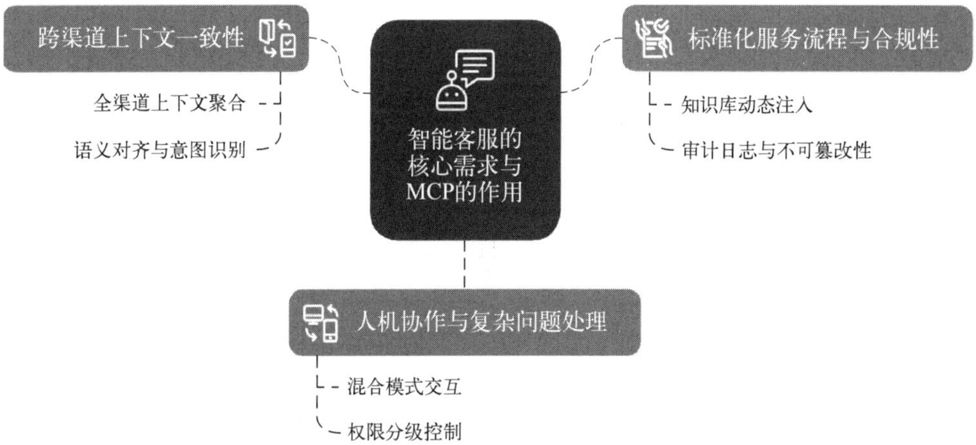

图 6-2　智能客服的核心需求与 MCP 的作用

（1）跨渠道上下文一致性

① 需求　客户在不同渠道（APP、微信、电话）咨询时，需保持对话历史连贯，避免重复描述。例如，用户在微信未解决的问题，切换至 APP 后客服应知晓之前的沟通内容。

② MCP 的作用

a. 全渠道上下文聚合：通过 MCP 的 context_items 字段，将各渠道的交互数据（如聊天记录、工单 ID）统一存储。例如，客户在电话中提到的订单号，MCP 自动关联至 APP 端的订单详情页，客服可直接查看物流状态。

b. 语义对齐与意图识别：利用 MCP 的跨模态推理引擎，将口语化表达（如“快递咋还没到”）映射至标准化意图（如“查询物流”）。例如，MCP 通过对比学习优化语义距离，确保“它”指代的是当前讨论的订单。

（2）标准化服务流程与合规性

① 需求　需统一回复口径（如金融产品说明），并确保操作符合监管要求（如记录所有咨询内容）。例如，银行客服需准确引用《个人信息保护法》条款处理投诉。

② MCP 的作用

a. 知识库动态注入：通过 MCP 的 Prompts 原语，将合规话术封装为可复用模板。例如，当客户询问“如何注销账户”，MCP 自动调用 account_cancellation 提示，返回包含法律条款的标准化回复。

b. 审计日志与不可篡改性：利用 MCP 的哈希链和 Merkle 树结构，记录所有交互数据。例如，医疗客服的咨询记录通过区块链存证，确保纠纷时可追溯。

（3）人机协作与复杂问题处理

① 需求　需无缝转接人工客服，并同步上下文信息。例如，智能客服无法解决的技术故障，需将对话记录、用户设备信息传递给工程师。

② MCP 的作用

a. 混合模式交互：通过 MCP 的 Sampling 机制，实现人机协作。例如，客户投诉“账户异常”，智能客服调用风控模型生成初步分析，MCP 将结果封装为 Sampling 请求，人工审核后决定是否冻结账户。

b. 权限分级控制：结合 RBAC 与 ABAC 模型，限定不同角色可访问的上下文范围。例如，普通客服仅能查看客户基本信息，高级主管可访问完整交易记录。

6.2 FastMCP 框架

在数据驱动的时代，高效的框架是处理海量数据、实现复杂业务逻辑的核心支撑，FastMCP 框架凭借其卓越的性能和灵活的架构脱颖而出。深入学习 FastMCP 框架的架构原理、开发实战及与前沿技术的协作机制，将为开发者构建高效、智能的应用系统提供坚实的技术基础。

6.2.1 FastMCP 框架架构与核心概念

FastMCP 框架是一款专为高效数据处理和多任务协作而设计的现代化框架，其架构与核心概念如图 6-3 所示。

FastMCP 框架架构由数据层、处理层、接口层、控制层和应用层构成。各层之间通过标准化的接口和协议进行通信，确保数据在流转过程中的准确性和高效性。数据层作为框

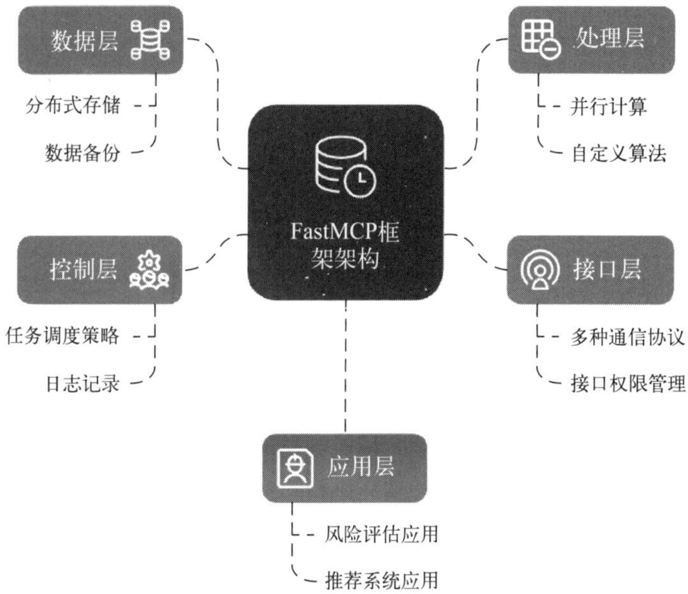

图 6-3　FastMCP 框架架构与核心概念

架的数据基石，负责数据的存储与管理；处理层承担核心的数据处理任务；接口层为内外交互提供统一的入口；控制层对整个框架的运行进行调度和监控；应用层则面向具体的业务场景，实现各类应用功能。

（1）核心组件

① 数据层：主要负责数据的存储、读取和管理，采用分布式存储方式，支持多种数据格式，如结构化数据、半结构化数据和非结构化数据。其特点是具有高可靠性和高扩展性，能够根据数据量的增长动态扩展存储容量。同时，数据层还具备数据备份和恢复机制，保障数据的安全性。

② 处理层：是框架的数据处理核心，集成了多种数据处理算法和模型，能够实现数据的清洗、转换、分析和挖掘等操作。处理层采用并行计算技术，可同时处理大量的数据任务，大幅提高数据处理效率。此外，处理层还支持自定义算法的集成，满足不同业务场景的个性化需求。

③ 接口层：提供了统一的接口规范，方便外部系统和应用程序与 FastMCP 框架进行交互。接口层支持多种通信协议，如 HTTP、RPC 等，开发者可以根据实际需求选择合适的协议进行接口调用。同时，接口层还具备接口权限管理和请求限流功能，保障框架的稳定运行。

④ 控制层：负责框架的整体调度和监控，对各层的运行状态进行实时监测，及时发现和处理异常情况。控制层通过制定合理的任务调度策略，优化任务的执行顺序和资源分配，提高框架的整体运行效率。此外，控制层还提供了完善的日志记录功能，便于开发者进行问题排查和系统优化。

⑤ 应用层：基于底层的核心组件，面向具体的业务场景开发各类应用模块。应用层具有良好的灵活性和可扩展性，开发者可以根据业务需求快速开发和部署新的应用模块。例如，在金融领域可以开发风险评估应用，在电商领域可以开发推荐系统应用等。

（2）核心概念

① 模块化设计：FastMCP 框架采用模块化设计理念，将框架的功能拆分成多个独立的

模块，每个模块专注于实现特定的功能。这种设计使得每个模块可以单独进行开发、测试和维护，降低了系统的复杂度。同时，模块之间通过标准化的接口进行通信，提高了模块的复用性和可替换性。当需要新增功能或修改现有功能时，只需对相应的模块进行操作，不会影响其他模块的正常运行。

② 动态扩展：框架支持动态扩展，能够根据业务需求和数据量的变化灵活调整系统的资源配置。在数据量激增时，可以通过增加服务器节点、扩展存储容量等方式提升系统的处理能力；当业务需求减少时，可以释放多余的资源，降低系统的运行成本。动态扩展功能使得 FastMCP 框架能够适应不同规模的业务场景，具有很强的灵活性和可扩展性。

③ 任务调度：任务调度是 FastMCP 框架的核心功能之一，负责对各类数据处理任务进行合理的安排和执行。框架内置了多种任务调度策略，如基于优先级的调度、基于时间的调度等。开发者可以根据任务的紧急程度和重要性设置相应的调度策略，确保任务能够按照预期的时间和顺序执行。同时，任务调度机制还具备任务重试和失败处理功能，提高了任务执行的可靠性。

6.2.2 FastMCP 工具开发实战

本节通过实际案例，介绍基于 FastMCP 框架进行工具开发的流程和方法，提升开发者实际应用能力。

（1）搭建开发环境

进行 FastMCP 工具开发前，需搭建合适的开发环境。对于 Python 开发者而言，首先需要确保 Python 环境已安装，建议版本为 3.8 及以上。然后通过 pip 命令安装 FastMCP 框架的 Python 库，命令为 pipinstallfastmcp。接着可以选择合适的 Python 集成开发环境，如 PyCharm，方便进行代码编写和调试。最后，配置数据库连接，根据实际需求选择合适的数据库，如 MySQL、MongoDB 等，并在项目中配置数据库连接参数。

（2）开发流程

① 需求分析：明确工具的功能需求和性能要求。例如，开发一个数据清洗工具，需要确定数据清洗的规则、处理的数据类型、处理效率等指标。通过与业务人员沟通，详细了解业务场景和需求，形成需求规格说明书。

② 设计阶段：根据需求分析的结果进行系统设计，包括模块设计、数据库设计、接口设计等。在模块设计中，按照模块化设计理念，将工具的功能拆分成多个模块，如数据读取模块、数据清洗模块、数据存储模块等。数据库设计需要确定数据的存储结构和关系，确保数据的完整性和一致性。接口设计要定义模块之间以及工具与外部系统之间的接口规范。

③ 编码实现：根据设计文档进行代码编写。在编码过程中，要遵循 FastMCP 框架的开发规范，充分利用框架提供的核心类库和接口。例如下面是一个数据清洗工具中数据读取模块的 Python 代码示例：

```
from fastmcp.data import DataSource, DataReader

class CustomDataReader:
    def __init__(self, data_source: DataSource):
        self.data_source = data_source

    def read_data(self):
        data_reader = DataReader(self.data_source)
```

```
        data_records = []
        try:
            data_reader.open()
            record = data_reader.read_next()
            while record is not None:
                data_records.append(record)
                record = data_reader.read_next()
        except Exception as e:
            print(f"读取数据时发生错误: {e}")
        finally:
            data_reader.close()
        return data_records

# 使用示例
if __name__ == "__main__":
    # 配置数据源，这里以 MySQL 为例
    data_source_config = {
        "type": "mysql",
        "host": "localhost",
        "port": 3306,
        "database": "test_db",
        "user": "root",
        "password": "password"
    }
    data_source = DataSource(config=data_source_config)
    reader = CustomDataReader(data_source)
    records = reader.read_data()
    print(f"成功读取 {len(records)} 条数据")
```

在上述代码中，通过从 fastmcp.data 模块引入 DataSource 和 DataReader 类，实现了从指定数据源读取数据的功能。CustomDataReader 类接收一个 DataSource 对象作为参数，通过 DataReader 类从数据源中读取数据记录并返回。在使用示例中，配置了 MySQL 数据源的连接信息，创建了 DataSource 对象和 CustomDataReader 对象，进而完成数据读取操作。

④ 测试阶段：对开发完成的工具进行全面测试，包括单元测试、集成测试和性能测试。单元测试主要测试各个模块的功能是否正常，可以使用 unittest 或 pytest 等 Python 测试框架；集成测试模块之间的协作是否顺畅；性能测试验证工具的处理效率是否满足需求，可以使用 locust 等工具进行性能测试。

⑤ 线上部署：经过测试确认工具无问题后，将其部署到生产环境中。部署过程中需要配置相关的运行参数，如服务器地址、端口号等。同时，要对工具进行监控，及时发现和解决运行过程中出现的问题。

6.2.3 FastMCP 与 LLM 的协作机制

随着人工智能技术的快速发展，大语言模型（LLM）在自然语言处理、知识问答等领域展现出强大的能力。FastMCP 框架作为高效的数据处理和多任务协作平台，与 LLM 进行协作，能够充分发挥两者的优势，实现更复杂、更智能的业务场景。例如，在智能客服系统中，FastMCP 框架负责处理用户的请求数据、管理业务流程，LLM 负责理解用户的自然语言查询并生成回答，两者协作可以为用户提供更优质的服务。

（1）协作模式

① 数据交互：FastMCP 框架与 LLM 之间通过数据接口进行数据交互。FastMCP 框架将处理后的结构化数据转换为 LLM 能够理解的格式，如文本描述、JSON 格式等，发

送给 LLM；LLM 生成的结果以文本或特定格式返回给 FastMCP 框架，框架对结果进行进一步处理和应用。例如，在数据分析场景中，FastMCP 框架对原始数据进行清洗和分析后，将分析结果以自然语言描述的形式发送给 LLM，LLM 根据结果生成数据分析报告。

② 任务分配：根据任务的特点和要求，FastMCP 框架和 LLM 进行任务分配。FastMCP 框架主要负责数据处理、任务调度、资源管理等基础性任务；LLM 主要负责自然语言理解、文本生成、知识推理等智能性任务。例如，在智能推荐系统中，FastMCP 框架负责用户行为数据的收集、分析和用户画像的构建，LLM 负责根据用户画像和商品信息生成个性化的推荐文案。

（2）协作中的问题与解决方法

① 数据传输安全性：在 FastMCP 框架与 LLM 进行数据传输过程中，可能存在数据泄露的风险。为了解决这一问题，可以采用加密技术对传输的数据进行加密处理，如使用 SSL/TLS 协议进行数据传输加密。同时，对数据访问进行严格的权限控制，确保只有授权的系统和用户能够访问敏感数据。

② 数据格式兼容性：FastMCP 框架处理的数据多为结构化数据，而 LLM 更擅长处理非结构化的文本数据，两者之间存在数据格式兼容性问题。可以通过数据转换中间件实现数据格式的转换，将结构化数据转换为 LLM 能够理解的文本格式，或将 LLM 生成的文本结果转换为结构化数据供 FastMCP 框架处理。例如，开发一个数据转换工具，将数据库中的表格数据转换为自然语言描述的文本。

③ 响应延迟：LLM 的处理过程相对复杂，可能会导致响应延迟问题，影响系统的性能。可以采用缓存技术，将 LLM 生成的常用结果进行缓存，当再次遇到相同的请求时，直接从缓存中获取结果，减少 LLM 的调用次数。同时，对 LLM 进行性能优化，如采用模型压缩、分布式部署等方式提高 LLM 的处理速度。

（3）实际应用场景举例

例如在智能问答系统中，FastMCP 框架与 LLM 协同工作。用户通过客户端发送自然语言查询请求，FastMCP 框架接收请求后，对请求数据进行解析和预处理，确定查询的意图和相关的领域。然后，框架从数据库中查询相关的知识数据，并将其转换为文本格式发送给 LLM。LLM 根据接收的知识数据和用户查询意图，生成自然语言回答，并返回给 FastMCP 框架。框架对回答进行格式化处理后，返回给用户。通过两者的协作，智能问答系统能够快速、准确地响应用户的查询，提供高质量的回答。

6.3 综合实战：基于 LangChain、语音服务和 MCP 的电商智能客服系统

接下来要介绍的项目是一个基于 LangChain 和模型上下文协议（MCP）构建的电商智能客服系统，旨在处理客户关于订单和物流的咨询。本项目采用多智能体架构，如图 6-4 所示，包括意图识别智能体、订单问题处理智能体和物流问题处理智能体，通过意图识别将问题路由到相应的智能体进行处理。另外，系统还集成了订单管理服务、标准操作流程（SOP）决策树服务，并通过 MCP 服务器提供外部工具访问功能，支持会话上下文跟踪和多渠道集成。

实例 6-1： 基于 LangChain 和 MCP 的电商智能客服系统（源码路径：codes\6\customer_service_mcp）

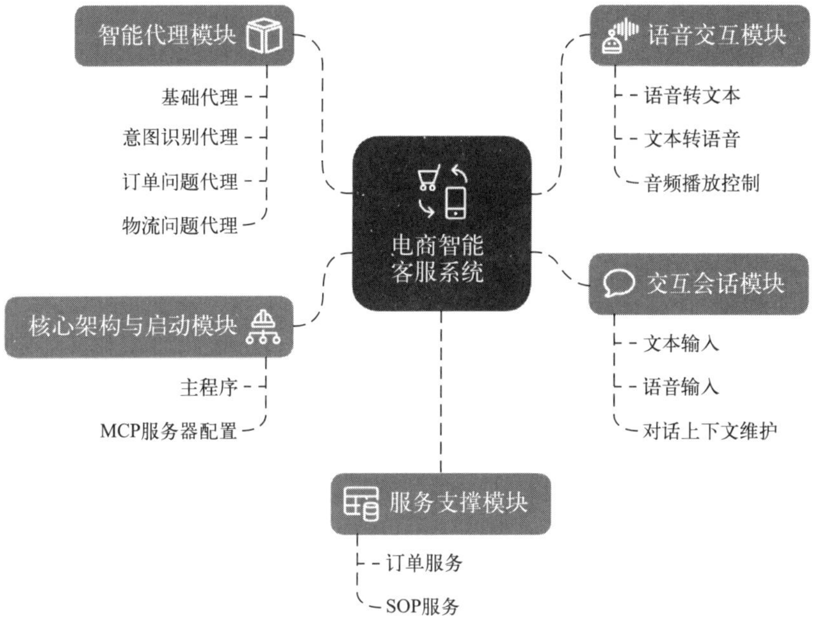

图 6-4　系统架构

6.3.1　项目介绍

本项目是一个支持语音和文本交互的电商客服系统，核心功能模块可分为以下几类，各模块及核心功能如下。

（1）核心架构与启动模块

① 主程序（main.py）：作为系统启动入口，通过 asyncio.run(interactive_session()) 启动交互式会话，整合各模块功能，协调语音交互、意图识别、问题处理等全流程，是系统运行的总控中心。

② MCP 服务器配置（mcp_config.py 与 server.py）：mcp_config.py 配置 MCP 服务器的工具（如 process_question）和资源（如订单数据、SOP 数据）；server.py 基于 FastMCP 框架实现 MCP 服务器，提供处理客户咨询、获取订单信息、更新地址等工具接口，支持外部系统通过 SSE 传输模式调用服务，是系统对外提供服务的接口层。

（2）智能代理模块（agents 目录）

① 基础代理（base_agent.py 的 BaseAgent 类）：作为所有代理的基类，初始化 AWS Bedrock 语言模型，提供对话历史的获取、更新等通用功能，定义抽象方法 process 供子类实现具体业务逻辑，为各代理提供统一的基础架构。

② 意图识别代理（intent_recognition_agent.py 的 IntentRecognitionAgent 类）：继承自 BaseAgent，通过提示模板分析客户问题及对话历史，识别问题意图为“ORDER”（订单）、“LOGISTICS”（物流）或“UNKNOWN”（未知），为问题分类处理提供依据。

③ 订单问题代理（order_issue_agent.py 的 OrderIssueAgent 类）：专注处理订单相关问题，整合订单服务（OrderService）和订单 SOP 决策树，根据用户输入、订单信息及对话历史，生成符合 SOP 规范的回复，支持订单状态查询、修改等场景。

④ 物流问题代理（logistics_issue_agent.py 的 LogisticsIssueAgent 类）：专门处理物流相关问题，结合订单服务和物流 SOP 决策树，依据用户问题、订单信息及对话历史，按照物流流程规范生成回复，覆盖包裹位置查询、配送地址修改等场景。

（3）服务支撑模块（services 目录）

① 订单服务（order_service.py）：负责订单数据的管理，包括初始化订单数据文件、读取订单数据、查询特定订单信息、更新订单地址等，为代理处理订单问题提供数据支持，确保订单信息的准确获取与维护。

② SOP 服务（sop_service.py）：管理标准操作流程（SOP）决策树，通过属性提供订单问题和物流问题的结构化决策树文本，明确各类问题的处理步骤和规则，为代理生成标准化回复提供流程指引。

（4）语音交互模块

① 语音转文本（stream_audio_to_text_dynamic 函数与 DynamicEventHandler 类）：基于 AWSTranscribe 服务实现动态语音识别，通过 DynamicEventHandler 处理转录事件，检测语音开始 / 结束时间及静音状态，将语音实时转换为文本，支持用户语音输入。

② 文本转语音（synthesize_speech 函数）：借助 AWS Polly 服务，将客服回复文本转换为 MP3 格式的音频数据，支持后续音频播放，实现语音输出功能。

③ 音频播放控制（play_audio、play_audio_with_interrupt 等函数）：提供跨平台的音频播放功能，支持播放中断（通过监听用户输入实现），并设计多级降级方案（pygame 播放→系统命令播放），确保音频能稳定播放，提升语音交互体验。

（5）交互会话模块

负责管理用户与系统的交互流程，支持文本输入和语音输入两种方式，初始化音频系统和客服系统，循环接收用户输入（文本或语音转换的文本），调用工具处理问题并生成回复，通过语音或文本反馈给用户，同时维护对话上下文，支持会话中断和退出，是用户与系统交互的核心流程控制器。

总而言之，上面的这些模块相互协作，形成了一个功能完整的电商客服系统，实现了客户咨询的意图识别、分类处理、标准化回复及语音交互等功能，确保客服服务的高效、准确与便捷。

6.3.2 MCP 服务器配置

文件 mcp_config.py 定义了一个 MCP 服务器配置类 CustomerServiceMCP，该类在初始化时会创建客服系统实例和对话存储字典，通过 get_tools 方法定义处理客户问题等工具接口，通过方法 get_resources 定义订单数据和标准操作流程数据的资源访问接口。另外，文件 mcp_config.py 还包含了对应工具和资源访问的处理函数，最后通过字典 config 配置 MCP 服务器的名称、版本、描述和服务器实例。

```
from typing import Dict, Any
from main import CustomerServiceSystem


class CustomerServiceMCP:
    """电商客服系统的MCP服务器配置类。"""

    def __init__(self):
        self.system = CustomerServiceSystem()
        self.conversations = {}

    def get_tools(self) -> Dict[str, Dict[str, Any]]:
        """定义此MCP服务器提供的工具。"""
        return {
            "process_question": {
```

```
                "description": "处理客户服务问题并返回响应",
                "input_schema": {
                    "type": "object",
                    "properties": {
                        "question": {
                            "type": "string",
                            "description": "客户的问题"
                        },
                        "conversation_id": {
                            "type": "string",
                            "description": "用于维护上下文的可选对话ID",
                            "optional": True
                        }
                    },
                    "required": ["question"]
                },
                "output_schema": {
                    "type": "object",
                    "properties": {
                        "response": {
                            "type": "string",
                            "description": "代理对问题的响应"
                        },
                        "conversation_id": {
                            "type": "string",
                            "description": "此次交互的对话ID"
                        }
                    }
                },
                "handler": self.handle_process_question
            }
        }

    def get_resources(self) -> Dict[str, Dict[str, Any]]:
        """定义此MCP服务器提供的资源。"""
        return {
            "order_data": {
                "description": "订单数据访问权限",
                "handler": self.handle_order_data_access
            },
            "sop_data": {
                "description": "标准操作流程数据访问权限",
                "handler": self.handle_sop_data_access
            }
        }

    def handle_process_question(self, args: Dict[str, Any]) -> Dict[str, Any]:
        """处理process_question工具。"""
        question = args["question"]
        conversation_id = args.get("conversation_id")

        response, new_conversation_id = self.system.process_
question(question, conversation_id)

        return {
            "response": response,
            "conversation_id": new_conversation_id
        }

    def handle_order_data_access(self, uri: str) -> Dict[str, Any]:
        """处理订单数据访问。"""
        if uri == "all":
```

```
            return {"orders": self.system.order_service.get_order_data()}

        order_id = uri
        order_info = self.system.order_service.get_order_info(order_id)
        if order_info:
            return {"order": order_info}
        return {"error": f"未找到订单 {order_id}"}

    def handle_sop_data_access(self, uri: str) -> Dict[str, Any]:
        """处理标准操作流程数据访问。"""
        if uri == "order":
            return {"decision_tree": self.system.sop_service.order_decision_tree}
        elif uri == "logistics":
            return {"decision_tree": self.system.sop_service.logistics_decision_
tree}
        return {"error": f"未知的标准操作流程类型: {uri}"}


# MCP服务器配置
config = {
    "name": "customer-service",
    "version": "1.0.0",
    "description": "电商平台的客服系统",
    "server": CustomerServiceMCP()
}
```

对上述代码的具体说明如下。

① __init__(self)：创建一个 CustomerServiceSystem 对象作为核心服务系统，并初始化一个空字典 conversations 用于存储对话上下文，为后续处理客户咨询和维护会话状态做准备。

② get_tools(self) -> Dict[str, Dict[str, Any]]：功能是定义 MCP 服务器对外提供的工具列表。当前仅注册了 process_question 工具，该工具接收客户问题和可选的对话 ID，用于处理客户咨询并生成响应。函数返回一个字典，包含工具的描述、输入 / 输出参数模式（JSON Schema）以及对应的处理函数。

③ get_resources(self) -> Dict[str, Dict[str, Any]]：功能是定义 MCP 服务器对外提供的资源访问接口。注册了 order_data 和 sop_data 两个资源，分别对应订单数据和标准操作流程（SOP）数据的访问。每个资源都关联一个处理函数，用于根据请求的 URI 提供相应的数据。

④ handle_process_question(self, args: Dict[str, Any]) -> Dict[str, Any]：功能是处理 process_question 工具的调用请求。从参数中提取客户问题和对话 ID，调用 CustomerServiceSystem 的 process_question 方法生成回复，并返回包含响应消息和新对话 ID 的字典。该函数是客户咨询处理的核心入口。

⑤ handle_order_data_access(self, uri: str) -> Dict[str, Any]：功能是处理订单数据的访问请求。根据传入的 URI 参数（如 all 或具体订单 ID），调用 order_service 获取相应的订单信息。若订单存在则返回详细数据，否则返回错误信息，实现对订单数据的安全访问控制。

⑥ handle_sop_data_access(self, uri: str) -> Dict[str, Any]：功能是处理标准操作流程（SOP）数据的访问请求。根据 URI 参数（如 order 或 logistics），调用 sop_service 获取对应的决策树数据。该函数允许外部系统获取订单处理或物流问题的标准化处理流程，支持自动化决策。

⑦ config 字典：功能是配置 MCP 服务器的元信息和实例。包含服务器名称、版本、描述以及 CustomerServiceMCP 实例，用于初始化 FastMCP 框架，使服务器能够对外提供已注册的工具和资源服务。

6.3.3 智能代理模块

本项目的“agents”目录是智能客服系统的核心功能模块之一，它包含了多种智能代理，用于处理不同类型的客户问题。这些代理协同工作，共同为客户提供高效、准确的服务。

① 文件 base_agent.py 定义了一个名为 BaseAgent 的抽象基类，用于构建客服智能代理。它初始化了一个基于 BedrockChat 的语言模型，并维护对话历史。类 BaseAgent 中包含获取和更新对话历史的方法，以及 process 方法用于处理用户输入并生成响应，同时维护对话历史。

```
from abc import ABC, abstractmethod
from typing import Dict, Optional, List
from langchain_community.chat_models import BedrockChat
from langchain.prompts import ChatPromptTemplate
from langchain.schema import BaseMessage, HumanMessage, AIMessage

class BaseAgent(ABC):
    """Base class for all customer service agents."""

    def __init__(self, model_id: str = "anthropic.claude-3-sonnet-
20240229-v1:0", region: str = "us-west-2"):
        """Initialize the agent with a Bedrock model."""
        self.llm = BedrockChat(
            model_id=model_id,
            model_kwargs={"temperature": 0.7, "max_tokens": 2048},
            region_name=region
        )
        self.conversation_history: Dict[str, List[BaseMessage]] = {}

    def _get_history(self, conversation_id: str) -> List[BaseMessage]:
        """Get conversation history for a specific conversation."""
        return self.conversation_history.get(conversation_id, [])

    def _update_history(self, conversation_id: str, user_message: str, assistant_
message: str):
        """Update conversation history with new messages."""
        if conversation_id not in self.conversation_history:
            self.conversation_history[conversation_id] = []

        self.conversation_history[conversation_id].extend([
            HumanMessage(content=user_message),
            AIMessage(content=assistant_message)
        ])

    @abstractmethod
    def process(self, user_input: str, conversation_id: Optional[str] = None, **kwar
gs) -> tuple[str, str]:
        # Ensure conversation_id is provided
        if conversation_id is None:
            conversation_id = "default"

        # Get conversation history
        history = self._get_history(conversation_id)

        # Create prompt with history
        messages = history + [HumanMessage(content=user_input)]
        prompt = self.prompt_template.format_messages(user_input=user_input)

        # Generate response
        response = self.llm.invoke(prompt)
```

```
        # Update conversation history
        self._update_history(conversation_id, user_input, response.content)

        return response.content, conversation_id
```

② 文件 intent_recognition_agent.py 定义了一个名为 IntentRecognitionAgent 的类，用于识别客户问题的意图。类 IntentRecognitionAgent 继承自类 BaseAgent，在初始化时设置了一个提示模板，用于分析客户问题是与订单问题相关还是与物流问题相关。方法 process 用于处理用户输入，根据对话历史和当前问题确定意图类型，并返回意图和对话 ID。

```
from typing import Optional, List, Dict
import uuid
from langchain.prompts import ChatPromptTemplate
from agents.base_agent import BaseAgent

class IntentRecognitionAgent(BaseAgent):
    """用于从客户问题中识别其意图的代理。"""

    def __init__(self, *args, **kwargs):
        super().__init__(*args, **kwargs)
        self.prompt = ChatPromptTemplate.from_messages([
            ("system", """你是一个时尚电商客服的意图识别系统。
你的任务是分析客户的问题，并确定它们是否与以下方面相关：
1. 订单问题（订单状态、修改、问题或支付）
2. 物流问题（配送地址、配送方式、配送问题）

请考虑提供的对话历史，以理解当前问题的上下文。

只返回意图关键词：ORDER 或 LOGISTICS
不要返回完整的句子。"""),
            ("human", "对话历史：\n{history}\n\n当前问题：{question}")
        ])

    def process(self, user_input: str, conversation_id: Optional[str] = None, histo
ry: List[Dict[str, str]] = None, **kwargs) -> tuple[str, str]:
        """处理用户输入以确定其意图。

        参数：
            user_input：用户的问题
            conversation_id：用于维护上下文的可选对话ID
            history：对话中的先前消息列表

        返回：
            tuple[str, str]：(意图类型（"ORDER" 或 "LOGISTICS"），对话ID)
        """
        if not conversation_id:
            conversation_id = str(uuid.uuid4())

        # 格式化对话历史
        formatted_history = "\n".join([f"{msg['role'].capitalize()}: {msg['content'
]}" for msg in (history or [])])

        # 获取链响应
        chain = self.prompt | self.llm
        response = chain.invoke({"history": formatted_history, "question": user_
input})
        intent = response.content.strip().upper()

        # 验证和标准化意图
        if "ORDER" in intent:
```

```
            intent = "ORDER"
        elif "LOGISTICS" in intent:
            intent = "LOGISTICS"
        else:
            intent = "UNKNOWN"

        return intent, conversation_id
```

③ 文件 logistics_issue_agent.py 定义了类 LogisticsIssueAgent，用于处理与物流相关的客户问题。类 LogisticsIssueAgent 继承自 BaseAgent 类，在初始化时设置了一个提示模板，用于根据对话历史和订单信息生成回复。process 方法处理用户输入，根据提供的决策树和订单信息生成响应，并返回响应消息和对话 ID。

```
from typing import Optional, List, Dict
import uuid
from langchain.prompts import ChatPromptTemplate
from agents.base_agent import BaseAgent
from services.order_service import OrderService
from services.sop_service import SOPService

class LogisticsIssueAgent(BaseAgent):
    """用于处理与物流相关的客户问题的代理。"""

    def __init__(self, *args, **kwargs):
        super().__init__(*args, **kwargs)
        self.order_service = OrderService()
        self.sop_service = SOPService()

        self.prompt = ChatPromptTemplate.from_messages([
            ("system", """你是一个处理物流问题的客服代理。
请按照以下决策树处理客户咨询：
{decision_tree}

之前的对话：
{history}

指导方针：
- 请遵循决策树，不要随意回答
- 如果不确定问题中的对象，请询问更多细节
- 这是即时消息，保持回复简短和简洁
- 不要使用诸如"此致"或其他正式结束语
- 不要以客户的身份回答
- 特别注意交货时间和补偿政策"""),
            ("human", """订单信息：
{order_info}

客户问题：{question}""")
        ])

    def _format_order_info(self, order_info: Optional[dict]) -> str:
        """格式化订单信息以用于提示。"""
        if not order_info:
            return "未提供具体的订单信息。"

        return (
            f"订单详情：\n"
            f"- 订单ID：{order_info['order_id']}\n"
            f"- 客户：{order_info['customer_name']}\n"
            f"- 商品：{', '.join(order_info['items'])}\n"
            f"- 状态：{order_info['status']}\n"
```

```
            f"- 配送地址：{order_info['address']}"
        )

    def _format_history(self, history: List[Dict[str, str]]) -> str:
        """格式化对话历史。"""
        if not history:
            return "没有之前的对话。"
        return "\n".join([f"{msg['role'].capitalize()}: {msg['content']}" for msg i
n history])

    def process(self, user_input: str, conversation_id: Optional[str] = None,
                order_id: Optional[str] = None, history: List[Dict[str, str]] = Non
e, **kwargs) -> tuple[str, str]:
        """处理与物流相关的客户咨询。

        参数:
            user_input: 用户的问题
            conversation_id: 用于维护上下文的可选对话ID
            order_id: 如果已知，可选的订单ID
            history: 对话中的先前消息列表

        返回:
            tuple[str, str]: (响应消息, 对话ID)
        """
        if not conversation_id:
            conversation_id = str(uuid.uuid4())

        # 如果提供了订单ID，则获取订单信息
        order_info = None
        if order_id:
            order_info = self.order_service.get_order_info(order_id)

        # 准备链
        chain = self.prompt | self.llm

        # 获取响应
        response = chain.invoke({
            "decision_tree": self.sop_service.logistics_decision_tree,
            "history": self._format_history(history or []),
            "order_info": self._format_order_info(order_info),
            "question": user_input
        })

        return response.content, conversation_id
```

④ 文件 order_issue_agent.py 定义了类 OrderIssueAgent，用于处理订单相关客户的问题。该类继承自类 BaseAgent，通过调用订单服务和标准操作流程服务，结合对话历史与订单信息，依据订单决策树对用户输入的问题进行处理，最终返回响应消息和对话 ID。

```
from typing import Optional, List, Dict
import uuid
from langchain.prompts import ChatPromptTemplate
from agents.base_agent import BaseAgent
from services.order_service import OrderService
from services.sop_service import SOPService

class OrderIssueAgent(BaseAgent):
    """用于处理与订单相关的客户问题的代理。"""

    def __init__(self, *args, **kwargs):
        super().__init__(*args, **kwargs)
```

```
        self.order_service = OrderService()
        self.sop_service = SOPService()

        self.prompt = ChatPromptTemplate.from_messages([
            ("system", """你是一名处理订单问题的客服代理。
请按照以下决策树处理客户咨询:
{decision_tree}

之前的对话:
{history}

指导原则:
- 请严格遵循决策树，不要随意回复
- 若对问题中涉及的对象不确定，请询问更多细节
- 这是即时消息沟通，回复需简洁明了
- 不要使用"顺颂商祺"等正式结束语
- 不要以客户的口吻回复"""),
            ("human", """订单信息:
{order_info}

客户问题: {question}""")
        ])

    def _format_order_info(self, order_info: Optional[dict]) -> str:
        """将订单信息格式化以用于提示词。"""
        if not order_info:
            return "未提供具体的订单信息。"

        return (
            f"订单详情: \n"
            f"- 订单ID: {order_info['order_id']}\n"
            f"- 客户: {order_info['customer_name']}\n"
            f"- 商品: {', '.join(order_info['items'])}\n"
            f"- 状态: {order_info['status']}\n"
            f"- 配送地址: {order_info['address']}"
        )

    def _format_history(self, history: List[Dict[str, str]]) -> str:
        """将对话历史格式化。"""
        if not history:
            return "没有之前的对话记录。"
        return "\n".join([f"{msg['role'].capitalize()}: {msg['content']}" for msg i
n history])

    def process(self, user_input: str, conversation_id: Optional[str] = None,
                order_id: Optional[str] = None, history: List[Dict[str, str]] = Non
e, **kwargs) -> tuple[str, str]:
        """处理与订单相关的客户咨询。

        参数:
            user_input: 用户的问题
            conversation_id: 用于维护上下文的可选对话ID
            order_id: 若已知，可选的订单ID
            history: 对话中的先前消息列表

        返回:
            tuple[str, str]: (响应消息, 对话ID)
        """
        if not conversation_id:
            conversation_id = str(uuid.uuid4())

        # 若提供了订单ID，则获取订单信息
```

```
        order_info = None
        if order_id:
            order_info = self.order_service.get_order_info(order_id)

        # 准备链
        chain = self.prompt | self.llm

        # 获取响应
        response = chain.invoke({
            "decision_tree": self.sop_service.order_decision_tree,
            "history": self._format_history(history or []),
            "order_info": self._format_order_info(order_info),
            "question": user_input
        })

        return response.content, conversation_id
```

6.3.4 服务模块

“services”目录是本项目的服务支撑模块，包含两个关键服务文件：order_service.py 用于管理订单数据，实现订单信息的读取、查询等功能，为代理处理订单相关问题提供数据支持；sop_service.py 则负责管理标准操作流程（SOP）决策树，为订单和物流问题的处理提供标准化的流程指引。这两个服务共同为系统的业务逻辑处理提供了数据和规则基础，确保客服代理能够高效、准确地响应客户咨询。

① 文件 order_service.py 定义了类 OrderService，用于管理订单数据。类 OrderService 能够初始化订单数据文件，从文件中读取订单数据、保存订单数据、获取特定订单的信息以及更新特定订单的地址。

```
import json
import os
from typing import List, Dict, Optional

class OrderService:
    def __init__(self, data_file: str = "order_data.txt"):
        self.data_file = data_file
        self._initialize_data()

    def _initialize_data(self):
        """如果订单数据文件不存在，则初始化它。"""
        if not os.path.exists(self.data_file):
            initial_data = [
                {"order_id": "123", "customer_name": "Alice Chen", "items": ["T-shi
rt", "Jeans"], "address": "Xicheng District, Beijing", "status": "Processing"},
                {"order_id": "456", "customer_name": "Bob Wang", "items": ["Dress"
, "Shoes"], "address": "Haidian District, Beijing", "status": "Shipped"},
                {"order_id": "789", "customer_name": "Charlie Liu", "items": ["Jack
et", "Hat"], "address": "Dongcheng District, Beijing", "status": "Delivered"}
            ]
            self.save_order_data(initial_data)

    def get_order_data(self) -> List[Dict]:
        """从文件中读取订单数据。"""
        try:
            with open(self.data_file, 'r') as file:
                return json.load(file)
        except Exception as e:
            print(f"读取订单数据时出错：{str(e)}")
```

```
            return []

    def save_order_data(self, order_data: List[Dict]) -> bool:
        """将订单数据保存到文件。"""
        try:
            with open(self.data_file, 'w') as file:
                json.dump(order_data, file, indent=2)
            return True
        except Exception as e:
            print(f"保存订单数据时出错: {str(e)}")
            return False

    def get_order_info(self, order_id: str) -> Optional[Dict]:
        """获取特定订单的信息。"""
        order_data = self.get_order_data()
        return next((order for order in order_data if order["order_id"] == order_
id), None)

    def update_address(self, order_id: str, new_address: str) -> bool:
        """更新特定订单的地址。"""
        order_data = self.get_order_data()

        for order in order_data:
            if order["order_id"] == order_id:
                order["address"] = new_address
                return self.save_order_data(order_data)

        return False
```

② 文件 sop_service.py 定义了类 SOPService，用于管理电商客服系统的标准操作流程（SOP）决策树，通过属性分别提供订单问题和物流问题的结构化处理规则，为客服代理处理相关咨询提供标准化指引。

```
class SOPService:
    """用于管理标准操作流程（SOP）决策树的服务类。"""

    @property
    def order_decision_tree(self) -> str:
        return """
# 订单问题决策树
1. 订单状态
    1.1. 我的订单在哪里？-> 使用订单ID查询订单状态
2. 订单修改
    2.1. 我可以修改/取消订单吗？-> 检查订单是否仍在处理中
    2.3. 我想给订单添加商品 -> 检查订单是否仍在处理中
"""

    @property
    def logistics_decision_tree(self) -> str:
        return """
# 物流问题决策树
1. 包裹位置查询
    1.2. 包裹超过预计送达时间
      1.2.1. 在快递公司网站查询包裹物流信息
        1.2.1.1. 超过预计送达时间不足7天 -> 建议再等待2-3天
        1.2.1.2. 超过预计送达时间7天以上且有物流更新 -> 建议再等待2-3天并联系快递公司
          1.2.1.2.1. 客户不愿等待 -> 提供100积分补偿
          1.2.1.2.2. 客户情绪激动 -> 提供100%店铺积分（最终方案：100%现金退款）
        1.2.1.3. 超过预计送达时间7天以上且无物流更新 -> 提供100%店铺积分或重新发货选项
    1.3. 物流信息4天以上无更新
      1.3.1. 仍在预计送达时间内 -> 提交物流团队调查
```

```
    1.3.2. 超过预计送达时间 -> 遵循"包裹超过预计送达时间"流程
  1.4. 配送尝试失败
    1.4.1. 中东地区 -> 确认配送信息，索要GPS链接，登记重新配送
    1.4.2. 其他地区 -> 确认配送信息，建议保持手机畅通，提供快递公司联系方式
  1.6. 包裹退回寄件人
    1.6.1. 配送地址与系统一致 -> 优先重新发货或提供100%店铺积分
    1.6.3. 配送地址不正确 -> 提供50-100%店铺积分或重新发货选项

2. 配送地址
  2.1. 更改配送地址 -> 若订单未发货则更新地址
  2.3. 地址验证 -> 确认地址详情

3. 包裹显示已送达但未收到
  3.1. 确认是整单未收到还是部分商品缺失
    3.1.1. 告知客户并核实地址
    3.3.1. 首次客户
      3.3.1.1. 地址正确 -> 提供重新发货或100%现金退款
      3.3.1.2. 地址错误 -> 提供50%店铺积分（最终方案：重新发货或100%现金退款）
    3.3.2. 回头客
      3.3.2.1. 地址正确且订单金额<200美元 -> 提供100%店铺积分
      3.3.2.2. 地址错误且订单金额<200美元 -> 提供50%店铺积分
      3.3.2.3. 订单金额>200美元 -> 提交团队主管处理

6. 待取件包裹
  6.1. 确认客户是否收到取件通知
  6.3. 提供快递公司联系方式以便查询取件详情

6. 合并包裹中物品缺失
  6.1. 提供以下选项：
    6.1.1. 安排重新发货
    6.1.2. 提供100%店铺积分（6个月有效期）
    6.1.3. 若客户拒绝以上两项 -> 提供100%现金退款

注意：特殊情况处理
- 若客户已支付关税，不提供重新发货选项
- 对于先买后付（BNPL）支付方式（如Klarna/Afterpay），需强调店铺积分并非真实货币
- 对于金额>200美元且情况特殊的订单，提交团队主管处理
"""
```

6.3.5 MCP 服务器

文件 server.py 基于 FastMCP 框架搭建了一个电商客服 MCP 服务器，通过定义 process_question、get_order_info、update_order_address、get_sop_tree 四个工具接口，分别实现了处理客户咨询、获取订单信息、更新订单地址、获取 SOP 决策树等功能，并以 SSE 传输模式运行服务器，支持外部系统通过 MCP 协议调用这些服务。

```
from fastmcp import FastMCP
import json
import uuid
from typing import Optional, Dict, Any

from main import CustomerServiceSystem

# 初始化FastMCP服务器
mcp = FastMCP("CustomerService")
system = CustomerServiceSystem()

@mcp.tool()
async def process_question(question: str, conversation_id: Optional[str] = None) -
```

```
> str:
    """处理客户服务咨询并返回响应。"""
    try:
        response, new_conversation_id = system.process_
question(question, conversation_id)
        result = {
            "response": response,
            "conversation_id": new_conversation_id
        }
        return json.dumps(result, ensure_ascii=False)
    except Exception as e:
        return json.dumps({
            "error": f"发生错误: {str(e)}",
            "question": question
        })

@mcp.tool()
async def get_order_info(order_id: str) -> str:
    """获取特定订单的信息。"""
    try:
        order_info = system.order_service.get_order_info(order_id)
        if order_info:
            return json.dumps({
                "order": order_info
            }, ensure_ascii=False)
        return json.dumps({
            "error": f"未找到订单 {order_id}",
            "order_id": order_id
        })
    except Exception as e:
        return json.dumps({
            "error": f"发生错误: {str(e)}",
            "order_id": order_id
        })

@mcp.tool()
async def update_order_address(order_id: str, new_address: str) -> str:
    """更新订单的配送地址。"""
    try:
        success = system.order_service.update_address(order_id, new_address)
        if success:
            updated_order = system.order_service.get_order_info(order_id)
            return json.dumps({
                "message": "地址更新成功",
                "order": updated_order
            }, ensure_ascii=False)
        return json.dumps({
            "error": f"订单 {order_id} 的地址更新失败",
            "order_id": order_id
        })
    except Exception as e:
        return json.dumps({
            "error": f"发生错误: {str(e)}",
            "order_id": order_id
        })

@mcp.tool()
async def get_sop_tree(sop_type: str) -> str:
    """获取特定类型的SOP决策树。"""
    try:
        if sop_type.lower() == "order":
            return json.dumps({
```

```
                "decision_tree": system.sop_service.order_decision_tree
            }, ensure_ascii=False)
        elif sop_type.lower() == "logistics":
            return json.dumps({
                "decision_tree": system.sop_service.logistics_decision_tree
            }, ensure_ascii=False)
        return json.dumps({
            "error": f"未知的SOP类型：{sop_type}",
            "sop_type": sop_type
        })
    except Exception as e:
        return json.dumps({
            "error": f"发生错误：{str(e)}",
            "sop_type": sop_type
        })

if __name__ == "__main__":
    mcp.run(transport="sse")
```

6.3.6 系统主程序

文件 main.py 是本 MCP 客服系统的主程序，实现了一个支持语音和文本交互的多代理客服系统。通过 AWS 服务（Transcribe 语音转文本、Polly 文本转语音）处理语音输入输出，集成了意图识别代理、订单代理和物流代理处理客户咨询等功能，支持动态语音结束检测、音频播放中断功能，并通过交互式会话管理客户对话历史，实现了订单和物流问题的自动化处理。

① 下面代码的功能是配置 AWS 相关参数，初始化 Transcribe、Polly 和 S3 的客户端，同时定义全局变量控制音频播放状态，为后续的语音识别、语音合成等功能提供基础配置。

```
# AWS配置
S3_BUCKET = 'a-web-uw2'

# 初始化AWS客户端
transcribe_client = boto3.client('transcribe')
polly_client = boto3.client('polly')
s3_client = boto3.client('s3')

# 全局变量控制播放状态
audio_playing = False
audio_interrupted = False
```

② 类 DynamicEventHandler 的功能是作为改进的转录事件处理器，通过维护转录文本、检测语音开始与结束时间、设置静音阈值等，实现动态语音结束检测，能处理部分和完整的转录结果，并在满足条件时结束语音识别。

```
class DynamicEventHandler(TranscriptResultStreamHandler):
    """改进的事件处理器，支持动态语音结束检测"""

    def __init__(self, transcript_result_stream):
        super().__init__(transcript_result_stream)
        self.final_transcript = ""
        self.partial_transcript = ""
        self.speech_ended = False
        self.last_partial_time = time.time()
        self.silence_threshold = 1.5  # 1.5秒静音阈值
        self.min_speech_duration = 0.5  # 最小语音时长
```

```
        self.speech_start_time = None
        self.has_speech = False

    async def handle_transcript_event(self, transcript_event: TranscriptEvent):
        """处理转录事件，实现动态结束检测"""
        results = transcript_event.transcript.results
        current_time = time.time()

        for result in results:
            if result.alternatives:
                transcript_text = result.alternatives[0].transcript.strip()

                if result.is_partial:
                    # 处理部分结果
                    if transcript_text:
                        self.partial_transcript = transcript_text
                        self.last_partial_time = current_time
                        if not self.has_speech:
                            self.has_speech = True
                            self.speech_start_time = current_time
                        print(f"🖉 正在识别: {transcript_text}")
                else:
                    # 处理完整结果
                    if transcript_text:
                        self.final_transcript = transcript_text
                        print(f"✅ 识别完成: {transcript_text}")

                        # 检查是否满足最小语音时长
                        if (self.speech_start_time and
                            current_time - self.speech_start_time >= self.min_
speech_duration):
                            self.speech_ended = True
                            return

        # 检查静音超时
        if (self.has_speech and
            current_time - self.last_partial_time > self.silence_threshold):
            print("🔇 检测到静音，结束录制")
            self.speech_ended = True
```

③ 函数 stream_audio_to_text_dynamic 的功能是基于 Amazon Transcribe 实现动态语音转文本，通过启动转录流、配置音频参数，创建音频写入和事件处理的异步任务，并行执行以实时处理音频输入，最终返回转录结果。

```
async def stream_audio_to_text_dynamic():
    """动态语音转文本，基于Amazon Transcribe内置端点检测"""
    client = TranscribeStreamingClient(region="us-west-2")

    # 启用部分结果稳定化和端点检测
    stream = await client.start_stream_transcription(
        language_code="en-US",
        media_sample_rate_hz=16000,
        media_encoding="pcm",
        enable_partial_results_stabilization=True,
        partial_results_stability="high"
    )

    async def write_chunks():
        CHUNK = 320  # 20ms音频块，适合VAD检测
        FORMAT = pyaudio.paInt16
        CHANNELS = 1
```

```
        RATE = 16000
        MAX_RECORD_SECONDS = 30  # 最大录制时长保护

        p = pyaudio.PyAudio()
        audio_stream = p.open(format=FORMAT,
                        channels=CHANNELS,
                        rate=RATE,
                        input=True,
                        frames_per_buffer=CHUNK)

        print("🎙 开始录音，请说话...")
        print("💡 系统会自动检测语音结束")

        start_time = time.time()

        try:
            while not handler.speech_ended:
                # 检查最大录制时长
                if time.time() - start_time > MAX_RECORD_SECONDS:
                    print("⏰ 达到最大录制时长，自动结束")
                    break

                try:
                    data = audio_stream.read(CHUNK, exception_on_overflow=False)
                    await stream.input_stream.send_audio_event(audio_chunk=data)
                    await asyncio.sleep(0.02)  # 20ms间隔
                except Exception as e:
                    print(f"录音错误: {e}")
                    break

        finally:
            print("🔚 录音结束")
            audio_stream.stop_stream()
            audio_stream.close()
            p.terminate()
            await stream.input_stream.end_stream()

    handler = DynamicEventHandler(stream.output_stream)

    # 并行执行音频写入和事件处理
    await asyncio.gather(write_chunks(), handler.handle_events())

    # 返回最终或部分转录结果
    final_result = handler.final_transcript if handler.final_
transcript else handler.partial_transcript
    return final_result.strip()
```

④ 函数 synthesize_speech 的功能是使用 AWS Polly 服务将输入的文本转换为语音，指定输出格式为 mp3 和语音 ID，返回生成的音频数据流，支持后续音频播放。

```
def synthesize_speech(text: str) -> bytes:
    """
    使用AWS Polly将文本转换为语音并返回音频数据。
    """
    response = polly_client.synthesize_speech(
        Text=text,
        OutputFormat='mp3',
        VoiceId='Joanna'
    )

    return response['AudioStream'].read()
```

⑤ 函数 init_audio_system 的功能是初始化 pygame 音频系统，配置音频参数，若初始化成功则返回 True 并提示，失败则返回 False 并显示错误信息，为音频播放提供系统支持。

```
def init_audio_system():
    """
    初始化音频系统
    """
    try:
        pygame.mixer.pre_init(frequency=22050, size=-16, channels=2, buffer=512)
        pygame.mixer.init()
        print("✅ 音频系统初始化完成")
        return True
    except Exception as e:
        print(f"⚠ 音频系统初始化失败: {e}")
        return False
```

⑥ 函数 create_interrupt_detector 的功能是创建跨平台的输入检测器，针对 Unix/Linux/macOS 系统提供非阻塞输入检测，针对 Windows 系统提供阻塞输入检测，用于监听用户输入以打断音频播放。

```
def create_interrupt_detector():
    """
    创建跨平台的输入检测器
    """
    if os.name == 'posix':  # Unix/Linux/macOS
        def unix_input_detector(stop_event, playback_finished):
            """Unix系统的非阻塞输入检测"""
            while not playback_finished.is_set():
                if sys.stdin in select.select([sys.stdin], [], [], 0.1)[0]:
                    sys.stdin.readline()
                    stop_event.set()
                    return True
            return False
        return unix_input_detector
    else:  # Windows
        def windows_input_detector(stop_event, playback_finished):
            """Windows系统的输入检测"""
            try:
                input()  # 阻塞等待Enter
                if not playback_finished.is_set():
                    stop_event.set()
                    return True
            except:
                pass
            return False
        return windows_input_detector
```

⑦ 函数 play_audio_with_interrupt 的功能是播放音频并支持实时打断，通过创建音频播放线程和输入监听线程，使用事件机制实现播放控制，播放完成返回 True，被打断则返回 False，并清理临时音频文件。

```
def play_audio_with_interrupt(audio_data: bytes) -> bool:
    """
    播放音频，支持实时打断功能
    返回True表示播放完成，False表示被打断
    """
    global audio_playing, audio_interrupted

    audio_playing = True
```

```
    audio_interrupted = False

    # 使用更可靠的线程通信机制
    stop_event = threading.Event()
    playback_finished = threading.Event()
    def audio_playback():
        """音频播放线程"""
        try:
            if not pygame.mixer.get_init():
                pygame.mixer.pre_init(frequency=22050, size=-
16, channels=2, buffer=512)
                pygame.mixer.init()

            with tempfile.NamedTemporaryFile(delete=False, suffix='.mp3') as temp_
file:
                temp_file.write(audio_data)
                temp_file_path = temp_file.name

            pygame.mixer.music.load(temp_file_path)
            pygame.mixer.music.play()

            # 更频繁地检查停止信号
            while pygame.mixer.music.get_busy():
                if stop_event.is_set():
                    pygame.mixer.music.stop()  # 立即停止播放
                    break
                time.sleep(0.05)  # 减少检查间隔

            playback_finished.set()

        except Exception as e:
            print(f"❌ 音频播放错误: {e}")
            playback_finished.set()
        finally:
            try:
                os.unlink(temp_file_path)
            except:
                pass

    def interrupt_listener():
        """改进的输入监听线程"""
        try:
            print("🔊 正在播放语音回复... (按Enter键可打断播放)")

            # 使用跨平台输入检测
            input_detector = create_interrupt_detector()
            if input_detector(stop_event, playback_finished):
                global audio_interrupted
                audio_interrupted = True

        except Exception as e:
            print(f"输入监听错误: {e}")

    # 启动线程
    playback_thread = threading.Thread(target=audio_playback, daemon=True)
    interrupt_thread = threading.Thread(target=interrupt_listener, daemon=True)

    playback_thread.start()
    interrupt_thread.start()

    # 等待播放完成或被打断
    playback_finished.wait()
```

```
    audio_playing = False

    if audio_interrupted:
        print("⏹ 播放已被打断")
        return False
    else:
        print("✅ 语音播放完成")
        return True
```

⑧ 函数 play_audio 作为跨平台音频播放的入口函数，功能是尝试调用支持打断的播放函数。如果播放出错则降级使用备用播放方案，并在播放被打断时提示用户可重新输入。

```
def play_audio(audio_data: bytes) -> None:
    """
    跨平台音频播放函数 - 支持打断功能
    """
    try:
        completed = play_audio_with_interrupt(audio_data)
        if not completed:
            print("💡 您可以重新输入问题")
    except Exception as e:
        print(f"❌ 音频播放错误: {e}")
        # 降级到原始播放方案
        fallback_play_audio(audio_data)
```

⑨ 函数 fallback_play_audio 作为降级的音频播放方案，当支持打断的播放功能出现错误时启用。该方案不支持播放打断，通过 pygame 加载并播放临时音频文件；若 pygame 播放仍失败，则调用系统命令进行播放，确保音频能以某种方式呈现。

```
def fallback_play_audio(audio_data: bytes) -> None:
    """
    降级音频播放方案（不支持打断）
    """
    try:
        if not pygame.mixer.get_init():
            pygame.mixer.pre_init(frequency=22050, size=-16, channels=2, buffer=512)
            pygame.mixer.init()

        with tempfile.NamedTemporaryFile(delete=False, suffix='.mp3') as temp_file:
            temp_file.write(audio_data)
            temp_file_path = temp_file.name

        pygame.mixer.music.load(temp_file_path)
        pygame.mixer.music.play()

        while pygame.mixer.music.get_busy():
            time.sleep(0.1)

        print(f"✅ 音频播放完成 ({platform.system()})")

    except Exception as e:
        print(f"❌ 降级播放失败: {e}")
        system_play_audio(audio_data)
    finally:
        try:
            time.sleep(0.5)
            os.unlink(temp_file_path)
        except:
            pass
```

⑩ 函数 system_play_audio 作为最后的音频播放备选方案，用于根据不同操作系统（Linux、macOS、Windows）调用对应的系统命令播放临时音频文件，播放后清理临时文件，确保在其他播放方式失败时仍可能播放音频。

```
def system_play_audio(audio_data: bytes) -> None:
    """
    系统命令播放方案
    """
    with tempfile.NamedTemporaryFile(delete=False, suffix='.mp3') as temp_file:
        temp_file.write(audio_data)
        temp_file_path = temp_file.name

    try:
        system = platform.system().lower()
        if system == 'linux':
            subprocess.run(['mpg123', temp_file_path],
                          stdout=subprocess.DEVNULL, stderr=subprocess.DEVNULL)
        elif system == 'darwin':
            subprocess.run(['afplay', temp_file_path])
        elif system == 'windows':
            subprocess.run(['start', '', temp_file_path], shell=True)
    except Exception as e:
        print(f"✕ 系统播放也失败: {e}")
    finally:
        try:
            os.unlink(temp_file_path)
        except:
            pass
```

⑪ 类 CustomerServiceSystem 作为协调代理和服务的主客服系统，功能是初始化意图识别、订单和物流代理以及订单、SOP 服务，通过 process_question 方法接收用户问题，识别意图后路由到对应代理处理，维护对话历史并返回响应和对话 ID。

```
class CustomerServiceSystem:
    """协调代理和服务的主客服系统"""

    def __init__(self, model_id: str = "anthropic.claude-3-sonnet-
20240229-v1:0", region: str = "us-west-2"):
        """初始化客服系统及其代理和服务"""
        self.intent_agent = IntentRecognitionAgent(model_id=model_
id, region=region)
        self.order_agent = OrderIssueAgent(model_id=model_id, region=region)
        self.logistics_agent = LogisticsIssueAgent(model_id=model_
id, region=region)

        self.order_service = OrderService()
        self.sop_service = SOPService()

        self.conversations: Dict[str, Dict[str, Any]] = {}

    def process_question(self, user_question: str, conversation_id: Optional[str]
= None) -> tuple[str, str]:
        """通过多代理系统处理客户问题"""
        if not conversation_id:
            conversation_id = str(uuid.uuid4())
            self.conversations[conversation_id] = {"order_id": None, "history": []}

        self.conversations[conversation_id]["history"].append({"role": "user", "con
tent": user_question})
```

```
        intent, _ = self.intent_agent.process(
            user_question,
            conversation_id,
            history=self.conversations[conversation_id]["history"]
        )
        print(f"识别到的意图: {intent}")

        import re
        order_id_match = re.search(r'order\s+(?:id\s+)?(?:number\s+)?(?:#\
s*)?(\d+)',
                                   user_question, re.IGNORECASE)
        if order_id_match:
            self.conversations[conversation_id]["order_id"] = order_id_match.
group(1)

        if intent == "ORDER":
            response, _ = self.order_agent.process(
                user_question,
                conversation_id,
                order_id=self.conversations[conversation_id].get("order_id"),
                history=self.conversations[conversation_id]["history"]
            )
        elif intent == "LOGISTICS":
            response, _ = self.logistics_agent.process(
                user_question,
                conversation_id,
                order_id=self.conversations[conversation_id].get("order_id"),
                history=self.conversations[conversation_id]["history"]
            )
        else:
            response = "I'm not sure if your question is about an order or logistic
s issue. Could you please provide more details?"

        self.conversations[conversation_id]["history"].append({"role": "assistant"
, "content": response})

        return response, conversation_id
```

⑫ 函数 interactive_session 的功能是运行交互式客服会话，支持动态语音输入和文本输入，初始化音频系统和客服系统，提供用户操作指引，循环处理用户输入（语音或文本），调用工具处理问题并播放语音响应，支持会话中断和退出。

```
async def interactive_session():
    """运行交互会话，支持动态语音输入和文本输入"""
    # 初始化音频系统
    audio_available = init_audio_system()
    if not audio_available:
        print("💡 音频播放可能受限，建议安装: pip install pygame")

    system = CustomerServiceSystem()
    conversation_id = None

    print("欢迎使用时尚电商客服系统!")
    print("您可以通过语音或文本咨询订单和物流相关问题。")
    print("🎤 按Enter键启动智能语音录制（自动检测语音结束）")
    print("✏️ 直接输入文本进行咨询")
    print("语音播放时，按Enter键可打断并提出新问题。")
    print("输入'exit'结束对话。")
    print("\n可用的测试订单: 123, 456, 789")
    print("注意: 请确保已配置AWS凭证以支持语音交互。")
    print("-" * 50)
```

```
    client = MultiServerMCPClient({
        "customer_service": {
            "url": "http://localhost:8000/sse",
            "transport": "sse",
        }
    })

    tools = await client.get_tools()
    process_question_tool = next(tool for tool in tools if tool.name == "process_
question")

    while True:
        # 确保不在播放状态时才接受输入
        if audio_playing:
            await asyncio.sleep(0.1)
            continue

        # 提供智能语音和文本输入选择
        user_input = await aioconsole.ainput("\n客户 (🎤 回车=智能语音 | ✏️ 输入=文
本): ")

        if user_input.lower() == 'exit':
            print("感谢使用我们的客服系统，再见!")
            break

        # 如果用户按了Enter（空输入），启动智能语音录制
        if not user_input:
            try:
                print("🎤 智能语音录制启动...")
                user_input = await stream_audio_to_text_dynamic()
                print(f"📝 最终转录结果: {user_input}")
            except Exception as e:
                print(f"❌ 语音录制或转录错误: {str(e)}")
                continue

        # 检查输入是否有效
        if not user_input.strip():
            print("⚠️ 未检测到有效输入，请重试")
            continue

        # 处理用户输入（无论是语音转换的还是直接输入的文本）
        try:
            result = await process_question_tool.arun({
                "question": user_input,
                "conversation_id": conversation_id
            })
            response_data = json.loads(result)
            response_text = response_data['response']
            print(f"\n客服: {response_text}")

            # 转换为语音并播放（支持打断）
            audio_data = synthesize_speech(response_text)
            play_audio(audio_data)

            conversation_id = response_data['conversation_id']

        except Exception as e:
            print(f"\n❌ 处理问题时出错: {str(e)}")

if __name__ == "__main__":
    asyncio.run(interactive_session())
```

6.3.7 调试运行

要调试运行这个项目，需要完成环境配置、依赖安装、AWS 凭证设置，并按特定步骤启动系统。

（1）环境准备

① 安装 Python 环境：确保已安装 Python 3.9+，推荐使用虚拟环境（如 venv 或 conda）避免依赖冲突，例如下面的命令：

```
# 创建虚拟环境（示例）
python3 -m venv customer-service-env
source customer-service-env/bin/activate  # Linux/macOS
.\customer-service-env\Scripts\activate  # Windows
```

② 安装依赖包：通过下面的命令安装项目所需的第三方库，包括 boto3、pygame、pyaudio、langchain-aws 等。

```
pip install -r requirements.txt
```

注意：pyaudio 在某些系统（如 macOS）可能需要额外安装依赖（如 portaudio）。如果遇到音频播放问题，可以尝试单独安装 pygame：pip install pygame。

（2）AWS 凭证配置

① 创建 AWS 账户并获取凭证：注册 AWS 账户，创建具有 AmazonTranscribeFullAccess、AmazonPollyFullAccess 和 AmazonS3FullAccess 权限的 IAM 用户，并生成 Access Key ID 和 Secret Access Key。IAM 用户的登录界面如图 6-5 所示。

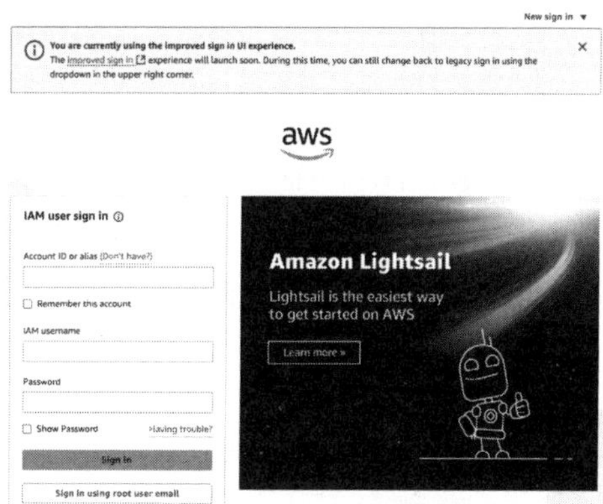

图 6-5 IAM 用户的登录界面

② 配置本地凭证：在本地创建 ~/.aws/credentials 文件（Linux/macOS）或 C:\Users\YourUsername\.aws\credentials（Windows），具体内容如下：

```
[default]
aws_access_key_id = YOUR_ACCESS_KEY
aws_secret_access_key = YOUR_SECRET_KEY
```

③ 通过下面的命令配置默认区域（如 us-west-2）：

```
aws configure set region us-west-2
```

（3）项目配置调整

① 修改 S3 存储桶名称（可选步骤）：如果使用自定义 S3 存储桶，需要修改文件 main.py 中的 S3_BUCKET 变量：

```
S3_BUCKET = 'your-custom-bucket-name'
```

② 调整语音识别参数（可选步骤）：可以在类 DynamicEventHandler 中调整静音阈值和最小语音时长，例如：

```
self.silence_threshold = 1.5  # 默认1.5秒静音触发结束
```

```
self.min_speech_duration = 0.5  # 默认最小语音时长0.5秒
```

（4）启动调试流程

① 通过下面的命令启动 MCP 服务器：

```
python server.py
```

服务器默认在 http://localhost:8000/sse 运行，提供了 process_question、get_order_info 等工具接口。

② 通过下面的命令启动交互式会话界面：

```
python main.py
```

系统初始化后，会显示如下所示欢迎界面并提示输入方式：

```
欢迎使用时尚电商客服系统！
您可以通过语音或文本咨询订单和物流相关问题。
🖉 按Enter键启动智能语音录制（自动检测语音结束）
🖉 直接输入文本进行咨询
```

③ 测试交互功能

a. 语音交互：按 Enter 键启动语音录制，系统自动检测语音结束并显示转录结果。

b. 文本交互：直接输入问题（如“我的订单 123 在哪里？”），系统会处理并返回回复。

c. 测试订单：使用示例订单号 123、456、789 验证订单查询功能。

（5）常见问题及解决方案

① 音频设备问题

问题：麦克风无法录音或扬声器无法播放。

解决方案：确保麦克风 / 扬声器正常工作，权限已开启。若 pyaudio 安装失败，尝试执行下面的命令：

```
# macOS
brew install portaudio
pip install pyaudio

# Ubuntu
sudo apt-get install python3-pyaudio
```

② AWS 权限问题

问题：运行时出现 AccessDenied 错误。

解决方案：检查 ~/.aws/credentials 文件中的凭证是否正确，确认 IAM 用户权限是否包含 transcribe:*、polly:* 和 s3:*。

③ 模型调用问题

问题：提示 ModelNotFoundException 或 ValidationException。

解决方案：修改 CustomerServiceSystem 初始化参数，使用可用的 Bedrock 模型（如 anthropic.claude-v2），例如：

```
system = CustomerServiceSystem(model_id="anthropic.claude-v2")
```

通过以上步骤，可以完整地调试并运行该电商客服系统，体验本客服系统中的语音和文本交互的全流程功能。

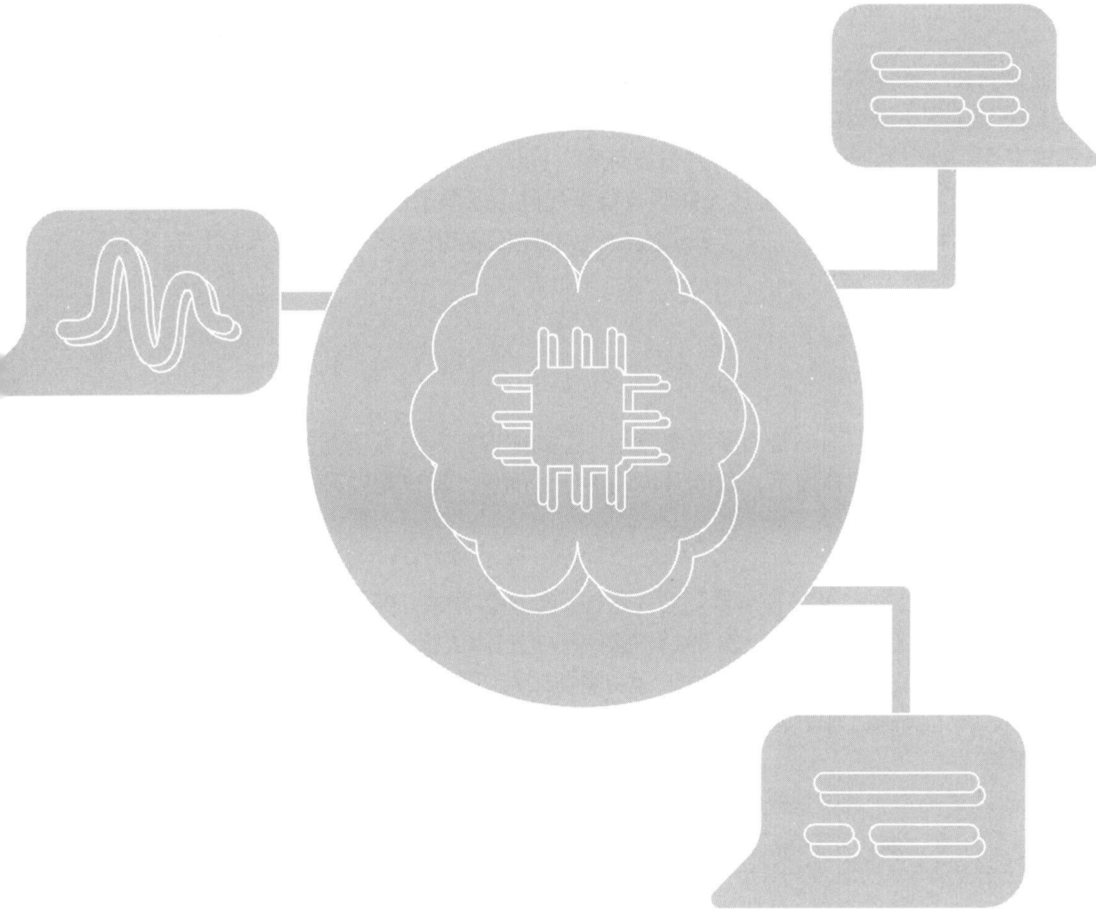

第 **7** 章

AI 赋能开发工作流实战

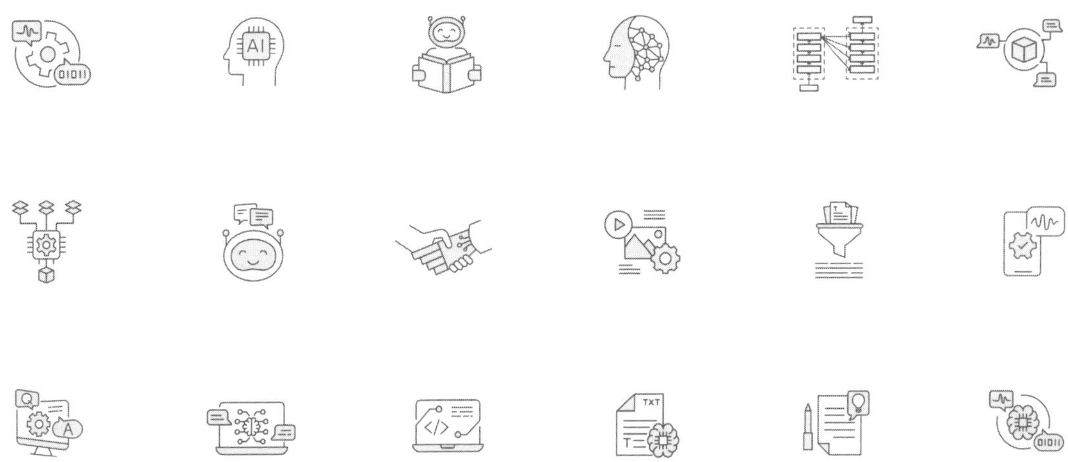

AI 赋能开发工作流实战中，MCP 作为智能开发助手的核心技术，通过标准化接口实现 AI 模型与外部工具、服务的无缝对接，极大地简化了开发流程。MCP 支持 AI 代理与 API、数据库等交互，自动化任务执行，提升开发效率。同时，MCP 采用客户端 - 服务器架构，分离 AI 推理与工具执行，新增工具无需修改模型代码，增强了系统的灵活性与可扩展性。此外，其沙箱机制和审计日志保障了数据安全，为开发工作流带来了高效、灵活且安全的变革。

7.1 概述

开发者在日常工作中面临着诸多效率痛点，主要体现在开发环境配置复杂、代码编写与调试繁琐等方面。在此背景下，智能开发助手应运而生，旨在帮助开发者提升效率，简化工作流程。

（1）开发者效率痛点

① 重复性任务耗时：开发者需要花费大量时间处理重复性任务，如代码格式化、单元测试、代码审查、文档生成等。这些任务虽然简单，但占用大量时间，降低了开发效率。

② 上下文切换频繁：开发者在开发过程中需要频繁切换上下文，例如在编写代码时需要查阅文档、调试代码、与团队成员沟通等。频繁的上下文切换会打断开发者的专注状态，导致效率下降。

③ 代码调试困难：调试是开发过程中最耗时的环节之一。开发者需要花费大量时间定位和修复代码中的错误，尤其是在复杂的系统中，调试难度更高。

④ 知识获取困难：开发者在开发过程中需要不断学习新技术、新框架和新工具。然而，获取这些知识往往需要花费大量时间，尤其是在面对复杂的项目需求时。

⑤ 协作效率低下：团队开发中，协作效率是一个关键问题。开发者之间需要频繁沟通、协调任务进度、合并代码等。如果协作不畅，很容易导致项目进度延误。

（2）智能开发助手的产生背景和历程

① 早期工具的局限性　在早期，开发者主要依赖于简单的文本编辑器和命令行工具进行开发。这些工具功能有限，无法满足复杂开发需求。随着软件开发的复杂性增加，出现了集成开发环境（IDE），如 Eclipse 和 Visual Studio。这些 IDE 提供了代码编辑、调试、版本控制等功能，但仍然存在效率瓶颈。

② 人工智能技术的兴起　2010 年代初，随着深度学习技术的快速发展，自然语言处理（NLP）和计算机视觉（CV）等领域取得了巨大突破。这为开发智能工具提供了技术基础。在 2015 年左右，一些公司开始尝试将 AI 技术应用于开发工具，例如代码自动补全、智能代码审查等功能。

③ 智能开发助手的初步探索　2017 年，GitHub 推出了 Copilot 项目，这是一个基于 AI 的代码生成工具，能够根据上下文自动生成代码片段。同期，一些初创公司也开始探索智能开发助手，如 Tabnine，它提供了基于机器学习的代码补全功能。

④ 多模态技术的融合　2020 年后，多模态技术逐渐成熟，AI 助手不仅能够处理文本，还能处理代码、图像、语音等多种数据类型，这使得智能开发助手能够更全面地支持开发工作。例如，一些智能开发助手能够通过语音指令完成代码生成、调试等任务，极大地提高了开发效率。

⑤ MCP 协议的出现　2023 年，MCP 被提出，它通过标准化接口，使得 AI 模型能够与外部工具和服务无缝对接。这为智能开发助手的进一步发展提供了技术支持。MCP

协议的出现使得智能开发助手能够更灵活地调用外部工具和服务，进一步提升了开发效率。

随着 AI 技术的不断发展，智能开发助手将更加智能化、自动化。未来，开发者可能会更多地依赖 AI 助手完成重复性任务，而将精力集中在更具创造性的开发工作上。同时，智能开发助手将与云计算、边缘计算等技术结合，进一步提升开发效率和协作能力。

7.2　智能编程助手开发与 MCP

智能编程助手的开发经历了从传统工具到 AI 赋能的转变，而 MCP 的出现为这一领域带来了重大变革。MCP 为 AI 模型与外部工具和服务的交互提供了标准化的通用接口，极大地简化了开发流程。通过 MCP，智能编程助手能够无缝集成多种工具，如代码编辑器、版本控制系统和 API 文档，实现更智能的代码建议、自动调试和实时上下文更新等功能。此外，MCP 支持动态发现和双向通信，允许 AI 模型实时获取和操作外部数据，这使得智能编程助手不仅能够理解代码，还能处理团队讨论和文档等外部信息。

7.2.1　MCP 的作用

在 AI 赋能开发工作流实战中，MCP 发挥着至关重要的作用。MCP 通过标准化接口，让 AI 模型能够像插 USB 一样灵活调用外部工具、数据库和服务。在智能开发助手中，MCP 的作用主要体现在以下几个方面。

① 简化开发流程：以往开发者需要为每个工具或数据源单独开发接口，而 MCP 的出现使得开发者只需按照统一标准集成，一次开发即可多次使用。例如，开发一个智能 IDE 助手时，借助 MCP，助手可以轻松与 Git、项目管理工具、API 文档、代码仓库等系统直接交互。

② 提升开发效率：MCP 支持 AI 代理与外部 API 交互，访问代码库，并直接在集成开发环境中自动化工作流程。例如，当开发人员在 IDE 中发出命令时，AI 代理会评估是否需要外部工具，如果是，代理会向 MCP 服务器发送请求，服务器识别适当的工具并处理任务，如运行 API 测试、修改文件或分析代码，然后将结果返回给代理。

③ 增强系统灵活性与可扩展性：MCP 采用客户端 - 服务器架构，将 AI 推理与工具执行分离，新增工具无需修改模型代码。例如，某投资分析系统通过 MCP 快速接入技术分析、财报解读和新闻情感分析三个专业化 Server，实现多维度决策支持。

④ 保障数据安全：MCP 通过沙箱机制隔离敏感操作，例如数据库写入需二次鉴权，审计日志覆盖全链路调用。在 Cloudflare 的实践中，其多租户架构允许多个用户安全地访问和管理自己的 MCP 实例，确保隔离并防止数据泄露。

7.2.2　智能编程助手：代码生成、Bug 修复与解释

智能编程助手是 AI 技术与软件开发场景深度融合的产物，其核心功能聚焦于解决开发者在代码生产全流程中的效率问题，具体体现为代码生成、Bug 修复和代码解释三大能力。而模型上下文协议作为支撑这些功能的底层机制，通过规范上下文信息的管理与传递，确保了智能助手的准确性和实用性。

（1）智能编程助手的核心功能

① 代码生成：从“自然语言”到“可执行代码”。

代码生成是智能编程助手最核心的能力之一，其目标是将开发者的自然语言需求（如

“写一个 Python 函数计算列表中位数”）直接转化为可运行的代码，大幅减少手动编码工作量。

代码生成的技术原理是基于大规模代码语料训练的大语言模型（如 DeepSeek、GPT-4、CodeLlama），结合语法规则与语义理解，实现“需求→代码”的映射。模型通过学习编程语言的语法结构、库函数用法、常见业务逻辑（如数据处理、API 调用），生成符合规范的代码。

下面是代码生成的常见应用场景。

a. 快速原型开发：例如开发者输入“用 JavaSpringBoot 写一个查询用户信息的 REST 接口”，助手可生成包含 Controller 层、Service 层调用及 JSON 响应的完整代码片段。

b. 重复代码补全：在循环、异常处理等重复场景中，助手可基于上下文自动补全代码（如 Python 的 for 循环遍历列表时，补全 if-else 判断逻辑）。

c. 跨语言转换：将一种语言的代码转化为另一种（如将 JavaScript 的数组去重函数转为 Java 的 ArrayList 去重实现）。

② Bug 修复：从“错误提示”到“精准修复”。

Bug 修复是智能编程助手提升开发效率的关键能力，其核心是自动检测代码中的错误并生成修复方案，覆盖语法、逻辑、性能等多维度问题。相比传统 IDE 的“错误提示”，智能助手能直接提供“修复建议”，甚至一键应用修复，缩短“调试 - 修改”循环。

Bug 修复的技术原理是结合静态代码分析（通过抽象语法树 AST 解析代码结构）、动态运行日志（如错误堆栈、测试用例失败信息）与 AI 模型推理，定位错误根源并生成修复逻辑。

下面是 Bug 修复的常见应用场景。

a. 语法纠错：例如修复 Python 的缩进错误、Java 的括号不匹配问题，直接生成修正后的代码。

b. 逻辑漏洞修复：如检测到“空指针异常”（Java）时，生成对象判空逻辑；发现“数组越界”（C++）时，补充索引范围判断。

c. 性能与安全优化：例如识别到 Python 中“循环嵌套过深导致的性能问题”，生成基于列表推导式的优化方案；检测到 SQL 注入风险，自动替换字符串拼接为参数化查询。

③ 代码解释：让代码“说人话”。

代码解释功能是解决“读代码比写代码难”的痛点，通过将复杂代码片段转化为自然语言描述，帮助开发者理解代码逻辑、用途及潜在风险。代码解释的技术原理是基于代码语义解析（分析变量、函数、流程控制的关系）与知识库（编程语言特性、框架文档、设计模式），结合自然语言生成技术，将代码逻辑“翻译”为人类可理解的语言。

下面是代码解释的常见应用场景。

a. 理解陌生代码：例如解释一段开源项目中的复杂算法（如 Redis 的跳表实现），说明其数据结构设计与查询效率优势。

b. 学习新框架：解释 React 的 useEffectHook 代码时，说明依赖数组的作用、清理函数的执行时机。

c. 代码评审辅助：在评审时自动解释某段代码的潜在风险（如“此函数未处理并发场景，可能导致数据不一致”）。

（2）MCP 的作用

MCP 是智能编程助手底层的“信息协调者”，其核心是规范上下文信息的收集、过滤、结构化与传递，确保 AI 模型能获取“完整且相关”的信息，从而提升代码生成、Bug 修复、解释的准确性。

由于 AI 模型本身仅能处理输入的文本信息，但是在实际开发中，代码的生成、修复或解释依赖大量“上下文”（如项目依赖、开发环境、历史交互等）。如果上下文缺失或混乱，模型的输出可能出现“牛头不对马嘴”的情况（例如生成 Python2.x 代码适配 Python3.x 环境）。

MCP 通过定义一套标准，让智能助手能“智能地”整合并传递这些上下文，确保模型“知道自己在什么环境下工作”。

① MCP 在代码生成中的作用：确保代码“适配项目”。

代码生成的关键是“生成的代码能融入当前项目”，而 MCP 通过以下方式实现这一目标。

a. 上下文收集与过滤：MCP 自动采集当前项目的关键信息——如编程语言版本（如 Java 17）、已导入的库（如 MyBatis 3.5）、现有类 / 函数定义（如项目中已存在 UserService 类）、构建工具配置（如 Maven 的 pom.xml 依赖），并过滤无关信息（如其他文件的冗余代码）。

b. 结构化传递：MCP 将收集的信息按“优先级”结构化（如“项目配置→依赖信息→当前编辑代码段→历史交互”），避免模型被杂乱信息干扰。例如，当开发者要求“生成一个查询用户的 SQL 语句”时，MCP 会传递项目中数据库表结构（user 表的 id、name 字段）和 MyBatis 的映射规则，确保生成的 SQL 符合表结构且能被框架正确解析。

② MCP 在 Bug 修复中的作用：精准定位“错误根源”。

Bug 修复的难点是“找到错误原因”，MCP 通过整合多源信息帮助模型定位问题。

a. 多维度信息整合：当代码运行出错时，MCP 会自动关联错误日志（如 Java 的 NullPointerException 堆栈信息）、相关配置文件（如 Spring 的 application.yml）、最近修改的代码片段（如开发者刚新增的 getUser 方法）、测试用例结果（如某测试用例输入 null 时失败），形成“完整的错误上下文”。

b. 动态更新机制：若模型首次修复失败（如修复后仍报同样错误），MCP 会记录“修复尝试 - 结果”的反馈，更新上下文（例如补充“上次修复未考虑 user 对象可能为 null 的场景”），避免模型重复无效修复，提升迭代效率。

例如在修复“SpringBoot 启动失败”的问题时，MCP 传递“端口占用错误日志”+“server.port=8080 配置”+“当前系统进程占用 8080 端口的信息”，帮助模型快速定位“端口冲突”并生成“修改端口为 8081”的修复方案。

③ MCP 在代码解释中的作用：让解释“知其然更知其所以然”。

代码解释的核心是“不仅说明代码做了什么，还要说明为什么这么做”，MCP 通过补充上下文实现深度解释。

a. 业务场景关联：MCP 将代码片段与业务场景绑定（如“此代码位于支付模块，用于订单金额校验”），避免解释停留在“语法层面”。例如解释一段 checkAmount 函数时，MCP 补充“该函数被支付回调接口调用，需满足金融级精度要求”，让解释更贴合实际用途。

b. 知识关联：MCP 对接官方文档库（如 MDN、PythonDocs），解释时自动引用权威定义。例如解释 JavaScript 的 Promise 时，MCP 关联 MDN 中“Promise 用于处理异步操作”的定义，并结合代码中的 then/catch 说明异步流程控制逻辑。

MCP 通过规范上下文信息的管理，为智能编程助手的三大功能提供了“信息底座”，其核心价值主要体现在以下三点。

① 准确性：避免因上下文缺失导致的“生成代码不兼容”“Bug 修复不到位”“解释片面”等问题。

② 效率：自动过滤冗余信息，减少模型处理无效数据的负担，提升响应速度。

③ 连续性：记录历史交互（如开发者之前要求“生成 RESTfulAPI”），让后续操作（如解释该 API 的权限校验逻辑）能延续上下文，无需重复说明需求。

7.2.3 开发工具链集成：API 调用、数据库操作与 Git 管理

开发工具链集成是智能开发助手突破“单一编码工具”定位，实现全流程效率提升的关键环节。通过与 API 接口、数据库系统、版本控制工具（如 Git）的深度融合，智能助手能将开发中的“工具切换成本”转化为“自动化流程”，而 MCP 则通过整合跨工具的上下文信息，确保集成功能的精准性与连贯性。

（1）开发工具链集成的核心场景

① API 调用：从“文档查阅”到“自动生成与调试”。

API 是现代软件开发的核心组件（如第三方支付 API、内部服务接口），但调用过程中需处理文档查阅、参数拼接、错误调试等繁琐工作。例如在微服务项目中，调用内部用户服务 API 时，助手自动读取项目的 Feign 客户端配置，生成符合接口规范的调用代码，并补充熔断器（如 Sentinel）的降级逻辑。

智能开发助手通过工具链集成实现 API 调用全流程辅助，具体说明如下。

a. 基于 API 文档（如 Open API 规范的 Swagger 文档）自动生成调用代码，例如输入“调用微信支付统一下单 API”，助手可生成包含签名计算、参数封装的 Java/Python 代码。

b. 实时校验 API 参数合法性，结合项目依赖（如 OkHttp、Requests 库版本）调整代码风格，避免“库版本不兼容导致的调用失败”。

c. 调试阶段自动解析 API 返回的错误码（如“400 Bad Request”），结合文档说明定位问题（如“缺少必传参数 out_trade_no”）并生成修正方案。

② 数据库操作：从“SQL 编写”到“全流程适配”。

数据库操作是业务开发的高频场景，涉及表结构设计、SQL 编写、ORM 框架适配等工作。例如在电商项目中，需关联 order 表与 user 表查询“用户近 30 天订单金额”，助手自动读取两表的外键关系（user_id），生成关联查询 SQL 及对应的 MyBatis Mapper 接口代码。智能助手通过集成数据库工具链简化这一过程。

a. 基于数据库 Schema（表结构、字段类型、索引信息）自动生成 SQL 语句，例如输入“查询近 7 天活跃用户数”，生成包含 GROUP BY、DATE_FORMAT 的 MySQL 查询语句。

b. 结合 ORM 框架（如 MyBatis、Hibernate）生成实体类与映射文件，例如根据 user 表自动生成 Java 实体类，并补充 @Table、@Column 注解。

c. 检测 SQL 性能风险，如识别“未命中索引的全表扫描”，生成添加索引的建议或改写为 JOIN 查询的优化方案。

③ Git 管理：从“命令记忆”到“流程自动化”。

Git 作为主流版本控制工具，其操作涉及分支管理、冲突解决、提交规范等复杂流程，例如在多人协作开发时，开发者拉取 develop 分支后发现代码冲突，助手自动展示冲突文件的差异对比，并用不同颜色标记“可自动合并的变量名修改”和“需人工决策的业务逻辑冲突”。智能助手通过集成 Git 工具链降低操作门槛。

a. 基于自然语言生成 Git 命令，例如输入“创建 feature 分支并关联远程仓库”，生成 gitcheckout-bfeature/payment&&gitpush-uoriginfeature/payment 命令。

b. 冲突解决时，对比本地代码与远程分支的差异，结合项目编码规范（如命名风格、注释要求）生成冲突合并建议，标记“需人工确认的逻辑冲突”。

c. 提交代码时自动生成规范的 Commit 信息，例如根据代码修改内容（如“修复订单支付超时 bug”）生成“fix(payment):resolvetimeoutissueinorderpayment”的符合 Conventional Commits 规范的信息。

（2）MCP 在开发工具链集成中的作用

开发工具链中，API 文档、数据库 Schema、Git 历史等信息分散在不同系统中，若缺乏统一协调，智能助手可能因“信息不全”导致功能失效（如生成的 SQL 与实际表结构不符）。MCP 通过规范跨工具上下文的“采集 - 整合 - 传递”流程，成为工具链集成的“信息中枢”。

① 跨工具信息整合　MCP 定义了标准化的上下文信息采集规则，确保智能助手能精准获取各工具的关键数据。

例如在 API 调用场景中，MCP 自动关联“项目依赖库版本”（如 spring-cloud-openfeign 版本）、“API 文档最新版本”（如 Swagger 的 v3 规范）、“历史调用日志”（如过去 3 次调用失败的错误码），避免生成过时或不兼容的调用代码。

在数据库操作中，MCP 实时同步“数据库类型”（MySQL/PostgreSQL）、“表结构更新记录”（如最近修改的 order 表新增 discount 字段）、“ORM 框架配置”（如 MyBatis 的 type-aliases-package 设置），确保生成的 SQL 和实体类与项目实际环境一致。

② 上下文优先级管理　不同工具的上下文信息重要性不同，MCP 通过优先级排序避免信息过载。

例如在解决 Git 冲突问题时，MCP 将“项目编码规范文档”“核心业务逻辑注释”设为高优先级，“历史提交记录”设为中优先级，确保冲突合并建议优先符合团队代码风格和业务逻辑，而非单纯的语法兼容。

在 API 调试时，MCP 将“实时错误响应”（如返回的 500 错误堆栈）优先级高于“历史调用成功案例”，确保助手优先基于当前错误场景生成修复方案。

③ 工具状态一致性维护　MCP 通过动态更新上下文，确保智能助手感知工具状态变化。

当数据库管理员修改表结构后，MCP 立即同步新的 Schema 信息至智能助手，避免开发者仍基于旧表结构生成 SQL。

Git 分支切换后，MCP 自动更新“当前分支名称”“远程关联分支”等信息，确保生成的 Git 命令与当前工作区状态匹配（如避免在 main 分支直接提交代码）。

7.2.4 运维自动化：日志管理、缓存、性能监控

运维自动化是智能开发助手从“开发阶段”延伸至“运行阶段”的重要能力，通过对日志、缓存、性能监控等运维场景的智能化辅助，降低运维门槛，减少线上问题排查时间。MCP 在此过程中负责整合运维场景的多维度数据，确保智能助手能基于完整上下文提供精准的运维建议。

（1）运维自动化的核心场景

① 日志管理：从“海量日志检索”到“智能分析与告警”。

日志是排查线上问题的核心依据，但传统日志分析依赖人工检索关键词，效率低下。例如在线上订单支付失败时，开发者输入“排查订单 12345 支付失败原因”，助手自动检索相关日志，发现“调用支付网关超时”，并关联网络监控数据指出“服务器到网关的网络延迟突增”。智能开发助手通过运维自动化实现日志全流程智能化处理。

a. 日志聚合与检索：对接 ELK（Elasticsearch、Logstash、Kibana）等日志系统，通过自然语言查询日志（如“查询今天 10 点支付服务的 ERROR 日志”），自动生成 Elasticsearch

查询语句并返回结果。

b. 异常根因分析：识别日志中的错误模式（如“NullPointerException+ 订单 ID=12345”），结合代码调用链（如 Spring Cloud Sleuth 的追踪 ID）定位异常发生的具体函数与参数。

c. 告警规则生成：基于历史错误日志，自动生成 Prometheus 告警规则（如“当支付服务 ERROR 日志 5 分钟内超过 10 次时触发告警”）。

② 缓存优化：从“经验配置”到“数据驱动调优”。

缓存是提升系统性能的关键手段，但缓存策略不当可能导致“缓存穿透”“数据不一致”等问题。例如在电商大促前，助手通过分析历史数据，建议将“热门商品缓存过期时间延长至 24 小时”，并添加“定时预热缓存”的脚本，避免大促时缓存雪崩。智能助手通过分析缓存指标实现自动化优化。

a. 缓存配置生成：根据业务场景（如“商品详情页查询”）自动生成 Redis 缓存配置，包括 Key 命名规则（如 product:detail:{id}）、过期时间（如 2 小时）、序列化方式（如 JSON）。

b. 异常检测与修复：监控缓存命中率、穿透率等指标，当发现“某类商品缓存命中率低于 30%”时，分析原因（如 Key 设计不合理）并生成优化方案（如调整 Key 粒度为 product:category:{cid}:{id}）。

c. 一致性保障：针对“订单创建后缓存未更新”问题，自动生成“数据库更新后触发缓存删除”的代码（如 MyBatis 的 @CacheEvict 注解配置）。

③ 性能监控：从“指标堆砌”到“问题预警与优化”。

性能监控需处理海量指标（如 CPU 使用率、接口响应时间），传统方式依赖人工分析阈值，易错过潜在问题。例如在系统上线后 CPU 使用率会持续升高，助手通过分析监控数据发现“定时任务未做并发控制，导致大量线程阻塞”，并生成“使用分布式锁（如 Redisson）限制任务并发数”的修复方案。智能助手通过自动化分析实现性能问题早发现、早解决。

a. 监控指标解读：对接 Grafana、Prometheus 等工具，将复杂指标转化为自然语言（如“用户中心接口 P95 响应时间从 50ms 升至 200ms，主要因数据库查询耗时增加”）。

b. 性能瓶颈定位：结合 APM（应用性能监控）工具数据（如 SkyWalking 的调用链），定位性能瓶颈（如“MySQL 慢查询导致接口超时”），并生成优化建议（如添加索引、优化 SQL）。

c. 容量规划建议：基于历史性能数据预测资源需求，如“根据近 30 天用户增长趋势，建议下周将应用服务器内存从 8GB 升级至 16GB”。

（2）MCP 在运维自动化中的作用

运维场景中，日志格式、缓存策略、监控指标等信息来源分散且动态变化，MCP 通过标准化上下文管理，确保智能助手的运维建议“基于完整且最新的信息”。

① 运维数据标准化整合　MCP 定义了运维上下文的统一格式，将分散的多源数据转化为模型可理解的信息。

a. 在日志管理中，MCP 整合“日志字段格式”（如 timestamplevelmessage 字段定义）、“错误码映射表”（如 500 对应“服务器内部错误”）、“服务拓扑关系”（如支付服务依赖订单服务），确保日志分析时能关联服务调用链，避免孤立解读日志。

b. 在缓存优化中，MCP 同步“缓存中间件类型”（Redis/Memcached）、“缓存 Key 命名规范”、“数据库与缓存同步策略”（如 Cache-Aside 模式），确保生成的缓存配置符合项目实际架构。

② 动态上下文更新　在运维环境中，指标数据和系统状态实时变化，MCP 通过动态更

新机制确保上下文“时效性”。

a. 在进行性能监控时，MCP 每 30s 同步一次最新监控指标（如接口响应时间、JVM 堆内存使用率），当指标超过历史阈值时，自动将“异常指标”标记为高优先级上下文，确保助手优先分析当前最紧急的性能问题。

b. 在缓存优化中，MCP 实时同步“缓存命中率”“过期 Key 数量”等数据，当命中率突然下降时，立即触发上下文更新，让助手基于最新数据生成调优建议。

③ 跨场景上下文关联　MCP 支持运维场景与开发场景的上下文关联，实现“开发 - 运维”全链路协同。

a. 当在运维中发现“接口响应慢”时，MCP 自动关联该接口的“开发时代码逻辑”（如是否使用了嵌套循环）、“测试时性能数据”（如压测时的 QPS 阈值），帮助助手定位问题根源是“代码逻辑缺陷”还是“运维资源不足”。

b. 在日志分析中，MCP 将“线上错误日志”与“开发时的单元测试用例”关联，例如发现“支付接口 NPE 错误”时，自动提示“该场景未覆盖单元测试，建议补充测试用例”。

④ 阈值与规则传递　MCP 将团队的运维规范和阈值标准传递给智能助手，确保建议“符合团队的实际需求”。

a. 在告警规则生成时，MCP 传递团队的“告警敏感度配置”（如核心接口响应时间阈值为 100ms，非核心接口为 500ms），避免生成过于严格或宽松的告警规则。

b. 在性能优化中，MCP 传递“系统 SLA 标准”（如可用性 99.9%），确保容量规划建议能满足业务连续性要求。

无论是智能编程助手开发，还是工具链集成和运维自动化，MCP 都扮演着“上下文协调者”的核心角色。通过规范跨工具、跨场景的信息采集、整合与传递，MCP 解决了智能开发助手在复杂开发运维环境中“信息不全、数据分散、时效不足”的问题，使其从“通用工具”升级为“贴合项目实际场景的专属助手”，真正实现全流程效率提升。

7.3　综合实战：基于 IDA Pro 和 VS Code 的 MCP 服务器

本节介绍的是一款专为 IDA Pro 逆向工程工具设计的 MCP（Model Context Protocol）服务器，通过 JSON-RPC 协议实现 IDA Pro 与外部工具（如 VS Code、Cline、Roo Code 等）的无缝集成，支持自动安装与配置，提供包括函数分析、反编译、交叉引用查询、调试控制（需 --unsafe 模式）等 30+ 功能接口，并针对大语言模型（LLM）优化提示工程，帮助用户在熟悉的开发环境中高效完成逆向任务，显著提升分析效率与自动化程度。

实例 7-1： 基于 IDA Pro 和 VS Code 的 MCP 服务器（源码路径：codes\7\ida-pro-mcp）

7.3.1　系统配置

① 文件 uv.lock 是本项目的依赖锁文件，记录了项目运行所需的所有 Python 包及其版本、来源和依赖关系。其中核心依赖包括 mcp（提供 MCP 协议基础支持）、httpx 及 httpx-sse（处理 HTTP 通信与 SSE 流）、pydantic（数据验证）、starlette 和 uvicorn（构建 Web 服务）等，同时指定了开发环境依赖（如 mcp[cli]），确保项目在不同环境中能以一致的依赖配置运行，支撑其作为 IDA Pro 与 MCP 客户端（如 VS Code 插件）交互桥梁的核心功能。

② 文件 pyproject.toml 定义了本项目的元数据和构建设置信息，本项目是一个用于 IDA Pro 的插件，通过 MCP 协议实现逆向工程自动化与大语言模型（LLM）集成，支持跨平台运行（Windows、macOS）。配置文件指定了项目名称、版本、依赖项（核心依赖 mcp 库）、

开发工具链（mcp[cli]）以及两个命令行入口点（ida-pro-mcp 和 idalib-mcp），用于启动不同模式的 MCP 服务器。

```
[project]
name = "ida-pro-mcp"
version = "1.4.0"
description = "通过IDA Pro实现逆向工程自动化"
readme = "README.md"
requires-python = ">=3.11"
authors = [{ name = "mrexodia" }]
keywords = ["ida", "mcp", "llm", "plugin"]
classifiers = [
    "Development Status :: 5 - Production/Stable",
    "Intended Audience :: Developers",
    "Programming Language :: Python :: 3",
    "Programming Language :: Python :: 3.11",
    "Operating System :: MacOS",
    "Operating System :: Microsoft :: Windows",
]
dependencies = [
    "mcp>=1.7.0",  # 核心MCP协议库依赖
]

[build-system]
requires = ["setuptools"]  # 构建系统依赖
build-backend = "setuptools.build_meta"

[dependency-groups]
dev = [
    "mcp[cli]>=1.7.0",  # 开发环境依赖，包含命令行工具
]

[project.scripts]
ida-pro-mcp = "ida_pro_mcp.server:main"  # IDA Pro插件主入口点
idalib-mcp = "ida_pro_mcp.idalib_server:main"  # IDALib服务器入口点
```

7.3.2 MCP 服务器：IDA Pro 内部服务器

文件 idalib_server.py 是一个通过 MCP 协议提供 IDA Pro 功能的服务器程序。它使用 idalib（IDA Pro 的 Python 接口库）实现对二进制文件的分析和操作功能，并通过 HTTP 服务将这些功能暴露给外部工具。文件 idalib_server.py 的功能有加载二进制文件、执行自动分析、初始化反编译器，并提供了一系列工具方法用于获取函数信息、交叉引用、设置注释等。并且可以通过命令行参数配置服务器的监听地址、端口，以及设置是否启用不安全功能。

```
import sys
import inspect
import logging
import argparse
import importlib
from pathlib import Path
import typing_inspection.introspection as intro

from mcp.server.fastmcp import FastMCP

# idapro必须优先导入以初始化idalib
import idapro
```

```
import ida_auto
import ida_hexrays

logger = logging.getLogger(__name__)

mcp = FastMCP("github.com/mrexodia/ida-pro-mcp#idalib")

def fixup_tool_argument_descriptions(mcp: FastMCP):

    #FastMCP.list_tools()是异步的，所以我们违反最佳实践直接访问`._tool_manager`
    # 而不是为了获取(非异步)工具列表而启动一个asyncio运行时。
    for tool in mcp._tool_manager.list_tools():
        sig = inspect.signature(tool.fn)
        for name, parameter in sig.parameters.items():
            # 这个实例是一个原始的`typing._AnnotatedAlias`，我们无法直接对其进行操作。
            # 它的表现类似于：
            #
            #      typing.Annotated[str, 'Name of the function to get']
            if not parameter.annotation:
                continue

            # 这个实例看起来像这样：
            #
            #     InspectedAnnotation(type=<class 'str'>, qualifiers=set(), metadat
a=['Name of the function to get'])
            #
            annotation = intro.inspect_annotation(
                                                   parameter.annotation,
                                                   annotation_source=intro.
AnnotationSource.ANY
                                               )

            # 对于我们的用例，我们附加一个字符串注释作为文档说明，
            # 我们提取该字符串并将其分配给工具元数据中的"description"。

            if annotation.type is not str:
                continue

            if len(annotation.metadata) != 1:
                continue

            description = annotation.metadata[0]
            if not isinstance(description, str):
                continue

            logger.debug("添加参数文档 %s(%s='%s')", tool.name, name, description)
            tool.parameters["properties"][name]["description"] = description

def main():
    parser = argparse.ArgumentParser(description="通过idalib为IDA Pro提供的MCP服务器")
    parser.add_argument("--verbose", "-v", action="store_true", help="显示调试信息")
    parser.add_argument("--host", type=str, default="127.0.0.1", help="监听的主机地
址，默认：127.0.0.1")
    parser.add_argument("--port", type=int, default=8745, help="监听的端口，默认：
8745")
    parser.add_argument("--unsafe", action="store_true", help="启用不安全功能(危险)")
    parser.add_argument("input_path", type=Path, help="要分析的输入文件路径。")
    args = parser.parse_args()

    if args.verbose:
        log_level = logging.DEBUG
        idapro.enable_console_messages(True)
```

```
    else:
        log_level = logging.INFO
        idapro.enable_console_messages(False)

    mcp.settings.log_level = logging.getLevelName(log_level)
    mcp.settings.host = args.host
    mcp.settings.port = args.port
    logging.basicConfig(level=log_level)

    # 重置可能在idapythonrc.py中初始化的日志级别
    # 这在导入idalib期间会被执行。
    logging.getLogger().setLevel(log_level)

    if not args.input_path.exists():
        raise FileNotFoundError(f"输入文件不存在: {args.input_path}")

    # TODO: 添加一个用于指定idb/输入文件的工具(沙箱化)
    logger.info("打开数据库: %s", args.input_path)
    if idapro.open_database(str(args.input_path), run_auto_analysis=True):
        raise RuntimeError("分析输入文件失败")

    logger.debug("idalib: 等待分析完成...")
    ida_auto.auto_wait()

    if not ida_hexrays.init_hexrays_plugin():
        raise RuntimeError("初始化Hex-Rays反编译器失败")

    plugin = importlib.import_module("ida_pro_mcp.mcp-plugin")
    logger.debug("添加工具...")
    for name, callable in plugin.rpc_registry.methods.items():
        if args.unsafe or name not in plugin.rpc_registry.unsafe:
            logger.debug("添加工具: %s: %s", name, callable)
            mcp.add_tool(callable, name)

    fixup_tool_argument_descriptions(mcp)

    # 注意: 使用npx @modelcontextprotocol/inspector进行调试
    logger.info("MCP服务器可在以下地址访问: http://%s:%d/sse", mcp.settings.host, mcp.
settings.port)
    try:
        mcp.run(transport="sse")
    except KeyboardInterrupt:
        pass

if __name__ == "__main__":
    main()
```

7.3.3 MCP 服务器：主服务器

文件 server.py 是本项目的核心服务器程序，主要功能包括创建 MCP 服务器实例以支持与 IDA Pro 插件的交互；通过 JSON-RPC 协议向 IDA 插件发送请求，实现函数信息获取、反编译等逆向工程功能；动态解析 mcp-plugin.py 生成工具函数并注册到 MCP 服务器；提供命令行参数支持（如安装/卸载 IDA 插件和 MCP 客户端配置、生成文档、指定传输协议等）；管理安全与不安全函数的启用，确保调试等敏感操作需显式授权。

① 下面代码的功能是设置日志级别，创建一个名为 "mrexodia/ida-pro-mcp" 的 FastMCP 实例，并定义全局变量 jsonrpc_request_id、ida_host 和 ida_port 用于后续的 JSON-RPC 请求。

```
# 日志级别对Cline的正常工作至关重要
mcp = FastMCP("mrexodia/ida-pro-mcp", log_level="ERROR")

jsonrpc_request_id = 1
ida_host = "127.0.0.1"
ida_port = 13337
```

② 下面这段代码定义了函数 make_jsonrpc_request，用于构建并发送一个 JSON-RPC 请求到 IDA Pro 插件。该函数接收一个方法名和可变数量的参数，构建请求体，并通过 HTTP POST 请求发送到 IDA Pro 插件。函数 make_jsonrpc_request 能够处理响应，如果响应中包含错误则抛出异常，如果结果为空则返回字符串“success”。

```
def make_jsonrpc_request(method: str, *params):
    """向IDA插件发送JSON-RPC请求"""
    global jsonrpc_request_id, ida_host, ida_port
    conn = http.client.HTTPConnection(ida_host, ida_port)
    request = {
        "jsonrpc": "2.0",
        "method": method,
        "params": list(params),
        "id": jsonrpc_request_id,
    }
    jsonrpc_request_id += 1

    try:
        conn.request("POST", "/mcp", json.dumps(request), {
            "Content-Type": "application/json"
        })
        response = conn.getresponse()
        data = json.loads(response.read().decode())

        if "error" in data:
            error = data["error"]
            code = error["code"]
            message = error["message"]
            pretty = f"JSON-RPC错误 {code}: {message}"
            if "data" in error:
                pretty += "\n" + error["data"]
            raise Exception(pretty)

        result = data["result"]
        # 注意：大语言模型对空响应处理不佳
        if result is None:
            result = "success"
        return result
    except Exception:
        raise
    finally:
        conn.close()
```

③ 下面这段代码定义了函数 check_connection，它是一个 MCP 工具，用于检查 IDA Pro 插件是否正在运行。函数 check_connection 调用 make_jsonrpc_request 函数发送 get_metadata 请求，如果成功则返回连接成功的信息，如果失败则根据操作系统提供启动 IDA Pro 插件的快捷键。

```
@mcp.tool()
def check_connection() -> str:
    """检查IDA插件是否正在运行"""
```

```
    try:
        metadata = make_jsonrpc_request("get_metadata")
        return f"已成功连接到IDA Pro（打开的文件：{metadata['module']}）"
    except Exception as e:
        if sys.platform == "darwin":  # macOS系统
            shortcut = "Ctrl+Option+M"
        else:
            shortcut = "Ctrl+Alt+M"
        return f"无法连接到IDA Pro！请确认已通过"编辑 -> 插件 -> MCP"（快捷键：{shortcut}）
启动服务器"
```

④ 下面代码定义了类 MCPVisitor，它继承自 ast.NodeVisitor，用于遍历抽象语法树（AST）。类 MCPVisitor 用于解析 IDA Pro 插件的 Python 代码，提取函数定义、类型定义和函数描述，并标记不安全函数。

```
# 代码来自https://github.com/mrexodia/ida-pro-mcp（MIT许可证）
class MCPVisitor(ast.NodeVisitor):
    def __init__(self):
        self.types: dict[str, ast.ClassDef] = {}  # 存储类型定义
        self.functions: dict[str, ast.FunctionDef] = {}  # 存储函数定义
        self.descriptions: dict[str, str] = {}  # 存储函数描述
        self.unsafe: list[str] = []  # 存储不安全函数名

    def visit_FunctionDef(self, node):
        """处理函数定义，解析注释并生成MCP工具函数"""
        for decorator in node.decorator_list:
            if isinstance(decorator, ast.Name):
                if decorator.id == "jsonrpc":
                    # 处理函数参数的类型注释（Annotated类型）
                    for i, arg in enumerate(node.args.args):
                        arg_name = arg.arg
                        arg_type = arg.annotation
                        if arg_type is None:
                            raise Exception(f"函数{node.name}的参数{arg_name}缺少类型注
释")
                        if isinstance(arg_type, ast.Subscript):
                            # 解析Annotated类型（如Annotated[str, "描述"]）
                            assert isinstance(arg_type.value, ast.Name)
                            assert arg_type.value.id == "Annotated"
                            assert isinstance(arg_type.slice, ast.Tuple)
                            assert len(arg_type.slice.elts) == 2
                            annot_type = arg_type.slice.elts[0]
                            annot_description = arg_type.slice.elts[1]
                            assert isinstance(annot_description, ast.Constant)
                            # 转换为带Field描述的Annotated类型（适配MCP）
                            node.args.args[i].annotation = ast.Subscript(
                                value=ast.Name(id="Annotated", ctx=ast.Load()),
                                slice=ast.Tuple(
                                    elts=[
                                    annot_type,
                                    ast.Call(
                                        func=ast.Name(id="Field", ctx=ast.Load()),
                                        args=[],
                                        keywords=[
                                        ast.keyword(
                                            arg="description",
                                            value=annot_description)])],
                                    ctx=ast.Load()),
                                ctx=ast.Load())
                        elif isinstance(arg_type, ast.Name):
                            pass  # 普通类型注释，无需处理
```

```
                    else:
                        raise Exception(f"函数{node.name}的参数{arg_name}存在意外的
类型注释: {type(arg_type)}")

                # 提取函数文档注释
                if node.body and isinstance(node.body[0], ast.
Expr) and isinstance(node.body[0].value, ast.Constant):
                    new_body = [node.body[0]]  # 保留原注释
                    self.descriptions[node.name] = node.body[0].value.
value  # 存储描述
                else:
                    new_body = []  # 无注释则为空

                # 生成调用make_jsonrpc_request的代码
                call_args = [ast.Constant(value=node.name)]  # 第一个参数是函数名
                for arg in node.args.args:
                    call_args.append(ast.Name(id=arg.arg, ctx=ast.Load()))  # 后
续参数是函数参数
                new_body.append(ast.Return(
                    value=ast.Call(
                        func=ast.Name(id="make_jsonrpc_request", ctx=ast.
Load()),
                        args=call_args,
                        keywords=[])))
                # 为函数添加@mcp.tool()装饰器
                decorator_list = [
                    ast.Call(
                        func=ast.Attribute(
                            value=ast.Name(id="mcp", ctx=ast.Load()),
                            attr="tool",
                            ctx=ast.Load()),
                        args=[],
                        keywords=[]
                    )
                ]
                # 创建新的函数节点（用于生成MCP工具）
                node_nobody = ast.FunctionDef(node.name, node.args, new_
body, decorator_list, node.returns, node.type_comment, lineno=node.lineno, col_
offset=node.col_offset)
                assert node.name not in self.functions, f"函数重复定义: {node.
name}"
                self.functions[node.name] = node_nobody
            elif decorator.id == "unsafe":
                # 标记不安全函数
                self.unsafe.append(node.name)

    def visit_ClassDef(self, node):
        """处理类定义（仅保留TypedDict类型）"""
        for base in node.bases:
            if isinstance(base, ast.Name) and base.id == "TypedDict":
                self.types[node.name] = node  # 存储TypedDict类型定义
```

⑤ 下面代码用于读取 IDA Pro 插件的 Python 代码文件，使用 ast.parse 解析为 AST，并使用 MCPVisitor 类遍历 AST，提取函数和类型定义。

```
# 动态生成MCP工具函数（从mcp-plugin.py解析）
SCRIPT_DIR = os.path.dirname(os.path.realpath(__file__))  # 当前脚本目录
IDA_PLUGIN_PY = os.path.join(SCRIPT_DIR, "mcp-plugin.py")  # IDA插件路径
GENERATED_PY = os.path.join(SCRIPT_DIR, "server_generated.py")  # 生成的工具函数文件

# 检查插件文件是否存在
```

```
if not os.path.exists(IDA_PLUGIN_PY):
    raise RuntimeError(f"未找到IDA插件：{IDA_PLUGIN_PY}（是否被移动？）")
with open(IDA_PLUGIN_PY, "r") as f:
    code = f.read()  # 读取插件代码
module = ast.parse(code, IDA_PLUGIN_PY)  # 解析为AST
visitor = MCPVisitor()
visitor.visit(module)  # 遍历AST提取函数和类型
```

⑥ 下面这段代码用于初始化一个字符串 code，用于存储生成的 Python 代码。它包含了导入语句和类型变量定义，为后续添加类型定义和函数定义做准备。

```
# 生成工具函数代码
code = “””# 注意：此文件为自动生成，请勿修改！
# 架构基于https://github.com/mrexodia/ida-pro-mcp（MIT许可证）
import sys
if sys.version_info >= (3, 12):
    from typing import Annotated, Optional, TypedDict, Generic, TypeVar, NotRequire
d
else:
    from typing_extensions import Annotated, Optional, TypedDict, Generic, TypeVar
, NotRequired
from pydantic import Field

T = TypeVar("T")

"""
```

⑦ 下面代码的功能是遍历类 MCPVisitor 中提取的类型定义和函数定义，使用 ast.unparse 将它们转换为字符串，并添加到 code 字符串中。然后，将生成的代码写入 server_generated.py 文件，并执行该文件以动态生成 MCP 工具函数。

```
# 添加类型定义
for type in visitor.types.values():
    code += ast.unparse(type)
    code += "\n\n"
# 添加函数定义
for function in visitor.functions.values():
    code += ast.unparse(function)
    code += "\n\n"
# 写入生成的文件并执行
with open(GENERATED_PY, "w") as f:
    f.write(code)
exec(compile(code, GENERATED_PY, "exec"))
```

⑧ 下面代码定义了两个列表 MCP_FUNCTIONS 和 UNSAFE_FUNCTIONS，分别包含所有 MCP 函数和不安全函数的名称。SAFE_FUNCTIONS 列表包含除了不安全函数之外的所有函数名称。

```
# 分类函数（安全/不安全）
MCP_FUNCTIONS = ["check_connection"] + list(visitor.functions.keys())  # 所有MCP函数
UNSAFE_FUNCTIONS = visitor.unsafe  # 不安全函数
SAFE_FUNCTIONS = [f for f in visitor.functions.keys() if f not in UNSAFE_
FUNCTIONS]  # 安全函数
```

⑨ 下面代码定义了函数 generate_readme，用于生成 README 文档内容，包括函数列表、描述和 MCP 配置示例。它遍历安全函数和不安全函数，生成相应的描述，并打印 MCP 配置示例。

```
def generate_readme():
    """生成README文档内容（函数列表及描述）"""
    print("README:")
    print(f"- `check_connection()`: 检查IDA插件是否正在运行。")
    def get_description(name: str):
        """获取函数的签名和描述"""
        function = visitor.functions[name]
        signature = function.name + "("
        for i, arg in enumerate(function.args.args):
            if i > 0:
                signature += ", "
            signature += arg.arg
        signature += ")"
        description = visitor.descriptions.get(function.name, "<无描述>").strip()
        if description[-1] != ".":
            description += "."
        return f"- `{signature}`: {description}"
    # 输出安全函数
    for safe_function in SAFE_FUNCTIONS:
        print(get_description(safe_function))
    # 输出不安全函数
    print("\n不安全函数（需--unsafe标志）: \n")
    for unsafe_function in UNSAFE_FUNCTIONS:
        print(get_description(unsafe_function))
    # 输出MCP配置示例
    print("\nMCP配置: ")
    mcp_config = {
        "mcpServers": {
            "github.com/mrexodia/ida-pro-mcp": {
            "command": "uv",
            "args": [
                "--directory",
                "c:\\MCP\\ida-pro-mcp",
                "run",
                "server.py",
                "--install-plugin"
            ],
            "timeout": 1800,
            "disabled": False,
            }
        }
    }
    print(json.dumps(mcp_config, indent=2))
```

⑩ 下面代码定义了函数 get_python_executable，用于获取 Python 可执行文件的路径。它首先检查虚拟环境变量，然后从系统路径中查找 Python 可执行文件。

```
def get_python_executable():
    """获取Python可执行文件路径"""
    venv = os.environ.get("VIRTUAL_ENV")
    if venv:
        if sys.platform == "win32":
            python = os.path.join(venv, "Scripts", "python.exe")
        else:
            python = os.path.join(venv, "bin", "python3")
        if os.path.exists(python):
            return python

    # 从系统路径中查找Python
    for path in sys.path:
        if sys.platform == "win32":
```

```
            path = path.replace("/", "\\")

        split = path.split(os.sep)
        if split[-1].endswith(".zip"):
            path = os.path.dirname(path)
            if sys.platform == "win32":
                python_executable = os.path.join(path, "python.exe")
            else:
                python_executable = os.path.join(path, "..", "bin", "python3")
            python_executable = os.path.abspath(python_executable)

            if os.path.exists(python_executable):
                return python_executable
    return sys.executable  # 默认返回当前Python可执行文件
```

⑪ 下面代码定义了函数 print_mcp_config，用于打印 MCP 服务器的配置 JSON。它包含命令、参数、超时时间等信息，以便于用户配置 MCP 客户端。

```
def print_mcp_config():
    """打印MCP服务器配置JSON"""
    print(json.dumps({
            "mcpServers": {
                mcp.name: {
                    "command": get_python_executable(),
                    "args": [
                        __file__,
                    ],
                    "timeout": 1800,
                    "disabled": False,
                }
            }
        }, indent=2)
    )
```

⑫ 下面代码定义了函数 install_mcp_servers，用于安装或卸载 MCP 客户端配置。它支持不同的平台和客户端工具，例如 Cline、Roo Code 等。函数 install_mcp_servers 能够根据操作系统确定配置文件路径，并执行安装或卸载操作。

```
def install_mcp_servers(*, uninstall=False, quiet=False, env={}):
    """安装或卸载MCP客户端配置（适配不同工具如Cline、Roo Code等）"""
    # 不同平台的MCP客户端配置路径
    if sys.platform == "win32":
        configs = {
            "Cline": (os.path.join(os.getenv("APPDATA"), "Code", "User",
"globalStorage", "saoudrizwan.claude-dev", "settings"), "cline_mcp_settings.json"),
            "Roo Code": (os.path.join(os.getenv("APPDATA"), "Code", "User", "global
    Storage", "rooveterinaryinc.roo-cline", "settings"), "mcp_settings.json"),
            "Claude": (os.path.join(os.getenv("APPDATA"), "Claude"), "claude_
    desktop_config.json"),
            "Cursor": (os.path.join(os.path.expanduser("~"), ".cursor"), "mcp.
    json"),
            "Windsurf": (os.path.join(os.path.expanduser("~"), ".
    codeium", "windsurf"), "mcp_config.json"),
            "LM Studio": (os.path.join(os.path.expanduser("~"), ".lmstudio"), "mcp.
    json"),
        }
    elif sys.platform == "darwin":  # macOS
        configs = {
            "Cline": (os.path.join(os.path.expanduser("~"), "Library",
"Application Support", "Code", "User", "globalStorage", "saoudrizwan.claude-dev",
```

```
"settings"), "cline_mcp_settings.json"),
            "Roo Code": (os.path.join(os.path.expanduser("~"), "Library",
"Application Support", "Code", "User", "globalStorage", "rooveterinaryinc.roo-cline",
"settings"), "mcp_settings.json"),
            "Claude": (os.path.join(os.path.expanduser("~"), "Library", "Applicatio
    n Support", "Claude"), "claude_desktop_config.json"),
            "Cursor": (os.path.join(os.path.expanduser("~"), ".cursor"), "mcp.
    json"),
            "Windsurf": (os.path.join(os.path.expanduser("~"), ".
    codeium", "windsurf"), "mcp_config.json"),
            "Claude Code": (os.path.join(os.path.expanduser("~")), ".claude.json"),
            "LM Studio": (os.path.join(os.path.expanduser("~"), ".lmstudio"), "mcp.
    json"),
        }
    elif sys.platform == "linux":  # Linux
        configs = {
            "Cline": (os.path.join(os.path.expanduser("~"), ".config", "Code",
"User", "globalStorage", "saoudrizwan.claude-dev", "settings"), "cline_mcp_settings.
json"),
            "Roo Code": (os.path.join(os.path.expanduser("~"), ".config", "Code",
"User", "globalStorage", "rooveterinaryinc.roo-cline", "settings"), "mcp_settings.
json"),
            "Cursor": (os.path.join(os.path.expanduser("~"), ".cursor"), "mcp.
    json"),
            "Windsurf": (os.path.join(os.path.expanduser("~"), ".
    codeium", "windsurf"), "mcp_config.json"),
            "Claude Code": (os.path.join(os.path.expanduser("~")), ".claude.json"),
            "LM Studio": (os.path.join(os.path.expanduser("~"), ".lmstudio"), "mcp.
    json"),
        }
    else:
        print(f"不支持的平台：{sys.platform}")
        return

    installed = 0
    for name, (config_dir, config_file) in configs.items():
        config_path = os.path.join(config_dir, config_file)
        if not os.path.exists(config_dir):
            action = "卸载" if uninstall else "安装"
            if not quiet:
                print(f"跳过{name}的{action}\n  配置路径：{config_path}（不存在）")
            continue
        # 读取现有配置
        if not os.path.exists(config_path):
            config = {}
        else:
            with open(config_path, "r") as f:
                data = f.read().strip()
                if len(data) == 0:
                    config = {}
                else:
                    try:
                        config = json.loads(data)
                    except json.decoder.JSONDecodeError:
                        if not quiet:
                            print(f"跳过{name}的卸载\n  配置路径：{config_path}（无效
    JSON）")
                        continue
        # 初始化mcpServers配置
        if "mcpServers" not in config:
            config["mcpServers"] = {}
        mcp_servers = config["mcpServers"]
```

```
        if uninstall:
            # 卸载：移除当前MCP服务器配置
            if mcp.name not in mcp_servers:
                if not quiet:
                    print(f"跳过{name}的卸载\n  配置路径：{config_path}（未安装）")
                continue
            del mcp_servers[mcp.name]
        else:
            # 安装：添加当前MCP服务器配置
            if mcp.name in mcp_servers:
                # 保留现有环境变量
                for key, value in mcp_servers[mcp.name].get("env", {}):
                    env[key] = value
            mcp_servers[mcp.name] = {
                "command": get_python_executable(),
                "args": [__file__],
                "timeout": 1800,
                "disabled": False,
                "autoApprove": SAFE_FUNCTIONS,  # 自动允许安全函数
                "alwaysAllow": SAFE_FUNCTIONS,  # 始终允许安全函数
            }
            if env:
                mcp_servers[mcp.name]["env"] = env  # 添加环境变量
        # 写入更新后的配置
        with open(config_path, "w") as f:
            json.dump(config, f, indent=2)
        if not quiet:
            action = "已卸载" if uninstall else "已安装"
            print(f"{action}{name}的MCP服务器（需重启）\n  配置路径：{config_path}")
        installed += 1
    # 若未安装任何配置，输出通用配置
    if not uninstall and installed == 0:
        print("未安装任何MCP服务器。对于不支持的客户端，请使用以下配置：\n")
        print_mcp_config()
```

⑬ 下面代码定义了函数 install_ida_plugin，用于安装或卸载 IDA Pro 插件。函数 install_ida_plugin 能够根据操作系统确定插件目录，并创建软链接或复制插件文件。

```
def install_ida_plugin(*, uninstall: bool = False, quiet: bool = False):
    """安装或卸载IDA插件"""
    # 确定IDA插件目录
    if sys.platform == "win32":
        ida_plugin_folder = os.path.join(os.getenv("APPDATA"), "Hex-
Rays", "IDA Pro", "plugins")
    else:
        ida_plugin_folder = os.path.join(os.path.expanduser("~"), ".
idapro", "plugins")
    plugin_destination = os.path.join(ida_plugin_folder, "mcp-plugin.py")  # 插件目标
路径

    if uninstall:
        # 卸载：删除插件
        if not os.path.exists(plugin_destination):
            print(f"跳过IDA插件卸载\n  路径：{plugin_destination}（不存在）")
            return
        os.remove(plugin_destination)
        if not quiet:
            print(f"已卸载IDA插件\n  路径：{plugin_destination}")
    else:
        # 安装：创建插件目录并添加插件（优先软链接，失败则复制）
        if not os.path.exists(ida_plugin_folder):
```

```
            os.makedirs(ida_plugin_folder)

        # 检查软链接是否已存在且有效
        realpath = os.path.realpath(plugin_destination)
        if realpath == IDA_PLUGIN_PY:
            if not quiet:
                print(f"跳过IDA插件安装（软链接已更新）\n  插件路径：{realpath}")
        else:
            # 移除现有插件（文件或无效链接）
            if os.path.lexists(plugin_destination):
                os.remove(plugin_destination)

            # 尝试创建软链接，失败则复制文件
            try:
                os.symlink(IDA_PLUGIN_PY, plugin_destination)
            except OSError:
                shutil.copy(IDA_PLUGIN_PY, plugin_destination)

            if not quiet:
                print(f"已安装IDA Pro插件（需重启IDA）\n  插件路径：{plugin_
destination}")
```

⑭ 下面代码定义了主函数 main，用于处理命令行参数，并执行相应的操作，如安装、卸载、生成文档等。函数 main 还会启动 MCP 服务器，支持 stdio 或 SSE 传输协议，并根据用户输入启用或禁用不安全函数。

```
def main():
    """主函数：处理命令行参数并执行对应操作"""
    global ida_host, ida_port
    parser = argparse.ArgumentParser(description="IDA Pro MCP服务器")
    parser.add_argument("--install", action="store_true", help="安装MCP服务器和IDA插件
")
    parser.add_argument("--uninstall", action="store_true", help="卸载MCP服务器和IDA插
件")
    parser.add_argument("--generate-docs", action="store_true", help=argparse.
SUPPRESS)  # 生成文档（隐藏参数）
    parser.add_argument("--install-plugin", action="store_true", help=argparse.
SUPPRESS)  # 仅安装插件（隐藏参数）
    parser.add_argument("--transport", type=str, default="stdio", help="MCP传输协议
（stdio或http://127.0.0.1:8744）")
    parser.add_argument("--ida-rpc", type=str, default=f"http://{ida_host}:{ida_
port}", help=f"IDA RPC服务器地址（默认：http://{ida_host}:{ida_port}）")
    parser.add_argument("--unsafe", action="store_true", help="启用不安全函数（危险）")
    parser.add_argument("--config", action="store_true", help="生成MCP配置JSON")
    args = parser.parse_args()

    # 校验参数冲突
    if args.install and args.uninstall:
        print("无法同时安装和卸载")
        return

    # 执行安装/卸载操作
    if args.install:
        install_mcp_servers()
        install_ida_plugin()
        return
    if args.uninstall:
        install_mcp_servers(uninstall=True)
        install_ida_plugin(uninstall=True)
        return
```

```
    # 生成文档（开发者用）
    if args.generate_docs:
        generate_readme()
        return

    # 静默安装插件（用于自动化安装）
    if args.install_plugin:
        install_ida_plugin(quiet=True)

    # 输出MCP配置
    if args.config:
        print_mcp_config()
        return

    # 解析IDA RPC服务器地址
    ida_rpc = urlparse(args.ida_rpc)
    if ida_rpc.hostname is None or ida_rpc.port is None:
        raise Exception(f"无效的IDA RPC服务器地址：{args.ida_rpc}")
    ida_host = ida_rpc.hostname
    ida_port = ida_rpc.port

    # 过滤不安全函数（未启用--unsafe时）
    if not args.unsafe:
        mcp_tools = mcp._tool_manager._tools
        for unsafe in UNSAFE_FUNCTIONS:
            if unsafe in mcp_tools:
                del mcp_tools[unsafe]

    # 启动MCP服务器（支持stdio或SSE传输）
    try:
        if args.transport == "stdio":
            mcp.run(transport="stdio")
        else:
            url = urlparse(args.transport)
            if url.hostname is None or url.port is None:
                raise Exception(f"无效的传输协议URL：{args.transport}")
            mcp.settings.host = url.hostname
            mcp.settings.port = url.port
            # 注意：使用npx @modelcontextprotocol/inspector进行调试
            print(f"MCP服务器可访问：http://{mcp.settings.host}:{mcp.settings.port}/sse")
            mcp.settings.log_level = "INFO"
            mcp.run(transport="sse")
    except KeyboardInterrupt:
        pass  # 捕获Ctrl+C，优雅退出


if __name__ == "__main__":
    main()
```

注意：文件 server.py 和前面介绍的文件 idalib_server.py 都是 MCP 服务器，但它们在架构中扮演不同的角色，主要区别如下。

（1）核心区别

• server.py：作为主服务器，负责与外部 MCP 客户端（如 Cline、Cursor、Claude 等）通信，通过动态生成的工具函数转发请求到 IDA Pro 插件。

• idalib_server.py：作为 IDA Pro 内部的服务器，使用 idalib（IDA Pro 的 Python 接口）直接操作 IDB 数据库，处理来自 server.py 的请求并返回结果。

（2）架构关系

在本项目中，文件 server.py 和文件 idalib_server.py 的架构关系如下：

```
外部工具（Cline、Cursor 等）→server.py→IDA Pro 插件→idalib_server.py→IDA Pro 内部 API
```

① server.py：是用户直接启动的进程，负责：

与 MCP 客户端建立连接；

动态解析 mcp-plugin.py 生成工具函数；

管理安全 / 不安全函数的权限控制；

安装 / 卸载插件和配置文件。

② idalib_server.py：是 IDA Pro 内部运行的进程，负责：

加载和分析二进制文件；

提供 IDA Pro 的核心功能（反编译、获取函数信息等）；

通过 JSON-RPC 协议与 server.py 通信。

（3）协作流程

① 用户启动 server.py 时，它会动态生成工具函数（基于 mcp-plugin.py）、监听 MCP 客户端连接、安装 IDA Pro 插件（如果需要）。

② 用户在 IDA Pro 中启动 MCP 插件时，插件会加载 idalib_server.py 启动内部服务器，监听来自 server.py 的请求。

③ 当 MCP 客户端发送请求时，server.py 接收请求并转发给 IDA Pro 插件。idalib_server.py 处理请求，调用 IDA Pro API。最终的结果通过 server.py 返回给客户端。

（4）典型场景

① 文件 server.py：

开发人员在终端启动服务器；

配置多个 MCP 客户端（如 Cline、Cursor）；

管理插件的安装和卸载工作。

② 文件 idalib_server.py：

在 IDA Pro 中分析二进制文件时提供实时数据；

执行反编译、获取函数信息等逆向工程操作；

通过插件菜单（如 Edit → Plugins → MCP）启动。

7.3.4 MCP-Plugin 插件

文件 mcp-plugin.py 是本项目的核心插件文件，为 IDA Pro 提供了基于 JSON-RPC 协议的 MCP 接口支持。文件 mcp-plugin.py 实现了一系列逆向工程相关功能，包括获取程序元数据、查询函数 / 全局变量 / 字符串信息、反编译函数、解析汇编代码、管理调试器（设置断点、获取寄存器等），并通过线程安全的方式与 IDA Pro 内核交互。同时，插件支持通过 HTTP 服务处理外部请求，可作为 MCP 客户端与 IDA Pro 之间的通信桥梁。另外，还集成了 Hex-Rays 反编译器以提供伪代码生成能力。

① 下面代码的功能是定义一个名为 JSONRPCError 的异常类，用于处理 JSON-RPC 协议中的错误。该类包含错误代码、错误信息和可选的附加数据。

```
class JSONRPCError(Exception):
    def __init__(self, code: int, message: str, data: Any = None):
        self.code = code
        self.message = message
        self.data = data
```

② 下面代码的功能是定义一个名为 RPCRegistry 的类，用于注册和管理 JSON-RPC 方法。该类包含注册函数、标记不安全函数和调度方法调用的功能。

```
class RPCRegistry:
    def __init__(self):
        self.methods: dict[str, Callable] = {}  # 存储注册的JSON-RPC方法
        self.unsafe: set[str] = set()  # 存储标记为不安全的方法名

    def register(self, func: Callable) -> Callable:
        """注册函数为JSON-RPC方法"""
        self.methods[func.__name__] = func
        return func

    def mark_unsafe(self, func: Callable) -> Callable:
        """标记函数为不安全方法"""
        self.unsafe.add(func.__name__)
        return func

    def dispatch(self, method: str, params: Any) -> Any:
        """调度JSON-RPC请求，验证参数并调用对应方法"""
        if method not in self.methods:
            raise JSONRPCError(-32601, f"方法 '{method}' 不存在")

        func = self.methods[method]
        hints = get_type_hints(func)
        hints.pop("return", None)  # 移除返回值注解

        # 处理列表形式的参数
        if isinstance(params, list):
            if len(params) != len(hints):
                raise JSONRPCError(-32602, f"参数无效：预期 {len(hints)} 个参数，实际收
到 {len(params)} 个")

            converted_params = []
            for value, (param_name, expected_type) in zip(params, hints.items()):
                try:
                    if not isinstance(value, expected_type):
                        value = expected_type(value)  # 类型转换
                    converted_params.append(value)
                except (ValueError, TypeError):
                    raise JSONRPCError(-32602, f"参数 '{param_name}' 类型无效：预
期 {expected_type.__name__}")
            return func(*converted_params)

        # 处理字典形式的参数
        elif isinstance(params, dict):
            if set(params.keys()) != set(hints.keys()):
                raise JSONRPCError(-32602, f"参数无效：预期 {list(hints.keys())}")

            converted_params = {}
            for param_name, expected_type in hints.items():
                value = params.get(param_name)
                try:
                    if not isinstance(value, expected_type):
                        value = expected_type(value)  # 类型转换
                    converted_params[param_name] = value
                except (ValueError, TypeError):
                    raise JSONRPCError(-32602, f"参数 '{param_name}' 类型无效：预
期 {expected_type.__name__}")
            return func(**converted_params)

        else:
```

```
            raise JSONRPCError(-32600, "无效请求：参数必须是数组或对象")
```

③ 下面代码的功能是定义一个名为 JSONRPCRequestHandler 的类，用于处理 JSON-RPC HTTP 请求。该类继承自 http.server.BaseHTTPRequestHandler，包含发送错误响应、处理 POST 请求和日志抑制的方法。

```
class JSONRPCRequestHandler(http.server.BaseHTTPRequestHandler):
    """处理JSON-RPC HTTP请求的处理器"""

    def send_jsonrpc_error(self, code: int, message: str, id: Any = None):
        """发送JSON-RPC错误响应"""
        response = {
            "jsonrpc": "2.0",
            "error": {"code": code, "message": message}
        }
        if id is not None:
            response["id"] = id
        response_body = json.dumps(response).encode("utf-8")
        self.send_response(200)
        self.send_header("Content-Type", "application/json")
        self.send_header("Content-Length", len(response_body))
        self.end_headers()
        self.wfile.write(response_body)

    def do_POST(self):
        """处理POST请求，解析JSON-RPC请求并返回响应"""
        global rpc_registry

        parsed_path = urlparse(self.path)
        if parsed_path.path != "/mcp":
            self.send_jsonrpc_error(-32098, "无效的端点", None)
            return

        content_length = int(self.headers.get("Content-Length", 0))
        if content_length == 0:
            self.send_jsonrpc_error(-32700, "解析错误：缺少请求体", None)
            return

        request_body = self.rfile.read(content_length)
        try:
            request = json.loads(request_body)
        except json.JSONDecodeError:
            self.send_jsonrpc_error(-32700, "解析错误：无效的JSON", None)
            return

        # 准备响应
        response = {"jsonrpc": "2.0"}
        if request.get("id") is not None:
            response["id"] = request.get("id")

        try:
            # 基本的JSON-RPC验证
            if not isinstance(request, dict):
                raise JSONRPCError(-32600, "无效的请求")
            if request.get("jsonrpc") != "2.0":
                raise JSONRPCError(-32600, "无效的JSON-RPC版本")
            if "method" not in request:
                raise JSONRPCError(-32600, "未指定方法")

            # 调度方法调用
            result = rpc_registry.dispatch(request["method"], request.
```

```
get("params", []))
                response["result"] = result

        except JSONRPCError as e:
            response["error"] = {"code": e.code, "message": e.message}
            if e.data is not None:
                response["error"]["data"] = e.data
        except IDAError as e:
            response["error"] = {"code": -32000, "message": e.message}
        except Exception as e:
            traceback.print_exc()
            response["error"] = {
                "code": -32603,
                "message": "内部错误（请报告bug）",
                "data": traceback.format_exc()
            }

        try:
            response_body = json.dumps(response).encode("utf-8")
        except Exception as e:
            traceback.print_exc()
            response_body = json.dumps({
                "error": {
                    "code": -32603,
                    "message": "内部错误（请报告bug）",
                    "data": traceback.format_exc()
                }
            }).encode("utf-8")

        self.send_response(200)
        self.send_header("Content-Type", "application/json")
        self.send_header("Content-Length", len(response_body))
        self.end_headers()
        self.wfile.write(response_body)

    def log_message(self, format, *args):
        """抑制日志输出"""
        pass
```

④ 下面代码的功能是定义一个名为 Server 的类，用于管理 MCP 服务器的启动和停止。该类包含启动服务器、停止服务器和在线程中运行服务器的方法。

```
class Server:
    """管理MCP服务器的启动和停止"""
    HOST = "localhost"
    PORT = 13337

    def __init__(self):
        self.server = None
        self.server_thread = None
        self.running = False

    def start(self):
        """启动服务器"""
        if self.running:
            print("[MCP] 服务器已在运行")
            return

        self.server_thread = threading.Thread(target=self._run_server, daemon=True)
        self.running = True
        self.server_thread.start()
```

```
    def stop(self):
        """停止服务器"""
        if not self.running:
            return

        self.running = False
        if self.server:
            self.server.shutdown()
            self.server.server_close()
        if self.server_thread:
            self.server_thread.join()
            self.server = None
        print("[MCP] 服务器已停止")

    def _run_server(self):
        """在线程中运行服务器，处理绑定和请求"""
        try:
            self.server = MCPHTTPServer((Server.HOST, Server.
PORT), JSONRPCRequestHandler)
            print(f"[MCP] 服务器已启动，地址：http://{Server.HOST}:{Server.PORT}")
            self.server.serve_forever()
        except OSError as e:
            if e.errno == 98 or e.errno == 10048:  # 端口已被占用（Linux/Windows）
                print("[MCP] 错误：端口13337已被占用")
            else:
                print(f"[MCP] 服务器错误：{e}")
            self.running = False
        except Exception as e:
            print(f"[MCP] 服务器错误：{e}")
        finally:
            self.running = False
```

⑤ 下面代码的功能是定义一个名为 IDAError 的异常类，用于处理与 IDA 操作相关的异常。该类继承自 Python 的内置 Exception 类，并包含一个属性来获取错误信息。

```
class IDAError(Exception):
    """IDA操作相关的异常"""
    def __init__(self, message: str):
        super().__init__(message)

    @property
    def message(self) -> str:
        return self.args[0]
```

⑥ 下面代码的功能是定义一个名为 IDASafety 的安全模式枚举类（级别越高越安全），包含 SAFE_NONE（无安全限制，对应 ida_kernwin.MFF_FAST）、SAFE_READ（只读安全级别，对应 ida_kernwin.MFF_READ）、SAFE_WRITE（可写安全级别，对应 ida_kernwin.MFF_WRITE）三个类属性，同时创建一个 queue.LifoQueue 实例 call_stack 用于检测嵌套调用的栈。

```
# 安全模式枚举（级别越高越安全）
class IDASafety:
    SAFE_NONE = ida_kernwin.MFF_FAST  # 无安全限制
    SAFE_READ = ida_kernwin.MFF_READ  # 只读安全级别
    SAFE_WRITE = ida_kernwin.MFF_WRITE  # 可写安全级别


call_stack = queue.LifoQueue()  # 用于检测嵌套调用的栈
```

⑦ 下面代码的功能是定义一个名为 sync_wrapper 的函数，用于在指定的 IDA 安全模式下调用函数。该函数确保在 IDA 主线程中执行请求，以避免 IDB 损坏。

```
def sync_wrapper(ff, safety_mode: IDASafety):
    """
    以特定的IDA安全模式调用函数ff。
    """
    if safety_mode not in [IDASafety.SAFE_READ, IDASafety.SAFE_WRITE]:
        error_str = f"函数{ff.__name__}的安全模式{safety_mode}无效"
        logger.error(error_str)
        raise IDASyncError(error_str)

    # 用于存储函数执行结果的容器
    res_container = queue.Queue()

    def runned():
        """在IDA主线程中执行的函数，确保线程安全"""
        # 检查是否已在sync_wrapper中（避免嵌套调用）
        if not call_stack.empty():
            last_func_name = call_stack.get()
            error_str = f"调用函数{ff.__name__}时调用栈非空（上一个函数：{last_func_
name})"
            raise IDASyncError(error_str)

        call_stack.put(ff.__name__)
        try:
            res_container.put(ff())  # 执行函数并存储结果
        except Exception as x:
            res_container.put(x)  # 存储异常
        finally:
            call_stack.get()  # 清理栈

    # 在指定的安全模式下执行函数
    ret_val = idaapi.execute_sync(runned, safety_mode)
    res = res_container.get()
    if isinstance(res, Exception):
        raise res  # 抛出执行过程中的异常
    return res
```

⑧ 下面代码的功能是定义一个名为 idawrite 的装饰器函数，用于标记被装饰的函数为修改 IDB 的操作，并在 IDA 主线程中调度执行该函数（通过 sync_wrapper 以 idaapi.MFF_WRITE 模式），以避免 IDB 损坏。

```
def idawrite(f):
    """
    标记函数为修改IDB的操作。
    在IDA主线程中调度请求以避免IDB损坏。
    """
    @functools.wraps(f)
    def wrapper(*args, **kwargs):
        ff = functools.partial(f, *args, **kwargs)
        ff.__name__ = f.__name__
        return sync_wrapper(ff, idaapi.MFF_WRITE)
    return wrapper
```

⑨ 下面代码的功能是定义一个名为 idaread 的装饰器函数，用于标记被装饰的函数为读取 IDB 的操作，并在 IDA 主线程中调度执行该函数（通过 sync_wrapper 以 idaapi.MFF_READ 模式），以避免结果不一致。

```
def idaread(f):
    """
    标记函数为读取IDB的操作。
    在IDA主线程中调度请求以避免结果不一致。
    """
    @functools.wraps(f)
    def wrapper(*args, **kwargs):
        ff = functools.partial(f, *args, **kwargs)
        ff.__name__ = f.__name__
        return sync_wrapper(ff, idaapi.MFF_READ)
    return wrapper
```

⑩ 下面代码的功能是定义一个名为 is_window_active 的函数，用于判断 IDA 窗口是否当前活跃。该函数尝试从 PyQt5 导入 QApplication 并检查是否有顶层窗口处于活动状态。

```
def is_window_active():
    """判断IDA窗口是否当前活跃"""
    try:
        from PyQt5.QtWidgets import QApplication
    except ImportError:
        return False

    app = QApplication.instance()
    if app is None:
        return False

    for widget in app.topLevelWidgets():
        if widget.isActiveWindow():
            return True
    return False
```

⑪ 下面代码的功能是定义一个名为 Metadata 的类型定义，用于描述程序元数据的结构。该类型包含文件路径、模块名、基地址、程序大小、MD5 哈希、SHA256 哈希、CRC32 校验值和文件大小等字段。

```
class Metadata(TypedDict):
    """程序元数据的类型定义"""
    path: str  # 文件路径
    module: str  # 模块名
    base: str  # 基地址
    size: str  # 程序大小
    md5: str  # MD5哈希
    sha256: str  # SHA256哈希
    crc32: str  # CRC32校验值
    filesize: str  # 文件大小
```

⑫ 下面代码的功能是定义一个名为 get_image_size 的函数，用于获取程序镜像大小。该函数尝试从 IDA 信息结构或 PE 头中提取准确的镜像大小。

```
def get_image_size() -> int:
    """获取程序镜像大小"""
    try:
        # 参考: https://www.hex-rays.com/products/ida/support/sdkdoc/structidainfo.html
        info = idaapi.get_inf_structure()
        omin_ea = info.omin_ea
        omax_ea = info.omax_ea
    except AttributeError:
        import ida_ida
        omin_ea = ida_ida.inf_get_omin_ea()
```

```
        omax_ea = ida_ida.inf_get_omax_ea()
    # 估算镜像大小（如果重定位是最后一个节则不准确）
    image_size = omax_ea - omin_ea
    # 尝试从PE头中提取准确大小
    header = idautils.peutils_t().header()
    if header and header[:4] == b"PE\0\0":
        image_size = struct.unpack("<I", header[0x50:0x54])[0]
    return image_size
```

⑬ 下面代码的功能是定义一个名为 get_metadata 的函数，该函数用于获取当前 IDB（IDA 数据库）的元数据，包括文件路径、模块名、基地址、大小等信息。该函数还处理了可能返回 None 的哈希值，并使用 @jsonrpc 和 @idaread 装饰器来注册为 JSON-RPC 方法和指定为只读操作。

```
@jsonrpc
@idaread
def get_metadata() -> Metadata:
    """获取当前IDB（IDA数据库）的元数据"""
    # 处理可能返回None的哈希（如Fat Mach-O二进制文件）
    def hash(f):
        try:
            return f().hex()
        except:
            return None

    return Metadata(
        path=idaapi.get_input_file_path(),
        module=idaapi.get_root_filename(),
        base=hex(idaapi.get_imagebase()),
        size=hex(get_image_size()),
        md5=hash(ida_nalt.retrieve_input_file_md5),
        sha256=hash(ida_nalt.retrieve_input_file_sha256),
        crc32=hex(ida_nalt.retrieve_input_file_crc32()),
        filesize=hex(ida_nalt.retrieve_input_file_size())
    )
```

⑭ 下面代码的功能是定义一个名为 get_prototype 的函数，用于获取指定函数的原型。该函数尝试从函数对象中获取原型，如果失败则尝试使用 idc.get_type 获取类型信息，如果仍然失败则捕获异常并返回 None。

```
def get_prototype(fn: ida_funcs.func_t) -> Optional[str]:
    """获取函数原型"""
    try:
        prototype: ida_typeinf.tinfo_t = fn.get_prototype()
        if prototype is not None:
            return str(prototype)
        else:
            return None
    except AttributeError:
        try:
            return idc.get_type(fn.start_ea)
        except:
            tif = ida_typeinf.tinfo_t()
            if ida_nalt.get_tinfo(tif, fn.start_ea):
                return str(tif)
            return None
    except Exception as e:
        print(f"获取函数原型时出错：{e}")
        return None
```

⑮ 下面代码的功能是定义一个名为 parse_address 的函数，用于将地址字符串（无论是十进制还是十六进制）解析为整数。该函数会检查地址字符串是否有效，并在必要时抛出 IDAError 异常。

```
def parse_address(address: str) -> int:
    """将地址字符串（十进制或十六进制）解析为整数"""
    try:
        return int(address, 0)
    except ValueError:
        for ch in address:
            if ch not in "0123456789abcdefABCDEF":
                raise IDAError(f"解析地址失败：{address}")
        raise IDAError(f"解析地址失败（缺少0x前缀）：{address}")
```

⑯ 下面代码的功能是定义一个名为 get_function 的函数，根据给定的地址获取函数信息。如果地址处未找到函数，则根据参数 raise_error 决定是抛出 IDAError 异常还是返回 None。

```
def get_function(address: int, *, raise_error=True) -> Function:
    """根据地址获取函数信息"""
    fn = idaapi.get_func(address)
    if fn is None:
        if raise_error:
            raise IDAError(f"地址{hex(address)}处未找到函数")
        return None

    try:
        name = fn.get_name()
    except AttributeError:
        name = ida_funcs.get_func_name(fn.start_ea)

    return Function(
        address=hex(address),
        name=name,
        size=hex(fn.end_ea - fn.start_ea)
    )
```

⑰ 下面代码的功能是定义一个名为 create_demangled_to_ea_map 的函数，用于创建一个已解析函数名到地址的映射，以便于快速查找。该函数遍历所有函数，解析它们的名称，并建立映射关系。

```
DEMANGLED_TO_EA = {}  # 存储已解析的函数名到地址的映射


def create_demangled_to_ea_map():
    """创建已解析函数名到地址的映射（用于快速查找）"""
    for ea in idautils.Functions():
        # 获取函数名并解析（MNG_NODEFINIT仅保留主名，默认解析会包含签名和装饰器）
        demangled = idaapi.demangle_name(
            idc.get_name(ea, 0), idaapi.MNG_NODEFINIT)
        if demangled:
            DEMANGLED_TO_EA[demangled] = ea
```

⑱ 下面代码的功能是定义一个名为 get_type_by_name 的函数，根据类型名获取类型信息对象。该函数支持多种基本数据类型，并尝试获取命名类型，如果未找到类型则抛出 IDAError 异常。

```
def get_type_by_name(type_name: str) -> ida_typeinf.tinfo_t:
    """根据类型名获取类型信息对象"""
```

```
    # 8位整数类型
    if type_name in ('int8', '__int8', 'int8_t', 'char', 'signed char'):
        return ida_typeinf.tinfo_t(ida_typeinf.BTF_INT8)
    elif type_name in ('uint8', '__uint8', 'uint8_t', 'unsigned char', 'byte', 'BYT
E'):
        return ida_typeinf.tinfo_t(ida_typeinf.BTF_UINT8)

    # 16位整数类型
    elif type_name in ('int16', '__int16', 'int16_t', 'short', 'short int', 'signe
d short', 'signed short int'):
        return ida_typeinf.tinfo_t(ida_typeinf.BTF_INT16)
    elif type_name in ('uint16', '__uint16', 'uint16_t', 'unsigned short', 'unsigne
d short int', 'word', 'WORD'):
        return ida_typeinf.tinfo_t(ida_typeinf.BTF_UINT16)

    # 32位整数类型
    elif type_name in ('int32', '__int32', 'int32_t', 'int', 'signed int', 'long',
'long int', 'signed long', 'signed long int'):
        return ida_typeinf.tinfo_t(ida_typeinf.BTF_INT32)
    elif type_name in ('uint32', '__uint32', 'uint32_t', 'unsigned int', 'unsigned
long', 'unsigned long int', 'dword', 'DWORD'):
        return ida_typeinf.tinfo_t(ida_typeinf.BTF_UINT32)

    # 64位整数类型
    elif type_name in ('int64', '__int64', 'int64_t', 'long long', 'long long int'
, 'signed long long', 'signed long long int'):
        return ida_typeinf.tinfo_t(ida_typeinf.BTF_INT64)
    elif type_name in ('uint64', '__uint64', 'uint64_t', 'unsigned int64', 'unsigne
d long long', 'unsigned long long int', 'qword', 'QWORD'):
        return ida_typeinf.tinfo_t(ida_typeinf.BTF_UINT64)

    # 128位整数类型
    elif type_name in ('int128', '__int128', 'int128_t', '__int128_t'):
        return ida_typeinf.tinfo_t(ida_typeinf.BTF_INT128)
    elif type_name in ('uint128', '__uint128', 'uint128_t', '__uint128_
t', 'unsigned int128'):
        return ida_typeinf.tinfo_t(ida_typeinf.BTF_UINT128)

    # 浮点类型
    elif type_name in ('float', ):
        return ida_typeinf.tinfo_t(ida_typeinf.BTF_FLOAT)
    elif type_name in ('double', ):
        return ida_typeinf.tinfo_t(ida_typeinf.BTF_DOUBLE)
    elif type_name in ('long double', 'ldouble'):
        return ida_typeinf.tinfo_t(ida_typeinf.BTF_LDOUBLE)

    # 布尔类型
    elif type_name in ('bool', '_Bool', 'boolean'):
        return ida_typeinf.tinfo_t(ida_typeinf.BTF_BOOL)

    # 空类型
    elif type_name in ('void', ):
        return ida_typeinf.tinfo_t(ida_typeinf.BTF_VOID)

    # 非标准类型，尝试获取命名类型
    tif = ida_typeinf.tinfo_t()
    if tif.get_named_type(None, type_name, ida_typeinf.BTF_STRUCT):
        return tif

    if tif.get_named_type(None, type_name, ida_typeinf.BTF_TYPEDEF):
        return tif
```

```
    if tif.get_named_type(None, type_name, ida_typeinf.BTF_ENUM):
        return tif

    if tif.get_named_type(None, type_name, ida_typeinf.BTF_UNION):
        return tif

    if tif := ida_typeinf.tinfo_t(type_name):
        return tif

    raise IDAError(f"无法获取{type_name}的类型信息对象")
```

⑲ 下面代码的功能是定义一个名为 get_function_by_name 的函数，通过函数名获取函数信息。该函数首先尝试直接通过名称获取函数地址，如果失败则使用已解析的函数名到地址的映射来查找，如果仍然未找到则抛出 IDAError 异常。

```
@jsonrpc
@idaread
def get_function_by_name(
    name: Annotated[str, "要获取的函数名"]
) -> Function:
    """通过函数名获取函数信息"""
    function_address = idaapi.get_name_ea(idaapi.BADADDR, name)
    if function_address == idaapi.BADADDR:
        # 如果映射未创建，则创建它
        if len(DEMANGLED_TO_EA) == 0:
            create_demangled_to_ea_map()
        # 尝试在映射中查找函数，否则抛出错误
        if name in DEMANGLED_TO_EA:
            function_address = DEMANGLED_TO_EA[name]
        else:
            raise IDAError(f"未找到名为{name}的函数")
    return get_function(function_address)
```

⑳ 下面代码的功能是定义三个函数，分别是 get_function_by_address、get_current_address 和 get_current_function，其中 get_function_by_address 用于通过地址获取函数信息，get_current_address 用于获取用户当前选中的地址，get_current_function 用于获取用户当前选中的函数信息，这三个函数都使用了 @jsonrpc 和 @idaread 装饰器。

```
@jsonrpc
@idaread
def get_function_by_address(
    address: Annotated[str, "要获取的函数地址"]
) -> Function:
    """通过地址获取函数信息"""
    return get_function(parse_address(address))


@jsonrpc
@idaread
def get_current_address() -> str:
    """获取用户当前选中的地址"""
    return hex(idaapi.get_screen_ea())


@jsonrpc
@idaread
def get_current_function() -> Optional[Function]:
    """获取用户当前选中的函数"""
    return get_function(idaapi.get_screen_ea())
```

㉑ 下面代码的功能是定义一个名为 convert_number 的函数，用于将数值（十进制、十六进制）转换为不同的表示形式，包括字节、ASCII 字符串、二进制等。该函数还处理了数值大小的估算和转换过程中可能的溢出错误。

```
@jsonrpc
def convert_number(
    text: Annotated[str, "要转换的数值的文本表示"],
    size: Annotated[Optional[int], "变量的字节大小"]
) -> ConvertedNumber:
    """将数值（十进制、十六进制）转换为不同的表示形式"""
    try:
        value = int(text, 0)
    except ValueError:
        raise IDAError(f"无效的数值：{text}")

    # 估算数值大小
    if not size:
        size = 0
        n = abs(value)
        while n:
            size += 1
            n >>= 1
        size += 7
        size //= 8

    # 将数值转换为字节
    try:
        bytes_data = value.to_bytes(size, "little", signed=True)
    except OverflowError:
        raise IDAError(f"数值{text}对于{size}字节来说太大")

    # 将字节转换为ASCII字符串
    ascii_str = ""
    for byte in bytes_data.rstrip(b"\x00"):
        if 32 <= byte <= 126:
            ascii_str += chr(byte)
        else:
            ascii_str = None
            break

    return ConvertedNumber(
        decimal=str(value),
        hexadecimal=hex(value),
        bytes=bytes_data.hex(" "),
        ascii=ascii_str,
        binary=bin(value)
    )


T = TypeVar("T")
```

㉒ 下面代码的功能是定义一个名为 paginate 的函数，用于对数据进行分页处理。该函数接收数据列表、偏移量和数量参数，返回分页后的数据和下一个偏移量。

```
def paginate(data: list[T], offset: int, count: int) -> Page[T]:
    """对数据进行分页处理"""
    if count == 0:
        count = len(data)
    next_offset = offset + count
    if next_offset >= len(data):
```

```
        next_offset = None
    return {
        "data": data[offset:offset + count],
        "next_offset": next_offset,
    }
```

㉓ 下面代码的功能是定义一个名为 pattern_filter 的函数，根据模式过滤数据。该函数目前尚未实现具体的匹配逻辑，但提供了一个框架，用于根据给定的模式和键过滤数据列表。

```
def pattern_filter(data: list[T], pattern: str, key: str) -> list[T]:
    """根据模式过滤数据（大小写不敏感的包含匹配）"""
    if not pattern:
        return data

    # TODO：实现/regex/语法的匹配

    def matches(item: T) -> bool:
        return pattern.lower() in item[key].lower()
    return list(filter(matches, data))
```

㉔ 下面代码的功能是定义一个名为 list_functions 的函数，用于分页列出数据库中的所有函数。该函数获取所有函数的列表，然后使用 paginate 函数进行分页处理，并使用 @jsonrpc 和 @idaread 装饰器注册为 JSON-RPC 方法。

```
@jsonrpc
@idaread
def list_functions(
    offset: Annotated[int, "开始列出的偏移量（从0开始）"],
    count: Annotated[int, "要列出的函数数量（默认100，0表示剩余所有）"]
) -> Page[Function]:
    """分页列出数据库中的所有函数"""
    functions = [get_function(address) for address in idautils.Functions()]
    return paginate(functions, offset, count)
```

㉕ 下面代码的功能是定义一个名为 list_globals_filter 的函数，该函数使用户能够根据提供的过滤器分页列出数据库中匹配的全局变量。它首先收集所有全局变量，然后应用过滤器，并最终返回分页后的结果。

```
@jsonrpc
@idaread
def list_globals_filter(
    offset: Annotated[int, "开始列出的偏移量（从0开始）"],
    count: Annotated[int, "要列出的全局变量数量（默认100，0表示剩余所有）"],
    filter: Annotated[str, "应用于列表的过滤器（必填参数，空字符串表示无过滤）。大小写不敏感的
包含匹配或/regex/语法"]
) -> Page[Global]:
    """分页、带过滤地列出数据库中匹配的全局变量"""
    globals_list = []
    for addr, name in idautils.Names():
        # 跳过函数（仅保留全局变量）
        if not idaapi.get_func(addr):
            globals_list.append(Global(address=hex(addr), name=name))

    globals_list = pattern_filter(globals_list, filter, "name")
    return paginate(globals_list, offset, count)
```

㉖ 下面代码的功能是定义一个名为 list_globals 的函数，该函数使用户能够分页列出数据库中的所有全局变量，它接收偏移量（开始列出的位置，从 0 开始）和数量（要列出的

全局变量数量，默认 100，0 表示剩余所有）作为参数，通过调用 list_globals_filter 函数（传入空过滤器）来实现功能，并返回分页后的结果，该函数使用了 @jsonrpc 装饰器。

```
@jsonrpc
def list_globals(
    offset: Annotated[int, "开始列出的偏移量（从0开始）"],
    count: Annotated[int, "要列出的全局变量数量（默认100，0表示剩余所有）"]
) -> Page[Global]:
    """分页列出数据库中的所有全局变量"""
    return list_globals_filter(offset, count, "")
```

㉗ 下面代码的功能是定义一个名为 list_imports 的函数，该函数分页列出所有导入的符号及其名称和模块。通过枚举所有导入模块和符号，收集这些信息，并最终返回分页后的结果。

```
@jsonrpc
@idaread
def list_imports(
        offset: Annotated[int, "开始列出的偏移量（从0开始）"],
        count: Annotated[int, "要列出的导入符号数量（默认100，0表示剩余所有）"]
) -> Page[Import]:
    """分页列出所有导入的符号及其名称和模块"""
    nimps = ida_nalt.get_import_module_qty()

    rv = []
    for i in range(nimps):
        module_name = ida_nalt.get_import_module_name(i)
        if not module_name:
            module_name = "<未命名>"

        def imp_cb(ea, symbol_name, ordinal, acc):
            if not symbol_name:
                symbol_name = f"#{ordinal}"

            acc.append(Import(address=hex(ea), imported_name=symbol_
name, module=module_name))
            return True

        imp_cb_w_context = lambda ea, symbol_name, ordinal: imp_cb(ea, symbol_
name, ordinal, rv)
        ida_nalt.enum_import_names(i, imp_cb_w_context)

    return paginate(rv, offset, count)
```

㉘ 下面代码的功能是定义一个名为 list_strings_filter 的函数，该函数使用户能够根据提供的过滤器分页列出数据库中匹配的字符串。它首先收集所有字符串，然后应用过滤器，并最终返回分页后的结果。

```
@jsonrpc
@idaread
def list_strings_filter(
    offset: Annotated[int, "开始列出的偏移量（从0开始）"],
    count: Annotated[int, "要列出的字符串数量（默认100，0表示剩余所有）"],
    filter: Annotated[str, "应用于列表的过滤器（必填参数，空字符串表示无过滤）。大小写不敏感的
包含匹配或/regex/语法"]
) -> Page[String]:
    """分页、带过滤地列出数据库中匹配的字符串"""
    strings_list = []
    for item in idautils.Strings():
```

```
        try:
            string = str(item)
            if string:
                strings_list.append(
                    String(address=hex(item.ea), length=item.length, string=string)
                )
        except:
            continue
    strings_list = pattern_filter(strings_list, filter, "string")
    return paginate(strings_list, offset, count)
```

㉙ 下面代码的功能是定义一个名为 list_strings 的函数，该函数分页列出数据库中的所有字符串。这个函数实际上是对 list_strings_filter 函数的调用，但不使用任何过滤器，即列出所有字符串。

```
@jsonrpc
def list_strings(
    offset: Annotated[int, "开始列出的偏移量（从0开始）"],
    count: Annotated[int, "要列出的字符串数量（默认100，0表示剩余所有）"]
) -> Page[String]:
    """分页列出数据库中的所有字符串"""
    return list_strings_filter(offset, count, "")
```

㉚ 下面代码的功能是定义一个名为 list_local_types 的函数，该函数列出数据库中的所有本地类型，包括结构体、枚举等用户定义类型，以及它们的 C 声明。

```
@jsonrpc
@idaread
def list_local_types():
    """列出数据库中的所有本地类型"""
    error = ida_hexrays.hexrays_failure_t()
    locals_list = []
    idati = ida_typeinf.get_idati()
    type_count = ida_typeinf.get_ordinal_limit(idati)
    for ordinal in range(1, type_count):
        try:
            tif = ida_typeinf.tinfo_t()
            if tif.get_numbered_type(idati, ordinal):
                type_name = tif.get_type_name()
                if not type_name:
                    type_name = f"<匿名类型 #{ordinal}>"
                locals_list.append(f"\n类型 #{ordinal}: {type_name}")
                if tif.is_udt():  # 如果是用户定义类型（结构体等）
                    c_decl_flags = (ida_typeinf.PRTYPE_MULTI | ida_typeinf.PRTYPE_
TYPE | ida_typeinf.PRTYPE_SEMI | ida_typeinf.PRTYPE_DEF | ida_typeinf.PRTYPE_
METHODS | ida_typeinf.PRTYPE_OFFSETS)
                    c_decl_output = tif._print(None, c_decl_flags)
                    if c_decl_output:
                        locals_list.append(f"  C声明:\n{c_decl_output}")
                else:
                    simple_decl = tif._print(None, ida_typeinf.PRTYPE_1LINE | ida_
typeinf.PRTYPE_TYPE | ida_typeinf.PRTYPE_SEMI)
                    if simple_decl:
                        locals_list.append(f"  简单声明:\n{simple_decl}")
            else:
                message = f"\n类型 #{ordinal}: 获取信息失败。"
                if error.str:
                    message += f": {error.str}"
                if error.errea != idaapi.BADADDR:
                    message += f"来自（地址: {hex(error.errea)}）"
```

```
            raise IDAError(message)
        except:
            continue
    return locals_list
```

㉛ 下面代码的功能是定义一个名为 decompile_checked 的函数，该函数用于带检查的函数反编译，验证反编译器是否可用，并处理可能的错误。

```
def decompile_checked(address: int) -> ida_hexrays.cfunc_t:
    """带检查的函数反编译（验证反编译器是否可用）"""
    if not ida_hexrays.init_hexrays_plugin():
        raise IDAError("Hex-Rays反编译器不可用")
    error = ida_hexrays.hexrays_failure_t()
    cfunc: ida_hexrays.cfunc_t = ida_hexrays.decompile_func(address, error, ida_
hexrays.DECOMP_WARNINGS)
    if not cfunc:
        if error.code == ida_hexrays.MERR_LICENSE:
            raise DecompilerLicenseError("反编译器许可证不可用。请使用`disassemble_
function`获取汇编代码。")

        message = f"地址{hex(address)}反编译失败"
        if error.str:
            message += f": {error.str}"
        if error.errea != idaapi.BADADDR:
            message += f"（地址：{hex(error.errea)}）"
        raise IDAError(message)
    return cfunc
```

㉜ 下面代码的功能是定义一个名为 decompile_function 的函数，用于反编译指定地址的函数，并返回反编译后的伪代码。如果 IDA 窗口处于活动状态，它还会打开伪代码窗口。

```
@jsonrpc
@idaread
def decompile_function(
    address: Annotated[str, "要反编译的函数地址"]
) -> str:
    """反编译指定地址的函数"""
    address = parse_address(address)
    cfunc = decompile_checked(address)
    if is_window_active():
        ida_hexrays.open_pseudocode(address, ida_hexrays.OPF_REUSE)  # 打开伪代码窗口
    sv = cfunc.get_pseudocode()
    pseudocode = ""
    for i, sl in enumerate(sv):
        sl: ida_kernwin.simpleline_t
        item = ida_hexrays.ctree_item_t()
        addr = None if i > 0 else cfunc.entry_ea
        if cfunc.get_line_item(sl.line, 0, False, None, item, None):
            ds = item.dstr().split(": ")
            if len(ds) == 2:
                try:
                    addr = int(ds[0], 16)
                except ValueError:
                    pass
        line = ida_lines.tag_remove(sl.line)
        if len(pseudocode) > 0:
            pseudocode += "\n"
        if not addr:
            pseudocode += f"/* 行: {i} */ {line}"
        else:
```

```
            pseudocode += f"/* 行: {i}, 地址: {hex(addr)} */ {line}"

    return pseudocode
```

㉝ 下面代码的功能是定义一个名为 DisassemblyLine 的类，用于描述汇编代码行的结构，包括段名、地址、标签、指令和注释等字段。

```
class DisassemblyLine(TypedDict):
    """汇编代码行的类型定义"""
    segment: NotRequired[str]  # 段名（可选）
    address: str  # 地址（十六进制字符串）
    label: NotRequired[str]  # 标签（可选）
    instruction: str  # 指令
    comments: NotRequired[list[str]]  # 注释（可选）
```

㉞ 下面代码的功能是定义一个名为 DisassemblyFunction 的类型，用于描述函数汇编代码的结构，包括函数名、起始地址、返回类型、参数列表、栈帧信息和汇编代码行等字段。

```
class DisassemblyFunction(TypedDict):
    """函数汇编代码的类型定义"""
    name: str  # 函数名
    start_ea: str  # 起始地址
    return_type: NotRequired[str]  # 返回类型（可选）
    arguments: NotRequired[list[Argument]]  # 参数列表（可选）
    stack_frame: list[dict]  # 栈帧信息
    lines: list[DisassemblyLine]  # 汇编代码行
```

㉟ 下面代码的功能是定义一个名为 disassemble_function 的函数，用于获取指定地址函数的汇编代码，并以 DisassemblyFunction 类型返回详细的汇编代码信息。

```
@jsonrpc
@idaread
def disassemble_function(
    start_address: Annotated[str, "要反汇编的函数地址"]
) -> DisassemblyFunction:
    """获取函数的汇编代码"""
    start = parse_address(start_address)
    func: ida_funcs.func_t = idaapi.get_func(start)
    if not func:
        raise IDAError(f"未找到包含地址{start_address}的函数")
    if is_window_active():
        ida_kernwin.jumpto(start)  # 跳转到函数地址

    lines = []
    for address in ida_funcs.func_item_iterator_t(func):
        seg = idaapi.getseg(address)
        segment = idaapi.get_segm_name(seg) if seg else None

        label = idc.get_name(address, 0)
        if label and label == func.name and address == func.start_ea:
            label = None  # 跳过函数名标签（避免重复）
        if label == "":
            label = None

        comments = []
        if comment := idaapi.get_cmt(address, False):  # 普通注释
            comments.append(comment)
        if comment := idaapi.get_cmt(address, True):  # 重复注释
            comments.append(comment)
```

```
    raw_instruction = idaapi.generate_disasm_line(address, 0)
    tls = ida_kernwin.tagged_line_sections_t()
    ida_kernwin.parse_tagged_line_sections(tls, raw_instruction)
    insn_section = tls.first(ida_lines.COLOR_INSN)  # 提取指令部分

    operands = []
    for op_tag in range(ida_lines.COLOR_OPND1, ida_lines.COLOR_OPND8 + 1):
        op_n = tls.first(op_tag)
        if not op_n:
            break

        op: str = op_n.substr(raw_instruction)
        op_str = ida_lines.tag_remove(op)

        # 解析操作数中的地址符号并添加注释
        for idx in range(len(op) - 2):
            if op[idx] != idaapi.COLOR_ON:
                continue

            idx += 1
            if ord(op[idx]) != idaapi.COLOR_ADDR:
                continue

            idx += 1
            addr_string = op[idx:idx + idaapi.COLOR_ADDR_SIZE]
            idx += idaapi.COLOR_ADDR_SIZE

            addr = int(addr_string, 16)

            # 查找下一个颜色标记并截取符号
            symbol = op[idx:op.find(idaapi.COLOR_OFF, idx)]

            if symbol == '':
                symbol = op_str  # 无法解析符号时使用操作数字符串

            comments.append(f"{symbol}={addr:#x}")

            # 如果类型已知，打印其值
            try:
                value = get_global_variable_value_internal(addr)
            except:
                continue

            comments.append(f"*{symbol}={value}")

        operands.append(op_str)

    mnem = ida_lines.tag_remove(insn_section.substr(raw_instruction))
    instruction = f"{mnem} {', '.join(operands)}"

    line = DisassemblyLine(
        address=f"{address:#x}",
        instruction=instruction,
    )

    if len(comments) > 0:
        line["comments"] = comments

    if segment:
        line["segment"] = segment

    if label:
```

```
            line["label"] = label

        lines.append(line)

    prototype = func.get_prototype()
    arguments: list[Argument] = [Argument(name=arg.name, type=f"{arg.
type}") for arg in prototype.iter_func()] if prototype else None

    disassembly_function = DisassemblyFunction(
        name=func.name,
        start_ea=f"{func.start_ea:#x}",
        stack_frame=get_stack_frame_variables_internal(func.start_ea),
        lines=lines
    )

    if prototype:
        disassembly_function["return_type"] = f"{prototype.get_rettype()}"

    if arguments:
        disassembly_function["arguments"] = arguments

    return disassembly_function
```

㊱ 下面代码的功能是定义一个名为 get_xrefs_to 的函数，用于获取到指定地址的所有交叉引用，并以列表形式返回这些交叉引用的信息。

```
@jsonrpc
@idaread
def get_xrefs_to(
    address: Annotated[str, "要获取交叉引用的地址"]
) -> list[Xref]:
    """获取到指定地址的所有交叉引用"""
    xrefs = []
    xref: ida_xref.xrefblk_t
    for xref in idautils.XrefsTo(parse_address(address)):
        xrefs.append(
            Xref(
                address=hex(xref.frm),
                type="code" if xref.iscode else "data",
                function=get_function(xref.frm, raise_error=False)
            )
        )
    return xrefs
```

㊲ 下面代码的功能是定义一个名为 get_xrefs_to_field 的函数，用于获取指定结构体字段的所有交叉引用。它首先获取类型库，然后查找结构体类型信息，接着获取字段索引，最后获取到该字段的交叉引用列表。

```
@jsonrpc
@idaread
defget_xrefs_to_field(
    struct_name: Annotated[str, "包含字段的结构体（类型）名"],
    field_name: Annotated[str, "要获取交叉引用的字段（成员）名"]
) -> list[Xref]:
    """获取到命名结构体字段（成员）的所有交叉引用"""
    # 获取类型库
    til = ida_typeinf.get_idati()
    if not til:
        raise IDAError("获取类型库失败。")
```

```
    # 获取结构体类型信息
    tif = ida_typeinf.tinfo_t()
    if not tif.get_named_type(til, struct_name, ida_typeinf.BTF_
STRUCT, True, False):
        print(f"未找到结构体'{struct_name}'。")
        return []

    # 获取字段索引
    idx = ida_typeinf.get_udm_by_fullname(None, struct_name + '.' + field_name)
    if idx == -1:
        print(f"结构体'{struct_name}'中未找到字段'{field_name}'。")
        return []

    # 获取类型标识符
    tid = tif.get_udm_tid(idx)
    if tid == ida_idaapi.BADADDR:
        raise IDAError(f"无法获取结构体'{struct_name}'和字段'{field_name}'的tid。")

    # 获取到tid的交叉引用
    xrefs = []
    xref: ida_xref.xrefblk_t
    for xref in idautils.XrefsTo(tid):
        xrefs.append(
            Xref(
                address=hex(xref.frm),
                type="code" if xref.iscode else "data",
                function=get_function(xref.frm, raise_error=False)
            )
        )
    return xrefs
```

㊳ 下面代码的功能是定义一个名为 get_entry_points 的函数，用于获取数据库中的所有入口点信息。它通过遍历 IDA 的入口点数量，获取每个入口点的地址，并尝试获取这些地址对应的函数信息，最后返回包含这些函数信息的列表。

```
@jsonrpc
@idaread
def get_entry_points() -> list[Function]:
    """获取数据库中的所有入口点"""
    result = []
    for i in range(ida_entry.get_entry_qty()):
        ordinal = ida_entry.get_entry_ordinal(i)
        address = ida_entry.get_entry(ordinal)
        func = get_function(address, raise_error=False)
        if func is not None:
            result.append(func)
    return result
```

㊴ 下面代码的功能是定义一个名为 set_comment 的函数，用于在函数的反汇编和伪代码中为给定地址设置注释。它首先解析地址，然后尝试在反汇编中设置注释，如果失败则在伪代码中进行设置。

```
@jsonrpc
@idawrite
def set_comment(
    address: Annotated[str, "要设置注释的函数内地址"],
    comment: Annotated[str, "注释文本"]
):
    """为函数反汇编和伪代码中的给定地址设置注释"""
    address = parse_address(address)
```

```
    if not idaapi.set_cmt(address, comment, False):
        raise IDAError(f"设置地址{hex(address)}的反汇编注释失败")

    if not ida_hexrays.init_hexrays_plugin():
        return

    # 检查地址是否对应伪代码中的行
    try:
        cfunc = decompile_checked(address)
    except DecompilerLicenseError:
        # 因反编译器许可证错误而无法反编译函数
        return

    # 函数入口注释的特殊处理
    if address == cfunc.entry_ea:
        idc.set_func_cmt(address, comment, True)
        cfunc.refresh_func_ctext()
        return

    eamap = cfunc.get_eamap()
    if address not in eamap:
        print(f"设置地址{hex(address)}的反编译器注释失败")
        return
    nearest_ea = eamap[address][0].ea

    # 移除现有的孤立注释
    if cfunc.has_orphan_cmts():
        cfunc.del_orphan_cmts()
        cfunc.save_user_cmts()

    # 通过尝试所有可能的项类型来设置注释
    tl = idaapi.treeloc_t()
    tl.ea = nearest_ea
    for itp in range(idaapi.ITP_SEMI, idaapi.ITP_COLON):
        tl.itp = itp
        cfunc.set_user_cmt(tl, comment)
        cfunc.save_user_cmts()
        cfunc.refresh_func_ctext()
        if not cfunc.has_orphan_cmts():
            return
        cfunc.del_orphan_cmts()
        cfunc.save_user_cmts()
    print(f"设置地址{hex(address)}的反编译器注释失败")
```

㊵ 下面代码的功能是定义一个名为 refresh_decompiler_widget 的函数，用于刷新反编译器窗口，确保所做的更改能够立即显示出来。

```
def refresh_decompiler_widget():
    """刷新反编译器窗口"""
    widget = ida_kernwin.get_current_widget()
    if widget is not None:
        vu = ida_hexrays.get_widget_vdui(widget)
        if vu is not None:
            vu.refresh_ctext()
```

㊶ 下面代码的功能是定义一个名为 refresh_decompiler_ctext 的函数，用于刷新指定函数地址的反编译文本，确保反编译器视图是最新的。

```
def refresh_decompiler_ctext(function_address: int):
```

```
    """刷新函数的反编译文本"""
    error = ida_hexrays.hexrays_failure_t()
    cfunc: ida_hexrays.cfunc_t = ida_hexrays.decompile_func(function_
address, error, ida_hexrays.DECOMP_WARNINGS)
    if cfunc:
        cfunc.refresh_func_ctext()
```

㊷ 下面代码的功能是定义一个名为 rename_local_variable 的函数，用于重命名函数中的局部变量。它首先获取函数对象，然后尝试重命名局部变量，如果失败则抛出错误。

```
@jsonrpc
@idawrite
def rename_local_variable(
    function_address: Annotated[str, "包含变量的函数地址"],
    old_name: Annotated[str, "变量的当前名称"],
    new_name: Annotated[str, "变量的新名称（空字符串表示默认名称）"]
):
    """重命名函数中的局部变量"""
    func = idaapi.get_func(parse_address(function_address))
    if not func:
        raise IDAError(f"地址{function_address}处未找到函数")
    if not ida_hexrays.rename_lvar(func.start_ea, old_name, new_name):
        raise IDAError(f"重命名函数{hex(func.start_ea)}中的局部变量{old_name}失败")
    refresh_decompiler_ctext(func.start_ea)
```

㊸ 下面代码的功能是定义一个名为 rename_global_variable 的函数，用于重命名全局变量。它通过获取全局变量的地址，然后尝试重命名该变量，如果失败则抛出错误。

```
@jsonrpc
@idawrite
def rename_global_variable(
    old_name: Annotated[str, "全局变量的当前名称"],
    new_name: Annotated[str, "全局变量的新名称（空字符串表示默认名称）"]
):
    """重命名全局变量"""
    ea = idaapi.get_name_ea(idaapi.BADADDR, old_name)
    if not idaapi.set_name(ea, new_name):
        raise IDAError(f"将全局变量{old_name}重命名为{new_name}失败")
    refresh_decompiler_ctext(ea)
```

㊹ 下面代码的功能是定义一个名为 set_global_variable_type 的函数，用于设置全局变量的类型。它通过获取变量地址和新类型信息，然后应用新类型，如果失败则抛出错误。

```
@jsonrpc
@idawrite
def set_global_variable_type(
    variable_name: Annotated[str, "全局变量的名称"],
    new_type: Annotated[str, "变量的新类型"]
):
    """设置全局变量的类型"""
    ea = idaapi.get_name_ea(idaapi.BADADDR, variable_name)
    tif = get_type_by_name(new_type)
    if not tif:
        raise IDAError(f"解析的声明不是变量类型")
    if not ida_typeinf.apply_tinfo(ea, tif, ida_typeinf.PT_SIL):
        raise IDAError(f"应用类型失败")
```

㊺ 下面代码的功能是定义一个名为 get_global_variable_value_by_name 的函数，用于读取全局变量的值（如果编译时已知）。它通过变量名获取变量地址，然后调用内部函数获取变量值。

```
@jsonrpc
@idaread
def get_global_variable_value_by_name(variable_name: Annotated[str, "全局变量的名称
"]) -> str:
    """
    读取全局变量的值（如果编译时已知）

    优先使用此函数，而非`data_read_*`函数。
    """
    ea = idaapi.get_name_ea(idaapi.BADADDR, variable_name)
    if ea == idaapi.BADADDR:
        raise IDAError(f"未找到全局变量{variable_name}")

    return get_global_variable_value_internal(ea)
```

㊻ 下面代码的功能是定义一个名为 get_global_variable_value_at_address 的函数，该函数通过地址读取全局变量的值（如果编译时已知）。它解析地址并调用内部函数获取变量值。

```
@jsonrpc
@idaread
def get_global_variable_value_at_address(ea: Annotated[str, "全局变量的地址"]) -> str:
    """
    通过地址读取全局变量的值（如果编译时已知）

    优先使用此函数，而非`data_read_*`函数。
    """
    ea = parse_address(ea)
    return get_global_variable_value_internal(ea)
```

㊼ 下面代码的功能是定义一个名为 get_global_variable_value_internal 的内部函数，用于根据内存地址读取全局变量的值。它获取变量的类型信息，确定变量大小，然后根据大小读取并返回变量的值。

```
def get_global_variable_value_internal(ea: int) -> str:
    """内部函数：根据地址读取全局变量的值"""
    # 获取变量的类型信息
    tif = ida_typeinf.tinfo_t()
    if not ida_nalt.get_tinfo(tif, ea):
        # 无类型信息，尝试通过名称推断大小
        if not ida_bytes.has_any_name(ea):
            raise IDAError(f"无法获取地址{ea:#x}处变量的类型信息")

        size = ida_bytes.get_item_size(ea)
        if size == 0:
            raise IDAError(f"无法获取地址{ea:#x}处变量的类型信息")
    else:
        # 确定变量大小
        size = tif.get_size()

    # 根据大小读取值
    if size == 0 and tif.is_array() and tif.get_array_element().is_decl_char():
        return_string = idaapi.get_strlit_contents(ea, -1, 0).decode("utf-8").
strip()
        return f"\"{return_string}\""
    elif size == 1:
        return hex(ida_bytes.get_byte(ea))
    elif size == 2:
        return hex(ida_bytes.get_word(ea))
    elif size == 4:
        return hex(ida_bytes.get_dword(ea))
```

```
    elif size == 8:
        return hex(ida_bytes.get_qword(ea))
    else:
        # 其他大小返回原始字节
        return ' '.join(hex(x) for x in ida_bytes.get_bytes(ea, size))
```

㊽ 下面代码的功能是定义一个名为 rename_function 的函数，该函数用于重命名函数。首先获取函数对象，然后尝试重命名函数，如果失败则抛出错误。

```
@jsonrpc
@idawrite
def rename_function(
    function_address: Annotated[str, "要重命名的函数地址"],
    new_name: Annotated[str, "函数的新名称（空字符串表示默认名称）"]
):
    """重命名函数"""
    func = idaapi.get_func(parse_address(function_address))
    if not func:
        raise IDAError(f"地址{function_address}处未找到函数")
    if not idaapi.set_name(func.start_ea, new_name):
        raise IDAError(f"将函数{hex(func.start_ea)}重命名为{new_name}失败")
    refresh_decompiler_ctext(func.start_ea)
```

㊾ 下面代码的功能是定义一个名为 set_function_prototype 的函数，该函数用于设置指定函数的原型。它首先获取函数对象，然后尝试应用新的函数原型，如果失败则抛出错误。成功应用后，会刷新反编译器窗口以显示更改。

```
@jsonrpc
@idawrite
def set_function_prototype(
    function_address: Annotated[str, "函数的地址"],
    prototype: Annotated[str, "函数的新原型"]
):
    """设置函数的原型"""
    func = idaapi.get_func(parse_address(function_address))
    if not func:
        raise IDAError(f"地址{function_address}处未找到函数")
    try:
        tif = ida_typeinf.tinfo_t(prototype, None, ida_typeinf.PT_SIL)
        if not tif.is_func():
            raise IDAError(f"解析的声明不是函数类型")
        if not ida_typeinf.apply_tinfo(func.start_ea, tif, ida_typeinf.PT_SIL):
            raise IDAError(f"应用类型失败")
        refresh_decompiler_ctext(func.start_ea)
    except Exception as e:
        raise IDAError(f"解析原型字符串失败：{prototype}")
```

㊿ 下面代码的功能是定义一个名为 my_modifier_t 的类，该类继承自类 ida_hexrays.user_lvar_modifier_t，用于修改局部变量的类型。类 y_modifier_t 包含了始化方法和修改局部变量类型的 modify_lvars 方法。

```
class my_modifier_t(ida_hexrays.user_lvar_modifier_t):
    """用于修改局部变量类型的自定义修改器"""
    def __init__(self, var_name: str, new_type: ida_typeinf.tinfo_t):
        ida_hexrays.user_lvar_modifier_t.__init__(self)
        self.var_name = var_name
        self.new_type = new_type
```

```
    def modify_lvars(self, lvars):
        """修改局部变量的类型"""
        for lvar_saved in lvars.lvvec:
            lvar_saved: ida_hexrays.lvar_saved_info_t
            if lvar_saved.name == self.var_name:
                lvar_saved.type = self.new_type
                return True
        return False
```

51 下面代码的功能是定义一个名为 parse_decls_ctypes 的函数，该函数通过 ctypes 解析 C 类型声明，主要用于在 Windows 平台上获取错误信息。

```
def parse_decls_ctypes(decls: str, hti_flags: int) -> tuple[int, str]:
    """通过ctypes解析声明（主要用于Windows平台获取错误信息）"""
    if sys.platform == "win32":
        import ctypes

        assert isinstance(decls, str), "decls必须是字符串"
        assert isinstance(hti_flags, int), "hti_flags必须是整数"
        c_decls = decls.encode("utf-8")
        c_til = None
        ida_dll = ctypes.CDLL("ida")
        ida_dll.parse_decls.argtypes = [
            ctypes.c_void_p,
            ctypes.c_char_p,
            ctypes.c_void_p,
            ctypes.c_int,
        ]
        ida_dll.parse_decls.restype = ctypes.c_int

        messages = []

        @ctypes.CFUNCTYPE(ctypes.c_int, ctypes.c_char_p, ctypes.c_char_p)
        def magic_printer(fmt: bytes, arg1: bytes):
            if fmt.count(b"%") == 1 and b"%s" in fmt:
                formatted = fmt.replace(b"%s", arg1)
                messages.append(formatted.decode("utf-8"))
                return len(formatted) + 1
            else:
                messages.append(f"不支持的magic_printer格式：{repr(fmt)}")
                return 0

        errors = ida_dll.parse_decls(c_til, c_decls, magic_printer, hti_flags)
    else:
        # 注意：上述方法也可能在其他平台上工作，但未经过测试，且可变参数ABI存在差异。
        errors = ida_typeinf.parse_decls(None, decls, False, hti_flags)
        messages = []
    return errors, messages
```

52 下面代码的功能是定义一个名为 declare_c_type 的函数，该函数从 C 声明创建或更新本地类型。它解析 C 声明，如果解析成功则返回成功信息，否则抛出错误。

```
@jsonrpc
@idawrite
def declare_c_type(
    c_declaration: Annotated[str, "类型的C声明。例如：typedef int foo_t; struct bar {
int a; bool b; };"]
):
    """从C声明创建或更新本地类型"""
    # PT_SIL：抑制警告对话框（尽管在此处似乎不必要）
```

```
    # PT_EMPTY：允许空类型（也不必要？）
    # PT_TYP：带结构体标签打印状态消息
    flags = ida_typeinf.PT_SIL | ida_typeinf.PT_EMPTY | ida_typeinf.PT_TYP
    errors, messages = parse_decls_ctypes(c_declaration, flags)

    pretty_messages = "\n".join(messages)
    if errors > 0:
        raise IDAError(f"解析类型失败：\n{c_declaration}\n\n错误：\n{pretty_messages}")
    return f"成功\n\n信息：\n{pretty_messages}"
```

㊸ 下面代码的功能是定义一个名为 set_local_variable_type 的函数，该函数用于设置局部变量的类型。它首先解析新类型，然后获取函数对象，尝试重命名局部变量，接着应用新类型，如果失败则抛出错误。

```
@jsonrpc
@idawrite
def set_local_variable_type(
    function_address: Annotated[str, "包含变量的反编译函数地址"],
    variable_name: Annotated[str, "变量名"],
    new_type: Annotated[str, "变量的新类型"]
):
    """设置局部变量的类型"""
    try:
        # 某些版本的IDA不支持此构造函数
        new_tif = ida_typeinf.tinfo_t(new_type, None, ida_typeinf.PT_SIL)
    except Exception:
        try:
            new_tif = ida_typeinf.tinfo_t()
            # parse_decl需要类型后带分号
            ida_typeinf.parse_decl(new_tif, None, new_type + ";", ida_typeinf.PT_SIL)
        except Exception:
            raise IDAError(f"解析类型失败：{new_type}")
    func = idaapi.get_func(parse_address(function_address))
    if not func:
        raise IDAError(f"地址{function_address}处未找到函数")
    if not ida_hexrays.rename_lvar(func.start_ea, variable_name, variable_name):
        raise IDAError(f"未找到局部变量：{variable_name}")
    modifier = my_modifier_t(variable_name, new_tif)
    if not ida_hexrays.modify_user_lvars(func.start_ea, modifier):
        raise IDAError(f"修改局部变量失败：{variable_name}")
    refresh_decompiler_ctext(func.start_ea)
```

㊹ 下面代码的功能是定义一个名为 StackFrameVariable 的类和一个名为 get_stack_frame_variables 的函数，用于获取指定函数的栈帧变量。

```
class StackFrameVariable(TypedDict):
    """栈帧变量的类型定义"""
    name: str  # 名称
    offset: str  # 偏移量
    size: str  # 大小
    type: str  # 类型


@jsonrpc
@idaread
def get_stack_frame_variables(
        function_address: Annotated[str, "要获取栈帧变量的反汇编函数地址"]
) -> list[StackFrameVariable]:
    """获取指定函数的栈帧变量"""
    return get_stack_frame_variables_internal(parse_address(function_address))
```

㊺ 下面代码的功能是定义一个内部函数 get_stack_frame_variables_internal，用于获取指定函数地址的栈帧变量。

```
def get_stack_frame_variables_internal(function_address: int) -> list[dict]:
    """内部函数：获取指定函数地址的栈帧变量"""
    func = idaapi.get_func(function_address)
    if not func:
        raise IDAError(f"地址{function_address}处未找到函数")

    members = []
    tif = ida_typeinf.tinfo_t()
    if not tif.get_type_by_tid(func.frame) or not tif.is_udt():
        return []

    udt = ida_typeinf.udt_type_data_t()
    tif.get_udt_details(udt)
    for udm in udt:
        if not udm.is_gap():
            name = udm.name
            offset = udm.offset // 8
            size = udm.size // 8
            type_str = str(udm.type)

            members.append(StackFrameVariable(
                name=name,
                offset=hex(offset),
                size=hex(size),
                type=type_str
            ))

    return members
```

㊻ 下面代码的功能是定义一个名为 get_defined_structures 的函数，用于返回所有已定义的结构体列表，包括结构体名称、大小和成员信息。

```
@jsonrpc
@idaread
def get_defined_structures() -> list[StructureDefinition]:
    """返回所有已定义的结构体列表"""
    rv = []
    limit = ida_typeinf.get_ordinal_limit()
    for ordinal in range(1, limit):
        tif = ida_typeinf.tinfo_t()
        tif.get_numbered_type(None, ordinal)
        if tif.is_udt():
            udt = ida_typeinf.udt_type_data_t()
            members = []
            if tif.get_udt_details(udt):
                members = [
                    StructureMember(
                        name=x.name,
                        offset=hex(x.offset // 8),
                        size=hex(x.size // 8),
                        type=str(x.type)
                    )
                    for _, x in enumerate(udt)
                ]

            rv.append(StructureDefinition(
                name=tif.get_type_name(),
                size=hex(tif.get_size()),
                members=members
```

```
        ))

    return rv
```

⑰ 下面代码的功能是定义一个名为 rename_stack_frame_variable 的函数，用于修改指定函数的栈帧变量名称。

```
@jsonrpc
@idawrite
def rename_stack_frame_variable(
        function_address: Annotated[str, "要设置栈帧变量的反汇编函数地址"],
        old_name: Annotated[str, "变量的当前名称"],
        new_name: Annotated[str, "变量的新名称（空字符串表示默认名称）"]
):
    """修改IDA函数的栈变量名称"""
    func = idaapi.get_func(parse_address(function_address))
    if not func:
        raise IDAError(f"地址{function_address}处未找到函数")

    frame_tif = ida_typeinf.tinfo_t()
    if not ida_frame.get_func_frame(frame_tif, func):
        raise IDAError("未返回栈帧。")

    idx, udm = frame_tif.get_udm(old_name)
    if not udm:
        raise IDAError(f"未找到{old_name}。")

    tid = frame_tif.get_udm_tid(idx)
    if ida_frame.is_special_frame_member(tid):
        raise IDAError(f"{old_name}是特殊栈帧成员。不修改名称。")

    udm = ida_typeinf.udm_t()
    frame_tif.get_udm_by_tid(udm, tid)
    offset = udm.offset // 8
    if ida_frame.is_funcarg_off(func, offset):
        raise IDAError(f"{old_name}是参数成员。不修改名称。")

    sval = ida_frame.soff_to_fpoff(func, offset)
    if not ida_frame.define_stkvar(func, new_name, sval, udm.type):
        raise IDAError("重命名栈帧变量失败")
```

⑱ 下面代码的功能是定义一个名为 create_stack_frame_variable 的函数，用于为指定函数在指定偏移量处创建具有特定类型的栈变量。

```
@jsonrpc
@idawrite
def create_stack_frame_variable(
        function_address: Annotated[str, "要设置栈帧变量的反汇编函数地址"],
        offset: Annotated[str, "栈帧变量的偏移量"],
        variable_name: Annotated[str, "栈变量的名称"],
        type_name: Annotated[str, "栈变量的类型"]
):
    """为指定函数在指定偏移量创建具有特定类型的栈变量"""
    func = idaapi.get_func(parse_address(function_address))
    if not func:
        raise IDAError(f"地址{function_address}处未找到函数")

    offset = parse_address(offset)

    frame_tif = ida_typeinf.tinfo_t()
```

```
    if not ida_frame.get_func_frame(frame_tif, func):
        raise IDAError("未返回栈帧。")

    tif = get_type_by_name(type_name)
    if not ida_frame.define_stkvar(func, variable_name, offset, tif):
        raise IDAError("创建栈帧变量失败")
```

⑲ 下面代码的功能是定义一个名为 set_stack_frame_variable_type 的函数，用于为指定的反汇编函数设置栈变量的类型。

```
@jsonrpc
@idawrite
def set_stack_frame_variable_type(
        function_address: Annotated[str, "要设置栈帧变量的反汇编函数地址"],
        variable_name: Annotated[str, "栈变量的名称"],
        type_name: Annotated[str, "栈变量的类型"]
):
    """为指定的反汇编函数设置栈变量的类型"""
    func = idaapi.get_func(parse_address(function_address))
    if not func:
        raise IDAError(f"地址{function_address}处未找到函数")

    frame_tif = ida_typeinf.tinfo_t()
    if not ida_frame.get_func_frame(frame_tif, func):
        raise IDAError("未返回栈帧。")

    idx, udm = frame_tif.get_udm(variable_name)
    if not udm:
        raise IDAError(f"未找到{variable_name}。")

    tid = frame_tif.get_udm_tid(idx)
    udm = ida_typeinf.udm_t()
    frame_tif.get_udm_by_tid(udm, tid)
    offset = udm.offset // 8

    tif = get_type_by_name(type_name)
    if not ida_frame.set_frame_member_type(func, offset, tif):
        raise IDAError("设置栈帧变量类型失败")
```

⑳ 下面代码的功能是定义一个名为 delete_stack_frame_variable 的函数，用于删除指定函数的命名栈变量。

```
@jsonrpc
@idawrite
def delete_stack_frame_variable(
        function_address: Annotated[str, "要操作栈帧变量的函数地址"],
        variable_name: Annotated[str, "栈变量的名称"]
):
    """ 删除指定函数的命名栈变量 """

    func = idaapi.get_func(parse_address(function_address))
    if not func:
        raise IDAError(f"地址 {function_address} 处未找到函数")

    frame_tif = ida_typeinf.tinfo_t()
    if not ida_frame.get_func_frame(frame_tif, func):
        raise IDAError("未返回栈帧")

    idx, udm = frame_tif.get_udm(variable_name)
    if not udm:
```

```
        raise IDAError(f"未找到 {variable_name}")

    tid = frame_tif.get_udm_tid(idx)
    if ida_frame.is_special_frame_member(tid):
        raise IDAError(f"{variable_name} 是特殊栈帧成员，不执行删除操作")

    udm = ida_typeinf.udm_t()
    frame_tif.get_udm_by_tid(udm, tid)
    offset = udm.offset // 8
    size = udm.size // 8
    if ida_frame.is_funcarg_off(func, offset):
        raise IDAError(f"{variable_name} 是参数成员，不执行删除操作")

    if not ida_frame.delete_frame_members(func, offset, offset + size):
        raise IDAError("删除栈帧变量失败")
```

㉑ 下面代码的功能是定义一个名为 dbg_get_registers 的函数，用于获取所有寄存器及其值。此函数仅在调试时可用。

```
@jsonrpc
@idaread
@unsafe
def dbg_get_registers() -> list[dict[str, str]]:
    """获取所有寄存器及其值。此函数仅在调试时可用"""
    result = []
    dbg = ida_idd.get_dbg()
    # TODO：未处于调试状态时抛出异常？
    for thread_index in range(ida_dbg.get_thread_qty()):
        tid = ida_dbg.getn_thread(thread_index)
        regs = []
        regvals = ida_dbg.get_reg_vals(tid)
        for reg_index, rv in enumerate(regvals):
            reg_info = dbg.regs(reg_index)
            reg_value = rv.pyval(reg_info.dtype)
            if isinstance(reg_value, int):
                reg_value = hex(reg_value)
            if isinstance(reg_value, bytes):
                reg_value = reg_value.hex(" ")
            regs.append({
                "name": reg_info.name,
                "value": reg_value,
            })
        result.append({
            "thread_id": tid,
            "registers": regs,
        })
    return result
```

㉒ 下面代码的功能是定义一个名为 dbg_get_call_stack 的函数，用于获取当前调用栈。

```
@jsonrpc
@idaread
@unsafe
def dbg_get_call_stack() -> list[dict[str, str]]:
    """获取当前调用栈"""
    callstack = []
    try:
        tid = ida_dbg.get_current_thread()
        trace = ida_idd.call_stack_t()

        if not ida_dbg.collect_stack_trace(tid, trace):
```

```
            return []
        for frame in trace:
            frame_info = {
                "address": hex(frame.callea),
            }
            try:
                module_info = ida_idd.modinfo_t()
                if ida_dbg.get_module_info(frame.callea, module_info):
                    frame_info["module"] = os.path.basename(module_info.name)
                else:
                    frame_info["module"] = "<未知>"

                name = (
                    ida_name.get_nice_colored_name(
                        frame.callea,
                        ida_name.GNCN_NOCOLOR
                        | ida_name.GNCN_NOLABEL
                        | ida_name.GNCN_NOSEG
                        | ida_name.GNCN_PREFDBG,
                    )
                    or "<未命名>"
                )
                frame_info["symbol"] = name

            except Exception as e:
                frame_info["module"] = "<错误>"
                frame_info["symbol"] = str(e)

            callstack.append(frame_info)

    except Exception as e:
        pass
    return callstack
```

㊸ 下面代码的功能是定义一个名为 list_breakpoints 的内部辅助函数，用于列出所有断点。

```
def list_breakpoints():
    """列出所有断点（内部辅助函数）"""
    ea = ida_ida.inf_get_min_ea()
    end_ea = ida_ida.inf_get_max_ea()
    breakpoints = []
    while ea <= end_ea:
        bpt = ida_dbg.bpt_t()
        if ida_dbg.get_bpt(ea, bpt):
            breakpoints.append(
                {
                    "ea": hex(bpt.ea),
                    "type": bpt.type,
                    "enabled": bpt.flags & ida_dbg.BPT_ENABLED,
                    "condition": bpt.condition if bpt.condition else None,
                }
            )
        ea = ida_bytes.next_head(ea, end_ea)
    return breakpoints
```

㊹ 下面代码的功能是定义多个与调试器控制相关的函数，包括运行调试器至指定地址、设置断点、删除断点、启用或禁用断点等。这些函数提供了对调试会话的控制能力。

```
@jsonrpc
@idaread
@unsafe
```

```python
def dbg_run_to(
    address: Annotated[str, "运行调试器至指定地址"],
) -> str:
    """运行调试器至指定地址"""
    ea = parse_address(address)
    if idaapi.run_to(ea):
        return f"调试器已运行至 {hex(ea)}"
    return f"运行至地址 {hex(ea)} 失败"

@jsonrpc
@idaread
@unsafe
def dbg_set_breakpoint(
    address: Annotated[str, "在指定地址设置断点"],
) -> str:
    """在指定地址设置断点"""
    ea = parse_address(address)
    if idaapi.add_bpt(ea, 0, idaapi.BPT_SOFT):
        return f"已在 {hex(ea)} 设置断点"
    breakpoints = list_breakpoints()
    for bpt in breakpoints:
        if bpt["ea"] == hex(ea):
            return f"{hex(ea)} 处已存在断点"
    return f"在地址 {hex(ea)} 设置断点失败"

@jsonrpc
@idaread
@unsafe
def dbg_delete_breakpoint(
    address: Annotated[str, "删除指定地址的断点"],
) -> str:
    """删除指定地址的断点"""
    ea = parse_address(address)
    if idaapi.del_bpt(ea):
        return f"已删除 {hex(ea)} 处的断点"
    return f"删除地址 {hex(ea)} 的断点失败"

@jsonrpc
@idaread
@unsafe
def dbg_enable_breakpoint(
    address: Annotated[str, "启用或禁用指定地址的断点"],
    enable: Annotated[bool, "启用或禁用断点"],
) -> str:
    """启用或禁用指定地址的断点"""
    ea = parse_address(address)
    if idaapi.enable_bpt(ea, enable):
        return f"{hex(ea)} 处的断点已{'启用' if enable else '禁用'}"
    return f"{'启用' if enable else '禁用'} 地址 {hex(ea)} 的断点失败"

class MCP(idaapi.plugin_t):
    """MCP插件主类"""
    flags = idaapi.PLUGIN_KEEP
    comment = "MCP插件"
    help = "MCP"
    wanted_name = "MCP"
    wanted_hotkey = "Ctrl-Alt-M"  # 快捷键

    def init(self):
        """初始化插件"""
        self.server = Server()
        hotkey = MCP.wanted_hotkey.replace("-", "+")
```

```
        if sys.platform == "darwin":  # macOS系统适配
            hotkey = hotkey.replace("Alt", "Option")
        print(f"[MCP] 插件已加载，使用 编辑 -> 插件 -> MCP（快捷键：{hotkey}）启动服务器")
        return idaapi.PLUGIN_KEEP

    def run(self, args):
        """运行插件（启动服务器）"""
        self.server.start()

    def term(self):
        """终止插件（停止服务器）"""
        self.server.stop()

def PLUGIN_ENTRY():
    """插件入口函数"""
    return MCP()
```

到此为止，本项目的核心功能介绍完毕，在 VS Code 中的使用效果如图 7-1 所示。

图 7-1　在 VS Code 中的使用效果

在 IDA Pro 中，通过 MCP 调用 Anthropic 的高性能模型 Claude 实现智能编程助手的效果如图 7-2 所示。

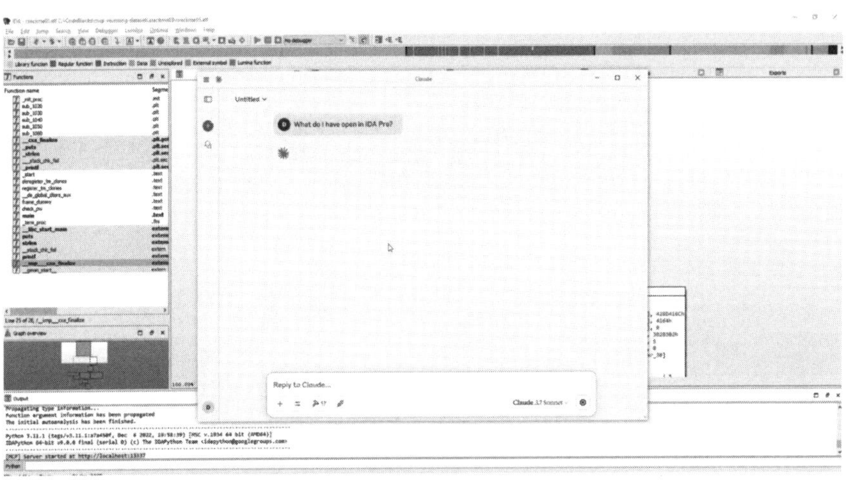

图 7-2　通过 MCP 调用模型 Claude 实现智能编程助手

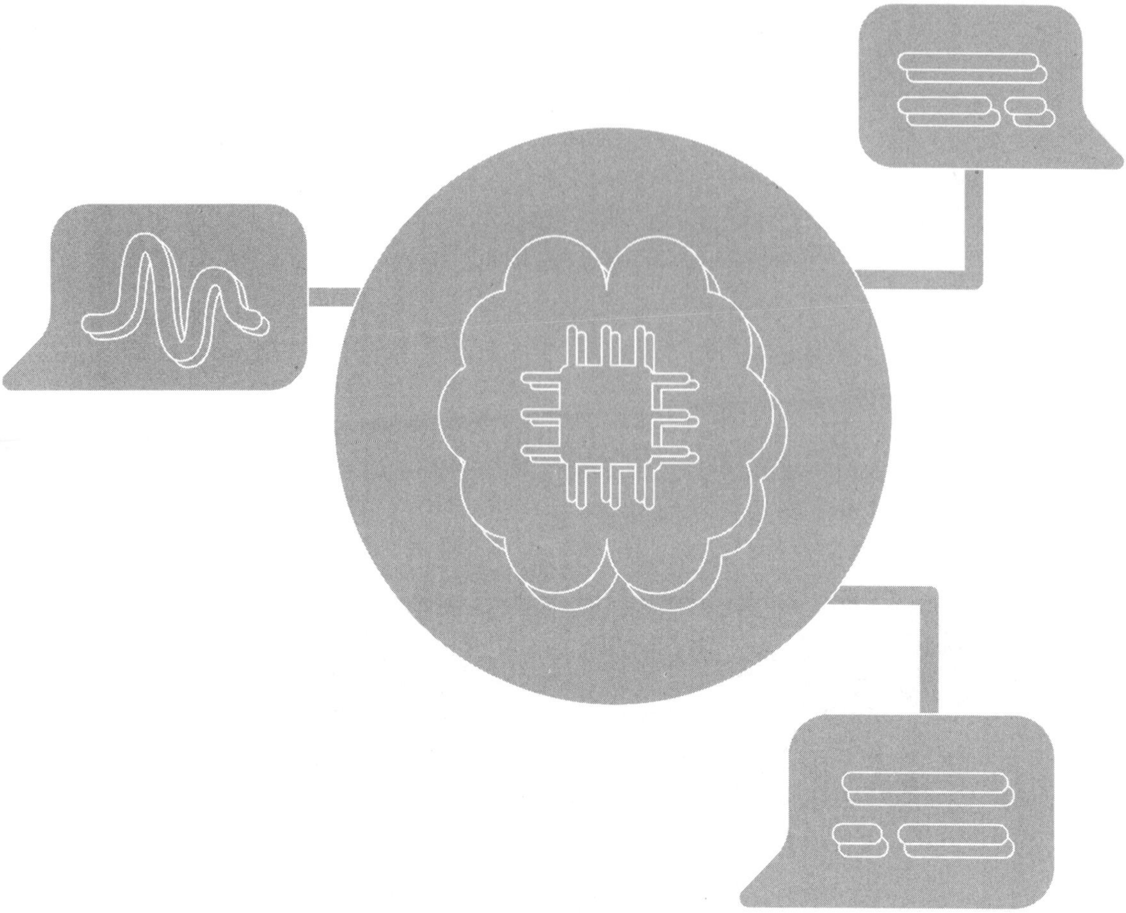

第 8 章

企业自动化应用实战

在企业自动化应用实战中，MCP 发挥着至关重要的作用。MCP 是一种开放标准协议，它为 AI 模型与外部数据源和工具之间的交互提供了一种统一、标准化的方式。通过使用 MCP 技术，企业能够将 AI 模型与各种系统（如数据库、API、企业内部工具等）无缝连接，打破了数据孤岛的限制。

8.1 企业效率与数据洞察需求

企业效率提升与数据洞察需求是数字化转型的核心驱动力。随着精益敏捷、云计算、人工智能等技术的普及，企业迫切需要通过数据驱动的方式优化业务流程、降低成本并提升决策精准度。数据洞察不仅能揭示研发、生产等环节的痛点，还能通过实时监控和预测性分析推动持续改进。例如，腾讯云的效能洞察工具通过采集研发全生命周期数据，帮助企业量化评估 IT 对业务成果的影响，从而优化资源配置和流程设计。

8.1.1 企业自动化的发展历程

企业自动化的演进可分为四个阶段，如图 8-1 所示，每个阶段均伴随技术突破与业务模式革新。

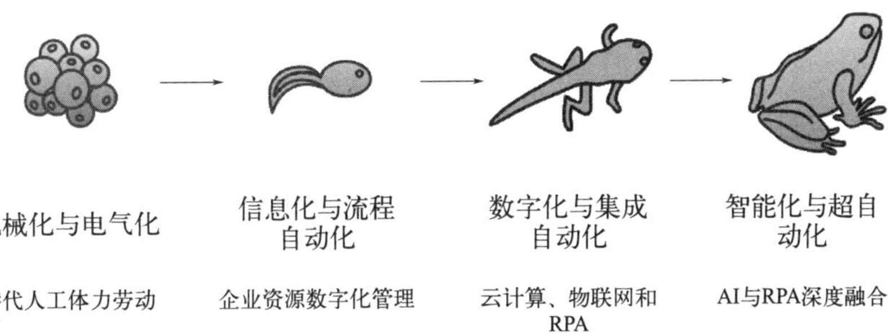

图 8-1 企业自动化的发展历程

（1）机械化与电气化阶段（18 世纪～ 20 世纪中叶）

工业革命推动机械化生产（如瓦特蒸汽机驱动纺织机），电力普及进一步提升设备效率。此阶段以替代人工体力劳动为主，标准化生产成为核心特征。例如，德国克虏伯钢厂通过转炉炼钢法将效率提升 8 倍，西门子发电机推动工业规模化生产。

（2）信息化与流程自动化阶段（20 世纪 70 年代～ 2000 年代）

计算机技术与 ERP 系统的引入实现了企业资源的数字化管理。制造业通过 MES（制造执行系统）优化生产流程，例如丰田“看板管理”将库存压降 90%，华为 MES 系统使基站故障率从 3% 降至 0.3%。此阶段的核心是结构化数据处理和流程标准化。

（3）数字化与集成自动化阶段（2010 年代～ 2020 年代）

云计算、物联网（IoT）和机器人流程自动化（RPA）成为主流。RPA 通过模拟人类操作实现规则驱动的流程自动化，如银行交易核对、医院药房库存管理等场景。例如，中石化“享当当”RPA 机器人在财务共享业务中减少 70% 的人工工作量，优化处理效率超 50%。

（4）智能化与超自动化阶段（2020 年代至今）

AI 与 RPA 深度融合，形成“认知型自动化”。生成式 AI 赋予机器人语义理解和自主决策能力，例如合同审核场景中风险识别准确率达 98%，效率提升 5 倍。超自动化（Hyperautomation）整合 RPA、AI、低代码平台等技术，构建全流程闭环。

8.1.2 企业自动化的主流技术和产品

当前企业自动化技术呈现多元化、智能化趋势，其中主流的核心技术及代表产品如下。

（1）机器人流程自动化（RPA）

① 技术特点　模拟人类操作结构化系统，支持跨平台集成。

② 代表产品

a. UiPath：提供端到端自动化平台，支持 AI 增强的智能决策。

b. 金智维：金融级 RPA+AI 解决方案，服务 1200+ 企业，部署超百万级数字员工。

c. 实在智能：结合大模型实现非结构化数据处理，如手写批注识别和语义分析。

(2）AI 驱动的自动化工具

① 技术特点　NLP、计算机视觉（CV）与机器学习结合，处理复杂任务。

② 代表产品

a. NVIDI AIsaac Manipulator：基于 GPU 加速的机器人软件，支持实时运动规划和动态环境感知，应用于工业随机箱拣选场景。

b. 旗旗 AI 助手：通过自然语言生成自动化流程，实现“意图理解”驱动的智能交互。

（3）低代码 / 无代码平台

① 技术特点　可视化开发降低技术门槛，支持快速定制业务系统。

② 代表产品

a. 腾讯云微搭：聚焦微信生态，提供云原生底座和 AI 深度融合能力，适合中小企业轻应用开发。

b. 织信 Informat：制造业垂直领域低代码平台，支持 MES、ERP 等复杂系统搭建。

c. 奥哲：覆盖 60% 中国 500 强企业，独创“三级开发模式”平衡灵活性与技术深度。

（4）企业资源计划（ERP）与业务流程管理平台

① 技术特点　整合企业核心业务流程，实现资源数字化管理与流程自动化协同。

② 代表产品

a. Odoo：作为开源 ERP 的领军产品，以模块化设计覆盖会计、库存、销售、CRM 等全业务流程。其社区版免费开放降低企业使用门槛，支持高度定制化开发，能与各类开源软件无缝集成。在制造业领域，Odoo 的 MRP 模块可优化生产排程，助力机械加工企业提升效率；针对饲料加工等流程型制造行业，能实现生产参数精准控制以降低能耗。

b. 其他主流 ERP 产品：如 SAPS/4HANA、Oracle ERP Cloud，在大型企业复杂业务场景中提供稳定的自动化支撑。

（5）物联网（IoT）与边缘计算

① 技术特点　实时采集设备数据，结合边缘计算实现本地决策。

② 应用案例

a. 国家电网部署边缘 RPA 系统，将故障响应时间从 15min 缩短至 6min，年减少人工干预超 10 万次。

b. VentionMachineMotionAI 控制器整合 IoT 传感器，支持远程监控和柔性产线配置。

（6）数据洞察与分析工具

① 技术特点　整合自动化生成数据，提供预测性分析和可视化报告。

② 代表产品

a. OracleDataIntelligencePlatform：集成数据湖、AI 服务和分析工具，支持实时数据处理与机器学习建模。

b. Tableau+EinsteinDiscovery：将 AI 预测功能嵌入可视化仪表盘，助力业务决策。

（7）超自动化解决方案

① 技术特点　整合多技术构建全流程闭环，支持动态优化。

② 代表案例

a. 太保产险黑灯工厂：通过 RPA+AI 实现超 2200 个流程自动化，年均替代人力 8148 人，运行时长超 141 万小时。

b. ProAgent（清华团队研发）：自主构建工作流，合同审核效率提升 10 倍，风险预警准确率 95%。

未来，随着 AI Agent、边缘计算等技术的普及，企业将实现“自动化执行 - 数据化分析 - 智能化决策”的全链路闭环，真正迈向智能运营时代。

8.2　MCP 在企业自动化中的应用

MCP 在企业自动化中扮演着关键角色，它通过标准化接口实现 AI 模型与企业内部数据源和工具的无缝连接，打破数据孤岛，简化集成流程。它能够实时获取上下文信息，增强 AI 的决策能力，支持复杂任务的自动化处理，提升企业运营效率。凭借其灵活性和安全性，MCP 推动了 AI 应用生态的发展，助力企业实现智能化转型。

8.2.1　企业知识管理：知识库查询、文档自动生成

在当今数字化驱动的商业环境中，企业知识管理对于提升运营效率、促进创新以及保持竞争力起着举足轻重的作用。其中，高效的知识库查询和精准的文档自动生成是知识管理的关键环节，而 MCP 作为一项创新技术，正在深刻变革这两个领域的运作模式。

（1）知识库查询方面

传统的知识库查询常面临诸多挑战，例如在面对海量知识时检索效率低下，当用户提问复杂时，难以精准定位所需信息，且模型无法充分利用企业已有的结构化知识。MCP 协议通过定义“知识插件”接口，有效解决了这些难题。

① 精准调用知识源：MCP 改变了以往模型大海捞针式的语义检索方式，能够定向调用具体的知识库模块。举例来说，在大型制造业企业中，知识库涵盖生产流程、设备维护、质量控制等多个复杂领域。当技术人员查询设备故障维修知识时，MCP 可精准定位到“设备维护知识库”中的“故障诊断与修复”子模块，快速获取相关知识，而不是在整个知识库中盲目搜索，大大提升了检索效率。

② 输出可追溯结果：每次基于 MCP 的知识库查询生成的回答，都会附带出处链接。这在金融行业的合规性知识查询中尤为重要，金融从业者在查询关于新金融法规应用的知识时，不仅能得到准确解答，还能快速通过出处链接回溯到法规原文及权威解读文档，确保引用内容的准确性和合规性，增强了知识使用的可信度。

③ 支持多模态知识接入：企业知识库中的知识形式丰富多样，除了文档，还包括结构化数据、流程图、演示视频等。MCP 能够将这些多模态知识整合，扩展模型的理解边界。以汽车制造企业为例，技术人员在查询新型汽车装配工艺时，MCP 不仅能提供装配流程文档，还能调用装配过程的 3D 演示视频以及关键装配数据的结构化表单，使技术人员获得全面、直观的知识，加深对装配工艺的理解。

（2）文档自动生成方面

在企业日常运营中，文档生成工作耗费大量人力和时间，且人工撰写易出现格式不统

一、内容遗漏等问题。MCP 为文档自动生成带来了智能化变革。

一些企业知识中台通过集成 MCP，为员工提供智能写作助手功能。在撰写标准文件时，员工只需输入关键信息和写作要求，MCP 可根据知识库中的相关模板、案例以及企业的写作规范，自动生成文档初稿。以科技企业撰写技术报告为例，MCP 能从知识库中调取以往类似项目的报告模板，填充项目中的实验数据、技术指标等结构化信息，并参考相关技术文档对技术原理、创新点等部分进行撰写，生成完整的技术报告初稿，员工在此基础上进行优化完善即可。这种方式显著提升了标准文件撰写的效率与规范性，减少了人工查询、拼凑内容的时间，助力企业实现知识资产的标准化沉淀与智能传承。

此外，在合同、标书等复杂文档生成场景中，MCP 同样表现出色。在合同生成过程中，MCP 可根据合同类型，从知识库中调用相应的合同模板，同时连接企业的客户关系管理（CRM）系统获取客户信息，连接财务系统获取价格、付款方式等数据，自动填充到合同模板中生成初稿。并且，MCP 能够基于知识库中的法律条款和风险案例，对合同条款进行智能审核，检查潜在风险并给出修改建议，确保合同的合法性和严谨性。

8.2.2 业务流程自动化（RPA+）：审批、报告、供应链

业务流程自动化（RPA+）是在传统机器人流程自动化（RPA）基础上，融合 AI、知识管理等技术形成的智能化升级模式。MCP 通过构建“模型 - 知识 - 数据”的动态连接机制，为 RPA 赋予理解复杂业务场景、调用专业知识的能力，在审批、报告生成、供应链管理等核心流程中实现从“规则执行”到“智能决策”的跨越。

（1）审批流程自动化：从“机械核对”到“智能判断”

传统 RPA 在审批场景中多依赖固定规则（如金额阈值、部门权限），面对模糊条件（如“特殊费用审批”“跨部门协作申请”）时需人工介入。MCP 通过整合审批知识库与实时业务数据，让 RPA 具备上下文理解能力。

① 动态规则适配：MCP 将企业审批制度拆解为可调用的知识模块，RPA 在处理审批单时可实时调取相关条款。例如，某集团企业的财务报销审批中，当遇到“异地项目差旅费超标申请”时，MCP 自动关联相关条款及该项目的立项文件，RPA 据此判断是否符合豁免条件，无需人工复核。

② 例外场景处理：针对历史未出现的审批场景，MCP 支持“知识推理 + 案例匹配”。某互联网公司的采购审批中，RPA 遇到“紧急采购非框架协议供应商物资”时，MCP 调用供应商评级知识库（匹配同类供应商历史合作风险）和应急采购流程模板，自动生成风险评估报告并推送至对应权限审批人，将例外审批响应时间从 48 小时缩短至 4 小时。

③ 审批链路优化：MCP 记录审批历史数据并分析瓶颈，动态调整流程节点。例如，通过分析过往 10 万条审批记录，发现“研发设备采购”在部门经理审批后常因技术参数问题被驳回，MCP 驱动 RPA 在流程中新增“技术部预审”节点，使审批通过率提升 37%。

（2）报告自动化：从“数据堆砌”到“洞察生成”

企业报告（如销售分析、财务月报）的传统自动化多停留在数据汇总层面，缺乏业务解读。MCP 通过连接业务知识库与分析模型，让 RPA 生成具备决策价值的深度报告。

① 多源数据融合：MCP 支持 RPA 跨系统调用数据并关联业务逻辑。某零售企业的月度销售报告中，RPA 通过 MCP 整合 ERP 销售数据、CRM 客户反馈、门店客流传感器数据，同时调用“促销活动效果分析模型”，自动识别“周末促销对客单价提升 23%”“会员复购率下降与物流延迟相关”等洞察，并生成可视化图表。

② 行业知识嵌入：在专业领域报告中，MCP 注入行业标准与术语体系。某金融机构的

信贷风险报告中，RPA 基于 MCP 调用《巴塞尔协议Ⅲ》风险权重计算规则、宏观经济指标库，自动将企业财务数据转换为风险评级，并生成“行业景气度对偿债能力影响分析”章节，使报告符合监管要求且具备专业深度。

③ 动态模板适配：MCP 存储多样化报告模板并支持智能切换。当企业需要向董事会、业务部门、监管机构提交同主题报告时，RPA 通过 MCP 识别受众类型，自动调整内容颗粒度（如董事会侧重战略结论、业务部门侧重执行细节），格式规范准确率达 100%。

（3）供应链自动化：从“流程执行”到“风险预判”

供应链涉及采购、库存、物流等多环节，传统 RPA 处理订单录入、库存更新等标准化操作，而异常处理（如供应商延迟、库存短缺）依赖人工经验。MCP 通过连接供应链知识库与实时数据，构建“预测 - 响应”闭环。

① 智能采购决策：MCP 整合供应商画像、历史履约数据与市场动态。某汽车零部件企业的采购 RPA 系统中，当库存低于安全阈值时，MCP 调用供应商评级库（优先选择交付准时率＞ 95% 的供应商）、原材料价格波动模型（预测未来 30 天价格趋势），RPA 据此自动生成采购订单并锁定最优价格，使采购成本降低 8%。

② 库存异常预警：MCP 支持 RPA 结合业务规则与实时数据预判风险。某电商仓储中心通过 MCP 关联历史销售峰值数据、节假日促销计划，当 RPA 监测到某品类库存仅能满足 5 天需求时，自动触发补货提醒，并推送“相似品类替代方案”至客服团队，避免订单流失。

③ 物流链路优化：MCP 驱动 RPA 动态调整物流方案。某快消企业的物流 RPA 系统中，MCP 实时接入天气预警数据、物流商运力信息，当预测到“暴雨影响华东地区运输”时，自动将上海仓的订单分流至武汉仓发货，并更新物流跟踪信息至客户，物流延误率下降 42%。

MCP 通过标准化知识调用接口、动态上下文管理，解决了传统 RPA“规则僵化、知识割裂、数据孤岛”的问题。在审批、报告、供应链等场景中，MCP 使自动化系统从“被动执行工具”升级为“具备业务理解能力的智能助手”，不仅提升流程效率，更通过知识沉淀与复用，降低企业对核心岗位人员经验的依赖，推动业务流程向“数据驱动＋知识赋能”的智能化转型。

8.2.3　数据分析与可视化：数据获取、处理、仪表板集成

在企业数字化转型进程中，数据分析与可视化是挖掘数据价值、支撑决策的核心环节。数据获取的全面性、处理的精准性以及仪表板集成的有效性，直接影响企业对业务的洞察能力。MCP 通过构建标准化的知识与数据交互框架，为数据分析与可视化的全流程注入智能化动力，有效解决传统流程中数据孤岛、处理低效、可视化与业务脱节等问题。

（1）数据获取：打破孤岛，实现多源数据智能汇聚

传统数据获取方式往往受限于系统接口差异、数据格式不统一等问题，导致数据采集不全面、效率低下。MCP 通过定义统一的数据接入协议和知识关联规则，让数据获取过程更智能、更全面。

① 跨系统数据联动：MCP 支持数据分析系统按照业务需求，定向调用企业内不同业务系统的数据。例如，某制造企业在进行生产效率分析时，MCP 可根据分析主题，自动关联 ERP 系统中的生产计划数据、MES 系统中的设备运行数据、IoT 传感器采集的实时生产参数数据以及人力资源系统中的员工排班数据等。通过标准化接口，这些来自不同系统、格式各异的数据被快速汇聚，避免了人工逐一导出、转换数据的繁琐过程，数据获取效率提升 60% 以上。

② 外部数据智能接入：除了企业内部数据，MCP 还能助力企业整合外部相关数据。在零售行业，企业进行市场趋势分析时，MCP 可连接行业研究报告数据库、社交媒体舆情数据平台以及竞争对手公开数据渠道等，按照预设的知识规则筛选、提取与企业业务相关的

数据，如特定区域的消费偏好数据、行业政策动态数据等，丰富数据分析的维度。

③ 动态数据感知与采集：MCP 具备实时感知数据变化的能力，当关联的数据源头发生更新时，能自动触发数据采集机制。对于电商企业而言，当用户行为数据（如浏览记录、购买行为）在数据库中产生新的记录时，MCP 可实时感知并将这些数据采集到数据分析系统中，确保分析所用数据的时效性，为实时营销决策提供支持。

（2）数据处理：智能清洗与转化，提升数据质量

数据处理是数据分析的基础，包括数据清洗、转换、整合等环节，传统人工处理方式不仅耗时，还易出现错误。MCP 通过嵌入业务知识规则和智能算法模型，实现数据处理的自动化与精准化。

① 智能数据清洗：MCP 将企业在长期数据管理中积累的清洗规则，如缺失值处理规则、异常值识别标准、重复数据判定依据等，转化为可调用的知识模块。在数据处理过程中，MCP 根据这些知识模块自动对数据进行清洗。例如，在金融企业的客户信用数据处理中，MCP 能自动识别并标记缺失的关键信用指标数据，按照规则进行合理填充或剔除；对于明显偏离正常范围的交易数据，自动触发异常值审核流程，大大减少人工干预，数据清洗准确率提升至 95% 以上。

② 业务化数据转换：MCP 可根据业务知识将原始数据转换为具有业务意义的指标。某物流企业在处理运输数据时，MCP 能调用运输业务知识，将原始的运输里程、运输时间等数据，结合线路类型、货物重量等信息，转换为“单位货物运输成本”“运输准时率”“线路饱和度”等业务指标，为后续的运输效率分析提供直接可用的数据。

③ 知识驱动的数据整合：当需要对不同来源的相似数据进行整合时，MCP 依据业务关联知识进行智能匹配与合并。在集团型企业中，各子公司的财务数据可能存在科目设置差异，MCP 可根据集团统一的财务知识体系，将子公司的财务数据按照对应规则进行整合，形成统一的集团财务分析数据集，确保数据分析结果在集团层面具有可比性。

（3）仪表板集成：关联业务知识，实现可视化与决策联动

仪表板是数据可视化的重要载体，传统仪表板常存在指标堆砌、与业务场景脱节等问题，难以有效辅助决策。MCP 通过将业务知识与仪表板深度融合，使可视化呈现更贴合业务需求，实现从数据展示到决策支持的跨越。

① 业务场景化仪表板定制：MCP 根据不同业务部门的需求和业务知识，驱动仪表板工具定制化展示关键指标。对于销售部门，MCP 调用销售业务知识，在仪表板中突出展示销售额、销售增长率、客户转化率、区域销售分布等核心指标，并通过知识规则设置指标预警阈值，当销售额低于预期阈值时，仪表板自动高亮显示并提示可能的原因，如某区域市场竞争加剧、促销活动效果不佳等。

② 动态指标关联与钻取：MCP 支持仪表板中的指标按照业务逻辑进行关联，用户点击某一指标时，可基于知识规则钻取到更详细的相关数据。在生产管理仪表板中，当用户发现“生产合格率下降”这一指标异常时，点击该指标，MCP 可根据生产流程知识，自动关联显示各生产环节的合格率数据、设备运行参数数据、原材料质量检测数据等，帮助用户快速定位问题源头。

③ 智能洞察与建议推送：MCP 结合数据分析模型和业务知识库，能在仪表板中生成智能洞察和决策建议。某能源企业的能耗分析仪表板中，MCP 通过分析历史能耗数据、设备运行状态数据以及天气数据等，在仪表板中不仅展示能耗指标的变化趋势，还能推送“基于当前设备运行状态和未来天气预测，建议调整某区域生产班次以降低能耗成本”等决策建议，使仪表板成为真正的决策辅助工具。

MCP 通过在数据获取环节实现多源数据的智能汇聚，在数据处理环节提升数据质量与转化效率，在仪表板集成环节实现可视化与业务决策的深度融合，构建了“数据 - 知识 - 决策”的闭环体系。它使数据分析与可视化不再局限于技术层面的操作，而是与企业业务知识紧密结合，让数据真正成为驱动业务发展的核心动力，助力企业更精准地把握市场动态、优化业务流程、提升决策效率。

8.3 综合实战：基于 Odoo ERP、Claude 和 MCP 的办公自动化程序

接下来的实例是一个基于 Python 开发的 MCP 服务器项目，旨在让 Claude 等 AI 助手通过自然语言与 Odoo ERP 系统无缝交互。本项目支持搜索检索客户、产品等各类 Odoo 记录，创建、更新、删除数据，统计记录数量及检查模型字段结构，通过 API 密钥或账号密码实现安全访问，并提供智能分页和 LLM 优化输出。该项目需搭配 Odoo 18.0 实例及专用 MCP 模块使用，支持 stdio 和 streamable-http 两种传输方式，为 Odoo 数据管理提供了便捷的自然语言交互能力。

实例 8-1： 基于 Odoo ERP、Claude 和 MCP 的办公自动化程序（源码路径：codes\8\mcp-server-odoo）

8.3.1 系统配置

文件 config.py 定义了数据类 OdooConfig，用于管理与 Odoo 系统连接及 MCP 服务器的配置参数。此文件支持从环境变量或 .env 文件加载配置，包含 URL、认证信息、数据库名、日志级别等核心参数，并提供了完善的参数验证机制。此外，通过单例模式确保配置全局唯一，避免重复加载，同时提供了测试辅助方法。

```
@dataclass
class OdooConfig:
    """配置Odoo连接和MCP服务器设置"""

    # 必需字段
    url: str

    # 认证方式(至少需要一种)
    api_key: Optional[str] = None
    username: Optional[str] = None
    password: Optional[str] = None

    # 可选字段及默认值
    database: Optional[str] = None
    log_level: str = "INFO"
    default_limit: int = 10
    max_limit: int = 100

    # MCP传输配置
    transport: Literal["stdio", "streamable-http"] = "stdio"
    host: str = "localhost"
    port: int = 8000

    def __post_init__(self):
        """初始化后验证配置"""
        # 验证URL
        if not self.url:
```

```
            raise ValueError("ODOO_URL是必需的")

        # 确保URL格式正确
        if not self.url.startswith(("http://", "https://")):
            raise ValueError("ODOO_URL必须以http://或https://开头")

        # 验证认证信息
        has_api_key = bool(self.api_key)
        has_credentials = bool(self.username and self.password)

        if not has_api_key and not has_credentials:
            raise ValueError(
                "需要认证：请提供ODOO_API_KEY或同时提供ODOO_USER和ODOO_PASSWORD"
            )

        # 验证数字字段
        if self.default_limit <= 0:
            raise ValueError("ODOO_MCP_DEFAULT_LIMIT必须为正数")

        if self.max_limit <= 0:
            raise ValueError("ODOO_MCP_MAX_LIMIT必须为正数")

        if self.default_limit > self.max_limit:
            raise ValueError("ODOO_MCP_DEFAULT_LIMIT不能超过ODOO_MCP_MAX_LIMIT")

        # 验证日志级别
        valid_log_levels = {"DEBUG", "INFO", "WARNING", "ERROR", "CRITICAL"}
        if self.log_level.upper() not in valid_log_levels:
            raise ValueError(
                f"无效的日志级别：{self.log_level}。"
                f"必须是以下之一：{', '.join(valid_log_levels)}"
            )

        # 验证传输方式
        valid_transports = {"stdio", "streamable-http"}
        if self.transport not in valid_transports:
            raise ValueError(
                f"无效的传输方式：{self.transport}。"
                f"必须是以下之一：{', '.join(valid_transports)}"
            )

        # 验证端口
        if self.port <= 0 or self.port > 65535:
            raise ValueError("端口必须在1到65535之间")

    @property
    def uses_api_key(self) -> bool:
        """检查配置是否使用API密钥认证"""
        return bool(self.api_key)

    @property
    def uses_credentials(self) -> bool:
        """检查配置是否使用用户名/密码认证"""
        return bool(self.username and self.password)

    @classmethod
    def from_env(cls, env_file: Optional[Path] = None) -> "OdooConfig":
        """从环境变量创建配置

        Args:
            env_file: 可选的.env文件路径
```

```
        Returns:
            OdooConfig: 经验证的配置对象
        """
        return load_config(env_file)


def load_config(env_file: Optional[Path] = None) -> OdooConfig:
    """从环境变量和.env文件加载配置

    Args:
        env_file: 可选的.env文件路径。如果未提供，
                  则在当前目录中查找.env。

    Returns:
        OdooConfig: 经验证的配置对象

    Raises:
        ValueError: 如果缺少或无效的必需配置
    """
    # 检查是否有.env文件或环境变量
    if env_file:
        if not env_file.exists():
            raise ValueError(
                f"配置文件未找到: {env_file}\n"
                "请基于.env.example创建一个.env文件"
            )
        load_dotenv(env_file)
    else:
        # 检查当前目录中的.env文件
        default_env = Path(".env")
        if default_env.exists():
            load_dotenv()
        elif not os.getenv("ODOO_URL"):
            # 没有.env文件且环境中没有ODOO_URL
            raise ValueError(
                "未找到.env文件且环境中未设置ODOO_URL。\n"
                "请基于.env.example创建一个.env文件或设置环境变量。"
            )

    # 获取带默认值的整数环境变量的辅助函数
    def get_int_env(key: str, default: int) -> int:
        value = os.getenv(key)
        if value is None:
            return default
        try:
            return int(value)
        except ValueError:
            raise ValueError(f"{key}必须是有效的整数") from None

    # 创建配置
    config = OdooConfig(
        url=os.getenv("ODOO_URL", "").strip(),
        api_key=os.getenv("ODOO_API_KEY", "").strip() or None,
        username=os.getenv("ODOO_USER", "").strip() or None,
        password=os.getenv("ODOO_PASSWORD", "").strip() or None,
        database=os.getenv("ODOO_DB", "").strip() or None,
        log_level=os.getenv("ODOO_MCP_LOG_LEVEL", "INFO").strip(),
        default_limit=get_int_env("ODOO_MCP_DEFAULT_LIMIT", 10),
        max_limit=get_int_env("ODOO_MCP_MAX_LIMIT", 100),
        transport=os.getenv("ODOO_MCP_TRANSPORT", "stdio").strip(),
        host=os.getenv("ODOO_MCP_HOST", "localhost").strip(),
        port=get_int_env("ODOO_MCP_PORT", 8000),
```

```
    )

    return config


# 单例配置实例
_config: Optional[OdooConfig] = None


def get_config() -> OdooConfig:
    """获取单例配置实例

    Returns:
        OdooConfig: 配置对象

    Raises:
        ValueError: 如果配置尚未加载
    """
    global _config
    if _config is None:
        _config = load_config()
    return _config


def set_config(config: OdooConfig) -> None:
    """设置单例配置实例
    Args:
        config: 要设置的配置对象
    """
    global _config
    _config = config

def reset_config() -> None:
    """重置单例配置实例
    """
    global _config
    _config = None
```

8.3.2 连接 Odoo 系统

文件 odoo_connection.py 定义了类 OdooConnection，用于管理与 Odoo 系统的 XML-RPC 连接。它提供了连接初始化、认证、数据库操作、记录增删改查等功能，并集成了性能监控和错误处理机制。通过单例模式确保配置全局唯一，支持从环境变量或 .env 文件加载配置，提供了完善的参数验证和错误处理，以确保与 Odoo 系统的稳定交互。

① 下面代码的功能是建立与 Odoo 服务器的 XML-RPC 连接，通过创建针对数据库、通用操作和对象操作的三个 XML-RPC 代理，并调用 server_version 方法测试连接是否成功，最终将连接状态标记为已连接。

```
def connect(self) -> None:
    """建立与 Odoo 服务器的 XML-RPC 连接"""
    # 创建 XML-RPC 代理（用于 db、common、object 端点）
    self._db_proxy = self._create_proxy(self.MCP_DB_ENDPOINT)
    self._common_proxy = self._create_proxy(self.MCP_COMMON_ENDPOINT)
    self._object_proxy = self._create_proxy(self.MCP_OBJECT_ENDPOINT)

    # 测试连接（调用 server_version）
    self._test_connection()
    self._connected = True
```

② 下面代码的功能是关闭与 Odoo 服务器的连接并清理资源，通过清除三个 XML-RPC 代理的引用，并重置连接状态和认证状态，确保资源被正确释放。

```
def disconnect(self, suppress_logging: bool = False) -> None:
    """关闭连接并清理资源"""
    # 清除代理引用
    self._db_proxy = None
    self._common_proxy = None
    self._object_proxy = None

    # 重置连接状态
    self._connected = False
    self._authenticated = False
```

③ 下面代码的功能是检查与 Odoo 服务器的连接健康状态，通过判断是否已连接，并尝试调用方法 server_version 获取服务器版本信息，以此验证连接是否正常，并返回连接状态和相应的消息。

```
def check_health(self) -> Tuple[bool, str]:
    """检查连接健康状态"""
    if not self._connected:
        return False, "Not connected"

    try:
        # 调用 server_version 作为健康检查
        version = self._common_proxy.version()
        return True, f"Connected to Odoo {version.get('server_version')}"
    except Exception as e:
        return False, f"Health check failed: {e}"
```

④ 下面代码的功能是测试与 Odoo 服务器的连接是否正常工作，如果当前未连接则尝试连接，然后调用检查健康状态的方法来确定连接是否可用，并返回布尔值表示测试结果。

```
def test_connection(self) -> bool:
    """测试连接是否正常工作"""
    if not self._connected:
        try:
            self.connect()
        except Exception:
            return False

    return self.check_health()[0]
```

8.3.3 MCP 服务器

文件 server.py 定义了类 OdooMCPServer，作为 Odoo 集成的主 MCP 服务器类，负责管理 FastMCP 服务器实例、维护与 Odoo 的连接，在服务器启动前建立连接、退出时清理连接，并提供了通过 stdio 和 HTTP 传输运行服务器的方法，同时支持注册资源和工具处理器，以及获取服务器能力和健康状态的功能。

```
class OdooMCPServer:
    def __init__(self, config: Optional[OdooConfig] = None):
        """初始化Odoo MCP服务器。

        参数:
            config: 可选的OdooConfig实例。如果未提供，
                   将从环境变量加载。
```

```
        """
        # 加载配置
        self.config = config or get_config()

        # 设置结构化日志
        logging_config.setup()

        # 初始化连接和访问控制器（将在启动时创建）
        self.connection: Optional[OdooConnection] = None
        self.access_controller: Optional[AccessController] = None
        self.performance_manager: Optional[PerformanceManager] = None
        self.resource_handler = None
        self.tool_handler = None

        # 创建带有服务器元数据的FastMCP实例
        self.app = FastMCP(
            name="odoo-mcp-server",
            instructions="用于通过模型上下文协议（Model Context Protocol）访问和管理
Odoo ERP数据的MCP服务器",
        )

        logger.info(f"已初始化Odoo MCP服务器 v{SERVER_VERSION}")

    def _ensure_connection(self):
        """确保与Odoo的连接已建立。

        异常：
            ConnectionError: 连接失败时
            ConfigurationError: 配置无效时
        """
        if not self.connection:
            try:
                logger.info("正在建立与Odoo的连接...")
                with perf_logger.track_operation("connection_setup"):
                    # 创建性能管理器（在组件间共享）
                    self.performance_manager = PerformanceManager(self.config)

                    # 使用性能管理器创建连接
                    self.connection = OdooConnection(
                        self.config, performance_manager=self.performance_manager
                    )

                    # 连接并认证
                    self.connection.connect()
                    self.connection.authenticate()

                logger.info(f"已成功连接到Odoo，地址：{self.config.url}")

                # 初始化访问控制器
                self.access_controller = AccessController(self.config)
            except Exception as e:
                context = ErrorContext(operation="connection_setup")
                # 让特定错误按原样传播
                if isinstance(e, (OdooConnectionError, ConfigurationError)):
                    raise
                # 处理其他未预期的错误
                error_handler.handle_error(e, context=context)

    def _cleanup_connection(self):
        """清理Odoo连接。"""
        if self.connection:
            try:
```

```
                logger.info("正在关闭Odoo连接...")
                self.connection.disconnect()
            except Exception as e:
                logger.error(f"关闭连接时出错：{e}")
            finally:
                # 始终清除连接引用
                self.connection = None
                self.access_controller = None
                self.resource_handler = None
                self.tool_handler = None


    def _register_resources(self):
        """在连接建立后注册资源处理器。"""
        if self.connection and self.access_controller:
            self.resource_handler = register_resources(
                self.app, self.connection, self.access_controller, self.config
            )
            logger.info("已注册MCP资源")

    def _register_tools(self):
        """在连接建立后注册工具处理器。"""
        if self.connection and self.access_controller:
            self.tool_handler = register_tools(
                self.app, self.connection, self.access_controller, self.config
            )
            logger.info("已注册MCP工具")

    async def run_stdio(self):
        """使用stdio传输运行服务器。

        这是使用标准输入/输出传输运行服务器的主要入口点（供uvx使用）。
        """
        try:
            # 在启动服务器前建立连接
            with perf_logger.track_operation("server_startup"):
                self._ensure_connection()

                # 在连接建立后注册资源
                self._register_resources()
                self._register_tools()

            logger.info("启动使用stdio传输的MCP服务器...")
            await self.app.run_stdio_async()

        except KeyboardInterrupt:
            logger.info("服务器被用户中断")
        except (OdooConnectionError, ConfigurationError):
            # 让这些特定错误传播
            raise
        except Exception as e:
            context = ErrorContext(operation="server_run")
            error_handler.handle_error(e, context=context)
        finally:
            # 始终清理连接
            self._cleanup_connection()

    def run_stdio_sync(self):
        """run_stdio的同步包装器。

        提供此方法是为了与同步代码兼容。
        """
```

```
        import asyncio

        asyncio.run(self.run_stdio())

    # SSE传输在MCP协议版本2025-03-26中已被弃用
    # 请改用streamable-http传输

    async def run_http(self, host: str = "localhost", port: int = 8000):
        """使用streamable HTTP传输运行服务器。

        参数:
            host: 要绑定的主机
            port: 要绑定的端口
        """
        try:
            # 在启动服务器前建立连接
            with perf_logger.track_operation("server_startup"):
                self._ensure_connection()

                # 在连接建立后注册资源
                self._register_resources()
                self._register_tools()

            logger.info(f"启动使用HTTP传输的MCP服务器，地址：{host}:{port}...")

            # 更新FastMCP的主机和端口设置
            self.app.settings.host = host
            self.app.settings.port = port

            # 使用特定的streamable HTTP异步方法
            await self.app.run_streamable_http_async()

        except KeyboardInterrupt:
            logger.info("服务器被用户中断")
        except (OdooConnectionError, ConfigurationError):
            # 让这些特定错误传播
            raise
        except Exception as e:
            context = ErrorContext(operation="server_run_http")
            error_handler.handle_error(e, context=context)
        finally:
            # 始终清理连接
            self._cleanup_connection()

    def get_capabilities(self) -> Dict[str, Dict[str, bool]]:
        """获取服务器能力。

        返回:
            包含服务器能力的字典
        """
        return {
            "capabilities": {
                "resources": True,  # 将Odoo数据作为资源暴露
                "tools": True,  # 提供用于Odoo操作的工具
                "prompts": False,  # 提示将在后续阶段添加
            }
        }

    def get_health_status(self) -> Dict[str, Any]:
        """获取带有错误指标的服务器健康状态。

        返回:
```

```
        包含健康状态和指标的字典
    """
    is_connected = (
        self.connection and self.connection.is_authenticated
        if hasattr(self.connection, "is_authenticated")
        else False
    )

    # 获取性能统计（如果可用）
    performance_stats = None
    if self.performance_manager:
        performance_stats = self.performance_manager.get_stats()

    return {
        "status": "healthy" if is_connected else "unhealthy",
        "version": SERVER_VERSION,
        "connection": {
            "connected": is_connected,
            "url": self.config.url if self.config else None,
            "database": (
                self.connection.database
                if self.connection and hasattr(self.connection, "database")
                else None
            ),
        },
        "error_metrics": error_handler.get_metrics(),
        "recent_errors": error_handler.get_recent_errors(limit=5),
        "performance": performance_stats,
    }
```

8.3.4 MCP 资源处理器

文件 sources.py 实现了用于访问 Odoo 数据的 MCP 资源处理器，通过 FastMCP 装饰器将 Odoo 数据访问封装为标准化的 URI 资源。它提供了记录检索、记录搜索、记录计数、字段查询等功能，支持权限验证、数据格式化、错误处理和分页机制，能将 Odoo 中的模型数据以结构化方式通过资源接口暴露，方便 AI 助手等通过 URI 访问和操作 Odoo 数据。

```
class OdooResourceHandler:
    """处理Odoo数据的MCP资源请求。"""

    def __init__(
        self,
        app: FastMCP,
        connection: OdooConnection,
        access_controller: AccessController,
        config: OdooConfig,
    ):
        """初始化资源处理器。

        参数:
            app: FastMCP应用实例
            connection: Odoo连接实例
            access_controller: 访问控制实例
            config: Odoo配置实例
        """
        self.app = app
        self.connection = connection
        self.access_controller = access_controller
        self.config = config
```

```
        self._register_resources()

    def _register_resources(self):
        """注册所有资源处理器到FastMCP。"""
        # 注册记录检索资源处理器
        @self.app.resource("odoo://{model}/record/{record_id}")
        async def get_record(model: str, record_id: str) -> str:
            """检索Odoo中的特定记录。

            参数:
                model: Odoo模型名称（例如'res.partner'）
                record_id: 要检索的记录ID

            返回:
                格式化为文本的记录数据
            """
            return await self._handle_record_retrieval(model, record_id)

        # 注册搜索资源（由于FastMCP限制不带参数）
        @self.app.resource("odoo://{model}/search")
        async def search_records(model: str) -> str:
            """使用默认设置搜索记录。

            返回前10条记录的所有字段。
            如需更多控制，请使用search_records工具。
            """
            return await self._handle_search(model, None, None, None, None, None)

        # 注册计数资源（由于FastMCP限制不带参数）
        @self.app.resource("odoo://{model}/count")
        async def count_records(model: str) -> str:
            """计算模型中的所有记录。

            如需过滤计数，请使用带limit=0的search_records工具。
            """
            return await self._handle_count(model, None)

        # 注册字段资源
        @self.app.resource("odoo://{model}/fields")
        async def get_fields(model: str) -> str:
            """获取模型的字段定义。

            参数:
                model: Odoo模型名称（例如'res.partner'）

            返回:
                格式化的字段定义和元数据
            """
            return await self._handle_fields(model)

    async def _handle_record_retrieval(self, model: str, record_id: str) -> str:
        """处理记录检索请求。

        参数:
            model: Odoo模型名称
            record_id: 要检索的记录ID

        返回:
            格式化的记录数据

        异常:
            NotFoundError: 记录不存在时
```

```
            PermissionError: 访问被拒绝时
            ValidationError: 输入无效时
        """
        context = ErrorContext(model=model, operation="get_record", record_
id=record_id)

        logger.info(f"正在检索记录: {model}/{record_id}")

        try:
            with perf_logger.track_operation("resource_get_record", model=model):
                # 验证记录ID
                try:
                    record_id_int = int(record_id)
                    if record_id_int <= 0:
                        raise ValueError("记录ID必须为正数")
                except ValueError as e:
                    raise ValidationError(
                        f"无效的记录ID '{record_id}': {e}", context=context
                    ) from e

                # 检查模型访问权限
                try:
                    self.access_controller.validate_model_access(model, "read")
                except AccessControlError as e:
                    logger.warning(f"访问{model}.read被拒绝: {e}")
                    raise PermissionError(f"访问被拒绝: {e}", context=context) from e

                # 确保已连接
                if not self.connection.is_authenticated:
                    raise ValidationError("未与Odoo认证", context=context)

            # 搜索记录以检查是否存在
            record_ids = self.connection.search(model, [("id", "=", record_id_
int)])

            if not record_ids:
                raise NotFoundError(
                    f"记录未找到: ID为{record_id}的{model}不存在", context=context
                )

            # 读取记录并智能选择字段以避免序列化问题
            try:
                fields_info = self.connection.fields_get(model)
                safe_fields = []
                for field_name, field_info in fields_info.items():
                    field_type = field_info.get("type", "")
                    problematic_types = ["binary", "serialized", "html"]
                    if (
                        field_type not in problematic_types
                        and not field_name.startswith("__")
                        and not field_name.startswith("_")
                    ):
                        safe_fields.append(field_name)

                if safe_fields:
                    records = self.connection.read(model, record_ids, safe_fields)
                else:
                    records = self.connection.read(model, record_ids)
            except Exception as e:
                logger.debug(f"无法获取字段元数据，读取所有字段: {e}")
                records = self.connection.read(model, record_ids)
```

```
            if not records:
                raise ResourceNotFoundError(
                    f"记录未找到：ID为{record_id}的{model}不存在"
                )

            record = records[0]

            # 格式化记录数据
            formatted_data = self._format_record(model, record)

            logger.info(f"成功检索记录：{model}/{record_id}")
            return formatted_data

        except (ResourceNotFoundError, ResourcePermissionError, ResourceError):
            raise
        except OdooConnectionError as e:
            logger.error(f"检索{model}/{record_id}时连接错误：{e}")
            raise ResourceError(f"连接错误：{e}") from e
        except Exception as e:
            logger.error(f"检索{model}/{record_id}时意外错误：{e}")
            raise ResourceError(f"检索记录失败：{e}") from e

    async def _handle_search(
        self,
        model: str,
        domain: Optional[str],
        fields: Optional[str],
        limit: Optional[int],
        offset: Optional[int],
        order: Optional[str],
    ) -> str:
        """处理带域过滤的搜索请求。
        """
        logger.info(f"搜索{model}，域={domain}，限制={limit}，偏移={offset}")

        try:
            # 检查模型访问权限
            try:
                self.access_controller.validate_model_access(model, "read")
            except AccessControlError as e:
                logger.warning(f"访问{model}.read被拒绝：{e}")
                raise ResourcePermissionError(f"访问被拒绝：{e}") from e

            # 确保已连接
            if not self.connection.is_authenticated:
                raise ResourceError("未与Odoo认证")

            # 解析参数
            parsed_domain = self._parse_domain(domain)
            fields_list = self._parse_fields(fields)
            limit_value = self._parse_limit(limit)
            offset_value = self._parse_offset(offset)
            order_value = self._parse_order(order)

            # 获取总数用于分页
            total_count = self.connection.search_count(model, parsed_domain)

            # 执行搜索
            record_ids = self.connection.search(
                model, parsed_domain, limit=limit_value, offset=offset_
value, order=order_value
            )
```

```
            # 读取找到的记录
            records = []
            if record_ids:
                records = self.connection.read(model, record_ids, fields_list)

            # 获取字段元数据用于格式化
            try:
                fields_metadata = self.connection.fields_get(model)
            except Exception as e:
                logger.debug(f"无法检索字段元数据: {e}")
                fields_metadata = None

            # 格式化搜索结果
            formatted_results = self._format_search_results(
                model,
                records,
                parsed_domain,
                fields_list,
                limit_value,
                offset_value,
                total_count,
                fields_metadata,
            )

            logger.info(f"搜索完成: 找到{len(records)}条记录，共{total_count}条")
            return formatted_results

        except (ResourcePermissionError, ResourceError):
            raise
        except OdooConnectionError as e:
            logger.error(f"搜索{model}时连接错误: {e}")
            raise ResourceError(f"连接错误: {e}") from e
        except Exception as e:
            logger.error(f"搜索{model}时意外错误: {e}")
            raise ResourceError(f"搜索记录失败: {e}") from e
```

8.3.5 Odoo 模型的访问控制

文件 access_control.py 实现了对 Odoo 模型的访问控制功能，通过 MCP 模块 REST API 管理和验证对 Odoo 模型的操作权限。文件 access_control.py 定义了模型权限数据结构，使用缓存机制提高性能，提供了模型权限查询、操作验证、模型过滤等功能，确保只有授权的模型和操作才能访问 Odoo 系统，增强了系统的安全性和可控性。

```
@dataclass
class ModelPermissions:
    """特定模型的权限。"""

    model: str
    enabled: bool
    can_read: bool = False
    can_write: bool = False
    can_create: bool = False
    can_unlink: bool = False

    def can_perform(self, operation: str) -> bool:
        """检查是否允许执行特定操作。"""
        operation_map = {
            "read": self.can_read,
```

```
            "write": self.can_write,
            "create": self.can_create,
            "unlink": self.can_unlink,
            "delete": self.can_unlink,  # 别名
        }
        return operation_map.get(operation, False)


@dataclass
class CacheEntry:
    """权限数据的缓存条目。"""

    data: Any
    timestamp: datetime

    def is_expired(self, ttl_seconds: int) -> bool:
        """检查缓存条目是否过期。"""
        return datetime.now() - self.timestamp > timedelta(seconds=ttl_seconds)


class AccessController:
    """通过MCP模块REST API控制对Odoo模型的访问。"""

    # 缓存生存时间（秒）
    CACHE_TTL = 300  # 5分钟

    # MCP REST API端点
    MODELS_ENDPOINT = "/mcp/models"
    MODEL_ACCESS_ENDPOINT = "/mcp/models/{model}/access"

    def __init__(self, config: OdooConfig, cache_ttl: int = CACHE_TTL):
        """初始化访问控制器。

        参数:
            config: 包含连接细节和API密钥的OdooConfig
            cache_ttl: 缓存生存时间（秒）
        """
        self.config = config
        self.cache_ttl = cache_ttl
        self._cache: Dict[str, CacheEntry] = {}

        # 解析基础URL
        self.base_url = config.url.rstrip("/")

        # 验证API密钥是否可用
        if not config.api_key:
            raise AccessControlError(
                "访问控制需要API密钥。请配置ODOO_API_KEY。"
            )

        logger.info(f"已为{self.base_url}初始化AccessController")

    def _make_request(self, endpoint: str, timeout: int = 30) -> Dict[str, Any]:
        """向MCP REST API发出认证请求。

        参数:
            endpoint: API端点路径
            timeout: 请求超时时间（秒）

        返回:
            解析后的JSON响应
```

```
        异常:
            AccessControlError: 请求失败时
        """
        url = f"{self.base_url}{endpoint}"

        # 创建带有API密钥头的请求
        req = urllib.request.Request(url)
        req.add_header("X-API-Key", self.config.api_key)
        req.add_header("Accept", "application/json")

        try:
            logger.debug(f"正在向{url}发出请求")

            with urllib.request.urlopen(req, timeout=timeout) as response:
                data = json.loads(response.read().decode("utf-8"))

                # 检查API响应是否成功
                if not data.get("success", False):
                    error_msg = data.get("error", {}).get("message", "未知错误")
                    raise AccessControlError(f"API错误: {error_msg}")

                return data

        except urllib.error.HTTPError as e:
            if e.code == 401:
                raise AccessControlError("访问控制的API密钥无效") from e
            elif e.code == 403:
                raise AccessControlError("拒绝访问MCP端点") from e
            elif e.code == 404:
                raise AccessControlError(f"端点未找到: {endpoint}") from e
            else:
                raise AccessControlError(f"HTTP错误{e.code}: {e.reason}") from e
        except urllib.error.URLError as e:
            raise AccessControlError(f"连接错误: {e.reason}") from e
        except json.JSONDecodeError as e:
            raise AccessControlError(f"无效的JSON响应: {e}") from e
        except Exception as e:
            raise AccessControlError(f"请求失败: {e}") from e

    def _get_from_cache(self, key: str) -> Optional[Any]:
        """如果缓存未过期，则从缓存中获取值。"""
        if key in self._cache:
            entry = self._cache[key]
            if not entry.is_expired(self.cache_ttl):
                logger.debug(f"{key}的缓存命中")
                return entry.data
            else:
                logger.debug(f"{key}的缓存已过期")
                del self._cache[key]
        return None

    def _set_cache(self, key: str, data: Any) -> None:
        """在缓存中设置值。"""
        self._cache[key] = CacheEntry(data=data, timestamp=datetime.now())
        logger.debug(f"已缓存{key}")

    def clear_cache(self) -> None:
        """清除所有缓存数据。"""
        self._cache.clear()
        logger.info("已清除访问控制缓存")

    def get_enabled_models(self) -> List[Dict[str, str]]:
```

```
        """获取所有MCP启用的模型列表。

        返回:
            包含'model'和'name'键的字典列表

        异常:
            AccessControlError: 请求失败时
        """
        cache_key = "enabled_models"

        # 检查缓存
        cached = self._get_from_cache(cache_key)
        if cached is not None:
            return cached

        # 发出请求
        response = self._make_request(self.MODELS_ENDPOINT)
        models = response.get("data", {}).get("models", [])

        # 缓存结果
        self._set_cache(cache_key, models)

        logger.info(f"已检索到{len(models)}个启用的模型")
        return models

    def is_model_enabled(self, model: str) -> bool:
        """检查模型是否为MCP启用。

        参数:
            model: Odoo模型名称（例如'res.partner'）

        返回:
            如果模型已启用则为True，否则为False
        """
        try:
            enabled_models = self.get_enabled_models()
            return any(m["model"] == model for m in enabled_models)
        except AccessControlError as e:
            logger.error(f"检查模型{model}是否启用失败: {e}")
            return False

    def get_model_permissions(self, model: str) -> ModelPermissions:
        """获取特定模型的权限。

        参数:
            model: Odoo模型名称

        返回:
            包含权限详情的ModelPermissions对象

        异常:
            AccessControlError: 请求失败时
        """
        cache_key = f"permissions_{model}"

        # 检查缓存
        cached = self._get_from_cache(cache_key)
        if cached is not None:
            return cached

        # 发出请求
        endpoint = self.MODEL_ACCESS_ENDPOINT.format(model=model)
```

```
        response = self._make_request(endpoint)
        data = response.get("data", {})

        # 解析权限
        permissions = ModelPermissions(
            model=data.get("model", model),
            enabled=data.get("enabled", False),
            can_read=data.get("operations", {}).get("read", False),
            can_write=data.get("operations", {}).get("write", False),
            can_create=data.get("operations", {}).get("create", False),
            can_unlink=data.get("operations", {}).get("unlink", False),
        )

        # 缓存结果
        self._set_cache(cache_key, permissions)

        logger.debug(f"已检索到{model}的权限: {permissions}")
        return permissions

    def check_operation_allowed(self, model: str, operation: str) -> Tuple[bool, Op
tional[str]]:
        """检查是否允许对模型执行操作。

        参数:
            model: Odoo模型名称
            operation: 要检查的操作（read、write、create、unlink）

        返回:
            元组(allowed, error_message)
        """
        try:
            # 获取模型权限
            permissions = self.get_model_permissions(model)

            # 检查模型是否启用
            if not permissions.enabled:
                return False, f"模型'{model}'未启用MCP访问"

            # 检查特定操作
            if not permissions.can_perform(operation):
                return False, f"不允许对模型'{model}'执行操作'{operation}'"

            return True, None

        except AccessControlError as e:
            logger.error(f"访问控制检查失败: {e}")
            return False, str(e)

    def validate_model_access(self, model: str, operation: str) -> None:
        """验证模型访问，如果拒绝则抛出异常。

        参数:
            model: Odoo模型名称
            operation: 要执行的操作

        异常:
            AccessControlError: 访问被拒绝时
        """
        allowed, error_msg = self.check_operation_allowed(model, operation)
        if not allowed:
            raise AccessControlError(error_msg or f"拒绝访问{model}.{operation}")
```

```
    def filter_enabled_models(self, models: List[str]) -> List[str]:
        """过滤模型列表，只包含已启用的模型。

        参数：
            models: 要过滤的模型名称列表

        返回：
            已启用的模型名称列表
        """
        try:
            enabled_models = self.get_enabled_models()
            enabled_set = {m["model"] for m in enabled_models}
            return [m for m in models if m in enabled_set]
        except AccessControlError as e:
            logger.error(f"过滤模型失败：{e}")
            return []

    def get_all_permissions(self) -> Dict[str, ModelPermissions]:
        """获取所有已启用模型的权限。

        返回：
            将模型名称映射到其权限的字典
        """
        permissions = {}

        try:
            enabled_models = self.get_enabled_models()

            for model_info in enabled_models:
                model = model_info["model"]
                try:
                    permissions[model] = self.get_model_permissions(model)
                except AccessControlError as e:
                    logger.warning(f"获取{model}的权限失败：{e}")

        except AccessControlError as e:
            logger.error(f"获取所有权限失败：{e}")

        return permissions
```

8.3.6 URI 解析和构建

文件 uri_schema.py 实现了 Odoo 系统的 URI 解析和构建功能，定义了支持的操作类型，提供了 URI 与对象之间的转换机制，以及 URI 的验证和参数解析功能。它允许通过标准化的 URI 格式访问 Odoo 数据，支持记录检索、搜索、浏览、计数和字段查询等操作，并能处理各种查询参数，确保 URI 的正确性和安全性。

```
@dataclass
class OdooURI:
    """解析后的Odoo URI表示。"""

    model: str
    operation: OdooOperation
    record_id: Optional[int] = None
    domain: Optional[str] = None
    fields: Optional[List[str]] = None
    limit: Optional[int] = None
    offset: Optional[int] = None
    order: Optional[str] = None
```

```
    ids: Optional[List[int]] = None

    def to_uri(self) -> str:
        """将解析后的URI转换回字符串格式。"""
        return build_uri(
            model=self.model,
            operation=self.operation.value,
            record_id=self.record_id,
            domain=self.domain,
            fields=self.fields,
            limit=self.limit,
            offset=self.offset,
            order=self.order,
            ids=self.ids,
        )

# 用于匹配odoo:// URIs的URI模式，这个模式在捕获内容时比较宽松，验证在后续进行
URI_PATTERN = re.compile(r"^odoo://([^/]+)/([^/?]+)(?:/(\d+))?(?:\?(.*))?$")


def parse_uri(uri: str) -> OdooURI:
    """将Odoo URI字符串解析为其组件。

    参数:
        uri: 要解析的URI字符串（例如，"odoo://res.partner/search?domain=[('is_
company','=',True)]")

    返回:
        包含解析组件的OdooURI对象

    异常:
        URIParseError: URI格式无效时
        URIValidationError: URI组件无效时
    """
    if not uri.startswith("odoo://"):
        raise URIParseError(f"URI必须以'odoo://'开头，得到: {uri}")

    match = URI_PATTERN.match(uri)
    if not match:
        raise URIParseError(f"无效的URI格式: {uri}")

    model, operation_str, record_id_str, query_string = match.groups()

    # 验证模型名称（首先检查空模型）
    if not model:
        raise URIValidationError("无效的模型名称: 空模型名称")
    if not _is_valid_model_name(model):
        raise URIValidationError(f"无效的模型名称: {model}")

    # 解析操作和记录ID
    try:
        if operation_str == "record" and record_id_str:
            operation = OdooOperation.RECORD
            record_id = int(record_id_str)
        elif operation_str in [op.value for op in OdooOperation]:
            operation = OdooOperation(operation_str)
            record_id = None
        else:
            raise URIValidationError(f"无效的操作: {operation_str}")
    except ValueError:
        raise URIValidationError(f"无效的记录ID: {record_id_str}") from None
```

```
    # 验证操作特定的要求
    if operation == OdooOperation.RECORD and not record_id:
        raise URIValidationError("记录操作需要一个ID")

    # 解析查询参数
    params = _parse_query_parameters(query_string) if query_string else {}

    # 提取并验证参数
    domain = params.get("domain")
    fields = _parse_fields_parameter(params.get("fields"))
    limit = _parse_int_parameter(params.get("limit"), "limit")
    offset = _parse_int_parameter(params.get("offset"), "offset")
    order = params.get("order")
    ids = _parse_ids_parameter(params.get("ids"))

    # 验证操作特定的参数
    if operation == OdooOperation.BROWSE and not ids:
        raise URIValidationError("浏览操作需要'ids'参数")

    return OdooURI(
        model=model,
        operation=operation,
        record_id=record_id,
        domain=domain,
        fields=fields,
        limit=limit,
        offset=offset,
        order=order,
        ids=ids,
    )


def build_uri(
    model: str,
    operation: str,
    record_id: Optional[int] = None,
    domain: Optional[str] = None,
    fields: Optional[List[str]] = None,
    limit: Optional[int] = None,
    offset: Optional[int] = None,
    order: Optional[str] = None,
    ids: Optional[List[int]] = None,
) -> str:
    """从组件构建Odoo URI。
    """
    # 验证模型名称
    if not _is_valid_model_name(model):
        raise URIValidationError(f"无效的模型名称: {model}")

    # 验证操作
    if operation not in [op.value for op in OdooOperation]:
        raise URIValidationError(f"无效的操作: {operation}")

    # 构建基础URI
    if operation == "record":
        if not record_id:
            raise URIValidationError("记录操作需要一个ID")
        uri = f"odoo://{model}/record/{record_id}"
    else:
        uri = f"odoo://{model}/{operation}"

    # 添加查询参数
```

```
    params = {}
    if domain is not None:
        params["domain"] = domain
    if fields:
        params["fields"] = ",".join(fields)
    if limit is not None:
        params["limit"] = str(limit)
    if offset is not None:
        params["offset"] = str(offset)
    if order is not None:
        params["order"] = order
    if ids:
        params["ids"] = ",".join(str(id_val) for id_val in ids)

    if params:
        query_string = urllib.parse.urlencode(params)
        uri = f"{uri}?{query_string}"

    return uri


def build_search_uri(
    model: str,
    domain: Optional[str] = None,
    fields: Optional[List[str]] = None,
    limit: Optional[int] = None,
    offset: Optional[int] = None,
    order: Optional[str] = None,
) -> str:
    """为给定的模型和参数构建搜索URI。

    这是一个构建搜索URI的便捷函数。
    """
    return build_uri(
        model, "search", domain=domain, fields=fields, limit=limit, offset=offset,
order=order
    )


def build_record_uri(model: str, record_id: int) -> str:
    """为特定记录构建记录URI。

    这是一个构建记录URI的便捷函数。
    """
    return build_uri(model, "record", record_id=record_id)


def build_pagination_uri(base_uri: str, offset: int, limit: int) -> str:
    """从基础URI构建分页URI。
    """
    parsed = parse_uri(base_uri)
    parsed.offset = offset
    parsed.limit = limit
    return parsed.to_uri()

def _is_valid_model_name(model: str) -> bool:
    """检查模型名称是否有效。

    Odoo模型名称必须:
    - 以字母开头
    - 只包含字母、数字、点和下划线
    - 不为空
```

```
    """
    if not model:
        return False
    return bool(re.match(r"^[a-zA-Z][a-zA-Z0-9_.]*$", model))


def _parse_query_parameters(query_string: str) -> Dict[str, str]:
    """解析URL查询参数。"""
    # parse_qsl返回元组列表，过滤掉空值
    params = {}
    for key, value in urllib.parse.parse_qsl(query_string, keep_blank_values=True):
        params[key] = value
    return params


def _parse_fields_parameter(fields_str: Optional[str]) -> Optional[List[str]]:
    """解析逗号分隔的字段参数。"""
    if not fields_str:
        return None
    return [f.strip() for f in fields_str.split(",") if f.strip()]


def _parse_int_parameter(value: Optional[str], param_name: str) -> Optional[int]:
    """解析整数参数。"""
    if value is None:
        return None
    try:
        result = int(value)
        if result < 0:
            raise URIValidationError(f"{param_name}必须是非负的，得到：{result}")
        return result
    except ValueError:
        raise URIValidationError(f"无效的{param_name}值：{value}") from None


def _parse_ids_parameter(ids_str: Optional[str]) -> Optional[List[int]]:
    """解析逗号分隔的ID参数。"""
    if not ids_str:
        return None
    try:
        return [int(id_str.strip()) for id_str in ids_str.split(",") if id_str.
strip()]
    except ValueError:
        raise URIValidationError(f"无效的IDs参数：{ids_str}") from None
```

8.3.7 性能优化与缓存

文件 performance.py 实现 Odoo MCP 服务器的性能优化与缓存机制，核心功能包括：通过线程安全的 LRU 缓存（带 TTL 支持）管理字段定义、记录数据和权限检查结果，减少重复请求；利用连接池复用 XML-RPC 连接，避免频繁创建连接的开销；通过请求优化器跟踪字段使用模式、批量处理请求，提升数据读取效率；集成性能监控器记录各类操作的耗时指标，提供全面的性能统计。这些组件共同构成性能管理中心，通过缓存策略、连接复用和请求优化，显著提升服务器与 Odoo 交互的效率和响应速度。

```
@dataclass
class CacheEntry:
    """表示带有元数据的缓存项。"""
```

```
    key: str
    value: Any
    created_at: datetime
    accessed_at: datetime
    ttl_seconds: int
    hit_count: int = 0
    size_bytes: int = 0

    def is_expired(self) -> bool:
        """检查缓存项是否已过期。"""
        age = datetime.now() - self.created_at
        return age.total_seconds() > self.ttl_seconds

    def access(self):
        """更新访问元数据。"""
        self.accessed_at = datetime.now()
        self.hit_count += 1


@dataclass
class CacheStats:
    """缓存性能统计信息。"""

    hits: int = 0
    misses: int = 0
    evictions: int = 0
    expired_evictions: int = 0
    size_evictions: int = 0
    total_entries: int = 0
    total_size_bytes: int = 0

    @property
    def hit_rate(self) -> float:
        """计算缓存命中率。"""
        total = self.hits + self.misses
        return self.hits / total if total > 0 else 0.0

    def record_hit(self):
        """记录一次缓存命中。"""
        self.hits += 1

    def record_miss(self):
        """记录一次缓存未命中。"""
        self.misses += 1

    def record_eviction(self, reason: str = "manual"):
        """记录一次缓存淘汰。"""
        self.evictions += 1
        if reason == "expired":
            self.expired_evictions += 1
        elif reason == "size":
            self.size_evictions += 1


class Cache:
    """支持TTL的线程安全LRU缓存。"""

    def __init__(self, max_size: int = 1000, max_memory_mb: int = 100):
        """初始化缓存。

        参数:
            max_size: 最大条目数
```

```
            max_memory_mb: 最大内存使用量（MB）
        """
        self._cache: OrderedDict[str, CacheEntry] = OrderedDict()
        self._lock = threading.RLock()
        self._max_size = max_size
        self._max_memory_bytes = max_memory_mb * 1024 * 1024
        self._stats = CacheStats()

    def get(self, key: str) -> Optional[Any]:
        """从缓存中获取值。

        参数:
            key: 缓存键

        返回:
            缓存的值，如果未找到或已过期则返回None
        """
        with self._lock:
            entry = self._cache.get(key)
            if entry is None:
                self._stats.record_miss()
                return None

            if entry.is_expired():
                self._remove(key, reason="expired")
                self._stats.record_miss()
                return None

            # 移动到末尾（最近使用）
            self._cache.move_to_end(key)
            entry.access()
            self._stats.record_hit()
            return entry.value

    def put(self, key: str, value: Any, ttl_seconds: int = 300):
        """将值放入缓存。

        参数:
            key: 缓存键
            value: 要缓存的值
            ttl_seconds: 生存时间（秒）
        """
        with self._lock:
            # 计算大小（粗略估计）
            size_bytes = len(json.dumps(value, default=str).encode())

            # 检查内存限制
            if self._stats.total_size_bytes + size_bytes > self._max_memory_bytes:
                self._evict_lru(reason="size")

            # 检查大小限制
            while len(self._cache) >= self._max_size:
                self._evict_lru(reason="size")

            # 添加或更新条目
            now = datetime.now()
            if key in self._cache:
                old_size = self._cache[key].size_bytes
                self._stats.total_size_bytes -= old_size

            entry = CacheEntry(
                key=key,
```

```
                value=value,
                created_at=now,
                accessed_at=now,
                ttl_seconds=ttl_seconds,
                size_bytes=size_bytes,
            )

            self._cache[key] = entry
            self._cache.move_to_end(key)
            self._stats.total_entries = len(self._cache)
            self._stats.total_size_bytes += size_bytes

    def _remove(self, key: str, reason: str = "manual") -> bool:
        """从缓存中移除条目。"""
        if key in self._cache:
            entry = self._cache.pop(key)
            self._stats.total_size_bytes -= entry.size_bytes
            self._stats.total_entries = len(self._cache)
            self._stats.record_eviction(reason)
            return True
        return False

    def _evict_lru(self, reason: str = "size"):
        """淘汰最近最少使用的条目。"""
        if self._cache:
            # OrderedDict维护顺序，第一个条目是LRU
            key = next(iter(self._cache))
            self._remove(key, reason)


class PerformanceManager:
    """所有性能优化的中央管理器。"""

    def __init__(self, config: OdooConfig):
        """初始化性能管理器。

        参数：
            config: Odoo配置
        """
        self.config = config

        # 初始化组件
        self.field_cache = Cache(max_size=100, max_memory_mb=10)
        self.record_cache = Cache(max_size=1000, max_memory_mb=50)
        self.permission_cache = Cache(max_size=500, max_memory_mb=5)
        self.connection_pool = ConnectionPool(config)
        self.monitor = PerformanceMonitor()

        logger.info("性能管理器已初始化")

    def cache_key(self, prefix: str, **kwargs) -> str:
        """从参数生成缓存键。

        参数：
            prefix: 键前缀
            **kwargs: 要包含在键中的参数

        返回：
            缓存键字符串
        """
        # 对kwargs排序以确保键一致
        sorted_items = sorted(kwargs.items())
```

```
        key_parts = [prefix]
        for k, v in sorted_items:
            if isinstance(v, (list, dict)):
                v = json.dumps(v, sort_keys=True)
            key_parts.append(f"{k}:{v}")
        return ":".join(key_parts)

    def get_cached_record(
        self, model: str, record_id: int, fields: Optional[List[str]] = None
    ) -> Optional[Dict[str, Any]]:
        """获取缓存的记录。

        参数:
            model: 模型名称
            record_id: 记录ID
            fields: 字段列表（用于缓存键）

        返回:
            缓存的记录，如果没有则返回None
        """
        key = self.cache_key("record", model=model, id=record_id, fields=fields)
        return self.record_cache.get(key)

    def cache_record(
        self,
        model: str,
        record: Dict[str, Any],
        fields: Optional[List[str]] = None,
        ttl_seconds: int = 300,
    ):
        """缓存记录数据。

        参数:
            model: 模型名称
            record: 记录数据
            fields: 字段列表（用于缓存键）
            ttl_seconds: 缓存生存时间
        """
        record_id = record.get("id")
        if record_id is not None:
            key = self.cache_key("record", model=model, id=record_
id, fields=fields)
            self.record_cache.put(key, record, ttl_seconds=ttl_seconds)

    def invalidate_record_cache(self, model: str, record_id: Optional[int] = None):
        """使记录缓存失效。

        参数:
            model: 模型名称
            record_id: 特定记录ID，如果为None则使所有模型记录失效
        """
        if record_id:
            # 使用通配符模式匹配任何字段值
            pattern = f"record:*id:{record_id}:model:{model}*"
        else:
            pattern = f"record:*model:{model}*"

        count = self.record_cache.invalidate_pattern(pattern)
        if count > 0:
            logger.debug(f"使{count}个缓存条目失效: {pattern}")

    def get_stats(self) -> Dict[str, Any]:
```

```
        """获取全面的性能统计信息。"""
        return {
            "caches": {
                "field_cache": self.field_cache.get_stats(),
                "record_cache": self.record_cache.get_stats(),
                "permission_cache": self.permission_cache.get_stats(),
            },
            "connection_pool": self.connection_pool.get_stats(),
            "performance": self.monitor.get_stats(),
        }
```

8.3.8 MCP 测试

① 文件 mcp_model_manager.py 实现了一个用于管理 MCP 启用模型的类 MCPModelManager，主要功能包括保存和恢复 MCP 模型的原始配置、启用或禁用特定模型、获取当前启用的模型列表等，方便在测试环境中对 MCP 模型的状态进行控制和验证。

```
class MCPModelManager:
    """管理用于测试的MCP启用模型"""

    def __init__(self, config: OdooConfig):
        """初始化模型管理器。

        参数:
            config: 带有管理员凭证的Odoo配置
        """
        self.config = config
        self.connection = OdooConnection(config)
        self._original_state: Dict[str, Dict] = {}
        self._uid: Optional[int] = None

    def __enter__(self):
        """上下文管理器进入方法。"""
        self.connection.connect()
        self.connection.authenticate()
        self._uid = self.connection.uid
        return self

    def __exit__(self, exc_type, exc_val, exc_tb):
        """上下文管理器退出方法。"""
        self.connection.disconnect()
        return False

    def save_state(self) -> None:
        """保存MCP启用模型的当前状态。"""
        # 搜索所有启用的模型
        enabled_records = self.connection.execute_kw(
            "mcp.enabled.model",
            "search_read",
            [[]],
            {
                "fields": [
                    "model_name",
                    "active",
                    "allow_read",
                    "allow_create",
                    "allow_write",
                    "allow_unlink",
                ]
            },
```

```
        )

        # 存储当前状态
        self._original_state = {
            record["model_name"]: {
                "id": record["id"],
                "active": record["active"],
                "allow_read": record["allow_read"],
                "allow_create": record["allow_create"],
                "allow_write": record["allow_write"],
                "allow_unlink": record["allow_unlink"],
            }
            for record in enabled_records
        }

        logger.info(f"为{len(self._original_state)}个模型保存了MCP状态")

    def restore_state(self) -> None:
        """恢复MCP启用模型的原始状态。"""
        if not self._original_state:
            logger.warning("没有要恢复的原始状态")
            return

        # 获取当前启用的模型
        current_records = self.connection.execute_kw(
            "mcp.enabled.model", "search_read", [[]], {"fields": ["model_name"]}
        )
        current_models = {r["model_name"]: r["id"] for r in current_records}

        # 删除原本未启用的模型
        for model_name, record_id in current_models.items():
            if model_name not in self._original_state:
                self.connection.execute_kw("mcp.enabled.model", "unlink", [[record_
id]])
                logger.info(f"移除了测试模型: {model_name}")

        # 恢复原始模型
        for model_name, state in self._original_state.items():
            if model_name in current_models:
                # 更新现有记录
                self.connection.execute_kw(
                    "mcp.enabled.model",
                    "write",
                    [
                        [state["id"]],
                        {
                            "active": state["active"],
                            "allow_read": state["allow_read"],
                            "allow_create": state["allow_create"],
                            "allow_write": state["allow_write"],
                            "allow_unlink": state["allow_unlink"],
                        },
                    ],
                )
            else:
                # 重新创建已删除的记录
                model_id = self._get_model_id(model_name)
                if model_id:
                    self.connection.execute_kw(
                        "mcp.enabled.model",
                        "create",
                        [
```

```
                            {
                                "model_id": model_id,
                                "active": state["active"],
                                "allow_read": state["allow_read"],
                                "allow_create": state["allow_create"],
                                "allow_write": state["allow_write"],
                                "allow_unlink": state["allow_unlink"],
                            }
                        ],
                    )

        logger.info("恢复了原始的MCP状态")

    def enable_models(self, models: List[ModelPermissions]) -> None:
        """为MCP访问启用特定的模型。

        参数:
            models: 要启用的带有权限的模型列表
        """
        for model_perm in models:
            self._ensure_model_enabled(model_perm)

    def disable_all_models(self) -> None:
        """为MCP访问禁用所有模型。"""
        # 获取所有启用的模型
        enabled_ids = self.connection.execute_kw(
            "mcp.enabled.model", "search", [[("active", "=", True)]]
        )

        if enabled_ids:
            # 将所有模型设置为非活动状态
            self.connection.execute_kw(
                "mcp.enabled.model", "write", [enabled_ids, {"active": False}]
            )
            logger.info(f"禁用了{len(enabled_ids)}个模型")

    def _ensure_model_enabled(self, model_perm: ModelPermissions) -> None:
        """确保模型以特定权限启用。

        参数:
            model_perm: 模型及其权限
        """
        # 检查模型是否已存在
        existing_ids = self.connection.execute_kw(
            "mcp.enabled.model", "search", [[("model_name", "=", model_perm.
model)]]
        )

        if existing_ids:
            # 更新现有记录
            self.connection.execute_kw(
                "mcp.enabled.model",
                "write",
                [
                    existing_ids,
                    {
                        "active": True,
                        "allow_read": model_perm.allow_read,
                        "allow_create": model_perm.allow_create,
                        "allow_write": model_perm.allow_write,
                        "allow_unlink": model_perm.allow_unlink,
                    },
```

```
            ],
        )
        logger.info(f"更新了模型：{model_perm.model}")
    else:
        # 创建新记录
        model_id = self._get_model_id(model_perm.model)
        if model_id:
            self.connection.execute_kw(
                "mcp.enabled.model",
                "create",
                [
                    {
                        "model_id": model_id,
                        "active": True,
                        "allow_read": model_perm.allow_read,
                        "allow_create": model_perm.allow_create,
                        "allow_write": model_perm.allow_write,
                        "allow_unlink": model_perm.allow_unlink,
                    }
                ],
            )
            logger.info(f"启用了模型：{model_perm.model}")
        else:
            logger.warning(f"在Odoo中未找到模型：{model_perm.model}")

def _get_model_id(self, model_name: str) -> Optional[int]:
    """获取模型名称对应的ir.model ID。
    """
    model_ids = self.connection.execute_kw(
        "ir.model", "search", [[("model", "=", model_name)]], {"limit": 1}
    )

    return model_ids[0] if model_ids else None

def get_enabled_models(self) -> List[str]:
    """获取当前启用的模型列表。

    返回：
        已启用的模型名称列表
    """
    records = self.connection.execute_kw(
        "mcp.enabled.model",
        "search_read",
        [[("active", "=", True)]],
        {"fields": ["model_name"]},
    )

    return [r["model_name"] for r in records]

def get_first_enabled_model(self) -> Optional[Tuple[str, Dict[str, bool]]]:
    """获取第一个启用的模型及其权限。

    返回：
        (模型名称，权限)的元组，如果没有启用的模型则返回None
    """
    records = self.connection.execute_kw(
        "mcp.enabled.model",
        "search_read",
        [[("active", "=", True), ("allow_read", "=", True)]],
        {
            "fields": [
                "model_name",
```

```
                "allow_read",
                "allow_create",
                "allow_write",
                "allow_unlink",
            ],
            "limit": 1,
        },
    )

    if records:
        record = records[0]
        return (
            record["model_name"],
            {
                "read": record["allow_read"],
                "create": record["allow_create"],
                "write": record["allow_write"],
                "unlink": record["allow_unlink"],
            },
        )
    return None


def create_admin_config() -> OdooConfig:
    """创建用于管理MCP模型的管理员配置。

    返回:
        带有管理员凭证的OdooConfig
    """
    # 使用用户名/密码认证进行管理员操作
    return OdooConfig(
        url=os.getenv("ODOO_URL", "http://localhost:8069"),
        username=os.getenv("ODOO_USER", "admin"),
        password=os.getenv("ODOO_PASSWORD", "admin"),
        database=os.getenv("ODOO_DB"),
    )
```

② 文件 mcp_test_client.py 实现了一个用于测试 MCP 服务器功能的客户端类 MCPTestClient，主要功能包括连接到 MCP 服务器、列出资源、读取资源、列出工具、调用工具以及获取服务器信息等，同时还提供了启动和停止测试服务器的方法，方便在测试环境中验证 MCP 服务器的各项功能。

```
class MCPTestClient:
    """用于验证MCP服务器功能的测试客户端。"""

    def __init__(self, server_command: Optional[List[str]] = None):
        """初始化MCP测试客户端。

        参数:
            server_command: 启动服务器的命令。
                           默认值为 ["uvx", "mcp-server-odoo"]
        """
        # 由于包未发布，直接使用Python模块
        self.server_command = server_command or [sys.executable, "-m", "mcp_server_
odoo"]
        self.session: Optional[ClientSession] = None
        self._server_process: Optional[subprocess.Popen] = None

    @asynccontextmanager
    async def connect(self) -> AsyncIterator["MCPTestClient"]:
```

```
        """使用stdio传输连接到MCP服务器。"""
        try:
            # 创建服务器参数
            server_params = StdioServerParameters(
                command=self.server_command[0],
                args=self.server_command[1:] if len(self.server_
command) > 1 else [],
                env=None,  # 将继承当前环境
            )

            # 连接到服务器
            async with stdio_client(server_params) as (read, write):
                async with ClientSession(read, write) as session:
                    self.session = session

                    # 初始化连接
                    await session.initialize()
                    logger.info("已连接到MCP服务器")

                    yield self

        except Exception as e:
            logger.error(f"连接到MCP服务器失败: {e}")
            raise
        finally:
            self.session = None

    async def list_resources(self) -> List[Resource]:
        """列出服务器上可用的资源。"""
        if not self.session:
            raise RuntimeError("未连接到服务器")

        result = await self.session.list_resources()
        return result.resources

    async def read_resource(self, uri: str) -> str:
        """通过URI读取资源"""
        if not self.session:
            raise RuntimeError("未连接到服务器")

        result = await self.session.read_resource(uri)

        # 提取文本内容
        if result.contents:
            for content in result.contents:
                if isinstance(content, TextContent):
                    return content.text

        return ""

    async def list_tools(self) -> List[Tool]:
        """列出服务器上可用的工具。"""
        if not self.session:
            raise RuntimeError("未连接到服务器")

        result = await self.session.list_tools()
        return result.tools

    async def call_tool(self, name: str, arguments: Dict[str, Any]) -> CallToolResu
lt:
        """使用参数调用工具。
```

```
        参数:
            name: 工具名称
            arguments: 工具参数

        返回:
            工具执行结果
        """
        if not self.session:
            raise RuntimeError("未连接到服务器")

        result = await self.session.call_tool(name, arguments)
        return result

    async def get_server_info(self) -> Dict[str, Any]:
        """从初始化中获取服务器信息。"""
        if not self.session:
            raise RuntimeError("未连接到服务器")

        # 从会话中访问服务器信息
        return {
            "name": getattr(self.session, "_server_name", "Unknown"),
            "version": getattr(self.session, "_server_version", "Unknown"),
            "capabilities": getattr(self.session, "_server_capabilities", {}),
        }

    @staticmethod
    def start_test_server(env: Optional[Dict[str, str]] = None) -> subprocess.
Popen:
        """启动测试服务器实例"""
        # 准备环境
        test_env = dict(os.environ)
        if env:
            test_env.update(env)

        # 启动服务器
        process = subprocess.Popen(
            ["uvx", "mcp-server-odoo"],
            env=test_env,
            stdout=subprocess.PIPE,
            stderr=subprocess.PIPE,
            text=True,
        )

        # 给服务器启动时间
        time.sleep(2)

        # 检查进程是否仍在运行
        if process.poll() is not None:
            stdout, stderr = process.communicate()
            raise RuntimeError(f"服务器启动失败:\nstdout: {stdout}\nstderr: {stderr}")

        return process

    @staticmethod
    def stop_test_server(process: subprocess.Popen) -> None:
        """停止测试服务器实例。"""
        if process and process.poll() is None:
            process.terminate()
            try:
                process.wait(timeout=5)
            except subprocess.TimeoutExpired:
                process.kill()
```

```
                process.wait()


async def validate_mcp_response(response: Any, expected_type: type) -> bool:
    """验证MCP响应格式 """
    if not isinstance(response, expected_type):
        logger.error(f"无效的响应类型: 预期 {expected_type}, 实际 {type(response)}")
        return False

    # 基于类型的额外验证
    if hasattr(response, "contents"):
        # 验证资源内容
        for content in response.contents:
            if not isinstance(content, (TextContent,)):
                logger.error(f"无效的内容类型: {type(content)}")
                return False

    return True


async def check_server_capabilities(client: MCPTestClient) -> Dict[str, bool]:
    """检查服务器功能。

    参数:
        client: 已连接的MCP客户端

    返回:
        功能测试结果的字典
    """
    results = {}

    # 测试资源列表
    try:
        resources = await client.list_resources()
        results["list_resources"] = len(resources) > 0
        logger.info(f"找到 {len(resources)} 个资源")
    except Exception as e:
        logger.error(f"列出资源失败: {e}")
        results["list_resources"] = False

    # 测试工具列表
    try:
        tools = await client.list_tools()
        results["list_tools"] = len(tools) > 0
        logger.info(f"找到 {len(tools)} 个工具")
    except Exception as e:
        logger.error(f"列出工具失败: {e}")
        results["list_tools"] = False

    # 测试服务器信息
    try:
        info = await client.get_server_info()
        results["server_info"] = bool(info.get("name"))
        logger.info(f"服务器: {info.get('name')} v{info.get('version')}")
    except Exception as e:
        logger.error(f"获取服务器信息失败: {e}")
        results["server_info"] = False

    return results

# 用于直接测试
```

```
if __name__ == "__main__":
    import os

    logging.basicConfig(level=logging.INFO)

    async def main():
        # 检查是否设置了所需的环境变量
        required_vars = ["ODOO_URL", "ODOO_API_KEY"]
        missing_vars = [var for var in required_vars if not os.getenv(var)]

        if missing_vars:
            print("错误: 缺少必需的环境变量:")
            for var in missing_vars:
                print(f"  - {var}")
            print("\n请在您的.env文件中配置这些变量")
            print("复制 .env.example 到 .env 并更新为您的值")
            return

        # 连接到服务器
        client = MCPTestClient()
        async with client.connect() as connected_client:
            # 测试功能
            results = await check_server_capabilities(connected_client)

            print("\n功能测试结果:")
            for capability, passed in results.items():
                status = "✓" if passed else "✗"
                print(f"  {status} {capability}")

            # 尝试列出资源
            if results.get("list_resources"):
                resources = await connected_client.list_resources()
                print(f"\n可用资源: {len(resources)}")
                for resource in resources[:5]:  # 显示前5个
                    print(f"  - {resource.uri}: {resource.name}")
                if len(resources) > 5:
                    print(f"  ... 和 {len(resources) - 5} 个更多")

    asyncio.run(main())
```

③ 文件 test_mcp_simple.py 用于测试 Odoo MCP 服务器，主要功能包括检查环境配置、创建服务器实例、测试与 Odoo 的连接以及测试资源注册情况，最终输出测试结果和使用 MCP Inspector 进行进一步测试的提示。

```
sys.path.insert(0, str(Path(__file__).parent))

from mcp_server_odoo import OdooConfig, OdooMCPServer


async def test_server():
    """测试 MCP 服务器。"""
    print("测试 Odoo MCP 服务器")
    print("=====================")
    print()

    # 检查环境
    print("环境配置:")
    print(f"  ODOO_URL: {os.getenv('ODOO_URL', '未设置')}")
    print(f"  ODOO_DB: {os.getenv('ODOO_DB', '未设置')}")
    print(
        f"  ODOO_API_KEY: {os.getenv('ODOO_API_KEY', '未设置')[:10]}..."
```

```
        if os.getenv("ODOO_API_KEY")
        else "  ODOO_API_KEY: 未设置"
    )
    print()

    # 创建服务器
    try:
        config = OdooConfig.from_env()
        print("✓ 配置加载成功")
    except Exception as e:
        print(f"✗ 加载配置失败: {e}")
        return 1

    # 创建服务器实例
    server = OdooMCPServer(config)
    print(f"✓ 服务器已创建: {server.app.name}")

    # 测试连接
    try:
        server._ensure_connection()
        print("✓ 成功连接到 Odoo")
        print(f"  数据库: {server.connection.database}")
        print(f"  用户 ID: {server.connection.uid}")
    except Exception as e:
        print(f"✗ 连接到 Odoo 失败: {e}")
        return 1

    # 测试资源注册
    try:
        server._register_resources()
        print("✓ 资源注册成功")

        # 获取资源处理器信息
        if server.resource_handler and server.access_controller:
            models = server.access_controller.get_enabled_models()
            print(f"  可用模型数量: {len(models)}")
            if models:
                # models 是包含 'model' 键的字典列表
                model_names = [m["model"] for m in models[:3]]
                print(f"  示例模型: {', '.join(model_names)}")
    except Exception as e:
        print(f"✗ 资源注册失败: {e}")
        return 1

    print()
    print("服务器已准备好处理 MCP 请求!")
    print()
    print("使用 MCP Inspector 进行测试:")
    print("  npx @modelcontextprotocol/inspector python -m mcp_server_odoo")

    return 0


if __name__ == "__main__":
    # 设置测试环境
    if not os.getenv("ODOO_URL"):
        os.environ["ODOO_URL"] = "http://localhost:8069"
    # ODOO_DB 和 ODOO_API_KEY 应在环境中设置

    # 运行测试
    exit_code = asyncio.run(test_server())
    sys.exit(exit_code)
```

8.3.9 功能测试

在本项目中，“tests”目录是用于存放项目的测试相关代码，其中包含了各种测试文件和辅助工具，用于验证项目中的各个功能模块是否正常工作，包括对模型管理、服务器连接、权限控制、数据处理等方面的测试，以确保项目的稳定性和可靠性。例如文件 test_authentication.py 用于测试 Odoo 连接的认证功能，包括 API 密钥认证和用户名 / 密码认证的成功与失败场景，验证认证状态管理、认证失败时的错误处理以及认证方式的 fallback 机制，同时包含与真实 Odoo 服务器的集成测试，确保认证功能在实际环境中正常工作。

```
def is_odoo_server_running(host="localhost", port=8069):
    """检查Odoo服务器是否正在运行。"""
    sock = socket.socket(socket.AF_INET, socket.SOCK_STREAM)
    sock.settimeout(1)
    try:
        result = sock.connect_ex((host, port))
        return result == 0
    except Exception:
        return False
    finally:
        sock.close()


class TestAuthentication:
    """测试认证功能。"""

    @pytest.fixture
    def config_api_key(self):
        """创建带有API密钥的配置。"""
        return OdooConfig(
            url=os.getenv("ODOO_URL", "http://localhost:8069"),
            api_key="test_api_key",
            database=os.getenv("ODOO_DB"),
        )

    @pytest.fixture
    def config_password(self):
        """创建带有用户名/密码的配置。"""
        return OdooConfig(
            url=os.getenv("ODOO_URL", "http://localhost:8069"),
            username=os.getenv("ODOO_USER", "admin"),
            password=os.getenv("ODOO_PASSWORD", "admin"),
            database=os.getenv("ODOO_DB"),
        )

    @pytest.fixture
    def config_both(self):
        """创建同时包含两种认证方式的配置。"""
        return OdooConfig(
            url=os.getenv("ODOO_URL", "http://localhost:8069"),
            api_key="test_api_key",
            username=os.getenv("ODOO_USER", "admin"),
            password=os.getenv("ODOO_PASSWORD", "admin"),
            database=os.getenv("ODOO_DB"),
        )

    @pytest.fixture
    def connection_api_key(self, config_api_key):
        """创建使用API密钥配置的连接。"""
        conn = OdooConnection(config_api_key)
        conn._connected = True
```

```
        return conn

    @pytest.fixture
    def connection_password(self, config_password):
        """创建使用密码配置的连接。"""
        conn = OdooConnection(config_password)
        conn._connected = True
        return conn

    def test_authenticate_not_connected(self, config_api_key):
        """测试未连接时认证会抛出错误。"""
        conn = OdooConnection(config_api_key)
        with pytest.raises(OdooConnectionError, match="Not connected"):
            conn.authenticate()

    @patch("urllib.request.urlopen")
    def test_api_key_authentication_success(self, mock_urlopen, connection_api_
key):
        """测试API密钥认证成功的情况。"""
        # 模拟成功的API响应
        mock_response = MagicMock()
        mock_response.read.return_value = json.dumps(
            {"success": True, "data": {"valid": True, "user_id": 2}}
        ).encode("utf-8")
        mock_urlopen.return_value.__enter__.return_value = mock_response

        # 执行认证
        connection_api_key.authenticate("mcp")

        # 验证认证状态
        assert connection_api_key.is_authenticated()
        assert connection_api_key.uid == 2
        assert connection_api_key.database == "mcp"
        assert connection_api_key.auth_method == "api_key"

    @patch("urllib.request.urlopen")
    def test_api_key_authentication_invalid(self, mock_urlopen, connection_api_
key):
        """测试使用无效密钥的API密钥认证。"""
        # 模拟401响应
        mock_urlopen.side_effect = urllib.error.HTTPError(None, 401, "Unauthorized"
, {}, None)

        # 由于没有备用方式，应抛出错误
        with pytest.raises(OdooConnectionError, match="Authentication failed"):
            connection_api_key.authenticate("mcp")

        # 验证未认证
        assert not connection_api_key.is_authenticated()

    def test_password_authentication_success(self, connection_password):
        """测试用户名/密码认证成功的情况。"""
        # 模拟通用代理
        mock_common = Mock()
        mock_common.authenticate.return_value = 2
        connection_password._common_proxy = mock_common

        # 执行认证
        connection_password.authenticate("mcp")

        # 验证认证状态
        assert connection_password.is_authenticated()
```

```
        assert connection_password.uid == 2
        assert connection_password.database == "mcp"
        assert connection_password.auth_method == "password"

        # 验证authenticate被正确调用
        mock_common.authenticate.assert_called_once_with(
            "mcp", os.getenv("ODOO_USER", "admin"), os.getenv("ODOO_
PASSWORD", "admin"), {}
        )

    def test_password_authentication_failed(self, connection_password):
        """测试用户名/密码认证失败的情况。"""
        # 模拟通用代理
        mock_common = Mock()
        mock_common.authenticate.return_value = False
        connection_password._common_proxy = mock_common

        # 应抛出错误
        with pytest.raises(OdooConnectionError, match="Authentication failed"):
            connection_password.authenticate("mcp")

        # 验证未认证
        assert not connection_password.is_authenticated()

    def test_password_authentication_fault(self, connection_password):
        """测试带有XML-RPC错误的用户名/密码认证。"""
        # 模拟通用代理
        mock_common = Mock()
        mock_common.authenticate.side_effect = Fault(1, "Access Denied")
        connection_password._common_proxy = mock_common

        # 应抛出错误
        with pytest.raises(OdooConnectionError, match="Authentication failed"):
            connection_password.authenticate("mcp")

        # 验证未认证
        assert not connection_password.is_authenticated()

    @patch("urllib.request.urlopen")
    def test_authentication_fallback(self, mock_urlopen, config_both):
        """测试从API密钥认证 fallback 到用户名/密码认证。"""
        # 创建同时包含两种认证方式的连接
        conn = OdooConnection(config_both)
        conn._connected = True

        # 模拟API密钥认证失败的响应
        mock_urlopen.side_effect = urllib.error.HTTPError(None, 401, "Unauthorized",
{}, None)

        # 模拟密码认证成功
        mock_common = Mock()
        mock_common.authenticate.return_value = 3
        conn._common_proxy = mock_common

        # 执行认证 - 应 fallback 到密码认证
        conn.authenticate("mcp")

        # 验证使用密码认证成功
        assert conn.is_authenticated()
        assert conn.uid == 3
        assert conn.auth_method == "password"

    def test_authenticate_with_auto_database(self, connection_api_key):
```

```
        """测试使用自动数据库选择的认证。"""
        # 模拟数据库列表返回配置的数据库
        mock_db = Mock()
        db_name = os.getenv("ODOO_DB")
        mock_db.list.return_value = [db_name]
        connection_api_key._db_proxy = mock_db

        # 模拟API密钥认证
        with patch("urllib.request.urlopen") as mock_urlopen:
            mock_response = MagicMock()
            mock_response.read.return_value = json.dumps(
                {"success": True, "data": {"valid": True, "user_id": 2}}
            ).encode("utf-8")
            mock_urlopen.return_value.__enter__.return_value = mock_response

            # 不指定数据库执行认证
            connection_api_key.authenticate()

            assert connection_api_key.database == db_name

    def test_authentication_state_cleared_on_disconnect(self, connection_api_key):
        """测试断开连接时认证状态被清除。"""
        # 设置认证状态
        connection_api_key._authenticated = True
        connection_api_key._uid = 2
        connection_api_key._database = "mcp"
        connection_api_key._auth_method = "api_key"

        # 断开连接
        connection_api_key.disconnect()

        # 验证状态已清除
        assert not connection_api_key.is_authenticated()
        assert connection_api_key.uid is None
        assert connection_api_key.database is None
        assert connection_api_key.auth_method is None


@pytest.mark.skipif(
    not is_odoo_server_running(), reason="Odoo服务器未在localhost:8069运行"
)
class TestAuthenticationIntegration:
    """与真实Odoo服务器的集成测试。"""

    @pytest.fixture
    def real_config_api_key(self):
        """创建带有真实API密钥的配置。"""
        return OdooConfig(
            url=os.getenv("ODOO_URL", "http://localhost:8069"),
            api_key=os.getenv("ODOO_API_KEY"),
            database=None,  # 让它自动选择
        )

    @pytest.fixture
    def real_config_password(self):
        """创建带有真实用户名/密码的配置。"""
        return OdooConfig(
            url=os.getenv("ODOO_URL", "http://localhost:8069"),
            username=os.getenv("ODOO_USER", "admin"),
            password=os.getenv("ODOO_PASSWORD", "admin"),
            database=None,  # 让它自动选择
        )
```

```
    def test_real_api_key_authentication(self, real_config_api_key):
        """使用真实服务器测试API密钥认证。"""
        with OdooConnection(real_config_api_key) as conn:
            # 执行认证
            conn.authenticate()

            # 验证已认证
            assert conn.is_authenticated()
            assert conn.uid is not None
            assert conn.database is not None
            assert conn.auth_method == "api_key"

            print(f"使用API密钥认证成功: uid={conn.uid}, db={conn.database}")

    def test_real_password_authentication(self, real_config_password):
        """使用真实服务器测试用户名/密码认证。"""
        with OdooConnection(real_config_password) as conn:
            # 执行认证
            conn.authenticate()

            # 验证已认证
            assert conn.is_authenticated()
            assert conn.uid is not None
            assert conn.database is not None
            assert conn.auth_method == "password"

            print(f"使用密码认证成功: uid={conn.uid}, db={conn.database}")

    def test_real_invalid_api_key(self):
        """测试使用无效API密钥的认证。"""
        config = OdooConfig(
            url=os.getenv("ODOO_URL", "http://localhost:8069"),
            api_key="invalid_key_12345",
            database=os.getenv("ODOO_DB"),
        )

        with OdooConnection(config) as conn:
            with pytest.raises(OdooConnectionError, match="Authentication failed"):
                conn.authenticate()

    def test_real_invalid_password(self):
        """测试使用无效密码的认证。"""
        config = OdooConfig(
            url=os.getenv("ODOO_URL", "http://localhost:8069"),
            username=os.getenv("ODOO_USER", "admin"),
            password="wrong_password",
            database=os.getenv("ODOO_DB"),
        )

        with OdooConnection(config) as conn:
            with pytest.raises(OdooConnectionError, match="Authentication failed"):
                conn.authenticate()


if __name__ == "__main__":
    # 直接执行时运行集成测试
    pytest.main([__file__, "-v", "-k", "Integration"])
```

为节省篇幅，其他测试文件不再进行介绍。在调试本项目时，需要先确保在个人环境中配置好 Odoo 的连接参数（如 URL、数据库名、API 密钥或用户名密码），可以通过环境变量或 .env 文件设置；接着初始化项目依赖，创建并加载 Odoo 配置；然后启动 Odoo MCP

服务器，建立与 Odoo 的连接并完成认证；之后可通过测试客户端连接服务器，验证资源列表、工具调用等功能是否正常；若需调试，可运行 tests 目录下的测试文件，检查认证、连接、权限控制等模块的具体表现，根据输出的日志和错误信息定位并解决问题。

本项目作为 MCP 服务器，实现了 AI 助手与 Odoo 的对接，支持通过自然语言操作 Odoo 数据（搜索、创建、更新记录等），例如和 Claude 适配后的执行效果如图 8-2 所示。

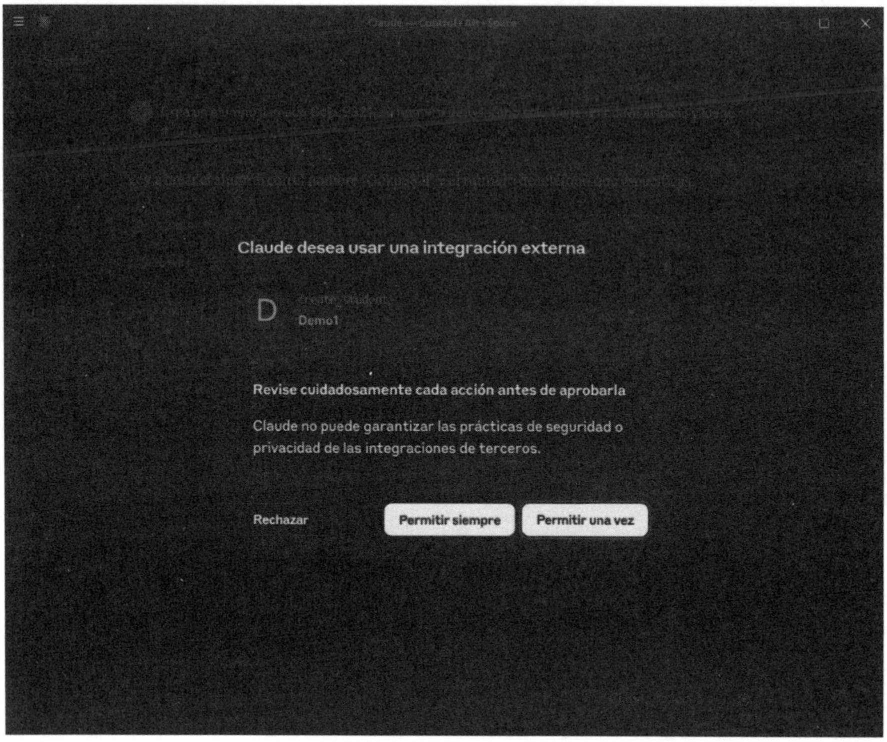

图 8-2　和 Claude 适配后的效果

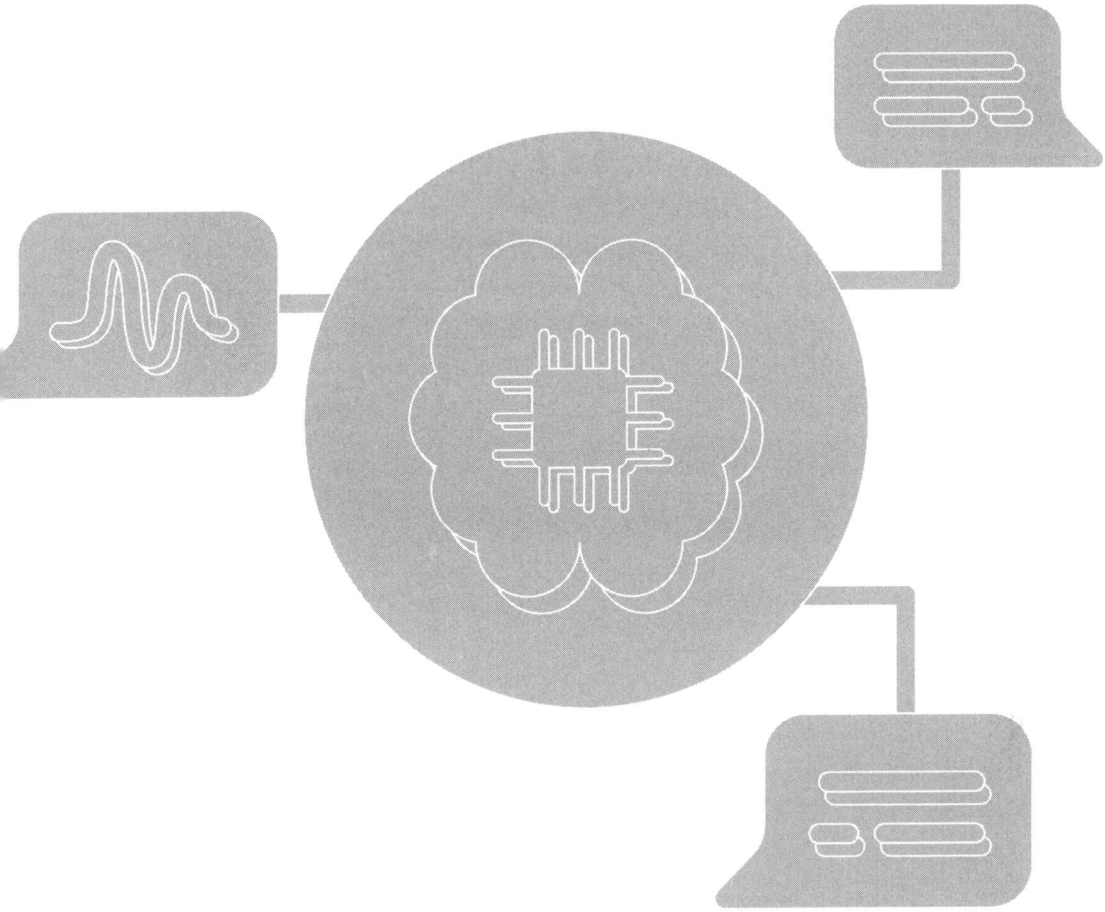

第9章

多模态与知识密集型应用实战

在知识密集型多模态应用中，音频、视频、文档、传感器流等不同形态的数据需要与实时更新的领域知识库、API 和工具协同工作。MCP 为这些场景提供了统一的“USB-C”式接口：MCP Server 将外部资源（实时行情、影像库、知识图谱）、可调用的函数（OCR、SQL、支付接口）以及模板化提示封装成标准服务；MCP Client 则在多模态大模型与 Server 之间传递结构化上下文，实现跨模态检索、长程记忆与合规调用。例如，借助 MCP，财务分析 Agent 可以一边解析年报 PDF，一边调用实时股价 API 并生成带来源的图表；医疗诊断助手能够联合影像、病历与最新指南给出可追溯的决策建议，从而把传统“黑盒问答”升级为可审计、可扩展的企业级知识工作流。

9.1 MCP 在多模态场景中的扩展应用

MCP 为多模态大模型统一接入图像、文本、传感器等多源数据，它把 OCR、语音识别、知识图谱等工具封装成标准服务，一键调用。借助 MCP，金融、医疗等知识密集型应用可在同一对话里实时融合并溯源跨模信息。

9.1.1 多模态模型协同接口设计

在多模态场景中，MCP 通过标准化的接口设计实现了 LLM（大语言模型）与 CV（计算机视觉）、ASR（自动语音识别）、TTS（文本到语音）等异构模型的无缝协同。其核心目标是解决跨模态数据对齐、上下文一致性和动态任务调度问题，以下从技术架构、协同机制、实战案例三个维度展开分析。

（1）多模态协同接口设计的核心架构

MCP 采用四层协议栈 + 混合式调度的架构设计，实现多模态模型的高效协作。

① 数据层标准化　定义统一的多模态数据格式：采用扩展的 JSON-LD 结构，支持文本、图像特征向量（如 CLIP 提取的 768 维向量）、语音梅尔频谱等多模态数据的嵌入。例如：

```
{
    "context_id": "session_123",
    "modality": ["text", "image"],
    "data": {
        "text": "分析这张图片中的物体",
        "image": "base64_encoded_image_data",
        "audio": "audio_chunk_123"
    }
}
```

② 通信层协议　支持 gRPC、HTTP/2、WebSocket 等传输协议，其中 gRPC 因其低延迟和强类型支持成为实时场景首选。通过 SSE 实现模型间的增量数据传输，例如 ASR 在语音流处理时实时将中间结果传递给 LLM。

③ 控制层协同机制

a. 依赖感知路由：根据任务依赖图（如 ASR → LLM → TTS）动态调度模型顺序，避免冗余计算。

b. 分片传输：将大体积图像数据分片为多个数据帧，每个帧携带时间戳和上下文标识符，确保 CV 模型处理时的时序一致性。

④ 应用层接口规范

a. 定义标准化接口：如 /v1/multimodal/process 接收多模态输入，返回融合结果；/v1/context/{id} 管理上下文生命周期。

b. 示例代码（Python 伪代码）：

```
class MCPInterface:
    def __init__(self):
        self.context_manager = ContextManager()
        self.router = DependencyRouter()

    def process(self, request):
        context_id = self.context_manager.create(request.metadata)
        self.router.route(context_id, request.data)
        return self.context_manager.get_result(context_id)
```

（2）LLM 与 CV/ASR/TTS 的协同机制

① ASR 与 LLM 的实时交互

a. 流式处理流程：ASR 模型将语音流转换为文本片段（如每 0.5s 生成一个文本块），通过 MCP 的 /stream/asr 接口发送给 LLM。LLM 基于上下文（如对话历史）实时生成回复，并通过 /stream/llm 接口返回给 TTS。

b. 中间结果缓存优化：ASR 在未完全识别语音时，将置信度高的片段提前传递给 LLM，减少等待时间。

c. 动态语言模型适配优化：根据用户当前对话主题，LLM 动态调整 ASR 的语言模型参数，提升识别准确率。

② CV 与 LLM 的深度融合

a. 特征对齐机制：CV 模型（如 CLIP）将图像编码为特征向量，LLM 通过对比学习将文本指令映射到同一语义空间，实现跨模态检索。例如用户上传图片并输入“找出图中红色物体”，MCP 将图像特征和文本指令封装为上下文，路由至 CV 模型提取红色区域，再由 LLM 生成自然语言描述。

b. 增量推理优化：当用户缩放图片时，CV 仅重新计算变化区域的特征，避免全图重新处理。

c. 多尺度特征融合优化：同时输入原图和缩放图的特征，提升 LLM 对细节的理解。

③ TTS 的个性化响应生成

a. 情感迁移机制：LLM 在生成文本回复时，附加情感标签（如“高兴”“严肃”），TTS 根据标签调整语音语调。MCP 通过 /tts/params 接口传递这些参数，实现个性化语音合成。

b. 多语言支持：MCP 的上下文管理模块自动识别用户语言偏好，动态切换 TTS 的语言模型，例如在双语对话中无缝切换中英文语音。

（3）应用场景：智能医疗诊断系统

① 场景描述：患者通过语音描述症状（ASR），上传 X 光片（CV），系统结合病历文本（LLM）生成诊断报告并朗读（TTS）。

② 协同流程：通过 ASR 进行预处理，语音流通过 MCP 的 /asr/stream 接口实时转换为文本，同时生成时间戳序列。例如下面的输出示例：

```
json
{
    "timestamp": 1623456789.123,
    "text": "最近胸痛，特别是深呼吸时"
}
```

③ CV 特征提取：X 光片通过 /cv/analyze 接口传输，CV 模型返回结节位置、大小等结构化数据。例如下面的输出示例：

```
json
{
    "context_id": "session_123",
    "features": {
        "nodule_position": [123, 456],
        "size": "2.5cm"
    }
}
```

④ LLM 综合推理：结合语音文本、图像特征和病历知识库，生成诊断建议。例如下面的输出示例：

```
{
    "diagnosis": "考虑肺炎，建议抗生素治疗",
    "confidence": 0.92
}
```

⑤ TTS 输出与反馈：诊断结果通过 /tts/synthesize 接口转换为语音，同时上下文管理器记录用户反馈（如“需要更详细解释”），触发 LLM 的二次推理。

通过 MCP 的标准化接口设计，多模态模型协同从复杂的手工集成转变为协议驱动的高效协作，为智能医疗、自动驾驶等场景提供了可靠的技术底座。其核心价值在于统一交互范式、保障上下文一致性、提升开发效率，成为连接 AI 模型与物理世界的“数字桥梁”。

9.1.2 非文本资源的封装与传递

在 MCP 的多模态场景扩展应用中，非文本资源（图像、音频、视频）与文本的结构化特征不同，其数据格式多样（如图像的 JPG/PNG、音频的 WAV/MP3、视频的 MP4/AVI）、数据量差异大（从 KB 级图像到 GB 级视频）、语义信息隐藏在像素 / 声波中，直接在模型间传递易出现“格式不兼容”“传输效率低”“语义信息丢失”等问题。MCP 通过标准化封装和高效传递机制解决这些问题，确保非文本资源能被不同模态模型（如 CV 模型、ASR 模型、视频理解模型）准确解析和使用。

（1）核心目标

将非文本资源转化为“模型可理解、跨模态可传递”的标准化单元，同时兼顾效率与完整性，降低不同模态模型间的集成成本。

（2）非文本资源的标准化封装

MCP 定义了统一的资源封装结构，包含“元数据 + 数据体”两部分，确保不同模型能通过协议解析资源核心信息。

① 元数据（Metadata） 描述资源的“身份与属性”，是跨模型理解的基础。常用的典型字段如下。

a. 资源类型（type）：如“image”“audio”“video”。

b. 编码格式（encoding）：如图像的“jpeg”、音频的“pcm”、视频的“h264”。

c. 维度信息（dimensions）：图像的宽高（width:224,height:224）、音频的采样率（sample_rate:16000Hz）、视频的帧率（fps:30）与时长（duration:120s）。

d. 语义标签（semantic_tags）：预标注的基础语义（如“image:cat”“audio:speech”），辅助模型快速定位处理方向。

e. 校验信息（checksum）：如 MD5 哈希值，确保传递过程中数据未被篡改。

② 数据体（DataBody） 资源的原始内容或引用，根据场景灵活选择传递形式。

a. 小型资源（如缩略图、短音频片段）：直接嵌入封装结构（序列化后通过内存传递）。

b. 大型资源（如高清视频、长音频）：通过“引用”传递（封装结构中包含本地路径、分布式存储 URL 或共享内存地址，避免重复传输）。

（3）非文本资源的传递机制

MCP 通过标准化协议解决跨模型、跨环境的传递兼容性问题，其核心机制如下。

① 序列化与反序列化　采用高效二进制格式（如 ProtocolBuffers、FlatBuffers）对封装结构进行序列化，支持跨语言（Python/C++/Java）解析，比 JSON 等文本格式减少 50% 以上的传输体积。

② 传输通道适配　根据部署场景自动选择传输方式。

单机多模型协同：通过共享内存（如 LinuxSHM）传递，延迟低至微秒级。

分布式部署：通过 gRPC 或 HTTP/2 协议传输，支持断点续传和流量控制。

③ 压缩与校验　对嵌入的小型资源自动启用轻量级压缩（如 WebP 图像压缩、Opus 音频压缩），并通过校验和（checksum）验证数据完整性，避免因传输错误导致模型推理失败。

（4）典型场景示例

例如当用户输入“分析这段视频中人物的表情，并生成文字描述”时：

① 将视频资源封装为

```
{type:"video",encoding:"h264",duration:15s,data_ref:"s3://video-bucket/clip1.
mp4",...}；
```

② MCP 将封装结构传递给视频帧提取模型，模型通过 data_ref 读取视频，输出关键帧图像（同样以 MCP 格式封装）。

③ 关键帧图像被传递给表情识别模型，输出“愤怒”“微笑”等标签（文本），最终由 LLM 整合标签生成描述。

9.1.3 多通道输入融合与联合推理

多通道输入指来自文本、图像、音频、视频等多模态的混合输入（如“用语音提问 + 展示图片”“视频片段 + 字幕文本”）。MCP 通过定义融合规则与推理协同机制，解决“不同模态特征异构性”“推理流程碎片化”等问题，实现多通道输入的统一理解与高效处理。

（1）核心目标

将多通道输入转化为“可联合推理的统一上下文”，协调各模态模型（LLM、CV、ASR、TTS 等）的交互逻辑，确保推理结果的一致性与准确性。

（2）多通道输入的对齐与融合

多通道输入的核心挑战是“模态异构性”（如文本是离散符号、图像是连续像素、音频是波形信号），MCP 通过“特征对齐 + 语义映射”实现融合。

① 时间 / 空间对齐

a. 时序模态（音频、视频、文本流）：通过时间戳（timestamp）对齐（如视频帧 t=1.2s 与音频片段 1.0 ～ 1.5s、文本分句“此时 ...”绑定）。

b. 空间模态（图像与文本坐标描述）：通过空间坐标（x,y,w,h）对齐 [如文本“左上角的红色物体”与图像中 (10,20,50,50) 区域绑定]。

② 特征融合策略

a. 早期融合：在特征提取阶段整合多模态信息（如将图像特征向量与文本嵌入向量拼

接，输入联合模型），MCP 通过传递“融合特征元数据”（如 {fusion_type:"early",features:[img_feat,text_feat],dim:1024}）确保各模型使用统一特征格式。

b. 晚期融合：在推理结果层整合（如 LLM 分别接收图像模型的“猫”标签、音频模型的“猫叫”标签，综合判断“画面中的动物是猫”），MCP 通过维护“推理上下文状态”（记录各模型输出的置信度、时间戳），辅助 LLM 权衡不同模态结果的权重。

③ 跨模态语义映射　当模态间存在语义鸿沟（如抽象文本与具体图像），MCP 支持通过“中间映射模型”（如 CLIP）传递跨模态关联特征（如图像与文本的共享嵌入空间向量），帮助模型理解“文本‘夕阳’对应图像中橙红色天空的视觉特征”。

（3）联合推理的协同机制

联合推理需协调多个模态模型的调用顺序、结果交互与流程动态调整，MCP 通过“状态机 + 接口契约”实现标准化协同。

① 推理状态机　MCP 维护全局推理上下文状态（context_state），包含输入类型、已调用模型、中间结果、待处理任务等信息，例如：

```
{input_types:["image","audio"],processed:["asr","cv"],pending:["llm"],...}
```

模型通过读取状态决定下一步操作（如 ASR 模型完成音频转文本后，触发状态更新，通知 LLM 处理文本）。

② 接口契约　定义模型间交互的标准化接口（如 model_invoke(model_id,mcp_context)），规定输入必须为 MCP 封装格式，输出需包含结果类型、置信度、时间戳等元数据，确保不同模型（即使来自不同框架，如 PyTorch/TensorFlow）可直接调用。

③ 动态流程适配　根据输入模态自动调整推理路径（如纯文本输入仅调用 LLM，“图像 + 文本”输入调用 CV 模型→ LLM，“视频 + 音频”输入调用视频分帧→ CV+ASR → LLM），MCP 通过预定义的“模态 - 模型映射表”（如 {"image":["detector","classifier"],"audio":["asr","emotion_recog"]}）实现自动路由。

（4）典型场景示例

例如，用户输入“根据这张图片（图像）和刚才我说的话（音频），总结核心需求”：

① 多通道输入被 MCP 标记为 {channels:["image","audio"],timestamp:1620000000}；

② MCP 触发 ASR 模型处理音频，输出文本“我想知道图片中产品的价格”（MCP 文本格式）；

③ 同时调用 CV 模型识别图像，输出“产品：无线耳机，品牌：XX”（文本标签）；

④ LLM 通过 MCP 获取音频转写文本与图像标签，融合后输出“用户想了解图片中 XX 品牌无线耳机的价格”。

多通道输入融合与联合推理是 MCP 在多模态场景中“推理层”的核心支撑，通过融合策略与协同机制，实现多通道输入的统一推理。

9.2 综合实战：融合天气、地图和商品数据的多模态语音助手

本节介绍的项目是一个基于 MCP 协议构建的轻量级多模态语音助手，具体实现流程如图 9-1 所示。用户可用语音或文本进行提问，系统先由 Whisper 做 ASR，再由 LLM 通过 MCP 统一调用天气、高德地图、商品数据库等外部工具，最后将结果用 TTS 播报，全程插件化、可扩展、可溯源。

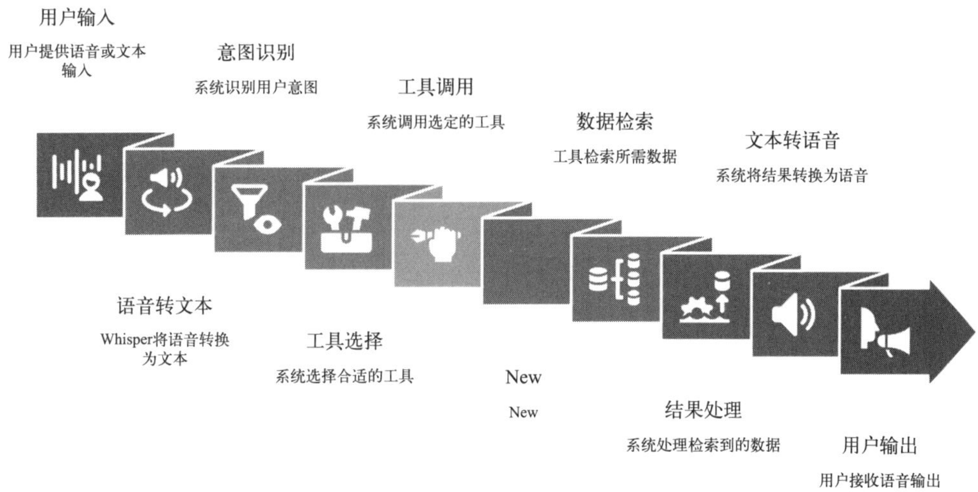

图 9-1　实现流程

实例 9-1： 基于 MCP 实现的轻量级多模态语音助手（源码路径：codes\9\mcp-multimodal-assistant）

9.2.1 系统配置

文件 config/preferences.json：存储用户的偏好设置等信息，作用是对 MCP 智能助手进行多方面的配置，以此来保障助手能够依据用户的偏好和需求，顺利且高效地开展各项工作。

```
{
    "max_history_length": 50,
    "system_prompt": "你是一个有用的助手。",
    "location": "济南市历下区",
    "venue": "恒隆广场",
    "theme": "light",
    "auto_save": true,
    "tools_enabled": {
        "weather": true,
        "market": true,
        "area_search": true
    }
}
```

9.2.2 核心服务层模块

“core”目录是本项目中的核心服务层，涵盖了多种重要功能。一方面，它负责管理对话相关的内容，包括对话历史的维护以及消息的格式化处理，确保对话的连贯性和准确性。另一方面，在用户意图处理上，它能够识别用户的意图并提取关键实体，同时还会对已识别的意图进行缓存，以便后续快速调用。此外，核心服务层还会对全局的上下文和会话状态进行维护，为后续的操作提供必要的信息支持。在工具调用方面，它会根据用户的意图来选择合适的工具进行调用。最后，它还承担着与语言模型进行交互的任务，保障整个系统的正常运行和高效协作。

（1）对话历史管理

文件 core/conversation_manager.py 实现了对话历史的结构化管理，通过数据类 Message 定义了包含角色、内容、时间戳等属性的消息结构，并通过类 ConversationManager 提供对话会话的全生命周期管理。该模块支持添加不同角色（用户、助手、系统）的消息，自动维护消息数量上限（默认 20 条）并优先移除最早的非系统消息，提供消息格式化（适配语言模型输入）、历史清除、会话摘要生成等功能，同时预留了文件持久化接口，为多轮对话的上下文管理提供了完整解决方案。

```
@dataclass
class Message:
    """单条消息的数据结构"""
    role: str  # 'user', 'assistant', 'system'
    content: str
    timestamp: float = field(default_factory=time.time)
    message_id: str = field(default_factory=lambda: str(uuid.uuid4()))
    metadata: Dict[str, Any] = field(default_factory=dict)  # 可存储额外信息，如工具调用
结果


class ConversationManager:
    """
    会话管理器：负责存储和管理对话历史
    """
    def __init__(
        self,
        conversation_id: Optional[str] = None,
        max_history_length: int = 20,
        system_prompt: Optional[str] = None
    ):
        """
        初始化会话管理器

        参数:
            conversation_id: 会话ID，如果为None则自动生成
            max_history_length: 历史记录最大长度（消息数量）
            system_prompt: 系统提示信息
        """
        self.conversation_id = conversation_id or str(uuid.uuid4())
        self.max_history_length = max_history_length
        self.messages: List[Message] = []
        self.created_at = time.time()
        self.last_updated_at = self.created_at

        # 设置系统提示（如果有）
        if system_prompt:
            self.add_system_message(system_prompt)

    def add_message(self, role: str, content: str, metadata: Optional[Dict[str, Any
]] = None) -> Message:
        """
        添加消息到历史记录

        参数:
            role: 消息角色 ('user', 'assistant', 'system')
            content: 消息内容
            metadata: 消息相关的元数据

        返回:
            新添加的消息对象
        """
        message = Message(
            role=role,
            content=content,
            metadata=metadata or {}
```

```
        )

        self.messages.append(message)
        self.last_updated_at = time.time()

        # 如果超出最大历史长度，移除最早的非系统消息
        if len(self.messages) > self.max_history_length:
            # 查找第一个非系统消息
            for i, msg in enumerate(self.messages):
                if msg.role != 'system':
                    self.messages.pop(i)
                    break

        return message

    def add_user_message(self, content: str, metadata: Optional[Dict[str, Any]] = None)
-> Message:
        """添加用户消息"""
        return self.add_message('user', content, metadata)

    def add_assistant_message(self, content: str, metadata: Optional[Dict[str, Any]
] = None) -> Message:
        """添加助手消息"""
        return self.add_message('assistant', content, metadata)

    def add_system_message(self, content: str, metadata: Optional[Dict[str, Any]]
= None) -> Message:
        """添加系统消息"""
        return self.add_message('system', content, metadata)

    def get_messages(self, include_system: bool = True) -> List[Message]:
        """
        获取所有消息

        参数:
            include_system: 是否包含系统消息

        返回:
            消息列表
        """
        if include_system:
            return self.messages.copy()
        else:
            return [msg for msg in self.messages if msg.role != 'system']

    def get_formatted_messages(self) -> List[Dict[str, str]]:
        """
        获取格式化后的消息，适合发送给语言模型

        返回:
            格式化为[{"role": "...", "content": "..."}]形式的消息列表
        """
        return [{"role": msg.role, "content": msg.content} for msg in self.
messages]

    def clear_history(self, keep_system_messages: bool = True) -> None:
        """
        清除历史记录

        参数:
            keep_system_messages: 是否保留系统消息
        """
```

```
        if keep_system_messages:
            self.messages = [msg for msg in self.messages if msg.role == 'system']
        else:
            self.messages = []

        self.last_updated_at = time.time()

    def get_last_message(self) -> Optional[Message]:
        """获取最后一条消息"""
        if not self.messages:
            return None
        return self.messages[-1]

    def get_conversation_summary(self) -> Dict[str, Any]:
        """
        获取会话摘要信息

        返回:
            包含会话ID、创建时间、消息数量等信息的字典
        """
        return {
            "conversation_id": self.conversation_id,
            "created_at": self.created_at,
            "last_updated_at": self.last_updated_at,
            "message_count": len(self.messages),
            "user_message_count": sum(1 for msg in self.messages if msg.
role == 'user'),
            "assistant_message_count": sum(1 for msg in self.messages if msg.
role == 'assistant')
        }

    # 预留持久化方法
    def save_to_file(self, file_path: str) -> bool:
        """
        将会话保存到文件（留作未来实现）

        参数:
            file_path: 文件路径

        返回:
            是否保存成功
        """
        # 这里预留接口，未来实现持久化功能
        # 可以使用JSON或其他格式保存会话内容
        return False

    @classmethod
    def load_from_file(cls, file_path: str) -> Optional['ConversationManager']:
        """
        从文件加载会话（留作未来实现）

        参数:
            file_path: 文件路径

        返回:
            加载的会话管理器实例，如果加载失败则返回None
        """
        # 这里预留接口，未来实现持久化功能
        return None

# 示例用法
if __name__ == "__main__":
```

```
    # 创建会话
    conversation = ConversationManager(system_prompt="你是一个有用的助手。")

    # 添加消息
    conversation.add_user_message("你好！")
    conversation.add_assistant_message("你好！有什么我可以帮助你的？")

    # 获取格式化消息
    formatted_messages = conversation.get_formatted_messages()
    print(formatted_messages)
```

（2）用户意图缓存管理

文件 core/intent_cache.py 实现了意图缓存管理功能，通过精确匹配缓存和关键词索引构建多级缓存机制，支持从文件加载和保存缓存数据，能根据用户查询进行精确匹配或关键词相似度匹配（基于 Jaccard 算法）以快速返回历史意图识别结果，同时会自动清理超出最大条目数的缓存（删除 25% 旧条目），并采用单例模式确保缓存实例唯一性，以此减少对大语言模型的重复调用，提升意图识别效率。

```
# 配置日志
logging.basicConfig(level=logging.INFO)
logger = logging.getLogger("intent_cache")

class IntentCache:
    """
    意图缓存管理器 - 提供多级缓存查询以减少LLM调用
    """

    def __init__(self, cache_file_path: str = "data/intent_cache.json", max_
entries: int = 1000):
        """
        初始化意图缓存

        参数:
            cache_file_path: 缓存文件路径
            max_entries: 最大缓存条目数
        """
        self.cache_file = cache_file_path
        self.max_entries = max_entries

        # 缓存数据结构
        self.exact_cache = {}  # 精确匹配缓存
        self.keyword_index = {}  # 关键词索引
        self.last_save_time = time.time()

        # 确保目录存在
        os.makedirs(os.path.dirname(self.cache_file), exist_ok=True)

        # 加载缓存
        self.load_cache()
        logger.info(f"意图缓存初始化完成，已加载 {len(self.exact_cache)} 个条目")

    def load_cache(self) -> None:
        """从文件加载缓存"""
        if not os.path.exists(self.cache_file):
            logger.info(f"缓存文件不存在，创建新缓存：{self.cache_file}")
            return

        try:
            with open(self.cache_file, 'r', encoding='utf-8') as f:
```

```
                data = json.load(f)

                # 加载精确匹配缓存
                self.exact_cache = data.get("exact_cache", {})

                # 重建关键词索引
                self.keyword_index = {}
                for query, intent_dict in self.exact_cache.items():
                    self._index_keywords(query)

            logger.info(f"从 {self.cache_file} 加载了 {len(self.exact_cache)} 个缓存条
目")
        except Exception as e:
            logger.error(f"加载缓存文件失败: {str(e)}")
            # 如果加载失败，使用空缓存
            self.exact_cache = {}
            self.keyword_index = {}

    def save_cache(self, force: bool = False) -> None:
        """
        保存缓存到文件

        参数:
            force: 是否强制保存，不考虑时间间隔
        """
        current_time = time.time()

        # 每隔至少30秒才保存一次，除非强制保存
        if not force and (current_time - self.last_save_time < 30):
            return

        try:
            data = {
                "exact_cache": self.exact_cache,
                "updated_at": current_time
            }

            with open(self.cache_file, 'w', encoding='utf-8') as f:
                json.dump(data, f, ensure_ascii=False, indent=2)

            self.last_save_time = current_time
            logger.info(f"已保存 {len(self.exact_cache)} 个缓存条目到 {self.cache_
file}")
        except Exception as e:
            logger.error(f"保存缓存文件失败: {str(e)}")

    def lookup(self, query: str, threshold: float = 0.7) -> Optional[Dict[str, Any]]
:
        """
        多级查找缓存

        参数:
            query: 用户查询
            threshold: 关键词匹配阈值

        返回:
            命中的缓存条目或None
        """
        # 1. 精确匹配
        if query in self.exact_cache:
            logger.info(f"缓存精确匹配命中: '{query}'")
            return self.exact_cache[query]
```

```
        # 2. 关键词匹配
        keywords = self._extract_keywords(query)
        if not keywords:
            return None

        candidates = self._find_candidates(keywords)
        if candidates:
            best_match, similarity = self._find_best_match(query, keywords, candida
tes)
            if similarity >= threshold:
                logger.info(f"缓存关键词匹配命中: '{query}' -> '{best_match}' (相似
度: {similarity:.2f})")
                return self.exact_cache[best_match]

        # 未命中
        return None

    def add(self, query: str, intent_dict: Dict[str, Any]) -> None:
        """
        添加条目到缓存

        参数:
            query: 用户查询
            intent_dict: 意图识别结果字典
        """
        # 检查是否需要清理旧条目
        if len(self.exact_cache) >= self.max_entries:
            self._cleanup_cache()

        # 添加到精确匹配缓存
        self.exact_cache[query] = intent_dict

        # 更新关键词索引
        self._index_keywords(query)

        # 如果缓存条目数是100的倍数，保存缓存
        if len(self.exact_cache) % 100 == 0:
            self.save_cache()

    def _extract_keywords(self, text: str) -> List[str]:
        """提取文本中的关键词"""
        # 使用结巴分词提取关键词
        words = jieba.cut_for_search(text)
        # 过滤停用词和过短词
        keywords = [w for w in words if len(w) > 1]
        return keywords

    def _index_keywords(self, query: str) -> None:
        """为查询建立关键词索引"""
        keywords = self._extract_keywords(query)
        for keyword in keywords:
            if keyword not in self.keyword_index:
                self.keyword_index[keyword] = set()
            self.keyword_index[keyword].add(query)

    def _find_candidates(self, keywords: List[str]) -> Dict[str, int]:
        """
        找出包含关键词的候选查询

        返回:
            字典 {查询: 匹配关键词数}
```

```
        """
        candidates = {}

        for keyword in keywords:
            if keyword in self.keyword_index:
                for query in self.keyword_index[keyword]:
                    candidates[query] = candidates.get(query, 0) + 1

        return candidates

    def _find_best_match(self, query: str, query_keywords: List[str],
                         candidates: Dict[str, int]) -> Tuple[str, float]:
        """
        找出最佳匹配的候选查询

        返回:
            (最佳匹配查询, 相似度得分)
        """
        best_match = ""
        best_score = 0.0

        query_set = set(query_keywords)
        query_len = len(query_set)

        for candidate, keyword_matches in candidates.items():
            # 计算两个查询的关键词重叠比例
            candidate_keywords = self._extract_keywords(candidate)
            candidate_set = set(candidate_keywords)
            candidate_len = len(candidate_set)

            # 交集大小
            overlap = len(query_set.intersection(candidate_set))

            # Jaccard相似度: 交集/并集
            similarity = overlap / (query_len + candidate_len - overlap) if (query_
len + candidate_len - overlap) > 0 else 0

            if similarity > best_score:
                best_score = similarity
                best_match = candidate

        return best_match, best_score

    def _cleanup_cache(self) -> None:
        """
        清理缓存中最旧或最少使用的条目
        当前简单实现: 删除前25%的条目
        """
        if len(self.exact_cache) <= self.max_entries / 2:
            return

        # 删除25%的条目
        items_to_remove = int(len(self.exact_cache) * 0.25)
        keys_to_remove = list(self.exact_cache.keys())[:items_to_remove]

        # 从缓存和索引中删除
        for key in keys_to_remove:
            # 从关键词索引中删除
            keywords = self._extract_keywords(key)
            for keyword in keywords:
                if keyword in self.keyword_index and key in self.keyword_
index[keyword]:
```

```
                    self.keyword_index[keyword].remove(key)
                    # 如果关键词没有对应的查询了，删除该关键词
                    if not self.keyword_index[keyword]:
                        del self.keyword_index[keyword]

            # 从精确缓存中删除
            del self.exact_cache[key]

        logger.info(f"缓存清理完成，删除了 {len(keys_to_remove)} 个条目")

# 单例模式实例
_cache_instance = None

def get_intent_cache(cache_file: str = "data/intent_cache.json") -> IntentCache:
    """获取意图缓存单例"""
    global _cache_instance
    if _cache_instance is None:
        _cache_instance = IntentCache(cache_file)
    return _cache_instance
```

（3）用户意图识别

文件 core/intent_recognizer.py 实现了用户意图的综合识别功能，通过规则与模型结合的混合方式，精准解析用户输入文本的意图。该模块定义了意图类型（如闲聊、查询、命令、工具调用等）、实体结构及意图识别结果的数据格式，先利用工具关键词、命令关键词等规则进行初步意图匹配和基础实体提取（如位置信息），若规则匹配置信度不足，则调用语言模型结合对话上下文进一步分析，同时支持缓存机制减少重复计算。最终通过合并规则与模型的识别结果，确定意图类型、关联工具及相关实体，为后续工具调用和响应生成提供核心依据。

① 下面代码的功能是定义了五种意图类别（闲聊、信息查询、系统命令、明确工具调用、未知），为整个系统提供最上层的语义标签，方便后续路由与决策。

```
class IntentType(Enum):
    """意图类型枚举"""
    CHAT = auto()              # 闲聊，不需要特殊处理
    QUERY = auto()             # 信息查询，可能需要工具
    COMMAND = auto()           # 系统命令，如设置或控制
    TOOL_SPECIFIC = auto()     # 明确的工具调用
    UNKNOWN = auto()           # 无法识别的意图
```

② 下面代码的功能是描述了一个轻量级实体对象，用来承载从用户语句中提取的“类型 - 值 - 置信度”三元组，并支持序列化与打印，方便在模块间传递结构化信息。

```
class Entity:
    """提取的实体信息"""
    def __init__(self, entity_type: str, value: str, confidence: float = 1.0):
        self.type = entity_type  # 实体类型，如location, time, product等
        self.value = value       # 实体值
        self.confidence = confidence  # 置信度

    def __str__(self):
        return f"{self.type}:{self.value}({self.confidence:.2f})"

    def to_dict(self):
        return {
            "type": self.type,
            "value": self.value,
            "confidence": self.confidence
```

```
        }
```

③ 下面代码的功能是把意图标签、置信度、目标工具、实体列表和原始问句封装成意图结果对象，同时提供字典序列化 / 反序列化能力，让意图在缓存、日志和跨进程通信中保持一致。

```
class Intent:
    """意图识别结果"""
    def __init__(
        self,
        intent_type: IntentType,
        confidence: float,
        tool_name: Optional[str] = None,
        entities: Optional[List[Entity]] = None,
        raw_query: str = ""
    ):
        self.type = intent_type             # 意图类型
        self.confidence = confidence        # 置信度
        self.tool_name = tool_name          # 可能使用的工具
        self.entities = entities or []      # 提取的实体
        self.raw_query = raw_query          # 原始查询文本

    def add_entity(self, entity: Entity):
        """添加一个实体"""
        self.entities.append(entity)

    def to_dict(self) -> Dict[str, Any]:
        """转换为字典表示"""
        return {
            "type": self.type.name,
            "confidence": self.confidence,
            "tool_name": self.tool_name,
            "entities": [e.to_dict() for e in self.entities],
            "raw_query": self.raw_query
        }

    @classmethod
    def from_dict(cls, data: Dict[str, Any]) -> 'Intent':
        """从字典创建意图对象"""
        # 解析意图类型
        intent_type = IntentType[data.get("type", "UNKNOWN")]

        # 创建意图对象
        intent = cls(
            intent_type=intent_type,
            confidence=float(data.get("confidence", 0.5)),
            tool_name=data.get("tool_name"),
            raw_query=data.get("raw_query", "")
        )

        # 添加实体
        if "entities" in data and isinstance(data["entities"], list):
            for entity_data in data["entities"]:
                entity = Entity(
                    entity_type=entity_data.get("type", "unknown"),
                    value=entity_data.get("value", ""),
                    confidence=float(entity_data.get("confidence", 0.5))
                )
                intent.add_entity(entity)

        return intent
```

```
    def __str__(self):
        entities_str = ", ".join(str(e) for e in self.entities)
        return (f"Intent[{self.type.name}] "
                f"tool:{self.tool_name or 'none'} "
                f"conf:{self.confidence:.2f} "
                f"entities:[{entities_str}]")
```

④ 下面代码的功能是构建混合式意图识别器：先用关键词规则快速判断，如有高置信度直接返回；否则将上下文与问句交给大模型做二次分析；再把规则与模型的结果按置信度加权合并，并缓存最终意图，实现“快准省”的三重平衡。

```
class IntentRecognizer:
    """
    意图识别器 - 使用规则和模型混合方式识别用户意图
    """

    # 工具关键词映射
    TOOL_KEYWORDS = {
        "weather": ["天气", "气温", "下雨", "温度", "湿度", "阴晴"],
        "market": ["商场", "商家", "店铺", "购物", "买东西", "超市", "专卖店"],
        "area_search": ["附近", "周边", "区域", "地方", "位置", "怎么走", "地址"]
    }

    # 命令关键词
    COMMAND_KEYWORDS = ["设置", "更改", "修改", "切换", "保存", "重置", "清除", "删除"]

    def __init__(self, llm_interface: LLMInterface, state_
manager: StateManager, use_cache: bool = True):
        """
        初始化意图识别器

        参数:
            llm_interface: LLM接口实例，用于模型分析
            state_manager: 状态管理器实例
            use_cache: 是否使用缓存
        """
        self.llm = llm_interface
        self.state_manager = state_manager
        self.use_cache = use_cache

        # 初始化缓存
        self.cache = get_intent_cache() if use_cache else None

        logger.info(f"意图识别器初始化完成，{'启用' if use_cache else '禁用'}缓存")

    async def recognize(self, text: str) -> Intent:
        """
        识别用户文本的意图

        参数:
            text: 用户输入文本

        返回:
            Intent: 识别出的意图
        """
        # 检查缓存
        if self.use_cache:
            cached_intent = self.cache.lookup(text)
            if cached_intent:
                return Intent.from_dict(cached_intent)
```

```
        # 第一步：使用基于规则的识别
        rule_intent = self._apply_rules(text)

        # 如果规则识别结果足够确定（高置信度），直接返回
        if rule_intent and rule_intent.confidence > 0.8:
            # 更新缓存
            if self.use_cache:
                self.cache.add(text, rule_intent.to_dict())
            return rule_intent

        # 第二步：获取对话上下文
        conversation_context = None

        # 正确获取对话历史
        if hasattr(self, 'conversation_manager'):
            # 如果IntentRecognizer直接持有ConversationManager实例
            messages = self.conversation_manager.get_messages()
            # 取最近3条
            conversation_context = [
                {"role": msg.role, "content": msg.content}
                for msg in messages[-3:]
            ] if len(messages) > 0 else None
        elif hasattr(self.state_manager, 'conversation'):
            # 如果StateManager持有ConversationManager实例
            messages = self.state_manager.conversation.get_messages()
            # 取最近3条
            conversation_context = [
                {"role": msg.role, "content": msg.content}
                for msg in messages[-3:]
            ] if len(messages) > 0 else None

        # 使用模型分析意图
        model_intent = await self._analyze_with_model(text, conversation_context)

        # 第三步：合并两种识别结果
        final_intent = self._merge_intents(
            rule_intent or Intent(IntentType.UNKNOWN, 0.0, raw_query=text),
            model_intent
        )

        # 更新缓存
        if self.use_cache:
            self.cache.add(text, final_intent.to_dict())

        return final_intent

    def _apply_rules(self, text: str) -> Optional[Intent]:
        """应用规则识别意图"""
        text = text.lower()

        # 检查是否是工具特定查询
        for tool_name, keywords in self.TOOL_KEYWORDS.items():
            for keyword in keywords:
                if keyword in text:
                    confidence = 0.7  # 基础置信度
                    # 如果有多个关键词匹配，提高置信度
                    matched_keywords = sum(1 for kw in keywords if kw in text)
                    if matched_keywords > 1:
                        confidence = min(0.9, confidence + 0.1 * matched_keywords)

                    # 创建意图对象
```

```
                    intent = Intent(
                        intent_type=IntentType.TOOL_SPECIFIC,
                        confidence=confidence,
                        tool_name=tool_name,
                        raw_query=text
                    )

                    # 尝试提取基本实体
                    self._extract_basic_entities(text, intent)
                    return intent

        # 检查是否是命令
        if any(cmd in text for cmd in self.COMMAND_KEYWORDS):
            return Intent(
                intent_type=IntentType.COMMAND,
                confidence=0.65,
                raw_query=text
            )

        # 如果没有明确匹配，返回None让模型处理
        return None

    def _extract_basic_entities(self, text: str, intent: Intent) -> None:
        """使用基本规则提取实体"""
        # 示例：提取简单的位置信息
        location_patterns = [
            r'在([\w]+)',
            r'([\w]+)(附近|周边)',
            r'去([\w]+)'
        ]

        for pattern in location_patterns:
            match = re.search(pattern, text)
            if match and match.group(1):
                location = match.group(1)
                intent.add_entity(Entity("location", location, 0.8))
                break

    async def _analyze_with_model(self, user_input: str, conversation_context: Opti
onal[List[Dict[str, str]]] = None) -> Intent:
        """使用语言模型分析意图"""
        logger.debug("使用模型分析意图")

        # 构建模型提示
        system_prompt = """
        你是一个专门负责理解用户意图的AI助手。请分析用户输入并识别主要意图、需要使用的工具以及相关
实体。

        请按照以下JSON格式输出：
        {
          "intent_type": "CHAT|QUERY|COMMAND|TOOL_SPECIFIC|UNKNOWN",
          "confidence": 0.0-1.0,
          "tool_name": "weather|market|area_search|null",
          "entities": [
            {"type": "实体类型(location|time|product等)", "value": "实体值
", "confidence": 0.0-1.0}
          ],
          "reasoning": "你的分析理由"
        }

        意图类型说明：
        - CHAT：闲聊，不需要特殊工具
        - QUERY：信息查询，可能需要工具
```

```
        - COMMAND: 系统命令，如设置或控制
        - TOOL_SPECIFIC: 明确需要某个工具
        - UNKNOWN: 无法确定意图

        可用工具：
        - weather: 天气查询工具
        - market: 商场和商家信息查询
        - area_search: 区域和位置搜索

        分析要准确、合理，不要过度解读，只输出JSON。
        """

        # 准备消息
        messages = [
            {"role": "system", "content": system_prompt},
            {"role": "user", "content": f"请分析以下用户输入的意图:\n\"{user_input}\""}
        ]

        # 如果有对话上下文，添加到消息中
        if conversation_context and len(conversation_context) > 0:
            context_message = "对话上下文:\n"
            for i, msg in enumerate(conversation_context[-3:]):  # 只使用最近3条
                context_message += f"{msg['role']}: {msg['content']}\n"

            messages.append({"role": "user", "content": context_message})

        try:
            # 调用模型
            response = await self.llm.generate_response_async(messages)
            result_text = response["content"]

            # 提取JSON
            json_match = re.search(r'({[^{}]*({[^{}]*})*[^{}]*})', result_text)
            if json_match:
                result_json = json.loads(json_match.group(1))
                return self._parse_model_result(result_json, user_input)
            else:
                logger.warning(f"模型未返回有效JSON: {result_text}")
                # 返回默认意图
                return Intent(IntentType.UNKNOWN, 0.3, raw_query=user_input)

        except Exception as e:
            logger.error(f"使用模型分析意图时出错: {str(e)}")
            # 返回默认意图
            return Intent(IntentType.CHAT, 0.3, raw_query=user_input)

    def _parse_model_result(self, result: Dict[str, Any], raw_
query: str) -> Intent:
        """解析模型返回的意图分析结果"""
        try:
            # 解析意图类型
            intent_type_str = result.get("intent_type", "UNKNOWN")
            intent_type = IntentType[intent_type_str] if intent_type_
str in IntentType.__members__ else IntentType.UNKNOWN

            # 创建意图对象
            intent = Intent(
                intent_type=intent_type,
                confidence=float(result.get("confidence", 0.5)),
                tool_name=result.get("tool_name") if result.get("tool_
name") != "null" else None,
                raw_query=raw_query
            )
```

```
            # 添加实体
            if "entities" in result and isinstance(result["entities"], list):
                for entity_data in result["entities"]:
                    entity = Entity(
                        entity_type=entity_data.get("type", "unknown"),
                        value=entity_data.get("value", ""),
                        confidence=float(entity_data.get("confidence", 0.5))
                    )
                    intent.add_entity(entity)

            return intent

        except Exception as e:
            logger.error(f"解析模型结果时出错: {str(e)}")
            return Intent(IntentType.UNKNOWN, 0.3, raw_query=raw_query)

    def _merge_intents(self, rule_intent: Intent, model_intent: Intent) -> Intent:
        """合并规则和模型识别的意图结果"""
        # 基于置信度选择意图类型
        intent_type = rule_intent.type if rule_intent.confidence > model_intent.
confidence else model_intent.type

        # 选择置信度更高的工具
        if rule_intent.tool_name and model_intent.tool_name:
            tool_name = rule_intent.tool_name if rule_intent.
confidence > 0.7 else model_intent.tool_name
        else:
            tool_name = rule_intent.tool_name or model_intent.tool_name

        # 创建合并后的意图
        merged_intent = Intent(
            intent_type=intent_type,
            confidence=max(rule_intent.confidence, model_intent.confidence),
            tool_name=tool_name,
            raw_query=rule_intent.raw_query
        )

        # 合并实体，去重
        entity_map = {}
        for entity in rule_intent.entities + model_intent.entities:
            key = f"{entity.type}:{entity.value}"
            if key not in entity_map or entity.confidence > entity_map[key].
confidence:
                entity_map[key] = entity

        for entity in entity_map.values():
            merged_intent.add_entity(entity)

        return merged_intent

    def save_cache(self) -> None:
        """保存缓存到磁盘"""
        if self.use_cache:
            self.cache.save_cache(force=True)
            logger.info("意图缓存已保存")
```

⑤ 下面代码的功能是提供一个简洁的本地演示入口：初始化状态管理与语言模型，构造识别器，对 5 条示例问句批量跑识别流程，并将缓存持久化到磁盘，方便开发者一键体验与调试。

```
# 示例用法
if __name__ == "__main__":
    from core.state_manager import StateManager
    from core.llm_interface import LLMInterface

    # 配置日志
    logging.basicConfig(level=logging.INFO)

    # 初始化组件
    state_manager = StateManager()
    llm = LLMInterface(state_manager=state_manager)

    # 创建意图识别器
    recognizer = IntentRecognizer(llm, state_manager)

    # 测试识别
    test_queries = [
        "你好，今天过得怎么样？",
        "重庆明天的天气怎么样？",
        "我想知道时代天街有哪些商场",
        "帮我设置主题为深色模式",
        "附近有什么好吃的餐厅？"
    ]

    for query in test_queries:
        intent = recognizer.recognize(query)
        print(f"查询: {query}")
        print(f"识别结果: {intent}")
        print("-" * 50)

    # 保存缓存
    recognizer.save_cache()
```

（4）大语言模型交互

文件 core/llm_interface.py 实现了与大语言模型的交互功能，是连接系统与语言模型的核心接口。通过初始化 OpenAI 客户端（支持同步和异步调用），提供了生成模型响应的方法，可配置温度参数和最大令牌数以控制输出随机性和长度；同时能格式化系统提示（结合用户位置等上下文信息）、准备发送给模型的消息列表（整合系统提示与对话历史），确保模型能基于完整上下文生成合适响应，还定义了模型请求错误处理机制，保障与语言模型交互的稳定可靠。

```
class ModelRequestError(Exception):
    """模型请求错误"""
    pass

class LLMInterface:
    """
    大语言模型接口类 - 处理模型连接、请求和响应
    """

    def __init__(self, state_manager=None):
        """
        初始化LLM接口

        参数:
            state_manager: 状态管理器实例，用于获取配置
        """
        # 加载环境变量
        load_dotenv()
```

```
        # 存储状态管理器引用
        self.state_manager = state_manager

        # 读取环境变量
        self.api_key = os.getenv("OPENAI_API_KEY")
        self.base_url = os.getenv("BASE_URL", "http://localhost:11434/v1")
        self.model = os.getenv("MODEL", "llama3:8b")

        # 验证配置
        if not self.api_key:
            logger.warning("未设置OPENAI_API_KEY环境变量，将使用默认值")
            self.api_key = "ollama"  # Ollama默认不需要真正的API key

        # 初始化OpenAI客户端
        try:
            self.client = OpenAI(api_key=self.api_key, base_url=self.base_url)
            self.async_client = AsyncOpenAI(api_key=self.api_key, base_url=self.
base_url)
            logger.info(f"LLM接口初始化成功，使用模型：{self.model}")
        except Exception as e:
            logger.error(f"初始化模型客户端失败：{str(e)}")
            raise ModelConnectionError(f"无法连接到模型服务：{str(e)}")

    def generate_response(self,
                          messages: List[Dict[str, str]],
                          temperature: float = 0.7,
                          max_tokens: int = 2000) -> Dict[str, Any]:
        """
        同步方式生成模型响应

        参数:
            messages：消息列表，包含角色和内容
            temperature：温度参数，控制随机性
            max_tokens：最大生成令牌数

        返回:
            包含模型响应的字典
        """
        try:
            response = self.client.chat.completions.create(
                model=self.model,
                messages=messages,
                temperature=temperature,
                max_tokens=max_tokens
            )

            result = {
                "content": response.choices[0].message.content,
                "finish_reason": response.choices[0].finish_reason,
                "model": response.model,
                "usage": {
                    "completion_tokens": response.usage.completion_tokens,
                    "prompt_tokens": response.usage.prompt_tokens,
                    "total_tokens": response.usage.total_tokens
                }
            }

            return result

        except Exception as e:
            logger.error(f"生成模型响应失败：{str(e)}")
```

```
            raise ModelRequestError(f"模型请求失败: {str(e)}")

    async def generate_response_async(self,
                                      messages: List[Dict[str, str]],
                                      temperature: float = 0.7,
                                      max_tokens: int = 2000) -> Dict[str, Any]:
        """
        异步方式生成模型响应

        参数:
            messages: 消息列表，包含角色和内容
            temperature: 温度参数，控制随机性
            max_tokens: 最大生成令牌数

        返回:
            包含模型响应的字典
        """
        try:
            response = await self.async_client.chat.completions.create(
                model=self.model,
                messages=messages,
                temperature=temperature,
                max_tokens=max_tokens
            )

            result = {
                "content": response.choices[0].message.content,
                "finish_reason": response.choices[0].finish_reason,
                "model": response.model,
                "usage": {
                    "completion_tokens": response.usage.completion_tokens,
                    "prompt_tokens": response.usage.prompt_tokens,
                    "total_tokens": response.usage.total_tokens
                }
            }

            return result

        except Exception as e:
            logger.error(f"异步生成模型响应失败: {str(e)}")
            raise ModelRequestError(f"异步模型请求失败: {str(e)}")

    def format_system_prompt(self, base_prompt: Optional[str] = None) -> str:
        """
        格式化系统提示

        参数:
            base_prompt: 基础系统提示，如果为None则使用默认提示

        返回:
            格式化后的系统提示
        """
        if not self.state_manager:
            return base_prompt or "你是一个有用的助手。"

        # 修正: 直接访问 preferences 属性而不是使用不存在的 get_preference 方法
        system_prompt = base_prompt or self.state_manager.preferences.system_prompt

        # 修正: 直接访问 context 属性
        location = self.state_manager.context.location
        venue = self.state_manager.context.venue
```

```
        # 构建位置上下文
        location_context = f"用户当前位于{location}"
        if venue:
            location_context += f"的{venue}"

        # 组合系统提示
        formatted_prompt = f"{system_prompt}\n\n{location_context}。"

        return formatted_prompt

    def prepare_messages(self,
                        conversation_messages: List[Dict[str, str]],
                        system_prompt: str = None) -> List[Dict[str, str]]:
        """
        准备发送给模型的消息

        参数:
            conversation_messages: 对话历史消息
            system_prompt: 系统提示，如果为None则自动生成

        返回:
            准备好的消息列表
        """
        messages = []

        # 添加系统提示
        if system_prompt is None:
            system_prompt = self.format_system_prompt()

        messages.append({"role": "system", "content": system_prompt})

        # 添加对话历史
        messages.extend(conversation_messages)

        return messages

# 简单使用示例
if __name__ == "__main__":
    import asyncio

    async def main():
        # 初始化LLM接口
        llm = LLMInterface()

        # 同步方式
        messages = [
            {"role": "system", "content": "你是一个有用的助手。"},
            {"role": "user", "content": "你好，请介绍一下你自己。"}
        ]

        print("发送同步请求...")
        response = llm.generate_response(messages)
        print(f"同步响应: {response['content']}")

        # 异步方式
        print("\n发送异步请求...")
        async_response = await llm.generate_response_async(messages)
        print(f"异步响应: {async_response['content']}")

    # 运行示例
    asyncio.run(main())
```

（5）全局状态管理

文件 core/state_manager.py 实现了应用全局状态的统一管理，基于观察者模式构建可观察对象，通过 UIState UserPreferences GlobalContext 三个数据类分别管理 UI 组件状态（如窗口可见性、主题）、用户偏好设置（如历史记录长度、默认地点、工具启用状态）和全局上下文（如当前会话 ID、位置信息）。该模块提供状态设置、获取、保存与加载功能，支持组件订阅特定状态路径的变化并触发回调，能自动同步状态到配置文件（preferences.json ui_state.json），同时可重置默认设置，为整个应用提供一致的状态访问与更新机制，确保各模块间状态同步与交互协调。

① 下面代码的功能是定义一个可观察对象基类，通过发布 - 订阅模式让任何组件都能监听指定路径的状态变化，并支持通配符匹配，实现松耦合事件通知。

```
class Observable:
    """
    可观察对象基类，实现发布-订阅模式
    """
    def __init__(self):
        # 存储观察者函数和它们关注的路径
        self._observers: Dict[str, List[Callable]] = {}

    def subscribe(self, path: str, callback: Callable) -> None:
        """
        订阅状态变化

        参数:
            path: 状态路径，例如 "ui.chat_window.is_visible"
            callback: 当状态变化时调用的回调函数，接收新值和旧值作为参数
        """
        if path not in self._observers:
            self._observers[path] = []
        if callback not in self._observers[path]:
            self._observers[path] = self._observers.get(path, []) + [callback]

    def unsubscribe(self, path: str, callback: Callable) -> None:
        """
        取消订阅状态变化

        参数:
            path: 状态路径
            callback: 之前注册的回调函数
        """
        if path in self._observers and callback in self._observers[path]:
            self._observers[path].remove(callback)

    def notify(self, path: str, new_value: Any, old_value: Any = None) -> None:
        """
        通知所有订阅了指定路径的观察者

        参数:
            path: 发生变化的状态路径
            new_value: 新状态值
            old_value: 旧状态值
        """
        # 通知精确路径的观察者
        if path in self._observers:
            for callback in self._observers[path]:
                callback(new_value, old_value)

        # 通知通配符观察者（例如 "ui.*" 会匹配 "ui.any.path"）
```

```
            for observer_path, callbacks in self._observers.items():
                if '*' in observer_path:
                    pattern = observer_path.replace('*', '')
                    if path.startswith(pattern):
                        for callback in callbacks:
                            callback(new_value, old_value)
```

② 下面代码的功能是用数据类封装整个 UI 的瞬时状态，包括聊天窗口、侧边栏、加载动画、当前标签、主题及字号等属性，方便统一读写与持久化。

```
@dataclass
class UIState:
    """UI组件状态"""
    is_chat_visible: bool = True
    is_sidebar_visible: bool = True
    is_loading: bool = False
    current_tab: str = "chat"
    theme: str = "light"
    font_size: int = 14
```

③ 下面代码的功能是集中保存用户的长期偏好，如最大历史长度、系统提示词、默认地点、主题以及各工具开关，并支持一键启用或禁用特定功能。

```
@dataclass
class UserPreferences:
    """用户偏好设置"""
    max_history_length: int = 50
    system_prompt: str = "你是一个有用的助手。"# 在llminterface里的format_system_prompt
方法里引用
    location: str = "重庆市永川区"
    venue: str = "时代天街"
    theme: str = "light"
    auto_save: bool = True
    tools_enabled: Dict[str, bool] = field(default_factory=lambda: {
        "weather": True,
        "market": True,
        "area_search": True
    })
```

④ 下面代码的功能是记录会话运行时的全局信息，例如当前对话 ID、已激活工具、工具执行历史、位置缓存及最近查询时间，为跨轮次上下文提供实时数据。

```
@dataclass
class GlobalContext:
    """全局上下文信息"""
    current_conversation_id: Optional[str] = None
    active_tools: List[str] = field(default_factory=list)
    tool_execution_history: List[Dict[str, Any]] = field(default_factory=list)
    location: str = "重庆市永川区"
    venue: str = "时代天街"
    last_query_time: Optional[float] = None
```

⑤ 下面代码的功能是整合 UI、偏好和上下文三大数据域，通过继承可观察对象实现任意路径读写与自动持久化，并提供重置、加载、保存等生命周期管理，充当应用状态的单一可信源。

```
class StateManager(Observable):
    """
    状态管理器：负责管理应用全局状态、UI状态和用户偏好
    实现了观察者模式，允许其他组件订阅状态变化
```

```
    """
    def __init__(self, config_dir: str = "config"):
        super().__init__()

        # 确保配置目录存在
        self.config_dir = Path(config_dir)
        self.config_dir.mkdir(exist_ok=True)

        # 初始化状态
        self.ui = UIState()
        self.preferences = UserPreferences()
        self.context = GlobalContext()

        # 加载状态
        self.load_state()

        logging.debug("状态管理器初始化完成")

    def set_ui_state(self, path: str, value: Any) -> None:
        """
        设置UI状态

        参数:
            path: 状态路径，例如 "is_chat_visible"
            value: 新状态值
        """
        # 分解路径
        old_value = self._get_attribute(self.ui, path)
        self._set_attribute(self.ui, path, value)

        # 通知观察者
        full_path = f"ui.{path}"
        self.notify(full_path, value, old_value)

    def set_preference(self, path: str, value: Any) -> None:
        """
        设置用户偏好

        参数:
            path: 偏好路径，例如 "theme"
            value: 新偏好值
        """
        old_value = self._get_attribute(self.preferences, path)
        self._set_attribute(self.preferences, path, value)

        # 通知观察者
        full_path = f"preferences.{path}"
        self.notify(full_path, value, old_value)

        # 自动保存（如果启用）
        if self.preferences.auto_save:
            self.save_preferences()

    def set_context(self, path: str, value: Any) -> None:
        """
        设置全局上下文

        参数:
            path: 上下文路径，例如 "location"
            value: 新上下文值
        """
        old_value = self._get_attribute(self.context, path)
```

```
        self._set_attribute(self.context, path, value)

        # 通知观察者
        full_path = f"context.{path}"
        self.notify(full_path, value, old_value)

    def _get_attribute(self, obj: Any, path: str) -> Any:
        """
        获取对象的嵌套属性

        参数:
            obj: 目标对象
            path: 属性路径，例如 "theme" 或 "tools_enabled.weather"

        返回:
            属性值
        """
        current = obj
        for part in path.split('.'):
            if hasattr(current, part):
                current = getattr(current, part)
            elif isinstance(current, dict) and part in current:
                current = current[part]
            else:
                return None
        return current

    def _set_attribute(self, obj: Any, path: str, value: Any) -> None:
        """
        设置对象的嵌套属性

        参数:
            obj: 目标对象
            path: 属性路径，例如 "theme" 或 "tools_enabled.weather"
            value: 新属性值
        """
        parts = path.split('.')
        current = obj

        # 处理除最后一部分外的路径
        for i, part in enumerate(parts[:-1]):
            if hasattr(current, part):
                current = getattr(current, part)
            elif isinstance(current, dict) and part in current:
                current = current[part]
            else:
                # 如果中间路径不存在，根据下一部分是数字还是字符串创建列表或字典
                next_part = parts[i + 1]
                if next_part.isdigit():
                    setattr(current, part, [])
                    current = getattr(current, part)
                else:
                    setattr(current, part, {})
                    current = getattr(current, part)

        # 设置最终属性
        last_part = parts[-1]
        if hasattr(current, last_part):
            setattr(current, last_part, value)
        elif isinstance(current, dict):
            current[last_part] = value
        else:
```

```
            setattr(current, last_part, value)

    def save_state(self) -> None:
        """保存所有状态到文件"""
        self.save_preferences()
        self.save_ui_state()

    def load_state(self) -> None:
        """从文件加载所有状态"""
        self.load_preferences()
        self.load_ui_state()

    def save_preferences(self) -> None:
        """保存用户偏好到文件"""
        prefs_path = self.config_dir / "preferences.json"
        try:
            with open(prefs_path, 'w', encoding='utf-8') as f:
                json.dump(asdict(self.preferences), f, ensure_
ascii=False, indent=2)
            logging.debug("用户偏好已保存")
        except Exception as e:
            logging.error(f"保存用户偏好失败: {e}")

    def load_preferences(self) -> None:
        """从文件加载用户偏好"""
        prefs_path = self.config_dir / "preferences.json"
        if prefs_path.exists():
            try:
                with open(prefs_path, 'r', encoding='utf-8') as f:
                    prefs_dict = json.load(f)

                # 更新偏好，但只更新存在的字段
                for key, value in prefs_dict.items():
                    if hasattr(self.preferences, key):
                        setattr(self.preferences, key, value)

                logging.debug("用户偏好已加载")
            except Exception as e:
                logging.error(f"加载用户偏好失败: {e}")

    def save_ui_state(self) -> None:
        """保存UI状态到文件"""
        ui_path = self.config_dir / "ui_state.json"
        try:
            with open(ui_path, 'w', encoding='utf-8') as f:
                json.dump(asdict(self.ui), f, ensure_ascii=False, indent=2)
            logging.debug("UI状态已保存")
        except Exception as e:
            logging.error(f"保存UI状态失败: {e}")

    def load_ui_state(self) -> None:
        """从文件加载UI状态"""
        ui_path = self.config_dir / "ui_state.json"
        if ui_path.exists():
            try:
                with open(ui_path, 'r', encoding='utf-8') as f:
                    ui_dict = json.load(f)

                # 更新UI状态，但只更新存在的字段
                for key, value in ui_dict.items():
                    if hasattr(self.ui, key):
                        setattr(self.ui, key, value)
```

```
                logging.debug("UI状态已加载")
            except Exception as e:
                logging.error(f"加载UI状态失败: {e}")

    def get_current_location(self) -> Dict[str, str]:
        """获取当前位置信息"""
        return {
            "location": self.context.location,
            "venue": self.context.venue
        }

    def get_enabled_tools(self) -> List[str]:
        """获取已启用的工具列表"""
        return [name for name, enabled in self.preferences.tools_enabled.
items() if enabled]

    def reset_to_defaults(self) -> None:
        """重置所有设置为默认值"""
        self.ui = UIState()
        self.preferences = UserPreferences()
        self.notify("preferences", self.preferences)
        self.notify("ui", self.ui)
        self.save_state()
```

⑥ 下面代码的功能是演示如何创建状态管理器实例，注册主题变化的回调，实时修改并保存状态，验证发布 - 订阅机制是否生效，让开发者快速体验状态驱动开发流程。

```
# 示例用法
if __name__ == "__main__":
    # 配置日志
    logging.basicConfig(level=logging.DEBUG)

    # 创建状态管理器
    state_manager = StateManager()

    # 定义状态变化的回调
    def on_theme_change(new_value, old_value):
        print(f"主题从 {old_value} 变为 {new_value}")

    # 订阅状态变化
    state_manager.subscribe("preferences.theme", on_theme_change)

    # 修改状态
    state_manager.set_preference("theme", "dark")

    # 设置上下文
    state_manager.set_context("location", "重庆市渝北区")

    # 保存状态
    state_manager.save_state()
```

（6）工具调用的路由分发

文件 core/tool_router.py 实现了工具调用的路由分发机制，通过定义工具状态和结果结构，支持异步 / 同步调用外部工具服务。文件 tool_router.py 用于维护工具映射表，初始化时连接各工具（如天气、商场、周边搜索），运行时根据意图类型动态选择工具和方法，并从意图实体及状态管理器提取参数。

① 下面代码的功能是定义工具返回值的统一结构，用状态、数据、消息和原始响应四

字段描述一次工具调用的成败与内容，并支持序列化成字典。

```
class ToolResult:
    """工具执行结果"""
    def __init__(
        self,
        status: ToolStatus,
        data: Any = None,
        message: str = "",
        raw_response: Any = None
    ):
        self.status = status          # 执行状态
        self.data = data              # 处理后的数据
        self.message = message        # 状态消息
        self.raw_response = raw_response  # 原始响应

    def to_dict(self) -> Dict[str, Any]:
        """转换为字典表示"""
        return {
            "status": self.status.value,
            "data": self.data,
            "message": self.message
        }
```

② 下面代码的功能是建立工具路由器的骨架，声明它能驱动的三种外部能力（天气、商场、区域搜索），并把每个能力映射到对应的脚本与方法，为后续按需连接做准备。

```
class ToolRouter:
    """工具路由器 - 负责调用各种工具服务"""

    def __init__(self, state_manager=None, tools_dir=None):
        """
        初始化工具路由器

        参数:
            state_manager: 状态管理器实例，可为None
            tools_dir: 工具目录路径，默认为'tools'
        """
        self.state_manager = state_manager
        self.tools_dir = tools_dir or os.path.join(os.path.dirname(os.path.
dirname(__file__)), 'tools')
        self.exit_stack = AsyncExitStack()
        self.sessions = {}  # 存储工具会话

        # 工具映射表
        self.tool_mapping = {
            "weather": {
                "script": "weatherMCP.py",
                "methods": {
                    "query_weather": self._map_weather_params,
                }
            },
            "market": {
                "script": "marketMCP.py",
                "methods": {
                    "find_product": self._map_market_params,
                    "list_category": self._map_market_category_params,
                }
            },
            "area_search": {
                "script": "areaSearchMCP.py",
```

```
                "methods": {
                    "search_nearby": self._map_area_search_params,
                    "search_nearby_food": self._map_area_search_params,
                    "search_nearby_shopping": self._map_area_search_params,
                    "search_nearby_entertainment": self._map_area_search_params,
                }
            }
        }

        logger.info(f"工具路由器初始化完成，工具目录: {self.tools_dir}")
```

③ 下面代码的功能是按配置依次启动各工具的独立进程（Python 或 Node），通过标准输入/输出建立 MCP 会话，拉取可用方法列表并缓存连接，实现“即插即用”的微服务注册。

```
    async def initialize(self):
        """初始化所有工具连接"""
        for tool_name, tool_info in self.tool_mapping.items():
            await self._connect_to_tool(tool_name, tool_info["script"])

    async def _connect_to_tool(self, tool_name: str, script_filename: str):
        """连接到指定的工具"""
        try:
            script_path = os.path.join(self.tools_dir, script_filename)
            if not os.path.exists(script_path):
                logger.error(f"工具脚本不存在: {script_path}")
                return

            is_python = script_path.endswith('.py')
            command = "python" if is_python else "node"

            server_params = StdioServerParameters(
                command=command,
                args=[script_path],
                env=None
            )

            # 启动工具服务器并建立通信
            stdio_transport = await self.exit_stack.enter_async_context(stdio_
client(server_params))
            stdio, write = stdio_transport
            session = await self.exit_stack.enter_async_context(ClientSession(stdio
, write))

            # 初始化会话
            await session.initialize()

            # 列出工具的可用方法
            response = await session.list_tools()
            tools = response.tools

            # 存储会话和工具
            self.sessions[tool_name] = {
                "session": session,
                "tools": tools
            }

            logger.info(f"已连接到工具 {tool_name}，支持的方法: {[tool.
name for tool in tools]}")

        except Exception as e:
            logger.error(f"连接工具 {tool_name} 失败: {str(e)}")
```

④ 下面代码的功能是拿到已解析的意图后，先校验工具存在与连接状态，再挑选具体方法、组装参数，通过 MCP 发送调用，最终把工具回包包装成统一结果返回，全程异步非阻塞。

```
    async def execute_tool_async(self, intent: Intent) -> ToolResult:
    """
        异步执行工具

        参数:
            intent: 意图对象

        返回:
            工具执行结果
        """
        tool_name = intent.tool_name

        # 检查工具是否已注册
        if tool_name not in self.tool_mapping:
            logger.warning(f"未知工具: {tool_name}")
            return ToolResult(
                status=ToolStatus.NOT_FOUND,
                message=f"未知工具: {tool_name}"
            )

        # 检查工具是否已连接
        if tool_name not in self.sessions:
            # 尝试连接工具
            await self._connect_to_tool(tool_name, self.tool_mapping[tool_name]
["script"])

            # 再次检查是否连接成功
            if tool_name not in self.sessions:
                return ToolResult(
                    status=ToolStatus.ERROR,
                    message=f"无法连接到工具: {tool_name}"
                )

        # 获取会话
        session_data = self.sessions[tool_name]
        session = session_data["session"]
        available_tools = session_data["tools"]

        # 根据意图选择合适的方法
        method_name, params = self._select_method_and_params(intent, tool_name)

        # 检查方法是否可用
        available_method_names = [tool.name for tool in available_tools]
        if method_name not in available_method_names:
            logger.warning(f"工具 {tool_name} 不支持方法: {method_name}")
            logger.info(f"可用方法: {available_method_names}")
            return ToolResult(
                status=ToolStatus.ERROR,
                message=f"工具 {tool_name} 不支持方法: {method_name}"
            )

        try:
            # 调用工具方法
            logger.info(f"执行工具: {tool_name}.{method_name}, 参数: {params}")
            result = await session.call_tool(method_name, params)

            # 提取结果文本
```

```
            result_text = result.content[0].text if result.content else ""

            return ToolResult(
                status=ToolStatus.SUCCESS,
                data=result_text,
                message="工具执行成功",
                raw_response=result
            )
        except Exception as e:
            logger.error(f"执行工具 {tool_name}.{method_name} 时发生错误: {str(e)}")
            return ToolResult(
                status=ToolStatus.ERROR,
                message=f"工具执行异常: {str(e)}"
            )
```

⑤ 下面代码的功能是依据意图类型、实体内容及用户问句，在多条候选方法中智能决策最合适的函数名，并把实体值翻译成工具所需的参数字典，提高调用精准度。

```
    def _select_method_and_params(self, intent: Intent, tool_name: str) ->
tuple[str, Dict[str, Any]]:
        """
        根据意图选择合适的方法和参数

        参数:
            intent: 意图对象
            tool_name: 工具名称

        返回:
            (方法名, 参数字典)
        """
        # 提取原始参数
        raw_params = self._extract_params_from_intent(intent)

        # 针对不同工具选择方法
        if tool_name == "weather":
            # 天气工具只有一个方法
            method_name = "query_weather"
            params = self._map_weather_params(intent, raw_params)

        elif tool_name == "market":
            # 根据意图选择商场工具方法
            if "category" in raw_params:
                method_name = "list_category"
                params = self._map_market_category_params(intent, raw_params)
            else:
                method_name = "find_product"
                params = self._map_market_params(intent, raw_params)

        elif tool_name == "area_search":
            # 根据意图选择区域搜索方法
            poi_type = raw_params.get("poi_type", "").lower()
            if poi_type == "restaurant" or "食" in intent.raw_query:
                method_name = "search_nearby_food"
            elif poi_type == "shopping" or "购物" in intent.raw_query:
                method_name = "search_nearby_shopping"
            elif poi_type == "entertainment" or "娱乐" in intent.raw_query:
                method_name = "search_nearby_entertainment"
            else:
                method_name = "search_nearby"

            params = self._map_area_search_params(intent, raw_params)
```

```
        else:
            # 默认情况
            method_name = list(self.tool_mapping[tool_name]["methods"].keys())[0]
            params = raw_params

        return method_name, params
```

⑥ 下面代码的功能是在缺少显式实体时，从全局上下文里补全位置、场所等常用参数，确保工具调用始终拥有完整上下文。

```
    def  extract_params_from_intent(self, intent: Intent) -> Dict[str, Any]:
        """从意图中提取参数"""
        params = {}

        # 从意图实体中提取参数
        for entity in intent.entities:
            params[entity.type] = entity.value

        # 如果有状态管理器，尝试提取上下文信息
        if self.state_manager:
            # 检查是否需要位置信息
            if intent.tool_name == "weather" and "location" not in params:
                # 使用状态管理器的context对象属性
                location = self.state_manager.context.location
                if location:
                    params["location"] = location

            # 检查是否需要场所信息
            if intent.tool_name == "area_search" and "venue" not in params:
                venue = self.state_manager.context.venue
                if venue:
                    params["venue"] = venue

        return params
```

⑦ 下面代码的功能是把中文地名先清洗后映射为英文城市代码，同时提供默认值与异常兜底，让天气接口始终拿到合法的 city 参数。

```
    def _map_weather_params(self, intent: Intent, raw_params: Dict[str, Any]) -> Di
ct[str, Any]:
        """映射天气工具参数"""
        params = {}

        # 提取城市
        location = None

        # 从意图参数中获取位置
        if "location" in raw_params:
            location = raw_params["location"]
        # 从意图实体中获取位置
        elif intent and intent.entities:
            for entity in intent.entities:
                if entity.type.lower() in ["location", "city", "place"]:
                    location = entity.value
                    break
        # 使用状态管理器中的当前位置
        elif self.state_manager:
            location = getattr(self.state_manager, "context", {}).
get("location", "")
```

```
        if not location and hasattr(self.state_manager, "get_global_context"):
            context = self.state_manager.get_global_context()
            location = context.get("location", "")

    # 默认位置
    if not location:
        location = "重庆"

    # 处理中文地名，转换为API可接受的英文格式

    # 首先清理地名
    cleaned_location = location
    for suffix in ["市", "区", "县", "镇", "省"]:
        cleaned_location = cleaned_location.replace(suffix, "")

    # 中文地名映射表（扩展更多城市）
    location_mapping = {
        "重庆": "Chongqing",
        "永川": "Yongchuan",
        "北京": "Beijing",
        "上海": "Shanghai",
        "广州": "Guangzhou",
        "深圳": "Shenzhen",
        "成都": "Chengdu",
        "杭州": "Hangzhou",
        "南京": "Nanjing",
        "武汉": "Wuhan",
        "西安": "Xi'an",
        "天津": "Tianjin",
        "苏州": "Suzhou",
        "长沙": "Changsha",
        "郑州": "Zhengzhou",
        "青岛": "Qingdao",
        "大连": "Dalian",
        "沈阳": "Shenyang",
        "哈尔滨": "Harbin",
        "济南": "Jinan",
        "昆明": "Kunming",
        "厦门": "Xiamen",
        "福州": "Fuzhou",
        "南宁": "Nanning",
        "贵阳": "Guiyang",
        "兰州": "Lanzhou",
    }

    # 先尝试完整地名匹配
    if location in location_mapping:
        params["city"] = location_mapping[location]
    # 然后尝试清理后的地名匹配
    elif cleaned_location in location_mapping:
        params["city"] = location_mapping[cleaned_location]
    # 再尝试提取主要城市名
    else:
        # 提取可能包含的城市名
        for city_name in location_mapping.keys():
            if city_name in location or city_name in cleaned_location:
                params["city"] = location_mapping[city_name]
                break
        # 如果所有匹配都失败，使用默认值
        if "city" not in params:
            print(f"⚠ 无法识别的地名：{location}，使用默认值 'Chongqing'")
            params["city"] = "Chongqing"
```

```
        # 打印调试信息
        print(f"✅ 地名转换: '{location}' → '{params['city']}'")

        return params
```

⑧ 下面代码的功能是依据 POI 类型与半径配置，将用户口语化描述转换成高德地图可识别的 type_code 和搜索范围，支持餐饮、购物、娱乐三类细分场景。

```
    def _map_area_search_params(self, intent: Intent, raw_params: Dict[str, Any]) -
> Dict[str, Any]:
        """映射区域搜索工具参数"""
        # 默认参数
        params = {"radius": 3000}

        # 根据POI类型确定其他参数
        if "query" in raw_params:
            params["keyword"] = raw_params["query"]

        # 提取POI类型
        if "poi_type" in raw_params:
            poi_type = raw_params["poi_type"]
            type_mapping = {
                "restaurant": "050000",  # 餐饮
                "shopping": "060000",    # 购物
                "entertainment": "080000"  # 休闲娱乐
            }
            if poi_type in type_mapping:
                params["type_code"] = type_mapping[poi_type]

        # 提取搜索半径
        if "radius" in raw_params:
            try:
                params["radius"] = int(raw_params["radius"])
            except ValueError:
                pass

        return params

    async def cleanup(self):
        """清理资源"""
        await self.exit_stack.aclose()
```

⑨ 下面代码的功能是提供工具路由器的本地演示脚本：构造一个查询天气的意图，完成“初始化→调用→输出→清理”的完整链路，方便开发者一键验证功能。

```
# 示例用法
if __name__ == "__main__":
    async def test_router():
        from core.intent_recognizer import Intent, Entity, IntentType

        # 创建工具路由器
        router = ToolRouter()
        await router.initialize()

        # 创建一个示例意图
        intent = Intent(
            intent_type=IntentType.QUERY,
            confidence=0.95,
            tool_name="weather",
```

```
            raw_query="重庆明天天气怎么样？"
        )
        intent.add_entity(Entity("location", "重庆", 0.98))
        intent.add_entity(Entity("time", "明天", 0.95))

        # 执行工具
        result = await router.execute_tool_async(intent)
        print(f"工具执行结果: {result}")
        print(f"数据: {result.data}")

        # 清理资源
        await router.cleanup()

    asyncio.run(test_router())
```

9.2.3 MCP 工具服务层模块

在本项目中，“tools”目录是用来实现 MCP 功能的“工具服务层”。目录中的每个 .py 文件（如 weatherMCP.py、areaSearchMCP.py、marketMCP.py）都是一个独立的 MCP Server 脚本，它们遵循 MCP 协议，通过标准输入 / 输出与主程序（MCP Client）建立会话，并暴露可调用的工具方法（Tools）。主程序在运行时按需启动这些脚本，从而完成天气查询、周边搜索、商场商品检索等具体任务。

① 文件 tools/areaSearchMCP.py 实现了基于高德地图 API 的周边搜索工具服务，通过 MCP 框架提供标准化接口。它定义了四个工具函数，分别支持通用周边搜索（按关键词或类型）、餐饮场所搜索、购物场所搜索和娱乐场所搜索，默认以永川时代天街为中心点。服务将 API 返回的 POI 数据格式化为包含名称、地址、距离、电话、营业时间和评分的易读文本，支持自定义搜索半径，通过标准输入输出与主系统通信，为智能助手提供地理位置相关的信息查询能力。

```
# 初始化 MCP 服务器
mcp = FastMCP("AreaSearchServer")

# 高德地图 API 配置
AMAP_API_BASE = "https://restapi.amap.com/v3/place/around"
API_KEY = os.getenv("AMAP_API_KEY")  # 从环境变量获取API密钥
USER_AGENT = "area-search-app/1.0"

# 商业楼固定位置坐标（经度,纬度）- 请替换为你的实际位置
DEFAULT_LOCATION = "29.349636,105.930739"  # 示例坐标，永川时代天街

async def fetch_poi_around(
    keyword: Optional[str] = None,
    types: Optional[str] = None,
    radius: int = 3000,
    location: str = DEFAULT_LOCATION,
    page: int = 1,
    offset: int = 10,
    extensions: str = "all"
) -> Dict[str, Any]:
    """
    从高德地图API获取周边POI信息

    :param keyword: 搜索关键词
    :param types: POI类型编码，多个类型用"|"分隔
    :param radius: 搜索半径，单位：米
    :param location: 中心点坐标，格式："经度,纬度"
```

```
    :param page: 页码
    :param offset: 每页记录数，最大25
    :param extensions: 返回结果详细程度：base/all
    :return: POI数据字典；若出错返回包含error信息的字典
    """
    params = {
        "key": API_KEY,
        "location": location,
        "radius": radius,
        "offset": offset,
        "page": page,
        "extensions": extensions,
        "sortrule": "distance"  # 按距离排序
    }

    # 添加可选参数
    if keyword:
        params["keywords"] = keyword
    if types:
        params["types"] = types

    headers = {"User-Agent": USER_AGENT}

    async with httpx.AsyncClient() as client:
        try:
            response = await client.get(AMAP_API_BASE, params=params, headers=heade
rs, timeout=30.0)
            response.raise_for_status()
            return response.json()
        except httpx.HTTPStatusError as e:
            return {"error": f"HTTP 错误: {e.response.status_code}"}
        except Exception as e:
            return {"error": f"请求失败: {str(e)}"}

def format_poi_result(data: Dict[str, Any]) -> str:
    """
    将POI数据格式化为易读文本

    :param data: POI数据字典
    :return: 格式化后的POI信息字符串
    """
    if "error" in data:
        return f"⚠ {data['error']}"

    if data.get("status") != "1":
        return f"⚠ API请求错误: {data.get('info', '未知错误')}"

    pois = data.get("pois", [])
    if not pois:
        return "⚠ 未找到符合条件的地点"

    result = f"🔍 找到 {len(pois)} 个地点:\n\n"

    for i, poi in enumerate(pois[:10], 1):  # 最多显示10个结果
        name = poi.get("name", "未知")
        address = poi.get("address", "地址未知")
        distance = poi.get("distance", "未知")
        tel = poi.get("tel", "暂无")
        type_info = poi.get("type", "")
        business_hours = poi.get("business_hours", "营业时间未知")
        rating = poi.get("biz_ext", {}).get("rating", "暂无") if "biz_
ext" in poi else "暂无"
```

```python
        result += (
            f"{i}. 📍 {name}\n"
            f"   📝 类型: {type_info}\n"
            f"   🏠 地址: {address}\n"
            f"   🚶 距离: {distance}米\n"
            f"   ☎ 电话: {tel}\n"
            f"   ⏰ 营业: {business_hours}\n"
            f"   ☆ 评分: {rating}\n\n"
        )

    return result

@mcp.tool()
async def search_nearby(
    keyword: Optional[str] = None,
    type_code: Optional[str] = None,
    radius: int = 3000
) -> str:
    """
    搜索商业楼周边的指定类型地点

    :param keyword: 搜索关键词，如"咖啡"、"餐厅"等
    :param type_code: 高德地图POI类型代码，如"050000"(餐饮)，"060000"(购物)等
    :param radius: 搜索半径，单位米，默认3000米
    :return: 格式化后的周边信息
    """
    data = await fetch_poi_around(keyword=keyword, types=type_code, radius=radius)
    return format_poi_result(data)

@mcp.tool()
async def search_nearby_food(radius: int = 2000) -> str:
    """
    搜索附近的餐饮场所

    :param radius: 搜索半径，单位米，默认2000米
    :return: 格式化后的餐饮信息
    """
    data = await fetch_poi_around(types="050000", radius=radius)
    return format_poi_result(data)

@mcp.tool()
async def search_nearby_shopping(radius: int = 2000) -> str:
    """
    搜索附近的购物场所

    :param radius: 搜索半径，单位米，默认2000米
    :return: 格式化后的购物信息
    """
    data = await fetch_poi_around(types="060000", radius=radius)
    return format_poi_result(data)

@mcp.tool()
async def search_nearby_entertainment(radius: int = 3000) -> str:
    """
    搜索附近的娱乐场所

    :param radius: 搜索半径，单位米，默认3000米
    :return: 格式化后的娱乐场所信息
    """
    data = await fetch_poi_around(types="080000", radius=radius)
    return format_poi_result(data)
```

```
if __name__ == "__main__":
    mcp.run(transport='stdio')
```

② 文件 tools/marketMCP.py 实现了基于 MCP 框架的虚拟商场商品查询工具服务，通过模拟的商品数据库提供商品信息查询功能。它包含两大工具函数：find_product 支持根据用户查询词（含同义词匹配，如“汽水”匹配“可乐”）搜索商品，list_category 可按类别（如“饮料”“零食”）列出相关商品；服务将匹配结果格式化为包含名称、品牌、价格、规格、货架位置、库存及优惠状态的易读文本，通过标准输入输出与主系统通信，为用户提供虚拟商场内的商品检索服务。

```
# 初始化 MCP 服务器
mcp = FastMCP("MarketServer")

# 模拟超市商品数据库
# 格式：{商品名：{品牌，价格，货架位置，库存等信息}}
MARKET_DB = {
    "可乐": [
        {
            "id": "cola001",
            "name": "可口可乐",
            "brand": "可口可乐",
            "price": 3.5,
            "size": "330ml",
            "location": "A区3号货架第2排靠右侧",
            "stock": 48,
            "discount": False,
            "category": "饮料"
        },
        {
            "id": "cola002",
            "name": "百事可乐",
            "brand": "百事",
            "price": 3.0,
            "size": "330ml",
            "location": "A区3号货架第2排靠左侧",
            "stock": 36,
            "discount": True,
            "category": "饮料"
        },
        {
            "id": "cola003",
/////省略其他商品代码
            "id": "noodle002",
            "name": "统一老坛酸菜牛肉面",
            "brand": "统一",
            "price": 4.8,
            "size": "单包",
            "location": "B区4号货架第1排靠右侧",
            "stock": 53,
            "discount": False,
            "category": "方便食品"
        }
    ],
    "宠物": [
        {
            "id": "dog001",
            "name": "焦糖狗",
            "brand": "泰迪",
            "price": 88,
```

```
            "size": "单只",
            "location": "A区6号货架第2排靠右侧",
            "stock": 1,
            "discount": False,
            "category": "狗"
        },
    ],
}

# 同义词字典
SYNONYMS = {
    "可乐": ["可乐", "Cola", "汽水"],
    "矿泉水": ["矿泉水", "纯净水", "饮用水", "瓶装水"],
    "薯片": ["薯片", "薯条", "膨化食品"],
    "牛奶": ["牛奶", "纯牛奶", "牛乳"],
    "方便面": ["方便面", "泡面", "速食面", "快餐面", "杯面"],
    "宠物": ["宠物", "狗", "猫", "宠物狗", "宠物猫","狗狗","猫猫"]
}

def search_product(query: str) -> List[Dict]:
    """
    根据用户输入的查询词搜索商品

    :param query: 用户输入的查询词
    :return: 匹配的商品列表
    """
    # 标准化查询词
    query = query.lower().strip()

    # 尝试从查询中提取商品名
    found_products = []

    # 检查是否直接匹配商品名
    for product_name, products in MARKET_DB.items():
        # 检查主商品名
        if product_name in query:
            found_products.extend(products)
            continue

        # 检查同义词
        if product_name in SYNONYMS:
            for synonym in SYNONYMS[product_name]:
                if synonym in query:
                    found_products.extend(products)
                    break

    return found_products

def format_product_results(products: List[Dict]) -> str:
    """
    将商品信息格式化为易读文本

    :param products: 商品信息列表
    :return: 格式化后的商品信息字符串
    """
    if not products:
        return "❌ 抱歉，没有找到您想要的商品。请尝试其他关键词或询问服务人员。"

    result = f"🛒 找到 {len(products)} 个相关商品:\n\n"

    for i, product in enumerate(products, 1):
        name = product.get("name", "未知商品")
```

```
        brand = product.get("brand", "")
        price = product.get("price", 0)
        size = product.get("size", "")
        location = product.get("location", "位置未知")
        stock = product.get("stock", 0)
        discount = "是" if product.get("discount", False) else "否"

        result += (
            f"{i}. 🏷️ {name} ({brand})\n"
            f"   💰 价格: ¥{price:.2f} / {size}\n"
            f"   📍 位置: {location}\n"
            f"   📦 库存: {stock}件\n"
            f"   🎁 优惠: {discount}\n\n"
        )

    # 添加友好提示
    result += "需要帮助寻找商品吗？您可以前往服务台咨询，或者告诉我您需要的其他商品。"

    return result

@mcp.tool()
def find_product(query: str) -> str:
    """
    根据用户输入查询超市中的商品

    :param query: 用户输入的查询词，如"我想买可乐"、"在哪里能找到薯片"等
    :return: 格式化后的商品信息
    """
    products = search_product(query)
    return format_product_results(products)

@mcp.tool()
def list_category(category: str) -> str:
    """
    列出指定类别的所有商品

    :param category: 商品类别，如"饮料""零食""乳制品"等
    :return: 该类别下的所有商品信息
    """
    found_products = []

    for products in MARKET_DB.values():
        for product in products:
            if product.get("category", "").lower() == category.lower():
                found_products.append(product)

    return format_product_results(found_products)

if __name__ == "__main__":
    mcp.run(transport='stdio')
```

③ 文件 tools/weatherMCP.py 实现了基于 MCP 框架的天气查询工具服务，通过调用 OpenWeather API 获取指定城市的天气数据。服务核心工具函数 query_weather 接收英文城市名作为参数，异步请求 API 获取包含温度、湿度、风速、天气描述等信息的天气数据，再通过 format_weather 函数将数据格式化为包含城市、国家、温度、湿度、风速和天气状况的易读文本（如“🌡 温度：25℃”“⛅ 天气：晴朗”），最终通过标准输入输出与主系统通信，为智能助手提供实时天气查询能力。

```
# 初始化 MCP 服务器
```

```
mcp = FastMCP("WeatherServer")

# OpenWeather API 配置
OPENWEATHER_API_BASE = "https://api.openweathermap.org/data/2.5/weather"
API_KEY = os.getenv("OPENWEATHER_API_KEY")  # 从环境变量获取API密钥
USER_AGENT = "weather-app/1.0"

async def fetch_weather(city: str) -> dict[str, Any] | None:
    """
    从 OpenWeather API 获取天气信息。
    :param city: 城市名称（需使用英文，如 Beijing）
    :return: 天气数据字典；若出错返回包含 error 信息的字典
    """
    params = {#这是OpenWeather API的文档规定的,按照这个表单请求就能获取想要的数据返还
        "q": city,
        "appid": API_KEY,
        "units": "metric",
        "lang": "zh_cn"
    }
    headers = {"User-Agent": USER_AGENT}# 如果是浏览器就是像之前爬虫那样填写Mozilla/5.0 (
Windows NT 10.0; Win64; x64) AppleWebKit/537.36 (KHTML, like Gecko) Chrome/120.0.0.
0 Safari/537.36

    async with httpx.AsyncClient() as client:
        try:
            response = await client.get(OPENWEATHER_API_BASE, params=params, header
s=headers, timeout=30.0)# 请求发出
            response.raise_for_status()
            return response.json()  # 返回字典类型
        except httpx.HTTPStatusError as e:
            return {"error": f"HTTP 错误: {e.response.status_code}"}
        except Exception as e:
            return {"error": f"请求失败: {str(e)}"}

def format_weather(data: dict[str, Any] | str) -> str:
    """
    将天气数据格式化为易读文本。
    :param data: 天气数据（可以是字典或 JSON 字符串）
    :return: 格式化后的天气信息字符串
    """
    # 如果传入的是字符串，则先转换为字典
    if isinstance(data, str):
        try:
            data = json.loads(data)
        except Exception as e:
            return f"无法解析天气数据: {e}"

    # 如果数据中包含错误信息，直接返回错误提示
    if "error" in data:
        return f"⚠ {data['error']}"

    # 提取数据时做容错处理
    city = data.get("name", "未知")
    country = data.get("sys", {}).get("country", "未知")
    temp = data.get("main", {}).get("temp", "N/A")
    humidity = data.get("main", {}).get("humidity", "N/A")
    wind_speed = data.get("wind", {}).get("speed", "N/A")
    # weather 可能为空列表，因此用 [0] 前先提供默认字典
    weather_list = data.get("weather", [{}])
    description = weather_list[0].get("description", "未知")

    return (# 最后大模型拿到的就是这个东西
```

```
        f"🌍 {city}, {country}\n"
        f"🌡 温度: {temp}°C\n"
        f"💧 湿度: {humidity}%\n"
        f"🌬 风速: {wind_speed} m/s\n"
        f"⛅ 天气: {description}\n"
    )

@mcp.tool()
async def query_weather(city: str) -> str:
    """
    输入指定城市的英文名称，返回今日天气查询结果。
    :param city: 城市名称（需使用英文）
    :return: 格式化后的天气信息
    """
    data = await fetch_weather(city)
    return format_weather(data)

if __name__ == "__main__":

    mcp.run(transport='stdio')
```

9.2.4 主入口文件

文件 main.py 是本 MCP 智能助手项目的主入口文件，实现了整个系统的初始化、调度与核心流程控制。通过类 MCPAssistant 整合状态管理器、对话管理器、意图识别器、LLM 接口和工具路由器等核心组件，支持文本与语音（基于 Whisper 模型）输入，异步处理用户查询。

① 类 MCPAssistant 的功能是统筹整个系统的生命周期：初始化状态、对话、LLM、意图识别与工具路由四大核心模块，提供同步 / 异步查询入口，自动调度工具、生成回复并维护缓存与上下文。

```
class MCPAssistant:
    """MCP智能助手主类"""

    def __init__(self):
        """初始化智能助手"""
        logger.info("初始化MCP智能助手...")

        # 初始化状态管理器
        self.state_manager = StateManager()

        # 初始化对话管理器
        self.conversation_manager = ConversationManager(
            system_prompt="你是MCP智能助手，能够回答问题并提供各种服务。",
            max_history_length=20
        )

        # 初始化LLM接口
        self.llm = LLMInterface(state_manager=self.state_manager)

        # 初始化意图识别器
        self.intent_recognizer = IntentRecognizer(
            llm_interface=self.llm,
            state_manager=self.state_manager
        )

        # 初始化工具路由器
```

```
        self.tool_router = ToolRouter(
            state_manager=self.state_manager
        )

        # 默认位置信息
        self.default_location = "永川"
        self.default_venue = "重庆永川时代天街"

    async def initialize(self):
        """异步初始化组件"""
        logger.info("执行异步初始化...")

        # 设置默认上下文
        self.state_manager.set_context("location", self.default_location)
        self.state_manager.set_context("venue", self.default_venue)
        self.state_manager.set_context("timestamp", datetime.now().isoformat())

        # 初始化工具
        await self.tool_router.initialize()

        logger.info("异步初始化完成")

    def process_query(self, query: str) -> str:
        """同步处理用户查询 - 用于非异步环境"""
        try:
            # 使用同步版本调用
            return asyncio.run(self.process_query_async(query))
        except Exception as e:
            logger.error(f"处理查询时出错: {str(e)}")
            return f"抱歉，处理您的请求时出现错误: {str(e)}"

    async def process_query_async(self, query: str) -> str:
        """异步处理用户查询"""
        logger.info(f"处理用户查询: {query}")

        try:
            # 添加用户消息到对话历史
            self.conversation_manager.add_user_message(query)

            # 识别意图
            intent = await self.intent_recognizer.recognize(query)

            # 记录意图
            logger.info(f"识别到意图: {intent.type.name}, 工具: {intent.tool_name}, 置
信度: {intent.confidence}")

            # 处理特殊命令
            if intent.type == IntentType.COMMAND:
                response = await self._handle_command(intent)
                self.conversation_manager.add_assistant_message(response)
                return response

            # 判断是否需要工具
            if intent.tool_name and (intent.type == IntentType.QUERY or intent.
type == IntentType.TOOL_SPECIFIC):
                response = await self._call_tool_and_respond(intent)
                self.conversation_manager.add_assistant_message(response)
                return response

            # 一般对话
            response = await self._handle_general_chat(query, intent)
            self.conversation_manager.add_assistant_message(response)
```

```
            return response

        except Exception as e:
            logger.error(f"处理查询时出错: {str(e)}", exc_info=True)
            error_msg = f"抱歉，处理您的请求时出现错误: {str(e)}"
            self.conversation_manager.add_assistant_message(error_msg)
            return error_msg

    async def _handle_command(self, intent: Intent) -> str:
        """处理命令类型意图"""
        command = intent.tool_name or "unknown"

        if command == "reset":
            # 重置对话历史
            self.conversation_manager.clear_history()
            return "对话历史已重置。"

        elif command == "help":
            # 返回帮助信息
            help_text = """
            我可以帮助您:
            - 查询天气信息
            - 查找商场和商品
            - 搜索附近区域信息
            - 回答一般问题

            您可以使用以下命令:
            - 重置: 清除对话历史
            - 帮助: 显示此帮助信息
            """
            return help_text

        else:
            return f"未识别的命令: {command}"

    async def _call_tool_and_respond(self, intent: Intent) -> str:
        """调用工具并构建回复"""
        # 获取工具信息
        tool_name = intent.tool_name
        method = None

        # 从意图实体提取方法名
        for entity in intent.entities:
            if entity.type == "method":
                method = entity.value
                break

        # 从意图中提取参数
        params = {}
        for entity in intent.entities:
            if entity.type not in ["method", "tool"]:
                params[entity.type] = entity.value

        # 记录工具调用
        logger.info(f"调用工具: {tool_name}, 方法: {method}, 参数: {params}")

        # 调用工具
        if method:
            tool_id = f"{tool_name}.{method}"
        else:
            tool_id = tool_name
```

```
        # 执行工具调用 - 修正为只传递intent参数
        tool_result = await self.tool_router.execute_tool_async(intent)

        if tool_result.status == ToolStatus.SUCCESS:
            # 添加工具结果到元数据
            metadata = {
                "tool_name": tool_name,
                "tool_result": tool_result.to_dict()
            }

            # 使用LLM生成自然语言回复
            messages = self.conversation_manager.get_formatted_messages()

            # 添加工具消息
            tool_message = {
                "role": "tool",
                "content": json.dumps(tool_result.data, ensure_ascii=False),
                "name": tool_name
            }
            messages.append(tool_message)

            # 添加系统提示
            system_context = self._get_system_prompt(tool_result.data, intent)
            messages[0]["content"] = system_context

            # 调用LLM生成回复
            try:
                response = self.llm.generate_response(messages)
                return response["content"]
            except Exception as e:
                logger.error(f"生成回复时出错: {str(e)}")
                # 直接返回工具结果
                return f"工具结果: {json.dumps(tool_result.data, ensure_
ascii=False)}"
        else:
            # 工具调用失败
            error_msg = f"工具调用失败: {tool_result.message}"
            logger.warning(error_msg)
            return error_msg

    async def _handle_general_chat(self, query: str, intent: Intent) -> str:
        """处理一般聊天对话"""
        # 准备消息
        messages = self.conversation_manager.get_formatted_messages()

        # 更新系统提示
        system_prompt = self._get_system_prompt()
        if messages and messages[0]["role"] == "system":
            messages[0]["content"] = system_prompt

        # 生成回复
        try:
            response = self.llm.generate_response(messages)
            return response["content"]
        except Exception as e:
            logger.error(f"生成回复时出错: {str(e)}")
            return "抱歉，我现在无法生成回复。请稍后再试。"

    def _get_system_prompt(self, tool_result: Any = None, intent: Intent = None) -
> str:
        """获取系统提示"""
        # 获取当前上下文
```

```
        location = self.state_manager.context.location
        venue = self.state_manager.context.venue

        # 基础系统提示
        system_prompt = f"""你是一个智能助手，致力于提供准确、有用的信息。
                        当前位置：{location}
                        当前场所：{venue}

                        """

        # 如果有工具结果，添加到系统提示
        if tool_result and intent:
            system_prompt += f"""
                            用户询问："{intent.raw_query}"
                            工具调用结果：{json.dumps(tool_result, ensure_
ascii=False)}

                            请用这些信息提供友好、专业的回答。不要说"根据工具调用结果"之类的
话，直接给出信息。
                            """

        return system_prompt

    async def cleanup(self):
        """清理资源"""
        logger.info("清理资源...")

        # 保存意图缓存
        if hasattr(self.intent_recognizer, 'save_cache'):
            self.intent_recognizer.save_cache()

        # 保存状态
        self.state_manager.save_state()

        # 清理工具路由器
        await self.tool_router.cleanup()

        logger.info("资源清理完成")
```

② 函数 record_audio 的功能是以独立线程持续录音，采样 16 kHz 单声道，支持 Ctrl+C 或最大时长终止，最终返回拼接好的音频数组，避免阻塞主事件循环。

```
# 使用线程进行录音，避免阻塞事件循环
def record_audio(fs=16000, max_duration=60):
    """在单独线程中录制音频，返回录音数据"""
    recording = []
    is_recording = True

    # 定义录音回调函数
    def callback(indata, frames, time, status):
        if is_recording and status:
            logger.warning(f"录音状态：{status}")
        if is_recording:
            recording.append(indata.copy())

    # 开始录制
    stream = sd.InputStream(callback=callback, channels=1, samplerate=fs)
    stream.start()

    try:
        # 等待用户按下Ctrl+C或达到最大时长
```

```
        for _ in range(max_duration * 10):  # 每100ms检查一次
            if not is_recording:
                break
            sd.sleep(100)
    except KeyboardInterrupt:
        pass
    finally:
        is_recording = False
        stream.stop()
        stream.close()

    if not recording:
        return None

    # 将录音数据转换为NumPy数组
    return np.concatenate(recording, axis=0)
```

③ 函数 record_and_transcribe 的功能是把录音、临时文件保存、Whisper 识别与资源清理全部放到线程池执行，异步返回中文转录文本，全程无阻塞。

```
async def record_and_transcribe() -> str:
    """录制音频并使用Whisper转录为文本"""
    loop = asyncio.get_event_loop()

    try:
        # 使用线程执行录音，避免阻塞事件循环
        audio_data = await loop.run_in_executor(None, record_audio)

        if audio_data is None:
            return ""

        # 将录音保存为临时文件
        with tempfile.NamedTemporaryFile(suffix=".wav", delete=False) as temp_audio:
            temp_filename = temp_audio.name
            write(temp_filename, 16000, audio_data)

        # 在单独的线程中使用Whisper识别语音
        def transcribe_audio():
            try:
                # 使用延迟加载的模型
                result = get_whisper_model().transcribe(temp_
filename, language="zh")
                return result["text"].strip()
            except Exception as e:
                logger.error(f"语音识别错误: {str(e)}")
                return ""
            finally:
                # 删除临时文件
                try:
                    os.unlink(temp_filename)
                except:
                    pass

        # 在线程池中执行转录，避免阻塞事件循环
        return await loop.run_in_executor(None, transcribe_audio)

    except Exception as e:
        logger.error(f"录音或转录过程出错: {str(e)}")
        return ""
```

④ 函数 get_voice_input 的功能是弹出 PyQt 语音输入对话框，在异步事件循环中等待用

户完成录音与识别，把最终文本结果通过信号回传并返回给调用者。

```
# 异步获取语音输入
async def get_voice_input():
    """显示语音输入对话框并返回识别的文本"""
    loop = asyncio.get_event_loop()
    app = QApplication.instance() or QApplication(sys.argv)

    future = loop.create_future()

    def on_text_ready(text):
        if not future.done():
            future.set_result(text)

    dialog = VoiceInputDialog()
    dialog.text_ready.connect(on_text_ready)

    # 在窗口关闭且未设置结果时完成future
    def on_dialog_closed():
        if not future.done():
            future.set_result("")

    dialog.destroyed.connect(on_dialog_closed)

    dialog.show()

    return await future
```

9.2.5 调试运行

该 MCP 智能助手项目的调试运行流程涵盖环境准备、配置验证、启动调试及常见问题排查，适用于开发和测试场景。

（1）调试环境准备

① 依赖安装与版本验证　确保本地安装 Python 3.9+（通过 .python-version 文件确认版本要求），并使用 uv 包管理器：

```
# 检查uv版本
uv --version
# 创建并激活虚拟环境
uv venv
source .venv/bin/activate  # Linux/macOS
.venv\Scripts\activate     # Windows
# 安装依赖（包含开发调试工具）
uv pip install -e .[dev]  # 若pyproject.toml定义了dev分组，否则直接用
uv pip install -e .
```

然后通过下面命令验证依赖是否安装成功：

```
pip list | grep -E "openai|httpx|whisper|qasync|pytest"  # 检查核心库
```

② 准备外部服务

a. 本地 LLM 服务（可选）：如果使用 Ollama 运行本地模型，需先启动服务并拉取指定模型：

```
ollama serve  # 启动服务
ollama pull qwen2.5-coder:14b  # 拉取配置文件中指定的模型
```

b. API 密钥配置：在项目根目录创建 .env 文件，填入所需 API 密钥（参考 README 中的示例），确保密钥格式正确（无多余空格或引号）。

（2）调试前配置检查

① 验证核心配置文件

a. 检查 config/preferences.json：确认默认位置、工具启用状态等参数，调试时可临时修改为本地位置便于测试。

b. 检查 .env 文件：确保 API 密钥和服务地址正确（如 BASE_URL 指向本地 Ollama 服务 http://localhost:11434/v1/），若无需真实 API 调用，可暂时注释天气 / 地图 API 密钥（部分功能会降级为模拟数据）。

② 准备测试数据

a. 天气查询：准备“北京今天的天气”等测试文本，验证 weatherMCP.py 是否正确调用 OpenWeather API。

b. 周边搜索：使用“附近的咖啡店”测试 areaSearchMCP.py，需确保高德地图 API 密钥有效。

c. 商品查询：用“可乐多少钱”测试 marketMCP.py 的模拟数据库匹配逻辑。

（3）启动调试流程

① 基础运行　直接启动应用，观察控制台日志输出（默认 INFO 级别）：

```
python main.py
```

② 日志检查

a. 初始化阶段：确认“状态管理器初始化完成”“工具路由器初始化完成”“LLM 接口初始化成功”等信息，无报错。

b. 工具连接：检查 tool_router.py 是否成功加载 weatherMCP.py 等工具（日志显示“已连接到工具 weather，支持的方法 : [query_weather]”）。

③ 单元测试调试

a. 运行核心模块测试，验证基础功能正确性：

```
pytest test_core.py -v  # 测试对话管理、意图识别等核心逻辑
pytest test_tool_router.py -v  # 测试工具路由和调用逻辑
```

b. 调试单个测试用例（以工具调用为例）：

```
pytest test_tool_router.py::test_weather_tool_call -s  # -s 显示打印输出，便于跟踪参数传递
```

④ 交互式调试（结合 UI）　启动图形界面并开启调试模式（以 PyCharm 为例），具体流程如下。

首先，在 main.py 的 main() 函数入口设置断点（如 assistant = MCPAssistant() 处）。

然后，配置运行参数，勾选“Show command line afterwards”，便于输入测试指令。

接着，触发交互流程：

a. 文本输入：在 UI 中输入“查询重庆天气”，跟踪 process_query_async 函数中意图识别→工具调用→ LLM 响应的完整流程。

b. 语音输入：点击语音按钮说话，调试 record_and_transcribe 函数（Whisper 模型加载、音频转文本是否正确）。

⑤ 工具模块单独调试　针对单个工具（如天气查询）单独验证：

```
#直接运行天气工具脚本，通过标准输入输出测试
python tools/weatherMCP.py
# 在交互模式中输入工具调用指令（模拟主程序发送的请求）
{"jsonrpc": "2.0", "id": "1", "method": "query_weather", "params": {"city": "Chongq
ing"}}
```

最后检查输出是否为格式化的天气信息（如“🌍Chongqing, CN\n 🌡 温度：25℃ ...”），如果报错则定位 API 密钥或网络问题。